# 云计算系统

## Cloud Computing System

王伟　陆雪松　蒲鹏　张琰彬　编著

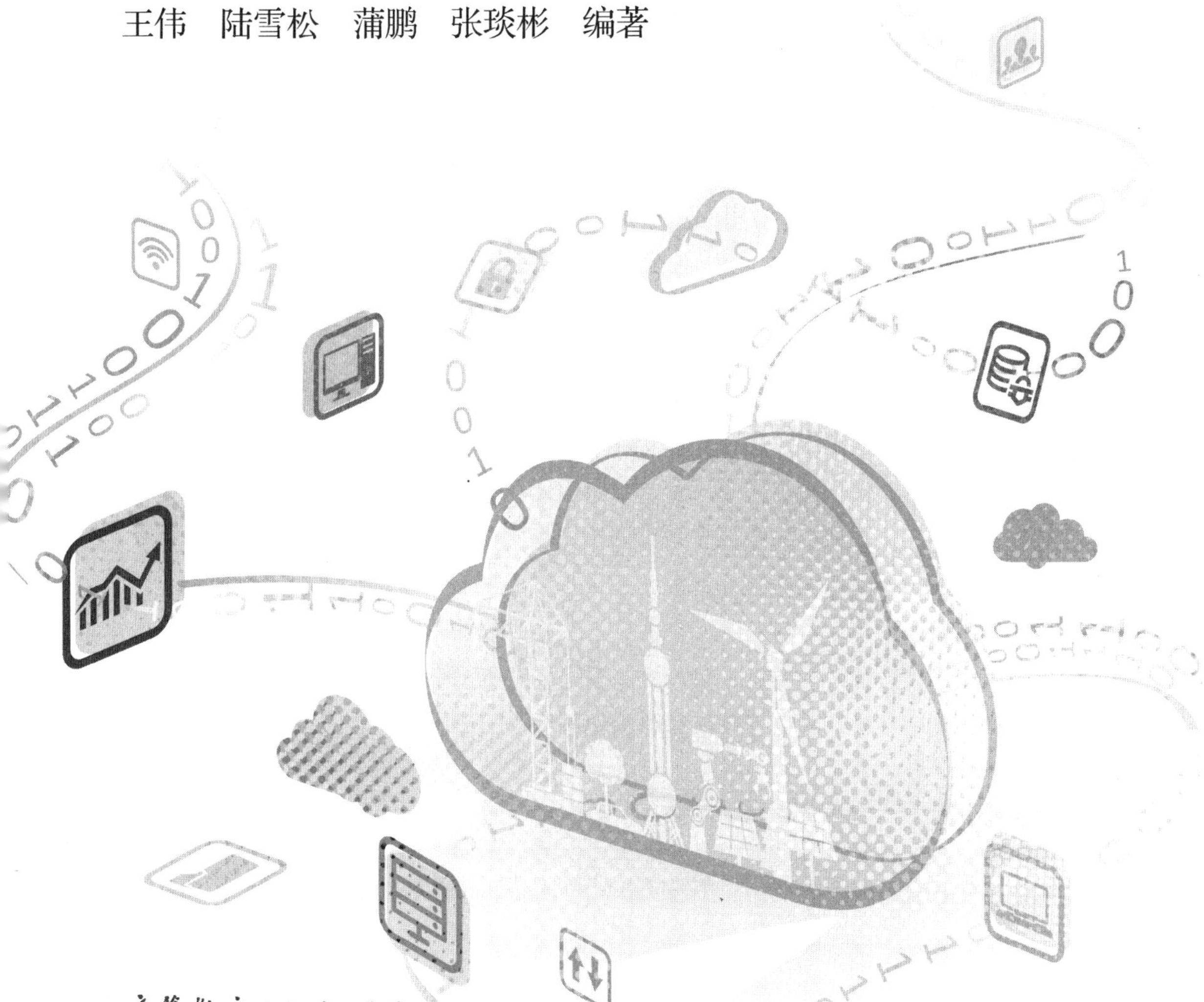

高等教育出版社·北京

内容提要

云计算是一种新兴的共享基础架构的方法，可以将巨大的系统池连接在一起以提供各种 IT 服务。云计算被视为“革命性的计算模型”，因为它通过互联网自由流通使超级计算能力成为可能。

本书基于作者团队多年的云计算从业及教学实践编写而成，系统地阐述了云计算、云原生等相关理论，主要内容包括云计算基础、云计算核心技术、云原生应用的开发、云服务的基础设施构建、云服务的编排与管理、云服务的运维、云计算进阶技术。

本书不仅适合作为计算机专业、数据专业、软件专业的课程教材，还可以作为企业专业人员、技术人员的参考资料。本书在附录中提供了实训所需要的相关资源，方便读者参考与使用。

**图书在版编目（C I P）数据**

云计算系统 / 王伟等编著. --北京：高等教育出版社，2023.3

ISBN 978-7-04-059072-2

Ⅰ. ①云… Ⅱ. ①王… Ⅲ. ①云计算–高等学校–教材 Ⅳ. ①TP393.027

中国版本图书馆 CIP 数据核字（2022）第 131072 号

Yunjisuan Xitong

策划编辑 赵冠群　责任编辑 赵冠群　封面设计 张雨微　版式设计 马 云
责任绘图 李沛蓉　责任校对 张 薇　责任印制 田 甜

出版发行 高等教育出版社
社　　址 北京市西城区德外大街 4 号
邮政编码 100120
印　　刷 北京市白帆印务有限公司
开　　本 787 mm×1092 mm 1/16
印　　张 19
字　　数 450 千字
购书热线 010-58581118
咨询电话 400-810-0598
网　　址 http://www.hep.edu.cn
　　　　 http://www.hep.com.cn
网上订购 http://www.hepmall.com.cn
　　　　 http://www.hepmall.com
　　　　 http://www.hepmall.cn
版　　次 2023 年 3 月第 1 版
印　　次 2023 年 3 月第 1 次印刷
定　　价 43.00 元


物 料 号 59072-00

# 云计算系统

王　伟
陆雪松
蒲　鹏
张琰彬

1　计算机访问http://abook.hep.com.cn/1870210，或手机扫描二维码、下载并安装Abook应用。

2　注册并登录，进入“我的课程”。

3　输入封底数字课程账号（20位密码，刮开涂层可见），或通过Abook应用扫描封底数字课程账号二维码，完成课程绑定。

4　单击“进入课程”按钮，开始本数字课程的学习。

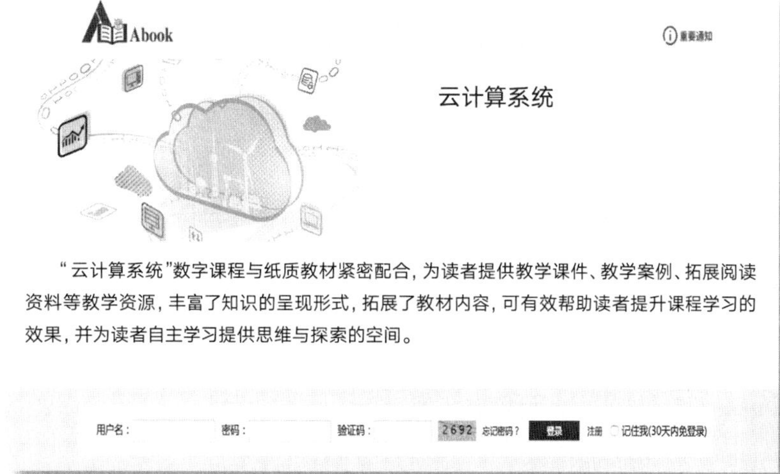
Abook
重要通知
云计算系统
“云计算系统”数字课程与纸质教材紧密配合，为读者提供教学课件、教学案例、拓展阅读资料等教学资源，丰富了知识的呈现形式，拓展了教材内容，可有效帮助读者提升课程学习的效果，并为读者自主学习提供思维与探索的空间。
用户名：
密码：
验证码：
2692
忘记密码？
登录
注册
记住我(30天内免登录)

课程绑定后一年为数字课程使用有效期。受硬件限制，部分内容无法在手机端显示，请按提示通过计算机访问学习。

如有使用问题，请发邮件至abook@hep.com.cn。

扫描二维码
下载Abook应用

http://abook.hep.com.cn/1870210

# 数据科学与工程专业系列教材编委会

# 序1

数据科学与工程专业核心课程的系列教材终于要面世了，这是一件鼓舞人心的事。作为华东师范大学数据学院的发起者和见证人，核心课程和系列教材一直是我心心念念的事情。值此系列教材出版发行之际，我很高兴受邀写几句话，做个回顾，分享一些感悟，也展望一下未来。

借着大数据热的东风，依托何积丰院士在2007年倡导成立的华东师范大学海量计算研究所，2012年6月，在时任SAP公司CTO的史维学博士（Dr. Vishal Sikka）的支持下，我们成立了华东师范大学云计算与大数据研究中心。2013年9月，学校发起成立作为二级独立实体的数据科学与工程研究院，开始在软件工程一级学科下自设数据科学与工程二级学科，开展博士研究生和硕士研究生的培养工作。在进行研究生培养的探索过程中，我们深切感受到计算机类的本科生人才培养需要反思和改革。因此，2016年9月，研究院改制为数据科学与工程学院，随后开始招收数据科学与工程专业本科生，第一届本科生已于2020年毕业，这就是我们学院和专业的简单历史。经过这几年的实践和思考，我们越发坚信当年对“数据科学与工程”这一名称的选择，“数据学院”和“数据专业”已经得到越来越多的认可，学院的师生也逐渐接受“数据人”这一称呼。

这里我想分享以下几个方面的感悟：为什么要办数据专业？如何办数据专业？教材为什么很重要？教材对人才培养有什么贡献？

为什么要办数据专业？数据是新能源，这是大家耳熟能详的一句话。说到能源，人们首先想到的是石油，因此大家习惯把数据比喻为石油。但是，在我们看来，“新能源”对应的英文说法应该是“New Power”。“Data is Power”，这是我们的基本信念，也是我们办数据学院的根本动机。数据是人类文明史上第三个重要的Power，之前的两个Power是蒸汽能（Steam Power）和电能（Electric Power），它们分别引发了第一次和第二次工业革命。如果说蒸汽能和电能造就了从西方世界开始的两百多年的工业文明，数据能（Data Power）将把人类带入数字文明时代。数据是数字经济发展的重要生产要素，它不同于土地、劳动力，也不同于资本、技术。如果要为数据找一个恰当的比拟物，合适的也许只有19世纪末伟大的发明家尼古拉·特斯拉发明的交流电。数据是新时代的交流电，就像20世纪交流电给世界带来深刻变化一样，因为人们对数据能认识的提高，我们将进入一个“未来已来，一切重构”的时代。而数据学院就像一百多年前的电力学院或电气学院。

如何办数据专业？华东师范大学数据学院脱胎于软件工程学院，此前还有计算机科学与工程学院。数据相关的研究与偏向管理和图书情报方向的信息系统学科和专业也密切相关，应用数学、概率统计更是数据分析和处理的理论基础，二者不可或缺。到底什么样的专业才算是数据专业？起初，这对我们而言可以说是一个“灵魂拷问”。为此，我们发起成立了国内 15 所高校 30 多位知名教授组成的“高校数据科学与工程专业建设协作组”。我们相信，有了先进的理念，再加上集体的力量，数据专业建设的探索之路就能走通。协作组共召开 4 次研讨会，确定了称为“CST”的专业建设路线图——C 代表 Curriculum（培养计划），S 代表 Syllabus（课程大纲），T 代表 Textbook（教材建设）。在得知我们的工作后，ACM/IEEE 计算机工程学科规范主席 John Impagliazzo 教授邀请我们参与了 ACM/IEEE 数据科学学科规范的制定。协作组经过讨论达成共识：专业课程分为基础课、核心课、方向课三类，其中核心课是体现专业区分度的一组课程。与数据专业（DSE）最相近的专业就是计算机科学与工程（CSE）和软件工程（SE）两个专业，我们确定的第一批区别于 CSE 和 SE 专业的 8 门数据专业核心课程是：数据科学与工程导论，数据科学与工程数学基础，数据科学与工程算法基础，应用统计与机器学习，当代数据管理系统，当代人工智能，分布式计算系统，云计算系统。随后我们又确定将两门课程纳入这个系列，分别是：区块链导论：原理、技术与应用，数据中台初阶教程。数据专业作为一个新专业，三类课程的边界还不清晰，我们将关注重点放在核心课上，核心课有遗漏的知识点纳入基础课或方向课。这样可以保证知识体系的完整性，简单起步，快速迭代。随着实践和认识的深入，逐渐明晰三类课程的边界，形成完善的培养计划。

教材为什么很重要？想要建设好一个专业，培养计划和课程体系固然十分重要，但落实在根本上是教材。一套好教材是建成一个好专业的前提，放眼看去，无论是国内还是国外，无论是具体高校还是国家区域层面，这都是不争的事实，好的专业都有成体系的好教材。当然，现在的教材已经不仅指单纯的一本教科书，还有深层次的内容，比如具体的教学内容和教学方式。我们都知道，教材是知识的结晶，是帮助学习者站到巨人肩膀上的台阶。在自然科学领域确实如此，一百年前我们民族的仁人志士呼唤“赛先生”，为中华大地上科学的传播带来了翻天覆地的变化。在更广泛的领域，教材同样是技术、工艺和文化的传承，是产业发展的助推器。以信息技术为例，技术的源头和产业的发祥地都在美国和欧洲，IBM、Lucent、Oracle 等跨国企业在我国商业上取得的巨大成功无一不与其重视教材开发密切相关。试想一下，我们的学生在课堂上学的都是他们研究和研发的东西，等走上工作岗位，自然会对熟悉的技术和系统有亲近感，这应该是产业或产品生态最重要的一个环节。21 世纪以来，随着互联网的蓬勃发展，人们已经深刻认识到互联网改变世界。在人类文明史上，没有任何一项科研成果像互联网这样深刻地改变人、改变世界。互联网之所以能够改变世界，是因为它真正发挥了数据的威力。互联网实现了信息技术发展从“以计算为中心”到“以数据为中心”的路径转变。用“旧时王谢堂前燕，飞入寻常百姓家”来形容我们以前甚至当前教材中的一些内容，可以说毫不为过。以互联网为代表的新型产业的发展，极大地推动了技术的进步，我们已经到了可以编写自己的教材、形成自己的技术体系和科学理论体系的时候了。我们是现代科学的后来者，已经习惯了从科学到技术再到应用的路径，现在有了成功的应用，企业也发展出了领先的技术，学界可以在此基础上发展出技术体系和科学理论体系，应用、技术和科学的联动才是真正的创新之路。

教材对人才培养有什么贡献？在信息技术领域，迄今为止我们更多的是参考或沿袭了西方发达国家的培养计划和教材体系。在改革开放以来的 40 余年中，这种“拿来主义”的做法很有效，培养了大量的人才，推动了我国的社会经济发展。但总的来说，我们的高校在这一领域更像是在培养“驾驶员”，培养开车的人，现在到了需要我们来培养自己的造车人的时候了。技术发展趋势如此，国际形势也对我们提出了这样的要求。我们处在一个大变局的时代，世界充满不确定性，开放和创新是应对不确定性的不二之选。创新成为人才培养的第一性原理，更新观念、变革教育、卓越育人是我们华东师范大学新时期人才培养的基本理念。人才培养是大学的第一要务，科学研究、社会服务和文化传承是大学的另外三大职能，大学通过这三大职能的实现可以更好地服务于人才培养。人工智能时代最稀缺的是想象力，想象力是比知识更重要的东西。如何在传播知识、传承文化的同时，保护和激发学生的想象力，这也许是当前教育需要关注的。激发想象力，培养创新能力，这是数据专业核心课程系列教材的建设指导思想。我们愿意为之付出，久久为功地建设这套数据专业核心课程系列教材，就是我们践行以上认识和理解的一个具体行动。

最后，要特别表示感谢。感谢华东师范大学和高等教育出版社的支持和鼓励，感谢数据专业建设协助组各位老师的通力协作和辛勤劳动，也要感谢数据学院师生的信任和付出。心有所信，方能行远；因为相信，所以看见。希望作为探路者而付出的所有艰辛能够成为我们学术和事业生涯中的一笔重要财富。

“The best way to predict the future is to invent it.” ——Alan Kay

“Imagination is more important than knowledge. For knowledge is limited to all we now know and understand, while imagination embraces the entire world, and all there ever will be to know and understand.” ——Albert Einstein

周傲英

2020 年 11 月

# 序 2

从 20 世纪 70 年代开始使用大规模集成电路计算机以来，计算机系统的规模化发展已经走过 50 余年，并且以指数式发展的速度改变了人们的生活。在这种加速发展的背后，有两个定律发挥着巨大的作用。一个是英特尔公司联合创始人戈登·摩尔在 1965 年提出的摩尔定律。他指出集成电路芯片的集成度每隔 18～24 个月就会翻一番。另一个是有“小型机之父”之称的戈登·贝尔在 1972 年提出的贝尔定律。他预测每十年就会产生新一代的计算设备，其设备数量会增加 10 倍。这两个定律都不是物理规律，而是对半导体和信息技术领域发展趋势的预测。它们从算力的供给侧（芯片技术）和需求侧（计算设备技术）两方面揭示了计算技术爆发式发展的趋势。21 世纪开始的两个十年，手机移动互联网和智能物联网依次登场，将世界带入了万物互联的时代，预测到 2025 年将有 500 亿台设备连入互联网。计算设备的多样化和单位计算能力成本的迅速下降使硬件和软件的关系发生了深刻的变化。当计算硬件单一、计算力昂贵时，软件必须以硬件为中心设计和折中。当计算硬件有多种选择、计算力成本足够低时，就可以按照软件的需求向下定制硬件，向上屏蔽硬件实现的细节。这样，人们就进入了一个软硬件融合的时代，使整个计算系统中软硬件的分层可以根据需求灵活变化，在业务处理流程中的计算、存储、传输任务也可以灵活调度。数字化世界需要兼具灵活性与可规模化扩展能力的计算基础设施，而云计算就成为了肩负这一重大使命的技术。

云计算是各种虚拟化、效用计算、服务计算、网格计算、自动计算等概念的混合演进的结果：从主机计算开始，历经小型机计算、客户-服务器计算、分布式计算、网格计算、效用计算进化而来。它既是技术上的集大成者，也是商业模式上的飞跃（按需使用付费）。对于用户来说，云计算屏蔽了软硬件系统实现的所有细节，用户无须对云端所提供服务的技术基础设施有任何了解或控制，甚至无须知道提供服务的地理位置，只需连接网络即可使用。因此，云计算既是一种新的计算范式，又是一种新的商业模式。它是数字化世界的基础设施，将随着全球数字化转型的深入和应用创新而不断发展。因此人们学习云计算技术，既要熟悉历史，更要面向未来。

一是异构计算的趋势。未来十年，摩尔定律还将继续发挥效用，先进的 3D 晶体管设计和 3D 封装技术使一个芯片内部可以包含多种计算架构，以更低的成本提供更大的算力。组合多种芯片架构设计（CPU、GPU、IPU、DPU、FPGA、ASIC、神经拟态计算等）的异构计算快速发展，在提供多种算力组合选项的同时显著增加了计算系统架构设计的复杂度和软件优化的难度。

二是云和边缘计算融合的趋势。5G 移动通信和人工智能技术的广泛应用使智能互联计算成为主流。近年来智能城市、智能制造和自动驾驶等领域的技术进步，以视觉、激光雷达、毫米波雷达为代表的多种传感器正在加速整个世界的数字化进程，进入云计算中心的数据从量变到质变，大量的描述自然界的数据需要用人工智能算法处理，并且通常有实时性要求。数据的量变和质变带来了对智能边缘计算的强烈需求，也催生了云-边-端融合的新计算架构。

三是强调数据安全与隐私保护的趋势。随着越来越多的政、企、个人业务云化，各国政府都在日益强化这方面的要求，技术方案也在不断推陈出新。云计算技术学习要紧跟产业发展的节奏，全方位了解芯片级、系统级、网络级的数据安全技术和正在蓬勃发展的隐私计算技术。

英特尔研究院副总裁、英特尔中国研究院院长 宋继强博士

2022 年 9 月于北京

# 前言

扫一扫，进入
前言资源平台

自2006年谷歌首席执行官埃里克·施密特（Eric Schmidt）提出云计算的概念以来，云计算在各个领域飞速发展，成为各种信息服务、互联网服务的基础设施。如果说是谷歌为云计算命名，那么亚马逊（Amazon）公司则为云计算明确了商业模式。亚马逊在谷歌提出云计算的概念后不久，就正式推出了EC2云计算服务模式。从此，各种有关云计算的概念层出不穷，“云计算”开始流行，各类企业和机构通过互联网，以较低的价格从云计算服务商租赁到合适的资源用于各类计算、存储和网络服务，而不再需要构建和维护自己的计算中心。今天，云计算糅合了各种技术，针对“大用户”“大数据”“大系统”，以及“大智能”发展出来的一种新的实现机制，已经成为大数据处理与人工智能实现的主要基础设施。云计算既是一种商业模式，也是一种计算范式，还是一种实现方式，学习云计算系统的原理，利用云计算平台解决实际的问题是数据科学与工程专业学生培养的重要环节。

本教材从云计算的商业模式、计算范式、实现方式、关键技术等方面，特别是从云服务开发的角度，全方位介绍云计算系统的核心原理与实践方式。学生通过课程学习，可以深入了解云计算的整体结构与核心原理，以及针对实际问题构建基于云的综合解决方案。

本教材的一大特点是采用了众多开源软件，以及若干完整实践案例作为指导工具。回顾历史，在2000年左右，国内软件开发领域最热门的操作系统、语言、开发工具、数据库等基本都是大型商业公司的产品。尽管当时Linux已经存在，但是还不算主流。在我们当时所工作的信息技术环境中，大部分服务器使用的是Windows Server或者Sun Solaris这样的操作系统。市场上需求最火爆的开发平台是Visual C++、Visual Basic和已经基本消失不见的Delphi。然而20年后的今天，当再次审视当前所处的环境时，我们会惊讶地发现，开源社区的产品已出现在各个领域：从操作系统、开发工具、编程语言，到中间件、数据库，再到虚拟化、基础架构云、应用平台云等。可以说，当前的时代是名副其实的开源的时代，企业可以通过开源社区的创新构建一个完全开源的企业架构堆栈，个人也可以通过开源软件获得云之力。

为此，本教材在系统讲述云计算系统原理的同时，还在大部分单元中安排一个或多个相关的开源项目，以帮助学员进行有效的实践，这些开源项目包括OpenStack、Docker、Ceph、Kubernetes、Prometheus等。可以说在当下的云计算生态中，开源项目已经成为一个不可或缺的部分。

本教材的内容分为3个部分7个章节：第1部分为概念与基础，主要包括云计算基础和云计算核心技术；第2部分为云计算应用的开发，主要包括云原生应用的开发、云服务的基础设施构建、云服务的编排与管理、云服务的运维；第3部分为云计算进阶技术。每个章节的具体内容如下。

① 云计算基础：包括云计算的定义与分类、云计算的架构、软件定义的云计算、云计算的开源方法论、OpenStack 的架构实例等。

② 云计算核心技术：包括虚拟化技术、分布式存储、云计算网络、典型公有云服务的分析与使用、搭建一个现代化内容管理系统等。

③ 云原生应用的开发：包括云服务与云原生基础、云原生开发流程与要素、云原生开发框架、大规模在线实训平台实例等。

④ 云服务的基础设施构建：包括微服务架构与容器技术、容器技术的核心原理、Docker 容器的配置与优化、用容器部署一个实训环境实例等。

⑤ 云服务的编排与管理：包括云服务的高可扩展设计、容器的编排与管理原理、Kubernetes 的配置与管理、大规模实训环境的管理与调度实例等。

⑥ 云服务的运维：包括 DevOps 的概念、DevOps 的生态与技术、云服务的智能运维、Prometheus 监控数据采集与分析、实训平台的自动化运维实例等。

⑦ 云计算进阶技术：包括云原生的数据架构、服务网格与服务治理、Serverless 与 FaaS 技术、实训平台的持续演进实例等。

通过对本教材的学习，学生能够深入了解云计算系统的思想和底层技术，理解云计算的计算、存储、网络和安全机制，掌握云计算编程与开发的能力，掌握基于不同应用场景运用云计算技术解决实际问题的能力。同时，通过本课程的学习，学生能够实际利用开源软件搭建典型的云计算平台，并通过构建云应用解决实际的领域问题。本教材的学习将为学生在数据科学与工程领域的综合实践能力打下坚实基础，具体目标分为以下 5 点。

① 能够掌握云计算系统的基本概念与原理，从云计算系统的角度描述与定义现实问题。

② 能够掌握云计算系统与平台中的关键技术，了解这些关键技术的应用场合。

③ 能够利用开源软件实际动手搭建和部署一个完整的云计算系统。

④ 能够在一个典型的云计算系统上进行编程与开发，掌握云应用的编程开发模式。

⑤ 能够综合运用前述目标中掌握的技能解决实际应用领域中的复杂云计算工程问题。

各个部分的实践内容、实践语言与实践工具等如下表所示。

| 序号 | 名称 | 掌握技能 | 实践具体内容 |
|---|---|---|---|
| 实践 1 | OpenStack 体验公有云的使用 | 掌握私有云计算平台的搭建，以及公有云的使用 | 掌握开源云计算平台 OpenStack 的安装和部署，以及主流公有云的使用操作 |
| 实践 2 | Docker 容器实践，分布式存储系统 Ceph | 掌握容器与分布式存储的实践操作 | 搭建一个初步的 Docker 容器与 Ceph 环境，并开展相关实验操作 |
| 实践 3 | Git 与 GitHub 的开放式协作 | 掌握云计算环境下的开放式开发协作过程 | 利用 Git 和 GitHub 搭建一个网站系统，并利用 Jenkins 进行自动化部署 |
| 实践 4 | Docker 容器网络实践 | Docker 容器互联与网络配置方法 | 掌握创建 Docker 网络的方法，以及由 Docker Compose 定义和运行多个容器的方法 |
| 实践 5 | Kubernetes 的安装与使用 | 基于 Kubernetes 的容器基本管理 | 掌握 Kubernetes 的安装与使用，并对容器进行基本的管理 |
| 实践 6 | 云服务的运维 | 掌握基本的容器集群运维工具 | 在 Kubernetes 集群中部署 Prometheus 和 Alertmanager，并开展运维实践 |
| 实践 7 | 云原生进阶技术 | 掌握云原生服务网格与无服务计算的原理与操作 | 掌握 Istio 的部署与应用，以及 Serverless Framework 的开发 |

我们在每章内容后配有丰富的习题材料，以帮助读者进行复习、思考和实践等活动，习题材料主要包括以下3种类型。

① 复习题：旨在帮助读者复习本章的一些基本核心概念以及探索开放性问题，有的从章节内容中基本可以找到对应答案，有的则需要读者查找课外资料。

② 践习题：旨在使读者围绕本章内容，结合对应的编程语言或工具，开展动手实践的活动。

③ 研习题：旨在使读者通过阅读所推荐的学术论文，深度调研与本章内容相关的话题，培养学术论文阅读与理解的能力，并从中获得数据科学与工程领域的前沿知识。

本书在编写过程中，参考和引用了大量国内外的著作、论文和研究报告。由于篇幅有限，本书仅列举了主要的参考文献。在此向所有被参考和引用相关文献的作者表示由衷的感谢。

编者

2022年1月

# 目录

# 第 1 章　云计算基础

扫一扫，进入
第 1 章资源平台

云计算（cloud computing）是一种新兴的共享基础架构的方法，可以将巨大的系统池连接在一起以提供各种信息技术（information technology，IT）服务。云计算被视为“革命性的计算模型”，因为其通过互联网自由流通使超级计算能力成为可能。本章主要内容安排如下：1.1 节介绍云计算的基本内容，1.2 节介绍云计算的公共特征和分类，1.3 节介绍云计算的商业模式、计算范式和实现方式，1.4 节介绍开源方法论，1.5 节介绍 OpenStack 架构与实践。

## 1.1　初识云计算

“云计算”是近年来信息技术领域最受关注的主题之一。实际上，云计算的理论研究和尝试已经有多年历史，从 J2EE 和.NET 架构，到“按需计算”（on-demand computing）“效用计算”（utility computing）“软件即服务”（software as a service，SaaS）等新理念、新模式，其实都可看作对云计算的不同解读或云计算发展的不同阶段。

“云计算”一词最早被大范围传播应该是在 2006 年，距今已有 10 余年的历史。2006 年 8 月，在圣何塞举办的搜索引擎战略大会（Search Engine Strategies Conference & Expo，SES 大会）上，时任谷歌（Google）公司首席执行官（CEO）的埃里克・施密特（Eric Schmidt）在回答一个有关互联网的问题时提出了“云计算”这个概念。在施密特态度鲜明地提出“云计算”一词的几周后，亚马逊（Amazon）公司推出了弹性计算云服务 EC2（elastic computer cloud），云计算自此出现。从此，各种有关“云计算”的概念层出不穷，“云计算”开始流行。

实际上，云计算本身无论是商业模式还是技术都已经发展了很长时间，并在实践的过程中逐步演进。云计算源于互联网公司对公司成本的控制。早期许多互联网公司起源于学生宿舍，费用的捉襟见肘使这些公司尽可能合理利用每一个硬件，最大程度地发挥机器的性能。因此早期的互联网公司会自行选择主板、硬盘等配件，然后进行组装，完成服务器硬件的设计。这种传统沿袭下来，就是现在硬件定制化日趋流行的原因。如今谷歌、脸书（Facebook）等公司都会自己动手设计和生产服务器，以最少的配件最大可能地支持特定的功能需求，同时降低服务器的能耗。

为了支撑业务运转，满足用户需求，服务器的整体性能在不断提升，相应地，服务器的数量也在不断增加。这自然会引出一个问题：数十台机器可以手动组装和维护，上千台机器如何处理？如果是上万台机器呢？人能管理的机器数量始终有限，即使劳作不休，所能承受的负荷也有一定的极限。每一个大型互联网公司都曾遇到过如何管理和维护成千上万台服务器的问题。

谷歌在 1998 年的访问量约为每天 1 万次，但到 2007 年，其日访问量已达到 5 亿多次，服务器数量也已经超过 50 万台。对于大多数互联网企业而言，虽然服务器规模不至于如此庞大，但随着用户规模的增加，少则数百台、多则上千台的服务器仍然对企业的运维管理能力提出了挑战。对于企业来说，随着系统不断扩大，维护人员却不能对应成比例增长，因为企业要考虑人力成本，还要顾及运维效率的问题。所以即便如此，公司在某一阶段有大量的成本消耗在旧有设备和系统的维护上，而无法将大部分资金投入新业务的开拓中。公司能创造新价值的部分越来越少，创新也越来越少，只能求变。

除了大规模系统的维护，海量数据的存储同样是互联网公司遇到的棘手问题。随着网络技术和服务的快速发展，用户平均在线时间的延长和用户网络行为的多样化导致各类数据不断涌现，移动终端的出现更是扩充了网络服务的内容与范围，这些都大大增加了互联网公司需要承载的数据量。大量的用户数据对每一个公司而言都是宝贵的信息财富，有效地利用这些信息财富开始成为互联网公司的首要任务。因此，在流量和服务器数量均高速增长的情况下，“一个能够与网页增长速度保持同步的系统”必不可少，这也是谷歌 3 篇有关分布式的论文（分别为 Google File System 分布式存储系统、MapReduce 分布式处理技术和 BigTable 分布式数据库）之所以具有重要指导意义的原因：一切均出自实践。

业界有一种很流行的说法：将云计算模式比喻为发电厂集中供电的模式。也就是说，通过云计算，用户无须购买新的服务器，更无须部署软件，即可得到应用环境或者应用本身。对于用户来说，软硬件产品也就不再需要部署在用户身边，这些产品也不再是专属于用户自己的产品，而是变为一种可利用的、虚拟的资源。图 1.1 展示了几种不同的模式。

图 1.1　超市模式、电厂模式和云计算模式

### 1.1.1　云计算的定义

由于云计算是一个概念，而不是指某项具体的技术或标准，因而不同的人从不同的角度出发就会有不同的理解。业界关于云计算定义的争论也从未停止，并不存在一个权威的定义。人们都像盲人摸象一样，给出各自对云计算的理解。

**1．分析师和分析机构对云计算的理解**

早期的美林证券（Merrill Lynch）认为，云计算通过互联网从集中的服务器交付个人应用（电子邮件、文档处理和演示文稿）和商业应用（销售管理、客户服务和财务管理）。

这些服务器共享资源（例如存储和处理能力），通过共享，资源能够得到更有效的利用，而成本也可以降低 80%～90%。

而《信息周刊》（*Information Week*）的定义则更加宽泛：云计算是一个环境，其中的任何 IT 资源都能够以服务的形式提供。

媒体对云计算也很感兴趣。美国最畅销的日报《华尔街日报》（*The Wall Street Journal*）也在密切跟踪云计算的进展，它认为云计算使企业可以通过互联网从超大数据中心获得计算能力、存储空间、软件应用和数据。客户只需在必要时为其使用的资源付费，从而避免建立自己的数据中心并采购服务器和存储设备而带来的额外的昂贵费用。

**2．不同 IT 厂商对云计算的理解**

IBM 公司认为，云计算是一种计算风格，其基础是使用公共或私有网络实现服务、软件以及处理能力的交付。云计算的重点是用户体验，核心是将计算服务的交付与底层技术相分离。云计算也是一种实现基础设施共享的方式，利用资源池将公共或私有网络连接在一起为用户提供 IT 服务。

谷歌公司的前 CEO 施密特认为，云计算将计算和数据分布在大量的分布式计算机上，这使计算和存储获得了很强的可扩展能力，并使用户可通过多种接入方式（例如计算机、手机等）方便地接入网络以获得应用和服务。其具有开放式的重要特征，任何企业均无法控制和垄断。前谷歌全球副总裁李开复认为，整个互联网就像一片美丽的云彩，网民们需要在“云”中方便地连接任何设备、访问任何信息、自由地创建内容、与朋友分享。云计算就是要以公开的标准和服务为基础，以互联网为中心，提供安全、快速和便捷的数据存储和网络计算服务，让互联网这片“云”成为每个网民的数据中心和计算中心。云计算其实就是谷歌公司的商业模式，谷歌公司也一直在不遗余力地推广这个概念。

相比于谷歌公司，微软公司对于云计算的态度就要矛盾许多。如果未来计算能力和软件全部集中在云上，客户端则无须具备很强的处理能力，Windows 也就失去了大部分的作用。因此，微软的提法一直是“云+端”。微软认为，未来的计算模式是云端计算，而不是单纯的云计算。这里的“端”是指客户端，也就是说云计算一定要有客户端来配合。前微软全球资深副总裁张亚勤博士认为，从经济学角度来说，带宽、存储和计算不会是免费的，消费者需要找到符合其需要的模式，因而端的计算必定存在。从通信的供求关系来说，虽然带宽有所增长，但视频、图像等内容也在同步增长，因此带宽的限制总是存在。从技术角度来说，端的计算能力强，才能带给用户更多精彩的应用。微软对于云计算本身的定义并没有什么不同，只是强调了“端”在云计算中的重要性。时至今日，随着 Azure 云的崛起，微软已经全面拥抱云计算了。

云计算在整个商业市场中的全局视角如图 1.2 所示。

**3．学术界对云计算的理解**

在学术界，“网格计算之父”伊安・福斯特（Ian Foster）认为，云计算是一种大规模分布式计算的模式，其推动力来自规模化所带来的经济性。在这种模式下，一些抽象的、虚拟化的、可动态扩展和被管理的计算能力、存储、平台和服务汇聚成资源池，通过互联网按需交付给外部用户。他认为云计算的几个关键点是：大规模可扩展性；可以被封装成一个抽象的实体，并提供不同层次的服务给外部用户使用；由规模化带来的经济性；服务可以被动态配置（通过虚拟化或者其他途径），按需交付。

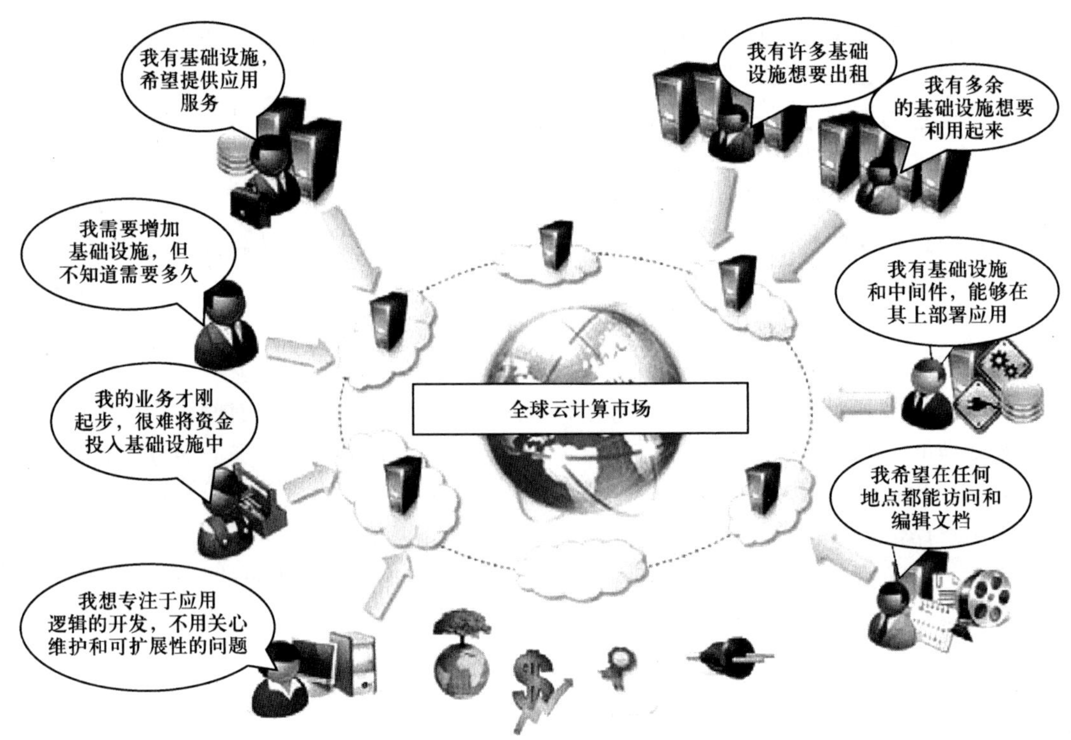


图 1.2　云计算的全局视角

来自加利福尼亚大学伯克利分校的一篇技术报告指出，云计算既是指通过互联网交付的应用，也是指在数据中心中提供这些服务的硬件和系统软件。前半部分是 SaaS，后半部分则被称为“云”（cloud）。简单地说，他们认为云计算就是“SaaS+效用计算”。如果该基础架构可以按照按使用付费的方式提供给外部用户，则其为公有云，否则便为私有云。公有云即是效用计算，SaaS 的提供者同时也是公有云的用户。

根据上述不同的定义不难发现，人们对于云计算的基本看法一致，只是在某些范围的划定上有所区别。来自维基百科（Wikipedia）的定义基本涵盖了各个方面的看法：云计算是一种计算模式，在这种模式下，动态可扩展并且通常是虚拟化的资源通过互联网以服务的形式提供。终端用户无须了解“云”中基础设施的细节，无须具有相应的专业知识，也无须直接进行控制，而只需关注自己真正需要的资源，以及如何通过网络得到相应的服务。

曾在 IBM 任职的朱近之在《智慧的云计算：物联网的平台》一书中给出一个相对宽泛的定义，以便能够更加全面地涵盖云计算：云计算是一种计算模式——将 IT 资源、数据和应用作为服务通过网络提供给用户。其实用“云”进行定义是一种比喻手法。在计算机流程图中，互联网常以一个云状图案表示，象征对复杂基础设施的一种抽象。云计算正是对复杂的计算基础设施的一种抽象，因此选择用“云”来比喻，如图 1.3 所示。

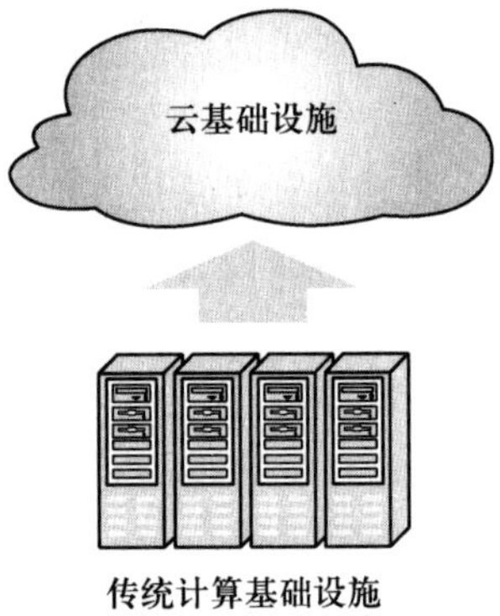

云基础设施

传统计算基础设施

图 1.3　云计算是对复杂基础设施的抽象

云计算以 SaaS 为起步，进而将所有的 IT 资源都转化为服务来提供给用户。这种思路正是美国国家标准与技术研究院（National Institute of Standards and Technology，NIST）给云计算提供的定义：云计算是一种模型，该模型能够方便地通过网络访问一个可配置的计算资源（例如网络、服务器、存储设备、应用程序以及服务等）的公共集。这些资源可以被快速提供并发布，同时最小化管理成本以及服务提供方的干预。

上述定义应该算是比较清晰和恰当的，也是本书所采用的定义。不过，也许会有读者对该定义不能完全理解，这是因为正式的定义通常比较抽象，旨在避免自身的陈述出现矛盾或问题，不会因人不同而产生争议。

接下来对上述定义进行进一步的阐述，可以从计算发生的地点和资源供应的形式两个角度看待云计算。

从计算发生的地点来看，最简单的表述是：云计算将软件的运行从一般的个人计算机（或桌面计算机）搬到了云端，也就是位于某个“神秘”地理位置上的服务器或服务器集群。这些服务器或服务器集群可以在本地，也可以在异地，甚至间隔距离遥远。这似乎是客户-服务器模式，不过，云计算并非遵循传统的客户-服务器模式，而是在该模式上进行了巨大的提升。

从资源供应的形式来看，云计算是一种服务计算，即所有的 IT 资源，包括硬件、软件、架构都被当作一种服务来销售并收取费用。云计算主要提供 3 种服务：基础设施即服务（infrastructure as a service，IaaS），提供硬件资源，类似于传统模式下的中央处理器（central processing unit，CPU）、存储器和输入输出（input/output，I/O）设备；平台即服务（platform as a service，PaaS），提供软件运行的环境，类似于传统编程模式下的操作系统和编程框架；软件即服务（software as a service，SaaS），提供应用软件功能，类似于传统模式下的应用软件。在云计算模式下，用户不再通过购买或者买断某种硬件、系统软件或应用软件成为这些资源的拥有者，而是购买资源的使用时间，以按照使用时长付费的计费模式进行消费。

由此可以看出，云计算将一切资源作为服务，按照所用即所付的方式进行消费正是主机时代的特征。在主机时代，所有用户通过显示终端和网线与主机连接，按照消费的 CPU 时间和存储容量进行计费。不同的是，在主机模式下，计算发生在一台主机上；在云计算下，计算发生在服务器集群或者数据中心上。

因此，云计算既是一种新的计算范式，又是一种新的商业模式。之所以称其为新的计算范式，是因为所有的计算都作为服务来组织；之所以称其为新的商业模式，是因为用户付费的方式与之前差异巨大，按照“所用即所付”的方式缴纳费用，从而大幅降低资源使用者的运行成本。不难看出，云计算的两个方面互为依托，缺一不可。正因为将资源作为服务，才能支持随用随付的付费模式；正因为要按照用多少付多少的方式计费，才能仅将资源作为服务提供（而无法作为打包的软件或硬件进行兜售）。事实上，可以说云计算“是一种计算范式，但这里的计算边界并非由技术限制决定，而是由经济因素所决定”。

概括来说，云计算是虚拟化、效用计算、服务计算、网格计算、自动计算等概念混合演进并集大成之结果。它从主机计算开始，历经小型机计算、客户-服务器计算、分布式计算、网格计算、效用计算进化而来，既是技术上的突破（技术上的集大成），也是商业模式上的飞跃（用多少付多少，避免浪费）。对于用户来说，云计算屏蔽了所有 IT 细节，用户无须对云端所提供服务的技术基础设施有任何了解或控制，甚至根本无须知道提供服务的系统配置和地理位置，只需要“打开开关”（接入网络），坐享其成即可。

由此可见，云计算描述的是一种新的补给、消费、交付 IT 服务的模式，该模式基于互联网协议，不可避免地涉及动态可伸缩且常常是虚拟化了的资源配置。从某种程度上说，云计算是人们追求对远程计算资源易访问性的一个副产品。

云计算在技术和商业模式两个方面的巨大优势，确定了其将成为未来的 IT 产业主导技术与运营模式。

### 1.1.2 计算模式的演进过程

云计算并非突然出现，而是已有技术和计算模式发展和演变的一种结果，其也未必是计算模式的终极结果，而是适合目前商业需求和技术可行性的一种模式。下面通过分析计算机的发展历程，介绍云计算的出现过程。图 1.4 从计算模式的角度展现了云计算的发展历史。

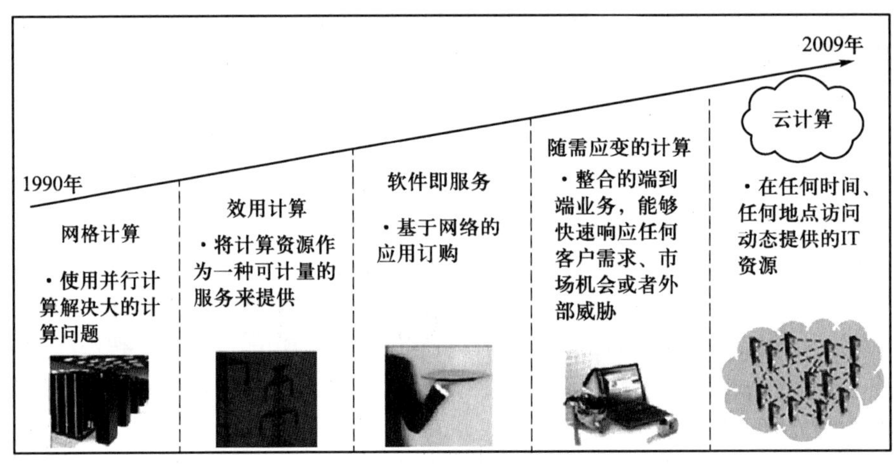


图 1.4 从计算模式的角度看云计算的发展历史

云计算是多种计算技术和范式的集大成，因此，其与现有的很多计算范式都存在类似之处。例如，应用程序运行在云端，客户通过移动终端或客户机访问云端服务的方式类似于客户-服务器模式；云资源的自动伸缩又与自动计算有些许相似；云计算将资源聚集起来给客户使用，与曾经红极一时的网格计算存在相似之处；云计算中大量计算节点同时运行，似乎又和并行计算有几分相似；构成云的节点遍布多个位置，又有几分分布式计算的感觉；而按照用量进行计费的云计费模式，又与效用计算有些相似。

虽然云计算与人们所熟知的各种计算范式确实存在某种类似之处，但并非完全相同。事实上，云计算与某些计算范式之间存在着十分巨大的差别。

**1．主机系统与集中计算**

其实早在几十年前，在计算机刚刚发明不久，那时的计算模式就有了云计算的影子。1964 年，世界上第一台大型主机 System/360 诞生，引发了计算机和商业领域的一场革命。

主机面向的市场主要是企业用户，这些用户一般会有多种业务系统需要使用主机资源，于是 IBM 公司发明了虚拟化技术，将一台物理服务器分成许多不同的分区，每个分区上运行一个操作系统或者一套业务系统。这样每个企业只需部署一套主机系统即可满足所有业务系统的需要。由于该系统已经经历了几十年的发展，因此其稳定性也为业界最高，具有“永不停机”的美誉。IBM 大型主机在金融、通信、能源和交通等支柱产业承担着最为广泛和重要的信息和数据处理任务。在云计算出现之前，全球 70%以上的企业数据运行在大型主机平台上，世界财富排行榜中位居前列的企业绝大部分都在使用大型主机。

大型主机的一个特点就是资源集中，计算、存储集中是集中计算模式的典型代表。使用大型主机的企业无须像如今的互联网企业一样单独维护成百上千台服务器，而是把企业的各种业务集中部署，统一管理。主机的用户大都采用终端的模式与主机连接，本地不进行数据的处理和存储，也无须采取诸如补丁管理、防火墙保护和病毒防范等措施。其实主机系统就是最早的“云”，只不过这些云面向的是专门业务、专用网络和特定领域。

云计算与主机计算实际上存在许多共同点，例如二者均为集中式管理和按用量计费。然而云计算与主机计算同样存在巨大的区别，其中一个重要的区别是其面向的用户群体不同。主机计算的用户通常是大型机构，并为关键应用所准备，例如人口普查、消费统计、企业资源计划（enterprise resource planning，ERP）、财务交易等；云计算则面向普通大众，可以运行各种各样的大、中、小型应用程序。

**2．效用计算**

效用计算随着主机的发展而出现。考虑到主机的购买成本高昂，一些用户只能租用而无法购买，于是效用计算的概念应运而生，旨在将服务器及存储系统打包给用户使用，按照用户实际使用的资源量对用户进行计费。这种模式类似于水、电、气和电话等服务的提供方式，使用户能够如将灯泡插入灯头般使用计算机资源。这种模式使得用户无须为使用服务而获取资源的所有权，仅需租用资源即可。效用计算是云计算的前身。

效用计算的实际运用以 IBM 公司为主要代表。IBM 公司将自己的主机资源按照时间租给不同的用户，主机仍然存放在 IBM 的数据中心，用户在远程或者 IBM 数据中心现场使用 IBM 的资源。效用计算中的关键技术就是资源使用计量，其保证了按使用付费的准确性。

从计费模式上看，云计算与效用计算如出一辙。效用计算将 IT 资源包装成可以度量的服务提供给用户使用，也就是将 CPU、内存、网络带宽、存储容量等看作传统的效用量（例如电话网络）进行包装。此种计算范式的最大优势是用户无须提前付费，也无须将 IT 资源买断。对于大部分的公司企业来说，没有足够的资金和技术来构造一个与世界 500 强公司一样的 IT 基础设施，因此效用计算的理念十分受欢迎，因为效用计算让小微用户同样能够访问和使用世界一流的信息技术和资源。

与云计算相比，效用计算仅规定了 IT 资产的计费模式，对 IT 资产的其他方面，例如技术、管理、配置、安全等并不进行限定。而付费模式仅仅是云计算所考虑的一个因素。此外，由于云的规模庞大，云计算并未实现完全意义上的效用计算。也就是说，云计算所实现的是“打了折扣”的效用计算。

**3．客户-服务器模式**

从服务的访问模式上看，云计算的确有客户-服务器模式（client-server model）的影子：客户通过某种设备与远处的云端相联系，使用运行在云端的应用软件所提供的服务。然而，在这种形似的背后，云计算提供的“远程服务器”具有无限的计算能力和存储容量，并且从来不会崩溃，几乎所有的软件均可在其上运行。用户还可以发布自己的应用程序到该“远程服务器”，而该“远程服务器”可以为应用程序自动配置所需的资源并随需变化。此外，云计算有自己的一套模式和规则（本书将在后文中阐述），而客户-服务器模型则泛指所有能够区分某种服务提供者（服务器）和服务请求者（客户机）的分布式系统。

**4．集群计算**

由于云计算的云体中包含大量的服务器集群，因而与集群计算十分相似。不过，服务器集群计算是利用紧密耦合的一组计算机来达到单个目的，而云计算是根据用户需要提供不同的支持来达到不同的目的。此外，服务器集群计算是有限度的分布式计算，其面临的挑战不如云计算所面临的分布式计算复杂。另外，集群计算并不考虑交互式的终端用户，而云计算恰恰需要考虑。显然，云计算包含了服务器集群计算的元素。

**5．服务计算**

云上的云服务这一说法自然让人联想到服务计算。服务计算也称为面向服务的计算，其更为准确的名称是软件即服务（SaaS）。此种计算范式将所有的应用程序均作为服务予以提供，用户或其他应用程序则使用这些服务，而非买断或拥有软件。在服务计算模式下，不同服务之间相对独立，松散耦合，随意组合。对服务计算来说，服务的发现是重点。

云计算大量采用了服务计算的技术和思维方式，但服务计算与云计算仍然存在重要区别。首先，服务计算虽然一般在互联网中实现，但未必在云中提供，单台服务器、小规模服务器集群、有限范围的网络平台即可提供服务计算；其次，服务计算一般仅限于软件即服务，而云计算将服务的概念推广到了硬件和运行环境，囊括了基础设施即服务、平台即服务的概念。也就是说，云计算的服务理念比传统的服务计算更加广泛。

**6．个人计算机与桌面计算**

20 世纪 80 年代，随着计算机技术的发展，计算机硬件的体积和成本均大幅度降低，使个人拥有自己的计算机成为可能。个人计算机的出现极大地推动了软件产业的发展，各种面向终端消费者的应用程序相继涌现。应用程序在个人计算机上运行需要简单易用的操作系统，而 Windows 操作系统正好满足了大众的需要，其伴随个人计算机的普及占领了市场，并最终走向成功。个人计算机具备独立的存储空间和处理能力，虽然性能有限，但是对于个人用户来说，在一段时间内足够使用。个人计算机可以完成绝大部分的个人计算需求，这种模式也称桌面计算。

在互联网出现之前，软件和操作系统的销售模式均为授权（license）模式，也就是通过软盘或者光盘，将软件代码复制到计算机上，而每次复制均需要向软件开发商付费。这种模式发展了几年以后就出现了一些问题，例如费用过高、软件升级烦琐等。升级的目的是解决之前的一些问题或使用新的功能，但是升级的过程有时十分烦琐。对于一个大型企业来讲，其 IT 部门可能需要管理上百种软件、上千个版本、上万台计算机，每个版本的软件都需要维护，包括问题追踪、补丁管理、版本升级和数据备份等，而这绝非一项简单的工作。

**7．分布式计算**

个人计算机没有解决数据共享和信息交换的问题，于是出现了网络——局域网以及后来的互联网。网络将大量分布在不同地理位置的计算机连接在一起，包括个人计算机和服务器（大型主机以及后来出现的中小型主机）。既然有了如此庞大的计算能力，那么一个应用能否运行在多台计算机上，共同完成某个计算任务呢？答案当然是肯定的，这就是分布式计算。

分布式计算依赖于分布式系统。分布式系统由通过网络连接的多台计算机组成，每台计算机均拥有独立的处理器及内存。这些计算机相互协作，共同完成一个目标或者计算任务。分布式计算是一个很大的范畴，包含了很多人们熟知的计算模式和技术，例如网格计算、对等网络（peer-to-peer，P2P）计算、客户-服务器（client/server，C/S）计算和浏览器-服务器（browser/server，B/S）计算，当然也包括云计算。在当今的网络时代，非分布式计算的应用已经十分少见，只有部分单机运行的程序属于这一范畴，例如文字处理程序、单机游戏等。

**8. 网格计算**

计算机的一个主要功能是执行复杂的科学计算，而该领域的主宰就是超级计算机，例如我国的“银河”系列、“曙光”系列、“天河”系列、“神威·太湖之光”等，以及战胜国际象棋冠军加里·卡斯帕罗夫（Garry Kasparov）的IBM超级计算机“深蓝”。以超级计算机为中心的计算模式存在明显不足：其虽然是一个处理能力强大的“巨无霸”，但由于造价极高，通常只有一些国家级的部门（例如航天、气象和军工等部门）才有能力配置这样的设备。随着人们对数据处理能力更强大的计算机的需求越发强烈，科学家们开始寻找一种造价低廉同时拥有超强数据处理能力的计算模式，这就是网格计算。

网格计算出现于20世纪90年代，它是伴随互联网而迅速发展起来的、针对复杂科学计算的新型计算模式。这种计算模式利用互联网将分散在不同地理位置的计算机组织成一台“虚拟的超级计算机”，其中每一台参与计算的计算机就是一个“节点”，而整个计算是由成千上万个“节点”组成的“一堆网格”，因此这种计算模式称为网格计算。为了进行一项计算，网格计算首先将要计算的数据分割成若干“小片”，然后将这些小片分发给每台计算机。每台计算机执行分配到的任务片段，待任务计算结束后将计算结果返回计算任务的总控节点。

可以说，网格计算是超级计算机和集群计算机的延伸。其核心仍为试图解决一个巨大且单一的计算问题，因而应用场景受到限制。事实上，在非科研领域，只有有限的用户需要用到巨型的计算资源。网格计算在进入21世纪后一度变得十分热门，各大IT企业也都进行了许多投入和尝试，但却一直没有找到合适的使用场景。目前，网格计算在学术领域取得了很多进展，包括一些标准和软件平台的开发，但是在商业领域却未得到普及。

从某种程度上看，网格计算要做的很多事情也是云计算要做的事情，但网格计算却不能算是云计算。首先，网格计算主要针对科学计算和仿真，而云计算是通用的；其次，网格计算不考虑交互式终端用户，而云计算需要考虑。

**9. 软件即服务（SaaS）**

软件即服务所表达的也是一种计算模式，即将软件作为服务。它是一种通过互联网提供软件的模式，厂商将应用软件统一部署在自己的服务器上，客户可以根据实际需求，通过互联网向厂商订购所需的软件应用服务，按订购的服务多少和时间长短向厂商支付费用，并通过互联网获得厂商提供的服务。用户不再需要购买软件，而只需向提供方租用基于Web的软件来管理企业经营活动，并且无须对软件进行维护，服务提供方会全权管理和维护软件。软件厂商在向客户提供互联网应用的同时，也提供软件的离线操作和本地数据存储，以便让用户随时随地使用其订购的软件和服务。

SaaS 出现于 2001 年。当时，随着互联网的蓬勃发展，各种基于互联网的新型商业模式不断涌现。对于传统的软件企业来说，SaaS 是最重大的一个转变。这种模式将一次性的软件购买收入变为持续的服务收入，软件提供方不再计算卖出多少份副本，而是需要时刻关注有多少付费用户。因此，软件提供方会密切关注自身的服务质量，并对自己的服务功能不断进行改进，提高自身竞争力。该模式可以减少盗版并保护知识产权，因为所有的代码都在服务提供方处，用户无法获取，也无法进行软件破解、反编译等。

概括来说，除效用计算外，上述计算范式均位于技术层面，而云计算范式同时涵盖了技术和商业两个层面，这也许是云计算和上述范式的最大不同。

**10．云计算的出现**

纵观计算模式的演变历史，其过程可以总结为“集中—分散—集中”。早期，受限于技术条件与成本因素，只能有少数企业能够拥有计算能力，当时的计算模式显然只能以集中为主。后来，随着计算机小型化与低成本化的发展，计算也逐步走向分散。如今，计算又有走向集中的趋势，这就是云计算。

用户可以使用云计算完成很多工作。从前文的陈述可知，云计算提供的基本服务有 3 种，即硬件资源服务、运行环境服务、应用软件服务。因此用户也可通过至少 3 种方式使用云平台，即利用云计算（平台）保存数据（使用云环境所提供的硬件资源）、在云计算平台上运行程序（使用云环境的运行环境）、使用云平台上的应用服务（使用云上布置的应用软件服务，例如地图、搜索、邮件等）。

云计算所提供的服务不仅仅是 IT 资源本身，如果仅此而已，则大可不必发展云计算。存储数据、运行程序、使用软件可以在很多平台上实现，并不需要云计算完成。之所以使用云计算，归因于其提供资源的方式和能力。云计算在资源提供方式和能力上具有极大的优势。

除了前文已经讲到的云平台的规模优势外，云计算的另外一个重要优势是弹性资源配给。云上的资源都具有所谓的弹性，即需求多时数量增加，需求少时数量减少。例如，如果在云上布置一个应用软件，云体控制器将根据该软件的客户需求变化来动态调整分配给该应用程序的资源，从而保证既能够满足任何时间、任何客户的需求暴增，又能够避免在客户需求低迷时的资源浪费。

此外，云平台提供了另外一个可能并不为多数人所知的优势：有些操作只有放在云端才能发挥强大作用，而直接部署在业务所在地或用户的客户机上则作用有限或不会发挥任何作用。这是因为在技术上，桌面机或服务器运转模式已经无法胜任 IT 系统所面临的诸多挑战，而这些挑战能够在云端得到解决。例如，在计算机病毒查杀方面，桌面机上的反病毒软件的查杀效果乏善可陈，杀毒效率最高只能达到 49%～88%（数据来自 Arbor Networks）。此外，查杀占用了客户机的大量计算资源，导致系统效率极为低下。但将杀毒操作移至云端即可解决这个问题。注意，这里提到的将杀毒操作移至云端与一些杀毒软件公司所宣扬的云杀毒有很大不同。市面上的云杀毒技术是指将杀毒软件部署在云端，通过网络对远程客户机进行查杀。这种云杀毒的唯一好处是杀毒软件的更新和维护更加容易，但杀毒能力并无提升。而如果在云端部署多种不同的杀毒软件，在云端对网络数据进行交叉查杀，则可以将杀毒效率提高到 96%以上，并且不会占用客户机的计算资源。

又如，在市场上，个人计算机、服务器或集群的操作模式面临更新与维护困难。仅将一个服务器的功能角色进行变换（更换系统及应用软件）就需要花费很多精力，并且容易出错。而对分布在各台计算机上的应用软件进行安装、配置、升级等各种管理操作是令许多公司头疼的问题。将这些服务移到云端则可以解决这些问题。

再例如，在数据取证方面，有些无法对单机进行取证的操作可以在云端实现。

总体来看，云计算至少具有以下 4 个优势。

① 按需供应的无限计算资源。

② 无须事先付费即可使用的 IT 架构。

③ 基于短期的按需付费的资源使用。

④ 单机难以提供的事务处理环境。

虽然各种冠以“云计算”头衔的服务概念层出不穷，但并非每种服务都可以划归于云计算服务的范畴。判断一项服务是否真正属于云计算服务，通常应当观察其是否同时满足以下 3 个条件。

① 服务应当随时随地可接入。用户可以在任何时间、任何地点，通过任何可以连接网络的设备使用服务，而无须考虑应用程序的安装问题，也无须关心这些服务的实现细节。

② 服务应当永远在线。偶发问题允许出现，但一个真正的云计算服务应当时刻保证其可用性和可靠性，即保证随时可通过网络的接入正常提供服务。

③ 服务拥有足够庞大的用户群。这就是所谓的“多租赁”，即由一个基础平台向多个用户提供服务的“租赁”。虽然没有明确的数量进行划分，但仅针对少数用户的服务，即便使用云计算相关的技术来支撑其基础系统架构，也不应该归为云计算服务。因为只有庞大的用户群才会产生海量数据访问压力，这是云计算出现的最根本原因，也是云计算服务区别于其他互联网服务的标志之一。

### 1.1.3　云计算简史

20 世纪 60 年代，“人工智能之父”约翰·麦卡锡（John McCarthy）曾经说过：计算资源可能在未来成为一种公用设施。这或许是最早发表过的与云计算相关的表述。1966 年，道格拉斯·帕克希尔（Douglas Parkhill）出版了《计算机效用的挑战》（*The Challenge of the Computer Utility*）一书。该书几乎对现代云计算的所有特点（弹性、按用量计费、在线、无限等）都进行了深入的讨论，并充分比较了电力工业和云计算的公有、私有、政府和社区形式的区别。可以说，该书已经描述了云计算，只是并未使用“云计算”这个名词。不过，此书并没有产生实质性的影响。

“云”一词源自电信产业。一直以来，电信公司提供的服务都是专用的、点对点的数据通路。但从 20 世纪 90 年代开始，美国的电信公司开始为人们提供所谓的虚拟专用网络（virtual private network，VPN）服务，这种服务的质量和点到点服务类似，但成本更低。通过对流量进行切换以达到更高的利用率，电信公司对网络的整体带宽的使用效率得到了提高。“云”被用于描述用户责任和服务提供方责任的分界点，而云计算则将该边界扩展到了覆盖服务器和网络基础设施的位置。

1999 年，美国易安信公司（EMC）提出了数据拨号音的设想。在公司的工程师大会上，时任工程部门副总裁的摩西（Moshe）提出了一种新的数据伺服模式——全球数据拨号音。这种设想将所有的电子数据集中存放在中央管理的数据中心（当然，这些数据中心的存储器是 EMC 的存储器），用户仅拥有一个只能显示结果和输入命令的 I/O 设备。用户只需将该设备连接到墙壁上的插口，即可听到一个类似电话信号的拨号音。如果认证通过，即可获得源源不断的数据。至于这些数据存在何处则无须用户关心。这种模式显然就是如今为人们津津乐道的云存储的概念。然而，这一概念并未引起 EMC 高层的重视甚至注意，提出此概念的摩西也在后来的人员变动中离开了 EMC。

在云计算的发展历史中，亚马逊公司是一个极为重要的角色。互联网泡沫破裂后，很多数据中心因效率低、成本高、风险大而被迫倒闭，其中就有一家名为 Exodus Communications 的公司。亚马逊公司对该公司的数据中心进行了现代化改造，旨在提高数据中心的利用率。当时，Exodus Communications 公司的数据中心利用率仅为 10%左右，因而导致成本居高不下，使经营处于岌岌可危的状态。经过研究，亚马逊公司发现，采用新的统一的云架构能够带来可观的效率提升。因此，亚马逊公司于 2005 年在其内部首先实施了亚马逊 Web 服务（Amazon Web Services，AWS）效用计算模式。之后，亚马逊公司决定将自己的云计算提供给外部客户，并于 2006 年开始将 AWS 作为效用计算向外部客户提供。图 1.5 展示了云计算发展历史中的重大事件。

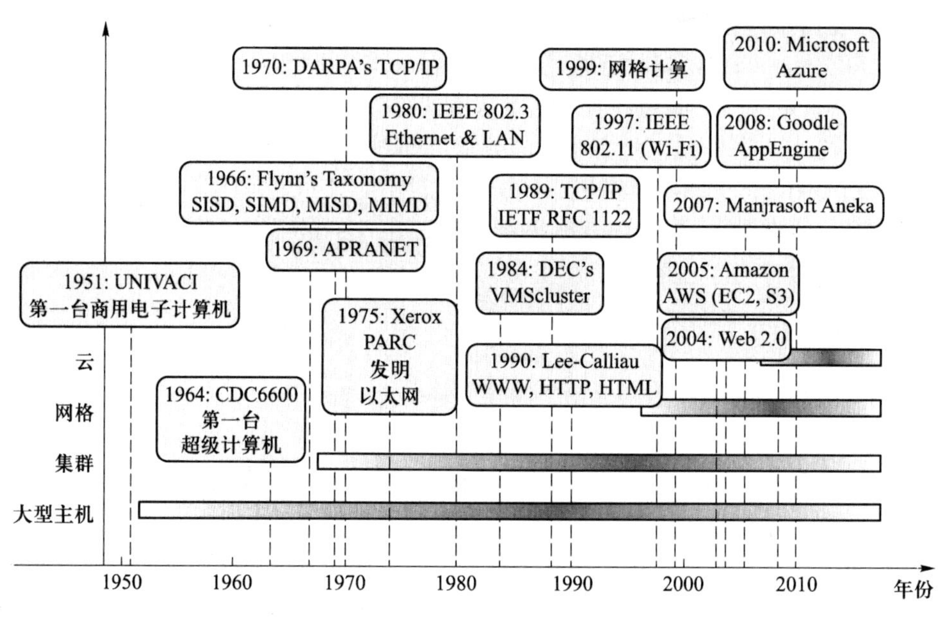


图 1.5　云计算的发展简史

### 1.1.4　云计算的推动力

云计算并非凭空出现，而是由多种因素促成，具有一定的必然性。

**1．网络带宽的提升**

必要的网络带宽是云计算普及的一个必要条件。既然将计算和存储放在网络的另一侧，则必然需要用户能够方便地访问这些数据。近年来，随着互联网的普及，各大网络运营商也在不断投资改善互联网基础设施。一方面，核心网络的带宽迅速扩大；另一方面，家庭和企业用户的网络接入也有了质的改变。以家庭用户为例，从最初的拨号上网（网速在 50 kbps 左右），到后来的 ADSL（512 kbps、1 Mbps、2 Mbps），以及如今的光纤入户（10 Mbps、20 Mbps 乃至更高速度），带宽的增长改变了用户使用网络的模式以及网络应用的类型。随着 4G/5G 技术的发展，网络带宽将进一步增长，直至用户感知不到带宽的限制。

**2．技术成熟度**

云计算与效用计算存在很多相似之处，但是效用计算并未真正普及，其原因在于缺乏足够的可操作性。任何理念如果没有切实可行的实现办法就将成为一个空想甚至幻想。而云计算能够获得大众认可，与其技术成熟度紧密相关。云计算对应的不是一种技术，而是多种技术的组合，这些技术将 IT 作为服务的简单理念变成了现实。不同的层面可能会用到不同的技术。

相关技术隐藏在后台，对于用户而言不可见，这也是云中隐藏的部分。可以将提供云计算服务的数据中心想象为一个巨大的工厂，其内摆满成百上千台服务器，并且通过错综复杂的线缆相互连接。服务器上运行了很多智能化程序，能够对服务器进行高效的管理，从而保证服务器出现故障时系统能够自动修复，还能够保证整个数据中心以较低的成本运行。

**3．移动互联网的发展**

据统计分析，网络终端的数量从 2006 年的 5 亿余个增长到如今的上千亿个，全世界人均拥有上百个网络终端，如何管理这些设备成为一个大问题。由于这些设备未必全部拥有很强的计算能力，并且无法将所有数据分散在每个设备上，于是云计算模式便成为解决该问题的一个理想方法。例如，如今的家庭大都拥有数据存储设备，如台式计算机、笔记本计算机、手机、数字照相机、电子相框和能够存储照片的电视机等，多达几十个设备可能会使家庭电子数据的管理成为难题。人们可能需要不停地在不同设备之间同步数据，还要考虑定期使用光盘备份，避免硬盘损坏。如果未来所有的设备均可连入互联网，并且实时与互联网保持同步，那么一种基于云计算的家庭照片管理应用可能会更加实用。

**4．数据中心的演变**

数据中心对用户来说就像位于互联网另一端的提供计算和存储能力的工厂，是 IT 业的“发电厂”。数据中心对于普通的互联网用户来讲是陌生的，就像人们用电并不关心电厂如何运作一样。实际上，数据中心也在不断地进行着演变。数据中心可以分为两种：面向互联网提供服务的数据中心，以及企业私有的、只对内部开放的数据中心。两种数据中心都需要人来运营，确保其能够不间断地提供服务。调查显示，在全球 1 000 个组织中，超过 90%的组织认为需要在近年对其数据中心进行较大的改变。对于他们来说，目前的挑战包括昂贵的管理成本、快速增加的能源消耗、快速增长的用户需求以及低效率的 IT 资源使用等。鉴于上述问题，数据中心急需一种全新的架构和管理理念，而云计算正是从服务提供者的角度给出的一个解决办法。

**5．经济因素**

当一项产品在技术上可行又具有广阔的需求时，决定其成败的唯一因素就是价格，或者说用户使用成本。而改变计算模式最根本的因素也是成本，技术是其触发条件。在大型主机的年代，之所以采用集中计算，主要是因为主机成本过高，而个人计算机的出现极大地降低了用户使用成本，使每个企业都能够承担自己的数据中心。如今，互联网和云计算的出现使成本的进一步降低成为可能，进而促进了企业采用新技术。

云计算节约成本的诀窍在于规模化效应。以发电为例，每家每户使用各自的发电机发电的总成本显然高过发电厂集中供电；另以交通为例，使用大型公共汽车运送相同数量的人显然比使用小型汽车更加经济。通过规模化效应，云计算不仅可以降低固定资产投入，还可以降低运行费用。当资源被集中后，资源的分时共享或者分区共享可以使得同样的资源发挥更大的作用，加之智能化的资源调配，就能够实现资源的最大化利用。有分析师指出，云计算能使成本节约 90%甚至更多。

**6．大数据**

大数据是驱动云计算的另外一个主要推动力。由于处理海量数据需要海量的存储容量和计算能力，一般的 IT 架构已经难以胜任，由此催生了标准设备集群，进而演变为云计算平台。事实上，商业领域中两个著名的云计算平台——亚马逊公司的 AWS 和谷歌公司的 App Engine 均因处理大数据而催生。

此外，推动云计算发展的其他驱动力还包括如下几种。

① 提高资源利用率，节能降耗：云计算（严格来说是虚拟化）可以将服务器利用率从 15%提高到 60%甚至更高，从而降低单位计算任务的能耗。

② 降低信息系统的维护成本：维护均在同一个地点进行，并由专门人员完成。

③ 提升 IT 资产的安全态势：安全问题全部集中在一处解决，比分散在无数用户的业务所在地容易得多。

④ 提升信息系统的灾备能力：云计算服务提供方可以为灾备进行集中投资和管理。

总而言之，推动云计算出现和发展的动力可以概括为节省、灵活、方便、弹性、无限、按用量计费。

## 1.2 云计算的公共特征与分类

### 1.2.1 云计算的公共特征

通过对云计算方案的特征进行归纳和分析，可以发现这些方案所提供的云服务存在显著的公共特征，这些特征也使云计算明显区别于传统的服务。

**1．弹性伸缩**

云计算可以根据访问用户的多少，增减相应的 IT 资源（包括 CPU、存储、带宽和中间件应用等），使 IT 资源的规模能够动态伸缩，满足应用和用户规模变化的需要。在资源消耗达到临界点时可自由添加资源，资源的增加和减少完全透明，该特点系继承自动计算的特点而来。

**2．快速部署**

云计算模式具有极大的灵活性，足以适应各个开发和部署阶段的各种类型和规模的应用程序。提供者可以根据用户的需要及时部署资源，最终用户也可按需选择。

**3．资源抽象**

最终用户并不知晓云上应用运行的具体物理资源的位置，同时云计算支持用户在任意位置使用各种终端获取应用服务。所请求的资源来自“云”，而非固定的有形实体。应用在“云”中某处运行，但实际上用户无须了解，也不必知晓应用运行的具体位置。

**4．按用量计费**

即付即得（pay-as-you-go）的方式已广泛应用于存储和网络宽带技术（计费单位为字节）。虚拟化程度的不同导致了计算能力的差异。例如，谷歌的 App Engine 通过增加或减少负载实现其可伸缩性，而其用户按照使用 CPU 的周期进行付费；亚马逊的 AWS 则按照用户占用虚拟机节点的时间进行付费（以小时为单位），根据用户指定的策略，系统可以根据负载情况进行快速扩张或缩减，从而保证用户只使用自己所需要的资源，达到为用户节省费用的目的。目前包括腾讯云、阿里云、UCloud 等在内的国内云服务商同样采用按用量计费的模式。

**5．宽带访问**

提供松散耦合的服务，每个服务之间独立运转，一个服务的崩溃通常不影响另一个服务的继续运转。该特点系继承“基于服务的架构”的特点而来。

云计算的特点有很多，其中包含 3 个核心特点：一为计算范式，即计算作为服务；二为商业模式，即效用计算，随用随付；三为实现方式，即软件定义的数据中心。如果用一句话概括，则为“互联网上的应用和架构服务”，更简单地讲，即“IT 作为服务”。

### 1.2.2　云计算的分类

云的分层注重的是云的构建和结构，但并非所有相同构建的云均用于同样的目的。传统操作系统可以分为桌面操作系统、主机操作系统、服务器操作系统、移动操作系统，云平台也可以分为多种不同的类型。云分类主要根据云的拥有者、用途、工作方式进行。这种分类方式关心的是谁拥有云平台、谁在运营云平台、谁可以使用云平台。从这个角度来看，云可以分为公有云、私有云、社区云、混合云和行业云等。

下面从云计算的部署模式和服务类型分析现有的各种云方案。

**1．根据云的部署模式和使用范围进行分类**

（1）公有云

当云按照服务方式提供给大众时称为“公有云”。公有云由云服务商运行，为最终用户提供各种各样的 IT 资源。云服务商可以提供从应用程序、软件运行环境，到物理基础设施等各个方面的 IT 资源的安装、管理、部署和维护。最终用户通过共享的 IT 资源实现自己的目的，并且只为其使用的资源付费，通过这种比较经济的方式获取自己所需的 IT 资源服务。

在公有云中，最终用户并不知晓与其共享使用资源的还有其他哪些用户，以及具体的资源底层如何实现，甚至几乎无法控制物理基础设施。因此云服务商必须保证所提供资源的安全性和可靠性等非功能性需求，云服务商的服务级别也因所提供非功能性服务的不同进行分级。特别是需要严格按照安全性和法规遵从性的云服务要求提供服务时，也需要更高层次的、更成熟的服务质量保证。典型的公有云包括谷歌 App Engine、亚马逊 EC2、IBM Developer Cloud，以及国内的腾讯云、阿里云、华为云、UCloud 等。

（2）私有云（或称专属云）

商业企业和其他社团组织不对公众开放、仅为本企业或社团组织提供云服务（IT 资源）的数据中心称为“私有云”。相对于公有云，私有云的用户完全拥有整个云中心设施，可以控制何种应用程序在何处运行，并且可以决定允许使用云服务的用户。由于私有云的服务提供对象针对企业或社团内部，私有云的服务可以更少地受到在公有云中必须考虑的诸多限制，例如带宽、安全性和法规遵从性等。此外，通过用户范围控制和网络限制等手段，私有云可以提供更多的安全和私密等保证。

私有云提供的服务类型也可以是多样化的。私有云不仅可以提供 IT 基础设施的服务，而且支持应用程序和中间件运行环境等云服务，例如企业内部的管理信息系统（management information system，MIS）云服务。

（3）社区云

公有云和私有云均存在缺点，一个折中的解决方案就是社区云。顾名思义，社区云是指由一个社区而非一家企业所拥有的云平台。社区云一般隶属于某个企业集团、机构联盟或行业协会，通常服务于同一个集团、联盟或协会。如果一些机构联系紧密或者存在共同（或类似）的 IT 需求，并且相互信任，即可联合构造和经营一个社区云，以便共享基础设施并享受云计算的优势。所有属于该群体的成员均可使用该云架构。为了管理方便，社区云一般由一家机构进行运维，也可以由多家机构共同组成一个云平台运维团队来进行管理。

公有云、私有云与社区云的区别如图 1.6 所示。

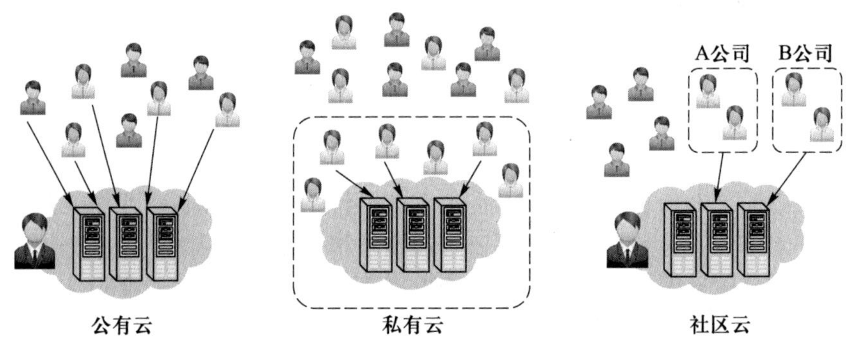


图 1.6　公有云、私有云与社区云

（4）混合云

混合云是指将公有云和私有云相结合，用户可以通过一种可控的方式部分拥有或与他人共享。企业可以利用公有云的成本优势，将非关键应用部分运行在公有云上，同时将安全性要求更高、关键性更强的主要应用通过内部的私有云提供服务。

使用混合云的原因有很多，最主要的原因为各种考虑因素的折中以及私有云向公有云过渡的需求。有些机构虽然希望利用公有云的优势，但因为各种法规、保密要求或安全限制，无法将所有的资产置于公有云上，于是就会出现部分 IT 资产部署在公有云、部分部署在业务所在地的情况，由此形成混合云。

长远来看，公有云是云计算的最终目的，但私有云和公有云会以共同发展的形式长期共存。就像银行服务的出现，货币从个人手中转存到银行保管，是一个更安全、更便捷的过程，但也会有人选择自行保管，二者并行不悖。

（5）行业云

行业云针对云的用途而言，并非针对云的拥有者或用户。针对某个行业而特殊定制（例如针对汽车行业定制）的云平台称为行业云。行业云的生态环境所用的组件应当适用于相关行业，其上部署的软件应为行业软件或其支撑软件。例如，针对军队建立的云平台上部署的数据存储机制应当适用于战场数据的存储、索引和查询。

毫无疑问，行业云适用于指定的行业，但对一般用户的价值可能有限。一般来说，行业云的构造更为简单，其管理通常由行业龙头或者政府指定的计算中心（超算中心）负责。有人称超算中心为云计算中心，大概就是基于该角度的理解。

行业云和前文所述的 4 种云之间并非排他性的关系，它们之间可能存在交叉或者重叠的关系。例如，行业云可以在公有云上构建，也可以是私有云，更可能是社区云。

（6）其他云

除上述类别外，还可通过其他方式对云进行分类。例如，根据云针对的是个人或企业，又可将其分为消费者云和企业云。消费者云的受众为普通大众或者个人，因此也称大众云，该类型的云注重个人的存储和文档管理需求；企业云则面向企业，注重企业的全面 IT 服务。这种分类方式在本质上仍是上述云种类的某种分割或组合。

**2．针对云计算的服务层次和服务类型进行分类**

依据云计算的服务类型，也可将云分为 3 个层次：基础设施即服务、平台即服务和软件即服务。不同的云层提供不同的云服务，图 1.7 展示了一个典型的云计算组成。

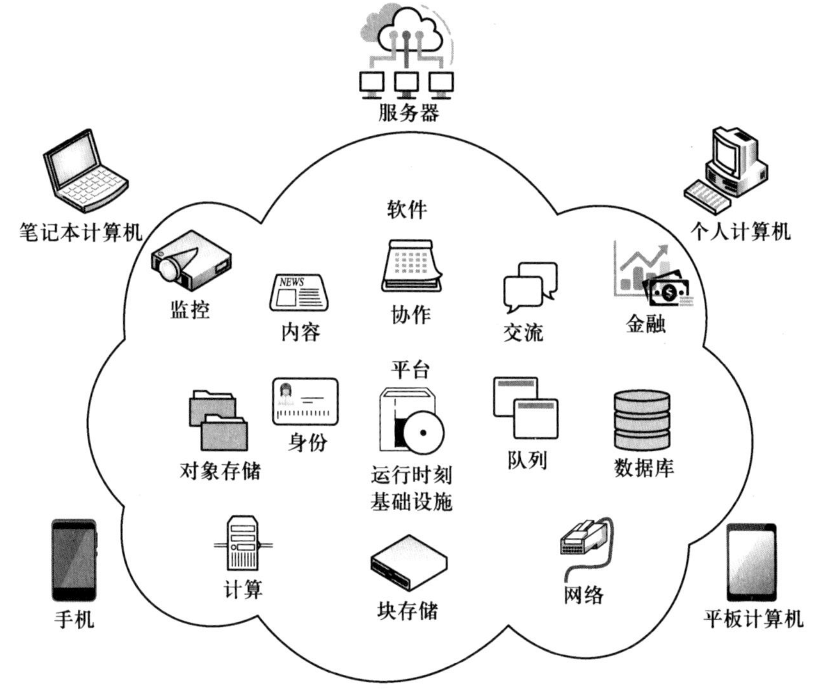


图 1.7　云计算的组成元素（来源：维基百科）

（1）基础设施即服务（IaaS）

IaaS 位于云计算三层服务的底端，也是云计算的狭义定义所覆盖的范围。IaaS 是指将 IT 基础设施像水、电般以服务的形式提供给用户，即以服务的形式提供基于服务器和存储等硬件资源的、可高度扩展和按需变化的 IT 能力。IaaS 通常按照所消耗资源的成本进行计费。

该层提供基本的计算和存储能力。以计算能力的提供为例，其提供的基本单元为服务器，包含 CPU、内存、存储、操作系统以及一些软件，如图 1.8 所示。具体示例包括亚马逊的 EC2 虚拟机等。

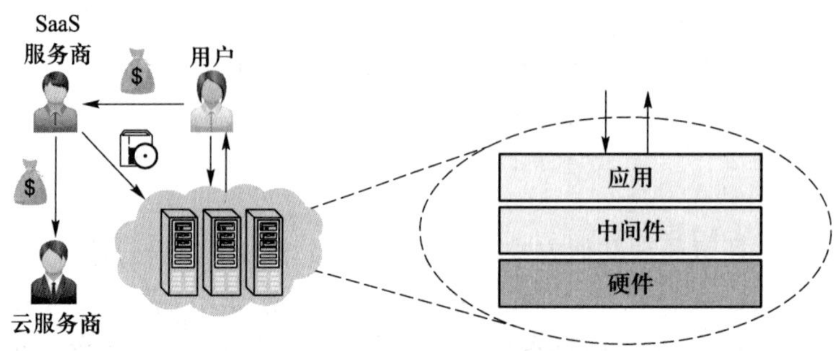


图 1.8　基础设施即服务的层次

（2）平台即服务（PaaS）

PaaS 位于云计算三层服务的中间位置，通常也称为“云操作系统”，如图 1.9 所示。其为终端用户提供基于互联网的应用开发环境，包括应用编程接口和运行平台等，支持应用从创建到运行的整个生命周期所需的各种软硬件资源和工具，通常按照用户或登录情况计费。在 PaaS 层面，服务提供方提供经过封装的 IT 能力或一些逻辑的资源，例如数据库、文件系统和应用运行环境等。PaaS 的产品示例包括华为的软件开发者云 DevCloud、Salesforce 公司的 Force.com 和谷歌的 App Engine 等。

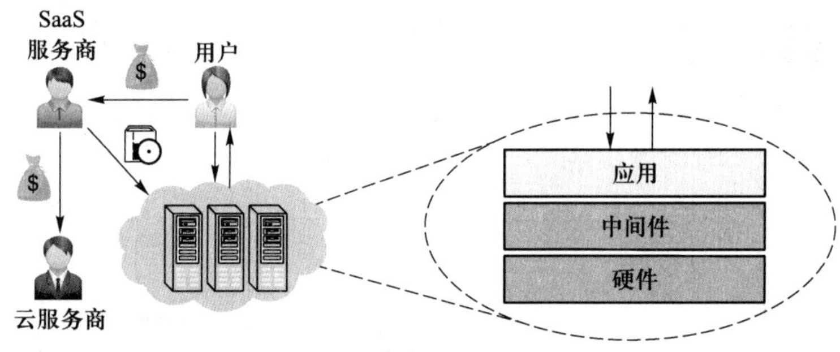


图 1.9　平台即服务的层次

PaaS 服务主要面向软件开发者，让开发者通过网络在云计算环境中编写并运行程序在以前是一个难题。在网络带宽逐步提高的前提下，两种技术的出现解决了这个难题：其一为在线开发工具，开发者可以通过浏览器、远程控制台（控制台中运行开发工具）等技术直接在远程开发应用，无须在本地安装开发工具；其二为本地开发工具和云计算的集成技术，即通过本地开发工具将开发的应用部署到云计算环境中，同时进行远程调试。

（3）软件即服务（SaaS）

SaaS 是最常见的云计算服务，位于云计算三层服务的顶端，如图 1.10 所示。用户通过标准的 Web 浏览器使用互联网上的软件，服务提供方负责维护和管理软硬件设施，并以免费或按需租用的方式向最终用户提供服务。

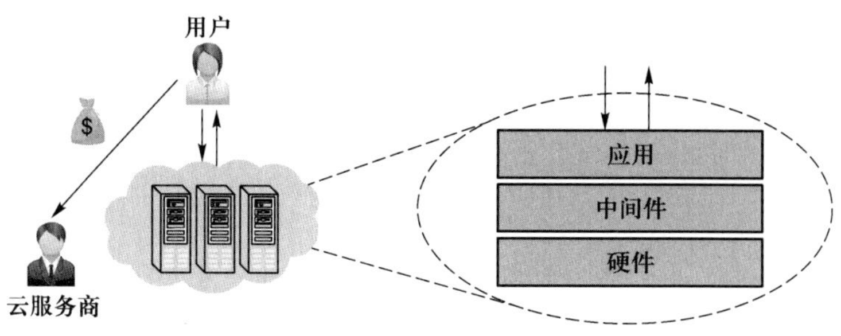


图 1.10　软件即服务的层次

该类服务既包含面向普通用户的服务（例如 Google Calendar 和 Gmail），也包含直接面向企业团体的，用于工资单流程处理、人力资源管理、协作、客户关系管理和业务合作伙伴关系管理等的服务（例如 Salesforce.com 和 SugarCRM）。SaaS 提供的应用程序减少了客户安装与维护软件的时间及其对技能的要求，并且可以通过按使用计费的方式减少软件许可证费用的支出。

以上三层服务均有相应的技术支持，并具有云计算的特征，例如弹性伸缩和自动部署等。每层云服务可以独立成云，也可以结合下层云提供的服务。每种云可以直接提供给最终用户使用，也可仅用于支撑上层的服务。

### 1.2.3　与云计算有关的技术

从技术角度看，云计算所体现的分布式系统、虚拟化技术、负载均衡等各种技术之间有着千丝万缕的联系。如同信息技术中的“截拳道”，虽然其融合了各种精华，但仍然自成一派。

在具体的技术实现上，云计算平台创新性地融合了多种技术的思想，通过不同的组合，解决在具体应用过程中遇到的不同问题。因此，人们能够从云计算平台中发现多种技术的身影，但也会令人由此产生云计算不过是“老调新弹”的判断。然而，如果只着眼于某一技术的存在而忽略云计算本身在技术应用上的融合创新，则会导致“只见树木，不见森林”，不仅有失偏颇，还会产生错误的认识。

就技术而言，云计算在本质上源自超大规模分布式计算，是一种演进的分布式计算技术。此外，云计算延伸了 SOA 的理念，并融合了虚拟化、负载均衡等多种技术方法，形成了一套新的技术理念和实现机制。具体而言，云计算的核心意义不仅在于技术的发展，还在于通过组织各种技术，使人们建立 IT 系统的思路和结构发生根本性的变化。从计算资源的利用这个角度看，可以从以下 3 个方面加以详细分析。

**1．并行计算**

并行计算（parallel computing）通常是指同时执行多个指令的计算模式，其原理为将一个“大”问题分解为多个同时处理的“小”问题。并行计算旨在加快计算速度，因此确定问题分解的并行算法对于并行计算而言至关重要，因而并行计算在结构上属于紧耦合（tight coupling）的概念。

在软件工程中，“耦合”是指互相交互的系统彼此间的依赖。紧耦合表明模块或者系统之间关系紧密，存在明显的依赖关系。举例来说，假设一个计算机系统是紧耦合的，则在设计时必须对相关任务进行良好的定义，制定具体的执行策略。对于定义之外的任务，系统将无法处理。这样，并行计算的计算机体系架构——甚至在硬件层面上——不同的部件或层次之间联系非常紧密，依靠严密可行的预定义计划并指导每个环节之间流动和反馈的内容。

**2. SOA**

SOA 是面向服务的体系结构（service-oriented architecture）的简称，根据结构化信息标准促进组织（Organization for the Advancement of Structured Information Standards，OASIS）给出的定义，“SOA 是一种组织和利用可能处于不同所有权范围控制下的分散功能的范式。”通常所说的 SOA 是指一套设计和开发软件的原则和方法，其将应用程序的不同功能单元（即“服务”）通过服务之间定义的接口和协议联系起来，以使所构建的各类服务通过一种统一和通用的方式，在实现服务的平台或系统中进行交互。简而言之，SOA 是一种理念，即给定一种标准接口和一个约束接口的服务协议，任何满足该服务协议的业务应用均可通过给定的标准接口进行通信和交互，实现对接。

SOA 理念最初应用于整合企业应用中分散的业务功能。企业在发展过程中会不断形成新的业务系统，以满足业务流程信息化的需要。最初，为了解决不同系统尤其是不同厂商之间产品集成的问题，出现了各种不同的企业应用集成（enterprise application integration，EAI）技术。首先是各种基于消息的中间件产品，通过消息中间件可以实现各个系统之间的数据交换。各个应用将自己的输出封装成消息，通过消息中间件进行发布，而需要数据的应用只需从消息中间件中获得所需消息即可。但是由于业界缺乏消息的标准，因而容易造成对单一产品的依赖，并且不同的消息中间件之间无法直接交换数据。之后，Java 技术 J2EE 的发展促成了基于 J2EE 的 JCA（J2EE 连接器架构）的诞生，JCA 成为 EAI 范畴的第一个正式的规范，旨在解决应用之间的通信问题，使 EAI 领域有了相对开放、统一的标准。

相对于 EAI 在系统建设后的整合方面发挥的作用，SOA 则偏重于事前规范。SOA 提出标准接口和服务协议的理念，使基于 SOA 而开发的服务具备一种“松耦合”的特征。对于企业来说，这种松耦合具有极大的便利性。在 SOA 架构下，由于服务具有可重用性，因此当企业搭建新的应用系统时，可以直接使用现有服务而无须再次开发，只需对所需功能进行补充完善，从而充分利用现有的资源并降低成本。

SOA 本质上是一种用于交换系统间信息的企业集成技术，其更关心如何使系统集成更加高效。SOA 的实施技术允许消费者的软件应用在公共网络上调用服务，并通过提供一个语言中立的软件层，实现对各种开发语言和平台的集成。因此企业实施 SOA 的最大优势在于：通过达成企业架构中系统接口的统一以节约资源，并在将来可能发生集成时提高速度或者组织的敏捷性。

云计算的重点在于通过资源的重新组合满足不同服务的需求。虽然可能包含 SOA 中的软件服务，但云计算的使用明显涵盖了更多领域。并且，从服务的角度而言，云计算的出现扩展了“服务”的内涵，使 IT 功能可以像商品般在市场上销售。从实际情况来看，一个企业可以同时部署 SOA 和云计算，也可以单独部署其中一项，或者可以借助 SOA 的方法将本地应用、私有云和公有云中的应用整合为灵活的混合云方案。

云计算可以视为 SOA 思想在系统和硬件层面的延伸。在云计算平台中，借鉴 SOA 的思想能够实现更大范围的“服务”的模块化、流程化和松耦合，即可通过通用接口的定义屏蔽底层硬件资源的区别，也可通过另外的接口定义实现数据交换的一致性，从而实现底层硬件资源和上层应用模块的自由调度。进而企业可以通过资源和模块重组，快速完成整个业务系统的功能转变，满足不同的业务需要，而这也是云计算平台所具有的革命性意义之一。

**3. 虚拟化**

在现有的众多云计算定义中，有定义将云计算描绘成“通过网络访问的、可按需接入的、订阅付费的、由他人分享的、封装在自身数据中心之外的、简单易用的、虚拟化的 IT 资源”。虽然该概念未必准确，但其指明了一点：虚拟化技术是通向云计算的光明大道。

虚拟化（virtualization）是指为某些事物创造的虚拟（而非真实）版本，例如硬件平台、计算机系统、存储设备和网络资源等。其目的是摆脱现实情况下物理资源所具有的各种限制，即“虚拟化是资源的逻辑表示，不受物理限制的约束”。

虽然很多人因云计算而对虚拟化产生兴趣，但虚拟化技术并非一项新技术。从 IBM 大型计算机的虚拟化到如今 EMC 可应用于桌面机的 VMware 系列，单机虚拟化技术已经经历了半个多世纪的发展。最初，实施虚拟化技术旨在使单个计算机的功能接近于多个计算机或完全不同的计算机，从而提高资源利用率并降低 IT 成本。随着虚拟化技术的发展，虚拟化的概念所涵盖的范围也在不断扩大。

计算机系统通常分为若干层次，从下至上依次包括底层硬件资源、操作系统、应用程序等。虚拟化技术的出现和发展使人们可以将各类底层资源进行抽象，形成不同的“虚拟层”，向上提供与真实的“层”相同或相似的功能，从而屏蔽设备的差异兼容性，对上层应用透明。可以说，“虚拟化技术降低了资源使用者与资源具体实现之间的耦合程度，让使用者不再依赖于资源的某种特定实现。”

云计算所涉及的虚拟化是经过发展的更高层次的虚拟化，是指将所有的资源——计算、存储、应用和网络设备等相互连接，由云计算平台进行管理调度。借助虚拟化技术，云计算平台可以对底层中千差万别的资源进行统一管理，也可以随时进行资源调度与管理，实现资源的按需分配，从而使大量物理上分散的计算资源在逻辑层面以一个整体的形式呈现，同时支撑各类应用需求。因此对于云计算平台而言，虚拟化技术的发展是其关键驱动力。

虽然虚拟化是云计算的一个关键组成，但是云计算并非仅限于虚拟化。例如，公司是由大量员工聚集在一起、通过一定的管理办法形成的一个组织，但公司所涵盖的内容远不止其组织形态。同样地，云计算所表达的还包括按需供应、按量计费的服务模式，以及弹性、透明和积木化等技术特点。

## 1.3　云计算的三元认识论

随着云计算生态的不断成熟，如今的云计算应当包含 3 个方面的内容——商业模式、计算范式与实现方式。而这也是本书所倡导的核心内容：云计算既是一种商业模式，又是一种计算范式，还是一种实现方式。

### 1.3.1 云计算作为一种商业模式

首先，云计算服务代表一种新的商业模式，SaaS、PaaS 和 IaaS 是该商业模式的典型表现形式。对于任何一种商业模式而言，除了需要理论上可行，还要保证实践上可用。因此，随着云计算服务理念的发展，云计算也形成了一套完整的软件架构与技术实现机制，而云计算平台就是这套机制的具体体现。

亚马逊公司销售图书、DVD、计算机、软件、电视游戏、电子产品、服装、家具、计算资源等一切适合电子商务的“商品”。在推出 EC2 时，亚马逊也面临诸多质疑，但时任公司 CEO 的贝索斯对商业这一概念的理解显然要宽泛许多。贝索斯认为，无论是“PC+软件”，还是从“云”中获取服务的方式，不仅关乎技术问题，也是一种“商业模式”。

起初，为了让网站能够支持大规模业务，亚马逊在基础设施建设上下了很大功夫，自然也积累了许多经验。为了将平时闲置的大量计算资源同样作为商品出售，亚马逊公司先后推出了简单存储服务（simple storage service，S3）和 EC2 等存储、计算租用服务。虽然媒体认为这是贝索斯安全度过互联网泡沫期后的一笔冒险赌注，但 EC2 确实影响了整个行业并影响了许多人，在当时的业界引起了极大的震动。

在亚马逊之前，虽然有不少服务在如今看来都有云计算服务的特征，但即便是谷歌所提供的服务，仍然可以看作互联网服务意义下的一种商业模式。而亚马逊推出 IaaS 仿佛为互联网世界打开一扇窗，为人们提供了一种运营计算资源的新方式，以及“云计算”这一新的商业模式。而那些与传统互联网服务形似神离的服务模式也终于可以独立出来，找到自己归属的阵地——云计算服务。

加利福尼亚大学伯克利分校在一篇关于云计算的报告中表示，云计算既指在互联网上以服务形式提供的应用，又指在数据中心中提供这些服务的硬件和软件，而位于数据中心的硬件和软件则被称为“云”。

NIST 曾于 2011 年发布过一份《云计算概要及建议》（*DRAFT Cloud Computing Synopsis and Recommendations*），对 SaaS、PaaS 和 IaaS 等进行了详细说明。许多人认为 SaaS 必须运行在 PaaS 上，PaaS 必须运行在 IaaS 上，但实际上三者之间并不存在绝对的层次关系，它们都是一种服务，可以存在层次叠加关系或不存在任何关系。

### 1.3.2 云计算作为一种计算范式

从计算范式的角度而言，云计算出身于超大规模分布式计算。例如，雅虎为了解决系统对大规模应用的支撑问题，设计了超大规模分布式系统，旨在将大问题分解，由分布在不同物理地点的大量计算机共同解决。但随着技术的不断发展和完善，云计算在解决具体问题时借鉴了许多其他技术和思想，包括虚拟化技术、SOA 理念等。云计算与这些技术存在根本的差别，并体现在商业应用和实现细节上。

云计算作为一种计算范式，其计算边界既由上层的经济因素决定，也由下层的技术因素决定。经济因素自上而下决定该计算范式的商业形态，技术因素自下而上决定该计算范式的技术形态。

作为云计算服务的计算范式还可进一步从两个角度理解——横向云体逻辑结构和纵

向云栈逻辑结构。

**1. 横向云体逻辑结构**

横向云体逻辑结构如图 1.11 所示。从横向云体的角度看，云计算分为云运行时环境（cloud runtime environment）和云应用（cloud application）两个部分。

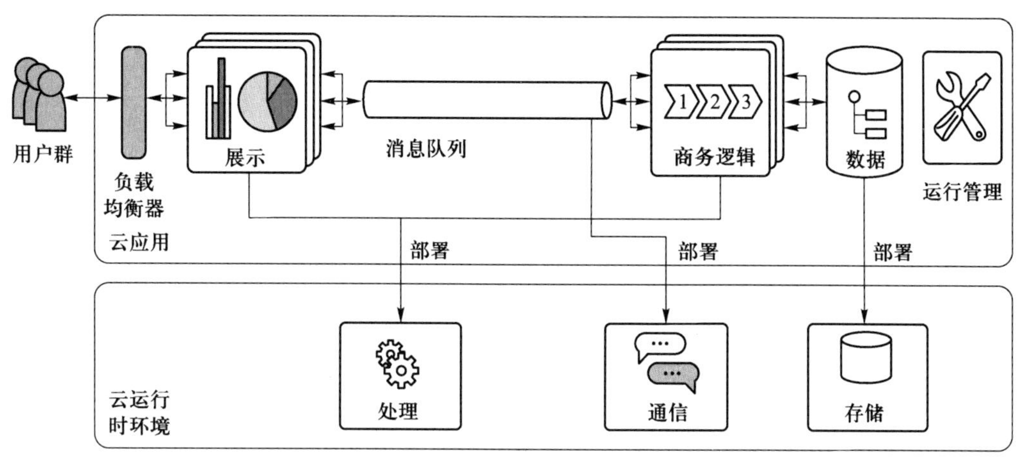


图 1.11　云计算的横向云体逻辑结构

云运行时环境包括处理（processing）、存储（storage）和通信（communication），三者共同支撑起上层应用的各个方面。

由此可知，云计算的结构和人们平时使用的个人计算机非常相似。正因如此，云计算也被一些谷歌的科学家和工程师称为“The Datacenter as a Computer”。

**2. 纵向云栈逻辑结构**

纵向云栈逻辑结构和前文的商业模式类似，同样由 SaaS、PaaS 和 IaaS 构成，此处将从技术的角度理解。

SaaS、PaaS 和 IaaS 已经成为人们认知云计算的“识记卡片”，很多人会以一种层次化的方式看待 3 种技术层的关系，例如 SaaS 运行于 PaaS 之上，PaaS 运行于 IaaS 之上。此外，IaaS 层包括物理硬件（physical hardware）和虚拟硬件（virtual hardware），PaaS 层包括操作系统（operating system）和中间件（middleware），而在 SaaS 层的应用软件（application software）之上还有业务流程（business process）。云计算的纵向云栈逻辑结构如图 1.12 所示。

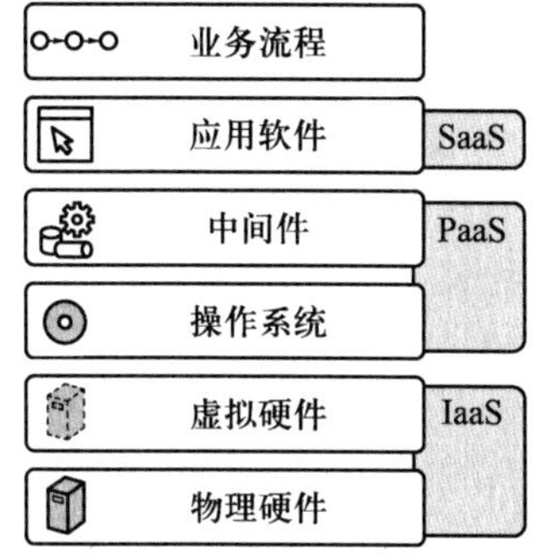


图 1.12　云计算的纵向云栈逻辑结构

从技术的角度来看，SaaS 面向的服务对象与普通单机应用程序的用户并无明显区别；PaaS 提供的是平台服务，因此用户对象是开发人员，需要了解平台提供环境下应用的开发和部署；IaaS 提供的是底层的基础设施服务，因此其面对的用户是 IT 管理人员，即首先由 IT 管理人员进行配置和管理，然后才能在其上进行应用程序的部署等工作。

虽然人们习惯根据服务商所提供的内容对服务进行划分，但上述 3 种服务模式之间并无绝对清晰的界限。一些实力比较雄厚的云计算服务提供方可能提供一些兼具 SaaS 和 PaaS

特征的产品，还有一些厂商尝试提供一整套云计算服务，进一步模糊 3 种服务模式在层级上的差异。

人们逐渐意识到通过互联网提供的服务存在无限的可能性，这也使得众多企业发现了互联网服务的新方向。于是在 SaaS、PaaS 和 IaaS 之外，又出现了一些新的服务形式，例如业务流程即服务（business process as a service）、数据库即服务（database as a service）和安全即服务（security as a service）等。

不可否认的是，这些新兴的云计算服务延伸了互联网服务的概念，以更符合商业发展规律的方式提供信息化服务。如果说互联网的出现极大地满足了人们对知识的快速获取和分享需求，云计算服务则在传统互联网服务的基础上更大程度地满足了人们便捷获取、分享和创新知识的需求，并极大地降低了成本。

这种通过互联网以“更简单、更方便、更低成本”的方式满足各种需求的“商业模式”的理念广泛化之后，一切可以通过互联网提供给用户的服务都在逐渐被服务提供方尝试“云”化，由此产生了一个新名词——XaaS。其中“X”是指“anything”或“everything”，代表“一切皆可为服务”。由此可见，各种新的可能性在商业中的实践，又不断发展、丰富着云计算服务可能蕴含的意义。

### 1.3.3 云计算作为一种实现方式

云计算需要新一代软硬件技术（即目前流行的软件定义的数据中心，software defined data center，SDDC）推动而演进并实现。数据中心是云计算实现的最终归属，包括全方位的计算、存储和通信需求。随着数据中心投入运营，人们开始遇到一系列共同的问题，包括硬件资源利用率、扩展性、自动化管理等。硬件的更新换代需要经年累月的时间，通常很难满足快速发展的业务需求，软件定义才是现实可行的出路。因此，软件定义的数据中心迅速成为 IT 产业的热门关键词。

软件定义的数据中心是一个比较新的概念，它将虚拟化概念（例如抽象、集中和自动化）扩展到所有的数据中心资源和服务，以实现 IT 即服务（information technology as a service，ITaaS）。在软件定义的数据中心中，基础架构的所有元素（网络、存储、CPU 和安全）均被虚拟化并作为服务交付。

软件定义的数据中心中最核心的资源是计算、存储与网络，三者无疑是其基本功能模块。与传统概念不同，软件定义的数据中心更强调从硬件中抽象的能力而非硬件本身。

对于计算来说，计算能力需要从硬件平台上抽象出来，让计算资源脱离硬件的限制，形成资源池。此外，计算资源需要能够在软件定义的数据中心范围内迁移，才能动态调整负载。虽然虚拟化并非必要条件，但是目前能够实现上述需求的仍非虚拟化莫属。对存储和网络的要求首先是控制层（control layer）与数据层（data layer）的分离，这是脱离硬件控制的第一步，也是能够用软件定义设备行为的初级阶段，之后才有条件考虑如何将控制层与数据层分别接入软件定义的数据中心。安全越来越成为数据中心需要单独考量的一个因素。安全隐患既有可能出现在基本的计算、存储与网络之间，也有可能隐藏在数据中心的管理系统或者用户的应用程序中。因此，有必要把安全单独作为一个基本功能，与以上 3 种基本资源并列。

有了上述基本功能，还需要集中的管理平台将其联系在一起，如图 1.13 所示。自动化管理是将软件定义的数据中心的各个基本模块组织起来的关键。这里必须强调"自动化"管理，而不仅是一套精美的界面。软件定义数据中心的一个重要推动力是用户对于超大规模数据中心的管理，"自动化"无疑是必选项。

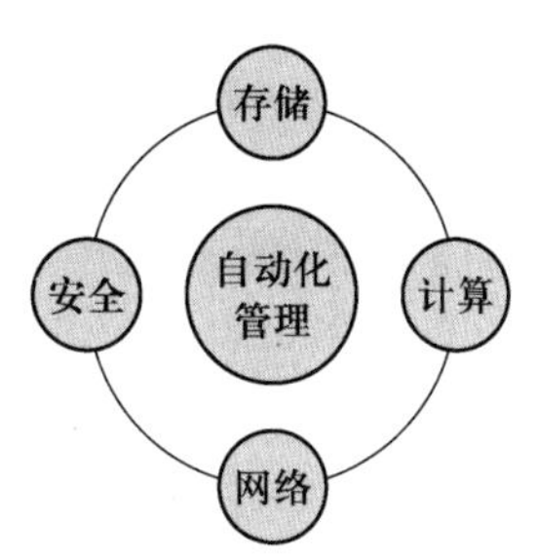

图 1.13　软件定义的数据中心的功能划分

综上所述，云计算服务、云计算范式和云计算实现之间并无相互依存的必然关系。如果以传统的底层架构或类似超级计算等方式实现的服务具备云计算服务的 3 个特点——大用户群、永远在线，以及随时随地可接入——则可称为云计算。而云计算的架构和具体实现本身在设计上就针对"大用户""大数据"和"大系统"的问题提出了各种解决方案，这也是在提供云计算服务时常会遇到的典型问题。因此，以云计算的架构和实现支撑的云计算服务，不仅可以提高服务的效率，还能充分发挥云计算的能力和优势。

如同物种的进化，社会自身会不断向前推进和发展，并由此产生各种递进式的服务模式和技术需求。人们对计算的需求促进了计算机的普及与发展，对沟通和分享的需求又促进了互联网的诞生。云计算也是一种社会需求推动的结果。在获取知识、不断创新和分享的渴望下，人们对信息服务和产品不断提出新的要求。云计算的出现一方面解决了系统层面日趋凸显的压力问题，另一方面拓宽了网络应用的范畴和创新的可能性，在极大降低人们创造知识和分享知识的成本的前提下，进一步满足了人类社会获取、创新、分享知识的需求。因此，云计算是信息社会发展的必然产物。随着应用环境的发展，云计算将越发普及，最终为人类带来一个全新的信息社会。

工业革命的意义之一在于使人们摆脱了生产条件的束缚，极大地解放了物质产品和有形服务的生产力。云计算的出现也在逐步使人们摆脱使用计算资源和信息服务时的束缚，降低知识获取的成本，同时使知识的产生变得更加容易、分享变得更加方便，革命性地改变了信息产品与知识服务的生产力。因此，云计算与蒸汽机、内燃机和电力有着同等重要的意义，将带来一场信息社会的工业革命。

如今，云计算仍然在发展的过程中，人们也在不断摸索和深化对云计算的理解，经历着一个"听闻而知见"的过程。对于现阶段的云计算而言，最需要的是支持，最怕的是轻视或管窥蠡测地轻下结论。但无论如何，云计算已经对人类社会生产和生活的一些领域产生了积极的影响，相信随着技术的发展和服务的创新，云计算的时代将会很快到来，并最终影响每一个人。

## 1.4　云计算的开源方法论

### 1.4.1　开源定义和相关概念

开源是指开放一类技术或一种产品的源代码、源数据、源资产等，可以是各个行业的技术或产品，其范畴涵盖文化、产业、法律、技术等多个社会维度。开放的软件代码一般被称作开源软件。开源的实质是共享资产或资源（技术），扩大社会价值，提升经济效率，减少交易壁垒和社会鸿沟。开源与开放标准、开放平台密切相关。

开源软件是一种允许版权持有人为任何人和任何目的提供学习、修改和分发权利，并公布源代码的计算机软件。开放源代码促进会（Open Source Initiative，OSI）对开源软件有明确的定义，业界公认只有符合该定义的软件才能被称为开放源代码软件，简称开源软件。该名称源于埃里克·雷蒙（Eric Raymond）的提议。OSI 对开源软件特征的定义如下。

① 开源软件的许可证不应限制任何个人或团体将包含该开源软件的广义作品进行销售或赠予。

② 开源软件的程序必须包含源代码，必须允许发布源代码以及之后的程序。

③ 开源软件的许可证必须允许修改和派生作品，并且允许使用原有软件的许可条款进行发布。

开源许可证是一种允许源代码、蓝图或设计在定义的条款和条件下被使用、修改和/或共享的计算机软件和其他产品的许可证。目前经过 OSI 认证的开源许可证共有 74 种，而最重要的仅有 6～10 种（其中最主要的 2 种是 GPL 和 Apache）。在开源商业化的浪潮下，适度宽松的 Apache 等许可证更受欢迎。

自由软件是一种允许用户自由地运行、复制、分发、学习、修改并完善的软件。自由软件需要具备以下几个特点：无论用户出于何种目的，必须允许用户按照意愿自由地运行该软件；用户可以自由地学习并修改该软件，以帮助用户完成所需的计算，作为前提，用户必须能够访问该软件的源代码；用户可以自由地分发该软件及其修改后的副本，并可以将改进后的软件分享给整个社区而令他人受益。

免费软件是一种开发者拥有版权，保留控制发行、修改和销售权利的免费计算机软件，通常不发布源代码，以防用户进行修改。

广义上认为，自由软件是开源软件的一个子集，自由软件的定义比开源软件更严格。同时，开源软件要求在软件发行时附上源代码而未必免费；同样地，免费软件只是将软件免费提供给用户使用而未必开源。开源软件、自由软件和免费软件之间的关系如图 1.14 所示。

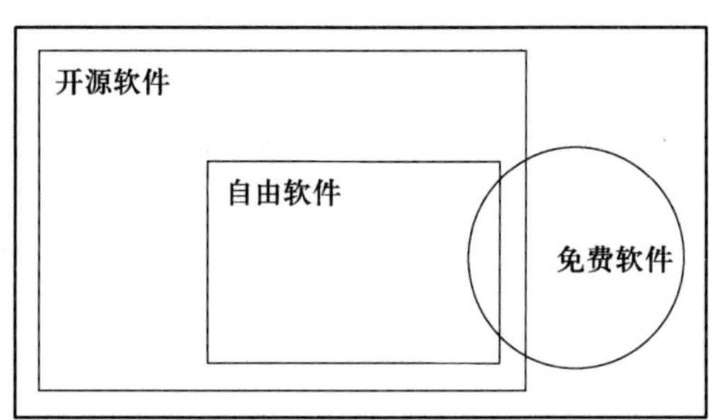


图 1.14　开源软件、自由软件和免费软件的关系

开源软件市场应用广泛。据 Gartner 调查显示，99%的组织在其 IT 系统中使用了开源软件，同时开源软件在服务器操作系统、云计算领域、Web 领域均有比较广泛的应用。

开源软件市场规模稳居服务器操作系统首位。根据《Linux 内核开发报告 2017》显示，自从进入 Git 时代（2005 年 2.6.11 版本发布之后），共有 15 637 名开发者为 Linux 内核的开发作出了贡献，这些开发者来自 1 513 家公司。全球公有云上运行的负载有 90%是 Linux 操作系统，在嵌入式市场的占有率是 62%，而在超算市场的占有率更是高达 99%，其运行在世界上超过 82%的智能手机中，也是所有公有云厂商的主要支撑服务器（占比 90%）。

开源软件在云计算领域的使用同样非常广泛。云计算领域的开源目前主要以 IaaS 和 PaaS 两个层面为主，IaaS 层面包括 OpenStack、CloudStack、oVirt、ZStack 等，PaaS 层面包括 OpenShift、Rancher、Cloud Foundry 以及调度平台 Kubernetes、Mesos 等。*2017 OpenStack User Survey* 显示：2017 年，OpenStack 在全球部署将近 1 000 次，比 2016 年增加 95%；亚洲超越北美洲成为 OpenStack 用户分布最广的区域。除 IT 行业外，OpenStack 在其他行业也得到了广泛使用，名列前几位的用户行业为电信、研究、金融和政府。2013 年 Docker 发布后，其技术日渐成熟。截至 2014 年年底，Docker 镜像下载量高达 1 亿次；2017 年年初，该数量超过 80 亿次。

开源软件在大数据、软件定义网络（software defined network，SDN）与网络功能虚拟化（network functions virtualization，NFV）以及人工智能（artificial intelligence，AI）等领域同样应用广泛。例如，大数据基础分析平台包括 Hadoop、Spark 等，NFV 方面包括 OPNFV，人工智能方面则包括 TensorFlow。

### 1.4.2　开源的价值和意义

**1．开源生态促进国家信息技术创新，带动经济发展**

① 开源有效促进技术创新。开源模式可以有效实现信息互通，获得关键技术的最新源代码，利用全球技术资源快速推动技术发展迭代，打破技术壁垒，推动新技术普及。

② 开源可以实现软件自主可控。开源模式更加透明和公开，建立我国的开源软件产业，既能够有效保障信息安全，实现自主可控，又能够保证信息安全更易治理，产品和服务一般不存在恶意后门，并且可以不断改进或修补漏洞。

③ 开源促进教育和科研事业发展。开源模式为高校师生提供了更多自主学习的资源，学生能够直接、迅速地加入开源项目，使自身的技术水平不断提高、经验不断丰富。

④ 开源促进行业信息化发展。开源模式可以有效降低应用成本和技术门槛，加快企业的信息化发展，从而促进我国经济的蓬勃发展。

**2．软件厂商依托开源技术提升研发能力**

① 软件厂商借助开源技术降低研发成本，通过开源社区参与技术交流，熟悉开源技术使用方法，进而跟踪开源技术版本更新，并根据业务需求进行适配。

② 知名开源项目均有业界高水平研发人员参与，其源代码在编码风格、算法思路等方面有许多可供技术人员借鉴之处。软件厂商的研发人员在使用开源项目或基于开源项目进行二次开发的过程中，可以通过阅读源代码等方式学习解决问题的创新方法。

③ 软件厂商将项目开源后，项目的用户范围将更加广泛，应用场景将更加复杂，因此研发人员在开发时不能只考虑本公司的业务需求和人员使用情况，而需更加注重代码的兼容性、规范性等问题。

**3．用户使用开源技术改变信息化路线**

① 企业用户可在开源技术的基础上进行定制化开发。终端用户信息系统需要实

现的功能各有不同，相比于闭源软件，开源软件更加灵活，定制化程度更高，终端用户企业可在开源代码的基础上进行二次开发，实现特定场景和特定功能的需求，避免绑定风险。

② 使用开源技术能够让企业专注于创新。随着更多的业务资源摆脱了开发软件的束缚，企业的焦点逐渐转向创新。创造力在中小型企业中蓬勃发展，因为中小型企业更能够创造具备竞争力的替代技术和专有软件，从而获得比竞争对手更具独特性和前瞻性的思维。

**4．企业自主开源，引领技术发展路径**

① 企业自主开源能够有效提升研发效率，提高代码质量。在项目开源过程中可以吸引优秀的开发者和用户参与到代码贡献中，为项目注入更多新鲜血液并使其不断发展。与此同时，开源项目部署在不同的应用场景，可以暴露出更多项目中存在的问题，节省测试成本。

② 企业自主开源能够引领技术发展，建立以开源企业为核心的生态圈。在开源项目运营过程中，可以吸引潜在用户使用开源软件，使业内更多的企业、开发者了解开源项目所属企业的技术发展情况，通过开源技术建立提供方和用户的上下游生态圈，及时了解用户需求，抢占商业版图，带动企业良性发展。

### 1.4.3 开源发展历程

开源的发展历程大致如图 1.15 所示。

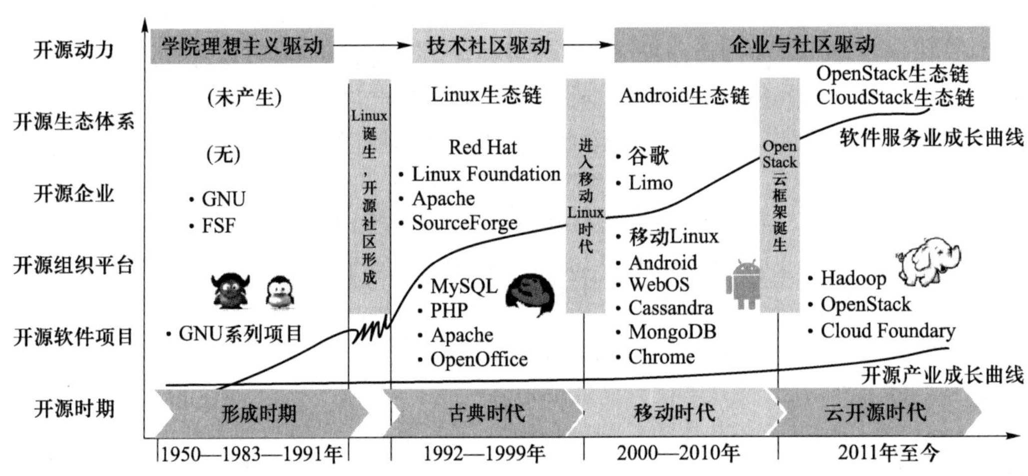


图 1.15　开源发展历程示意图

**1．开源项目形成**

1969 年，AT&T 贝尔实验室研发出 UNIX，在将其商业化之前，UNIX 的代码被 UNIX 社区共享，UNIX 的诞生为开源奠定了重要的基础；1984 年，MIT 人工智能实验室资深工程师理查德 • 斯托曼（Richard Stallman）发起 GNU 项目，旨在使用自由共享的代码构建一个类似 UNIX 的操作系统，绝大多数 GNU 项目由斯托曼于 1984 年开始构建，如今仍处于自由和开源软件生态系统的中心位置；1985 年，斯托曼创建自由软件基金会（Free

Software Foundation，FSF）；1991 年，加利福尼亚大学伯克利分校发布 BSD Net/2 操作系统，即自由的类 UNIX 操作系统，但由于法律问题并未得到大规模推广；同年 10 月，Linux 内核诞生。

**2．开源社区形成，企业逐渐参与到开源社区作贡献**

20 世纪 90 年代，Web 软件还处于封闭、专有的状态。1995 年，一个由系统管理员组成的开发团队开始协作构建名为 Apache HTTP 服务器的软件——一款基于国家超算应用中心的 Web 服务平台；1996 年，Apache 已经占据 Web 服务器的大部分市场份额；1999 年，Apache 软件基金会正式成立。

**3．企业和社区驱动开源**

2000 年以后，开源体系开始向移动和云领域延伸，谷歌等企业尝试在移动互联网和云计算领域驱动开源，影响了技术发展路线和市场格局。

**4．开源代码托管**

Linux 开发过程中的协作最初通过邮件进行，之后逐渐迁移到源代码管理平台。Linux 使用的商业化 BitKeeper 源代码管理平台自 2005 年起停止为 Linux 提供免费使用权，于是托沃兹（Torvalds）编写了 Git 工具以代替 BitKeeper。2008 年，一些以 Web 形式托管的 Git 代码库（例如 GitHub）开始出现，Git 将开源编码的开放度带到了新高度，使每个用户都能够快速推出一个开源项目。

随着开源生态的不断建立，企业参与开源生态的热情度也不断提升。参与开源的形式可以分为以下 4 类：企业作为开源发起者将内部项目开源，企业直接贡献代码并反馈社区，企业通过培训、组织活动等形式成为开源项目的推动者，企业使用开源技术降低研发投入。

发起开源项目可以通过两种模式：一种是公共开源模式，可以由个人发起开源项目，形成开源社区且开放生产（例如 Linux），也可以由个人或商业公司捐献给开源基金会且开放生产（例如 OpenStack）；另一种是商业开源模式，由企业发起开源且封闭生产（例如 Android）。

项目开源后，其他企业可以反馈社区并贡献代码。以 OpenStack 这一庞大的项目为例，其由 NASA 的运维人员发起，目前全球已有数百家企业参与开发并提交了自己的代码。红帽（Red Hat）等企业积极参与代码贡献和社区贡献，带动开源项目良性发展，影响了开源项目的发展路径。1.5 节将对 OpenStack 进行详细的叙述。

### 1.4.4　开源是方法论

开源的重要影响在于使编程学习更加容易，任何一个新手都可以免费接触到无数成熟产品的范例作为参考。而新手总有一天会成为一个经验丰富的开发者并反哺开源社区，因而开源社区得以不断地、可持续地快速发展，开源文化也成为程序员社区的代表文化。

开源包含两个方面的内容：一是开源软件技术及相关方面，包括开源软件历史、开源软件协议、技术产品、开源社区、相关硬件、技术人员、开源软件相关行业及企业等；二是开源价值观与方法论的相关内容，包括开源价值观体系、开源方法论体系、以开源方法论开展的非技术性项目、相关非技术性组织、社区及人员等。开源价值观与开源方法论是开源技术贡献给人类的宝贵精神财富。

**1．开源价值观的内涵**

开源价值观的内涵主要包括奉献精神、感恩意识、开放精神、勇敢精神、追求持续进步的精神、按照劳动获得公平价值回报的精神等 6 个方面的内容。

（1）奉献精神

开源技术是一个巨大的知识宝库，人们在享用知识宝库的同时，应当认识到这是由无数前人的奉献积累而成，后人应当传承这种奉献精神。当人们基于这个知识宝库研发出新的智慧成果时，能够将可以共享的智慧成果累加于其中，为其发展作出自己的贡献。

（2）感恩意识

开源技术是无数不分国界的技术人员通过几十年的持续积累所形成的人类智慧的结晶，任何人都可以无偿享用，因此应当怀有感恩之心。

（3）开放精神

开源技术能够得到快速发展，离不开互联网等开放平台的重要作用。正是由于这种开放精神，共享成果才得以广泛传播。

（4）勇敢精神

开源技术贡献者在将自己的创新成果及源代码公开时，相应技术既可能被商业软件开发者、应用者剽窃使用，也可能被众多技术同行研究、比较、挑剔甚至嘲笑，贡献者需要承担较大压力。开源技术贡献者选择了开源模式，彰显了其勇敢精神。

（5）追求持续进步的精神

在个人研发出成果、开放共享，其他人持续改进创新、继续开放共享的良性循环中，开源技术在持续、快速地进步并逐渐趋于成熟。这种基于无数技术人员通过开放共享平台持续获得进步成果的过程，反映了人类追求持续进步的精神。

（6）按照劳动获得公平价值回报的精神

开源技术产品厂商主张以提供劳动服务的方式收取服务费用，而非通过软件加密、复制、销售产品的方式获取收入和利润，体现了按照劳动获得公平价值回报的价值观。当然，开源价值观并不反对传统的软件开发、加密、销售产品的获利方式，但不主张、不支持通过这种方式持续获得超额利润。

**2．开源方法论的内涵**

开源也是一种方法论。开源方法论的内涵主要包括通过开放共享促进进步与创新，通过聚集、累积众多参与者的劳动与智慧解决复杂性、系统性问题，通过社区平台完成开源项目，通过知名企业、个人的有效组织和引导发展、完成项目等 4 个方面的内容。

（1）通过开放共享促进进步与创新的方法

开源技术通过互联网社区等开放平台，使全社会均可学习、使用其成果和源代码，无数同行的参与既促进了原有技术项目的完善，也催生出更多的创新项目。项目的开放与互联网模式带来的海量人员的参与，使这种进步与创新十分迅速与高效。

（2）通过聚集、累积众多参与者的劳动与智慧解决复杂性、系统性问题的方法

开源模式是一种利用互联网等开放平台，聚集海量人员的劳动，聚集和累积群体智慧解决问题的模式。众多大型开源项目（例如一些操作系统、数据库、知名中间件等）无一不是因开源模式而越发成功和成熟。人们相信，海量人员的群体智慧一定比有限人员的智慧更能够解决问题。

（3）通过社区平台完成开源项目的方法

开源技术的发展通过开源社区平台进行。无论是综合性社区平台还是专业产品型社区平台，在开源技术发展过程中都起着十分重要的作用。技术的交流、完善、创新均通过社区平台实现。

（4）通过知名企业、个人的有效组织和引导发展、完成项目的方法

在开源技术领域，红帽等知名开源企业以及大批具有影响力的社区高手起着十分关键的促进和组织引导作用。正是这些企业的研发投入、高效的组织与引导工作，以及社区高手的参与，才使众多项目持续完善并逐步成熟。也正是这些企业的市场推广和技术服务工作，以及技术高手持续的努力，才使开源技术逐步走向应用，并且在应用中逐步成熟。

开源价值观是一种具有新时代特征的价值观，开源方法论是基于开源价值观和互联网技术而发展的具有新时代特征的方法论。开源方法论不仅可以应用在开源技术研究与发展方面，在解决复杂社会问题方面同样发挥着重要的作用。

### 1.4.5　开源给云计算人才培养带来的挑战

开源开发模式为产业模式变革和转型提供了新的途径，开源软件资源则为 IT 产业发展提供了直接可用的软件技术、工具和产品。开源开发模式的开放性和透明性有助于快速聚集大众智慧，并有效促进了技术和应用生态的形成与发展。

目前围绕 Linux 操作系统、Android 智能手机操作系统、OpenStack 云平台等著名开源项目形成的众多成功的开源生态系统由广大开源贡献者建立，相关社区的形成需要社会提供大规模的潜在用户和开发者群体。例如，Android 在全球拥有超过 14 亿的用户，Linux 内核由来自世界各地约 1 300 家公司、14 000 位开发者贡献过代码。开源模式发展至今，软件产品的种类越发多样、功能越发强大，社区规模也越发庞大；相应地，支撑开源开发的工具和技术体系也越发难以掌握。新的形势对开源软件的进一步繁荣发展带来了挑战，对开源参与者提出了更高的要求。在开源软件开发的参与方面，有研究指出，近年来在知名开源社区中的长期贡献者的数量和比例均有下降的趋势。调查发现，在开源产品和技术的应用方面，国际上有相当多的 IT 公司缺乏掌握开源技术的人才。有效地培养开源人才，壮大开源贡献者的队伍势在必行。

相对于传统软件开发领域，开源对软件人才提出了不同甚至更加宽泛的要求，因而传统的人才培养体系可能需要适应需求并关注开源人才教育的特定方面。

**1．开源模式对开发人员的能力有特别的需求**

首先，开源社区的组织及开发模式有别于传统 IT 企业，厘清开源开发的特点及其对开发人员的能力需求非常重要。在开源软件开发中，参与人员的地理分布范围广、背景及文化差异大，社区的组织相对松散、自主，开发过程缺少统一、明确的规范，项目的系统化、标准化的设计和描述文档相对缺乏，各个项目间的上下游关系复杂，同类项目之间竞争激烈，项目本身的流行程度变化迅速。近年来，开源运动中又融入了商业公司的参与，由于各方利益相关者可能存在需求冲突并对社区参与者施加不同的影响，使得开源开发更加复杂。开源的这些特点要求开源参与者具备理解开源生态和掌握开源技术的开源意识，具备开拓互联网创新应用的创新意识，以及具备贴近应用、技术熟练、善于协作的实践能力。然而，传统软件人才培养体系对开源能力的关注度远远不够，所培养的学生在这些方面具

备的能力与要求还存在较大差距。根据 Dice.com 和 Linux 基金会的开源技术就业统计报告，招募开源技术人才已经成为 IT 招聘经理的第一要务，87%的招聘经理表示很难觅得开源人才。企业作为开源技术人才的需求者已经率先采取行动。例如，红帽公司积极开展开源教育以提高参与者的开发能力，希望培养更多能够参与开源运动的人才，从而促进开源事业的发展。

其次，开源社区的形成和维持与传统 IT 组织（或项目）存在很大的不同，尤其是参与者的驱动力与传统组织中靠行政力约束员工存在很大的差异。根据 Dice.com 和 Linux 基金会的开源技术就业统计报告，86%的 IT 专业人士表示开源技术推动了自身的职业发展，但其最看重的并非薪酬和待遇。深入认识开源社区中参与者的动因以及社区的成因有助于理解如何建立相应的培育措施以吸引和维持合适的开源人才对社区的参与。开源社区中的参与者因为各种各样的驱动力而进行贡献，例如想要从社区中学习或通过社区贡献建立声誉等。研究表明，贡献者加入社区时的初始意愿、能力以及环境对其能否在社区中长期贡献具有统计意义上的重大影响。目前，开源社区和一些商业公司正在尝试针对上述方面的举措来吸引和维持人们的参与。例如，为了增强贡献者的意愿，GitHub 公司创立了开放、透明的社会化的编程协助模式，极大地调动了人们的参与热情；为了营造友好的社区环境，Rails 社区引入了 Highfive 项目，通过自动化的方法引导新的贡献者融入社区。

**2．对开源软件开发的学习与实践是增强开源能力的重要途径**

开源为学习者提供了开放的、低成本的跟踪学习机会，但开源的内涵丰富，规则复杂，文化多元以及语言差异明显，如何有效地跟踪学习开源仍面临诸多挑战。开源具有开放、自由、分享的特点，引领者鼓励学习者参与其中并作出贡献。开源涉及的内容非常广泛，除了包括开发者关注的技术性内容（例如开源软件本身以及开源开发的支撑技术和工具），还包括参与开源的个人、政府、企业需要学习的开源制度、开源规则、开源方法、开源模式、开源文化等。具体来说，开源人才的教育需要包括以下几个方面。

① 开源文化教育。对开源的认识首先要从理解开源文化开始。开源源自自发的源代码学习与分享，后来发展为全球的开发者根据开源社区的规则自由地参与进来，既可以对感兴趣的软件项目提供外部贡献，又可以将创新想法发布出去，开发者在项目核心团队的引导下，与全球的开发者共同改进开源软件。开源文化有别于传统的商业开发，其基于互联网的“大众化协同、开放式共享、持续性演化”的开发模式是开源软件的核心。开源文化的内容主要包括开源社区的形成机理和运转机制，及其得以持续生存和发展的机制和机理等，同时包括开源历史、开源共识以及开源社区的治理（governance）规则等。开源文化的熏陶对个体自我开源意识的形成至关重要。

② 开源意识教育。开源作为一种综合了软件创意、生产、分享、使用、培训、创新、营销、生态等内涵的大规模协作活动，其相关意识主要体现为创新意识和开放透明的协作共享意识。创新意识表现为可以在开源技术迭代的基础上，敏锐感知新兴技术的需求并进行快速创造。而协作共享在当前全球分布式开发的趋势下是必备的意识。人们需要开拓传统教育在开源方面的训练，尤其是在传统教育中较少涉及的全球分布式共享协作思维的训练。

③ 开源技能教育。开源技能一方面体现为开发者的传统编程能力，另一方面体现

为开发者对开源技术和工具的使用能力。开源中存在适合各类场景的技术和工具（例如分布式版本管理工具 Git 和项目托管平台 GitHub），涵盖开发的各个过程和步骤。开源技能还表现为分布式环境下的协调协作能力，其与传统的协作开发能力有所差别，例如协作成员可能素未谋面（因此缺乏经常见面可以达到的基本信任），还可能存在语言和时区的差异等。

# 1.5　实践：云计算的初步体验

## 1.5.1　OpenStack 的架构与实践

OpenStack 提供了一个通用的平台来管理云计算中的计算（服务器）、存储和网络，甚至应用资源。该管理平台不仅能够管理这些资源，而且无须用户选择特定的硬件或者软件厂商，厂商的特定组件可以方便地替换为通用组件。OpenStack 可以通过基于 Web 的界面、命令行界面（command line interface，CLI）和应用程序接口（application program interface，API）进行管理。

美国前总统奥巴马在上任的第一天就签署了针对所有联邦机构的备忘录——开放政府令，希望打破横亘在联邦政府和人民之间的有关透明度、参与度、合作方面的屏障。该法令签署 120 天后，NASA 宣布开放政府框架，其中包括 Nebula 工具的共享。最初开发 Nebula 是为了加快向美国国家航空航天局的科学家和研究者提供 IaaS 资源的速度。与此同时，云计算服务提供方 Rackspace 宣布开源其对象存储平台——Swift。

2010 年 7 月，Rackspace 和 NASA 携手其他 25 家公司启动了 OpenStack 项目。OpenStack 保持半年发行一个新版本的速度，与 OpenStack 峰会举办周期一致，并在随后几年中发行了 10 余个版本。该项目的参与公司已经从最初的 25 家发展为如今的 200 余家，超过 130 个国家或地区的数千名用户参与其中。

此处以在亚马逊网站上购物为例详述 OpenStack 的运行机制。用户登录亚马逊购物后，商品将通过快递派送。在这种场景下，一个高度优化的编排步骤是尽快以尽可能低的价格将商品买入。亚马逊在成立 10 余年后推出 AWS，将用户在亚马逊购买商品的做法应用到计算资源的交付上。一个服务器请求可能需要本地 IT 部门花费几周的时间准备，但在 AWS 上只需要准备信用卡并简单点击鼠标即可完成。OpenStack 旨在提供与 AWS 同样水准的高效资源编排服务。

在云计算平台管理员看来，OpenStack 可以控制多种类型的商业或者开源的软硬件，提供了位于各种厂商特定资源之上的云计算资源管理层。过去通过磁盘和网络配置重复性手动操作的任务，现在可以通过 OpenStack 框架进行自动化管理。事实上，提供虚拟机甚至上层应用的整个流程都可以使用 OpenStack 框架实现自动化管理。

在开发者看来，OpenStack 是一个在开发环境中可以如 AWS 般获得资源（虚拟机、存储等）的平台，也是一个可以基于应用模板部署可扩展应用的云编排平台。OpenStack 框架能够为应用提供基础设施和相应的软件依赖（例如 MySQL、Apache2 等）资源。

在最终用户看来，OpenStack 是一个提供自助服务的基础设施和应用管理系统。用户可以完成各种工作，从简单地提供虚拟机到构建高级虚拟网络和应用，均可在一个独立的租户（项目）内完成。租户是 OpenStack 用于对资源分配进行隔离的方式，能够隔离存储、网络和虚拟机等资源，因此，最终用户可以拥有比传统虚拟服务环境更大的自由度。最终用户被分配了一定额度的资源，并且可以随时获得想要的资源。

OpenStack 基金会拥有数以百计的官方企业赞助商，以及数以万计的由 130 多个国家和地区的开发者组成的社区。很多人最初被 OpenStack 吸引，是将其作为其他商业产品的一个开源的替代品。但人们逐渐认识到，没有任何一个云框架拥有 OpenStack 的服务深度和广度。更为重要的是，没有任何产品（包括商业或非商业的产品）能够被大多数的系统管理员、开发者或架构师使用并创造如此大的价值。

OpenStack 官方网站将该框架描述为“创建私有云和公有云的开源软件”以及“一个大规模云操作系统”。如果使用者有服务器虚拟化的经验，也许会从上述描述中得出“OpenStack 只是提供虚拟机的另外一种方式”的错误结论。虽然虚拟机是 OpenStack 框架可以提供的一种服务，但并不意味着虚拟机是 OpenStack 的全部，如图 1.16 所示。

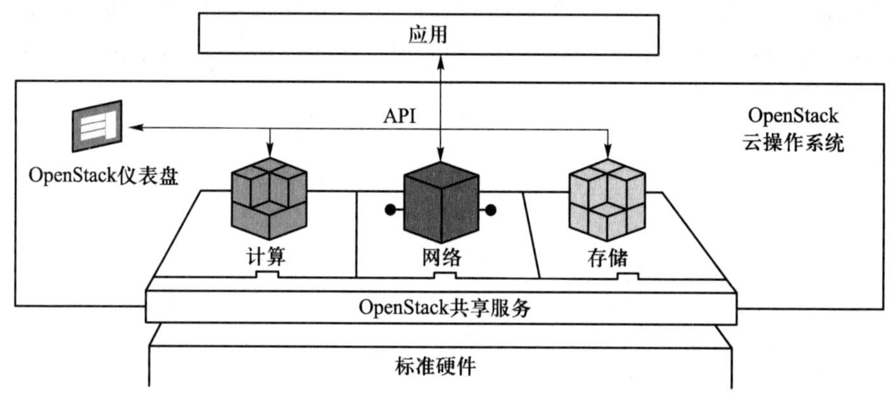


图 1.16　OpenStack 结构

OpenStack 并非直接在裸设备上引导启动，而是通过对资源的管理，在云计算环境中共享操作系统的特性。

在 OpenStack 云平台上，用户可以实现以下功能。

① 充分利用物理服务器、虚拟服务器、网络和存储系统资源。

② 通过租户、配额和用户角色高效管理云资源。

③ 提供一个对底层透明的通用资源控制接口。

由此可见，OpenStack 确实不像一个传统操作系统，而“云”同样不像传统计算机，因而需要重新定义操作系统的根本作用。

最初，操作系统乃至硬件层面的抽象语言（汇编语言）、程序等均使用二进制机器码编写。之后传统操作系统出现，允许用户编写应用程序代码以及管理硬件功能。如今管理员可以使用通用接口管理硬件实例，开发者可以为通用操作系统编写代码，用户只需要掌握一个用户交互接口即可。只需操作系统相同，即可有效实现底层硬件透明化。在计算机进化、演变的过程中，操作系统的发展和新操作系统的出现，给系统工程和管理领域带来了风险。

图 1.17 展示了现代计算系统的各个抽象层次。

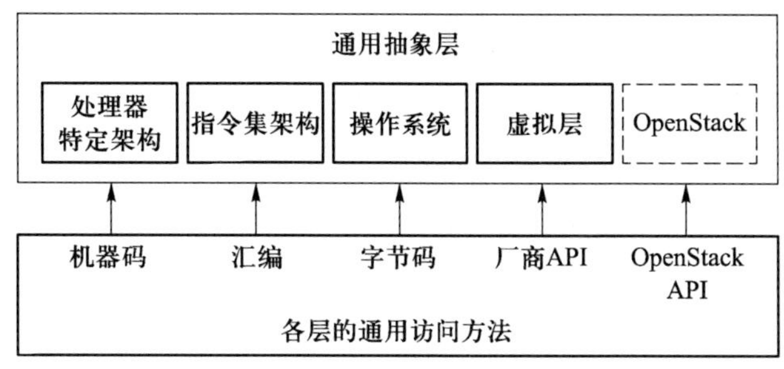


图 1.17　现代计算系统的抽象层次

过去的一些开发者不想因为使用操作系统而失去对硬件的直接控制，就像有些管理员不想因为服务器虚拟化而失去对底层硬件和操作系统的掌控。在每个转变过程中，从机器码到汇编再到虚拟层，人们从未失去对底层的控制，而是通过抽象手段简单进行标准化。人们依然拥有高度优化的硬件和操作系统，并且拥有各个层面之间的硬件虚拟化层。

由于对标准实现优化的好处大于在各个层面实施转换（虚拟化），因而新的抽象层被广泛接受。换句话说，当计算资源的整体使用率可以通过牺牲原生性能得到很好的提升，该层面的抽象则会被接受。这一现象可以通过 CPU 的例子进行解释：几十年来，CPU 遵循着相同的指令集，但其内部架构发生了翻天覆地的变化。

很多在 x86 处理器上执行的指令可以被处理器内部虚拟化，一些复杂的指令可以通过一系列更加简单、快速的指令执行。即便在处理器层面使用裸设备，也应用了某种形式的虚拟化。

从本质上讲，OpenStack 通过抽象和一个通用的 API 控制不同厂商提供的硬件和软件资源。该框架提供了以下两个重要的功能。

① 软硬件抽象，避免了所有特定组件的厂商锁定问题。该功能通过使用 OpenStack 管理资源实现，但缺点是除了通用的必要功能外，并非所有的厂商功能均可被 OpenStack 支持。

② 通过一个通用的 API 管理所有资源，允许连接各个组件进行完全编排服务。

OpenStack 提供了可伸缩和被抽象的对底层硬件的各种功能的支持，但无法主动顺应当前的技术实践。为了能够充分利用云计算的能力，需要对当前的业务和架构实践进行相应的转变。

如果业务实践只是按照用户需求创建虚拟机，则没有抓住云自助服务的本质。如果架构标准是基于厂商提供的适当功能对数据中心的所有服务器实现某些功能，则会与对厂商抽象的云部署发生冲突。如果最终用户的请求可以被高效地、自动化地执行，或者用户可以自我供给资源，则充分利用了云计算的能力。

上文介绍了 OpenStack 的基本功能，这些基本功能通过 OpenStack 框架的基本组件构建并实现。表 1.1 列举了多个 OpenStack 组件或核心项目。尽管还有更多处于不同开发阶段的项目，但表 1.1 中所列的是 OpenStack 的基本组件。最新的 OpenStack 服务路线图可以参考 OpenStack 路线图的官方网站。

表 1.1　OpenStack 的核心项目

| 项目 | 代码名称 | 描述 |
|---|---|---|
| 计算（Compute） | Nova | 管理虚拟机资源，包括 CPU、内存、磁盘和网络接口 |
| 网络（Networking） | Neutron | 提供虚拟机网络接口资源，包括 IP 寻址、路由和软件定义网络 |
| 对象存储（Object Storage） | Swift | 提供可通过 RESTful API 访问的对象存储 |
| 块存储（Block Storage） | Cinder | 为虚拟机提供块（传统磁盘）存储 |
| 身份认证服务（Identity） | Keystone | 为 OpenStack 组件提供基于角色的访问控制（role-based access control，RBAC）和授权服务 |
| 镜像服务（Image Service） | Glance | 管理虚拟机磁盘镜像，为虚拟机和快照（备份）服务提供镜像 |
| 仪表盘（Dashboard） | Horizon | 为 OpenStack 提供基于 Web 的图形界面 |
| 计量服务（Telemetry） | Ceilometer | 集中为 OpenStack 各个组件收集计量和监控数据 |
| 编排服务（Orchestration） | Heat | 为 OpenStack 环境提供基于模板的云应用编排服务 |

下面通过使用一个快速部署 OpenStack 的工具——DevStack，体验 OpenStack 的功能。

用户可以通过 DevStack 与一个小规模（更大规模部署的代表）的 OpenStack 交互，无须深入了解 OpenStack，也无须使用大量硬件，即可在一个小规模范围内通过 DevStack 体验 OpenStack。DevStack 可以快速部署组件，以评估其在生产用例中的使用。DevStack 可以帮助用户在一个单服务器环境中部署与大规模多服务器环境中一致的 OpenStack 组件。

OpenStack 由多个核心组件构成，这些核心组件可以通过预期的设计分布在不同的节点（服务器）之间。图 1.18 展示了部署在任意数量的节点上的一些组件，包括 Neutron、Nova 和 Cinder。OpenStack 使用代码项目名称命名各个组件，因此，图中的代码项目名称 Neutron 表示网络组件，Nova 表示计算组件，Cinder 表示存储组件。

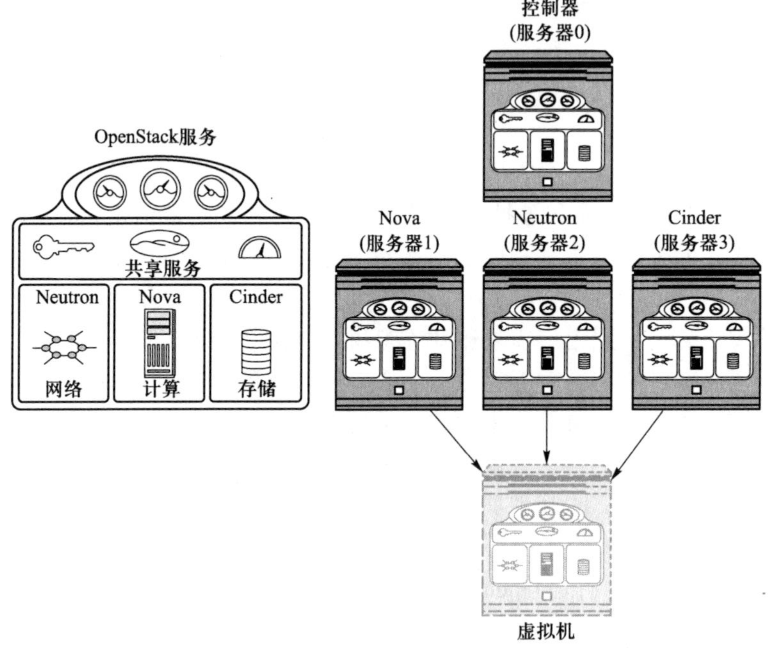


图 1.18　OpenStack 的相关组件

DevStack 的出现使得用户能够更迅速地在测试和开发环境中部署 OpenStack，因此 DevStack 自然成为学习 OpenStack 框架的最佳切入点。DevStack 实质上是一些命令行解释器 Shell 脚本，可以为 OpenStack 准备环境、配置和部署 OpenStack。

之所以使用 Shell 脚本语言编写 DevStack，是因为脚本语言更容易阅读，同时能够被计算机执行。OpenStack 各个组件的开发者能够在组件原生代码块之外记录这种依赖，使用者也可以理解这种依赖必须在工作系统中被满足的原因。

DevStack 可以令规模巨大、复杂程度较高的 OpenStack 框架看起来更加简单。对于 OpenStack 为基础设施提供的服务，DevStack 从多个层面进行了简化和抽象。

手动部署 OpenStack 十分必要。通过手动实践，用户能够学习 OpenStack 的所有配置项和组件，进而提升部署 OpenStack 过程中排查问题的能力。无须了解太多 Linux、存储和网络知识，用户即可部署一个可以运行的单服务器 OpenStack 环境并与之交互，进而更好地理解各个组件和整个系统。OpenStack 中的租户模型解释了 OpenStack 如何从逻辑上为不同项目隔离、控制和分配资源。在 OpenStack 的术语中，租户和项目可以相互转换。最终，用户可以使用前面学到的知识在虚拟环境中创建一个虚拟机。

限于篇幅，使用 DevStack 部署一个实际的 OpenStack 的过程，可以参考 DevStack 官网的教程和科迪·布姆加德纳（Cody Bumgardner）编写的《OpenStack 实战》一书第 2 章的内容。

### 1.5.2　公有云服务实践基础

目前国内外主要的公有云服务平台包括 AWS、Google Cloud、Microsoft Azure、阿里云、腾讯云、UCloud 等。其中前 3 个平台分别属于美国的 3 家知名公司亚马逊、谷歌和微软，后 3 个平台由国内企业阿里巴巴、腾讯和优刻得运营。

以 AWS 为例，其提供有云主机、云存储、数据库、数据分析、机器学习、内容分发、多媒体等种类繁多的云服务。所有云服务均可通过 AWS 的控制台进行创建、部署和升级，为云上的应用开发提供了极大的便利。

本书选取 UCloud 作为公有云实践案例，具体实验步骤参考附录。其他云服务商的操作类似，本书不再一一介绍。

## 本章小结

本章介绍了云计算的基本内容、公有特征和分类，以及云计算的商业模式、计算范式和实现方式 3 种理解视角，同时介绍了目前云计算领域非常流行的开源方法，最后以 OpenStack 为例介绍了本章的实践内容。

## 习题与实践 1

#### 复习题

1．云计算的定义是什么？

2．云计算有哪些公共特征？

3．云计算按照部署方式和服务类型可分别分为哪几类？

4．如何从三元认识论的角度理解云计算？

5．作为一种计算范式，云计算可以分为哪两种结构？

6．开源软件、自由软件和免费软件有何区别与联系？

7．计算系统是如何演变成今天的云计算的？

8．如何理解“开源是种方法论”？

9．开源技术是如何促进云计算发展的？

**践习题**

OpenStack 是一个旨在为公有云和私有云的建设与管理提供软件的开源项目。OpenStack 支持几乎所有类型的云环境，其目标是提供实施简单、可大规模扩展、丰富、标准统一的云计算管理平台。

① 通过 OpenStack 的官方网站全面了解 OpenStack 作为一个开源项目的情况。

② 通过 DevStack 工具安装并体验 OpenStack。

**研习题**

1．参考“论文阅读”部分的论文[1]和论文[2]，学习如何阅读一篇学术论文。

2．阅读“论文阅读”部分的论文[3]和论文[4]，深入了解加利福尼亚大学伯克利分校当年对云计算的一些观点，并和今天云计算的发展现状进行比较。

**论文阅读**


[1] KESHAV S. How to Read a Paper[J]. ACM SIGCOMM Computer Communication Review, 2007, 37(3): 83-84.

[2] FONG P. Reading a Computer Science Research Paper[J]. ACM SIGCSE Bulletin, 2009, 41(2): 138-140.

[3] ARMBRUST, MICHAEL, FOX, et al. Above the Clouds: A Berkeley View of Cloud Computing[J]. Science, 2009.

[4] MELL P M, GRANCE T. The NIST Definition of Cloud Computing[M]. National Institute of Standards & Technology, 2011.

# 第 2 章　云计算核心技术

扫一扫，进入
第 2 章资源平台

云计算平台中的所有软件均作为服务提供，需要支持多租户并提供伸缩能力，以及采用特定的架构，尤其基于服务的软件架构。本章主要内容安排如下：2.1 节介绍云计算的总体架构，2.2 节介绍云计算中的虚拟化技术，2.3 节介绍云计算的分布式存储，2.4 节介绍网络虚拟化，2.5 节介绍云计算中核心技术的实践。

## 2.1　云计算的架构

“云计算”是近年来信息技术领域最受关注的主题之一。实际上，云计算的理论研究和尝试已历经多年历史，从 J2EE 和.NET 架构，到“按需计算”“效用计算”“软件即服务”等新理念、新模式，其实都可看作对云计算的不同解读或云计算发展的不同阶段。

### 2.1.1　一般云计算架构的二维视角

从不同的角度来看，云计算架构的复杂性存在一定的差异。在最易于理解的二维视角下，云计算架构由前端和后端两个部分组成。前端是呈现给客户或计算机用户的部分，包括客户的计算机网络和用户访问云应用程序的界面，例如 Web 浏览器等；后端则是人们常说的“云”，由各种组件（例如服务器、数据存储设备、云管理软件等）构成。

在该二维视角下，云计算架构由基础设施架构和应用程序两个维度组成。基础设施架构包括硬件和管理软件两个部分。其中硬件包括服务器、存储器、网络、交换机等；管理软件负责可用性、可恢复性、数据一致性、应用伸缩性、程序可预测性和云安全性等。图 2.1 为云计算架构的二维视图。

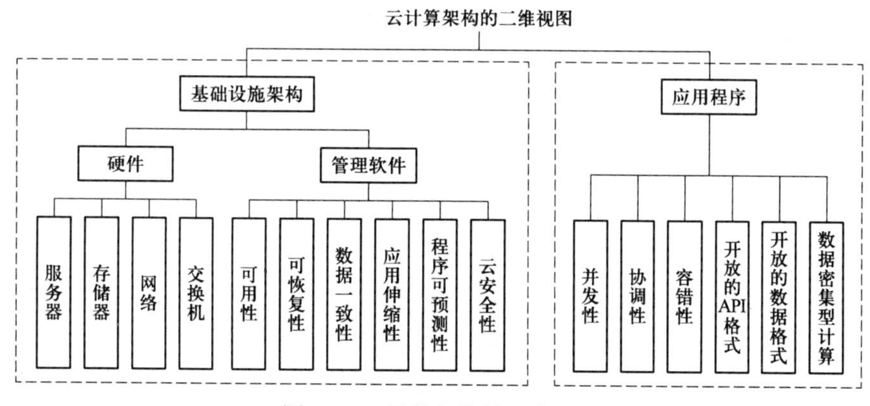


图 2.1　云计算架构的二维视图

应用程序需要具备并发性（多实例同时执行）、协调性（不同实例之间能够协调对数据的处理以及任务的执行）、容错性、开放的 API 格式、开放的数据格式（以便数据可以在各个模块之间共享）和数据密集型计算（云中要利用数据）。

下面分别对基础设施架构和应用程序进行解释。

**1．基础设施架构的分层结构**

基于二维视图可以将云基础设施架构看作一个整体，其与云应用程序共同组成云计算架构的二维视图，然而云基础设施架构本身并非一个不可分割的整体，而是一个可以再次分层的结构。通常来说，云基础设施架构分为 4 层——虚拟化层、Web 服务层、服务总线层、客户机界面层，如图 2.2 所示。

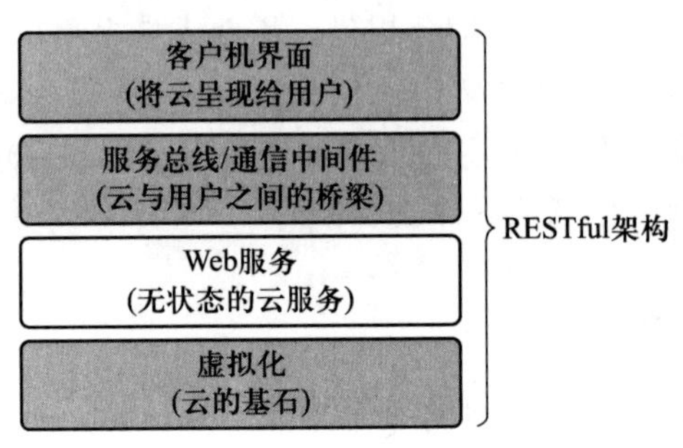


图 2.2　云基础设施架构的分层结构

① 第 1 层为虚拟化层，其目标是将所有硬件转换为一致的 IT 资源，以便云管理软件对资源进行各种细致的管理，例如分配和动态增减计算及存储容量。从虚拟化技术的角度看，这种分配或增减可以在许多不同的抽象层上实现，包括应用服务器层、操作系统层、虚拟机层、物理硬件的逻辑分区层等。对于云计算来说，虚拟化操作的层面基本在虚拟机抽象层进行，虚拟化的结果是提供各种规格和配置的虚拟机，以供上一层使用。

② 第 2 层为 Web 服务层，其目标是将云资源提供给用户使用。由于大多数用户无法或不愿意直接使用云中的虚拟机，云计算架构需要将虚拟机资源通过一个方便的界面呈现出来，而这就是 Web 服务层的作用。其优势是支持面广，对客户端的要求较低，只需要浏览器即可访问。通过 Web 服务层提供的服务均可通过 Web 服务 API 进行访问，该类 API 称为描述性状态迁移（representational state transfer，REST）。

③ 第 3 层为服务总线层，即通信中间件层，用于对计算服务、数据仓库和消息传递进行封装，以将用户和其下的虚拟化层进行分离，将 Web 服务与用户连接。不同的云计算平台在对外部服务的集成支持方面不尽相同，虽然云平台一般能够支持托管在业务所在地或合作伙伴处的服务，但支持的力度可能不同。

④ 第 4 层为客户机界面层，其目标是将云计算应用程序呈现给用户，以便用户对该应用程序执行操控、查询等，或者对该应用程序进行调用等。通常该部分是一个 Web 门户，将各种混搭应用（mashup）集成在一个 Web 浏览器中，其简单用户界面通常基于 Ajax 和 JavaScript，但趋势是使用功能完善的组件模型，例如 JavaBeans/Applets 或 Silvedight/.NET。

**2．REST 架构：云计算的软件架构**

尽管基础设施架构在逻辑上分为 4 层，4 层之间的软件架构技术纽带也可以采用 REST 架构。在很多应用场景下，云计算架构应当采用无状态的、基于服务的架构。REST 即为无状态架构中的一种。云计算采用 REST 的原因是其简单、开放，并且已经在互联网中实现。REST 所体现的正是 Web 架构的特征——源服务、网关、代理和客户。其最大的特点是除了参与者的行为必须规范，对其中的个体组件不施加任何限制。

基于上述特点，REST 本身即适应分布式系统的软件架构，并且在 Web 服务设计模型中占据了主导地位。如果某种架构符合 REST 的限制条件，则该架构被称为 RESTful。在此类软件架构下，客户和服务器之间的请求和回应均表现为资源的转移，此处的资源可以是任何有意义的实体概念，而一个资源的表示实际上是捕捉了该资源状态的一个文档。客户在准备转移到新状态时发送请求，当请求位于等待处理的时间段内，客户被认为处于“转移”状态。REST 架构采用松散耦合的方式，对类型检查的要求更低，与 SOAP 相比，其所需的带宽更低。REST 架构的主要特点如下。

① 组件交互的伸缩性：参与交互的组件数量可以无限扩展。

② 界面的普遍性：IT 界人士普遍熟悉 REST 的界面风格。

③ 组件发布的独立性：组件可以独立发布，无须与任何组件进行事先沟通。

④ 客户-服务器模型：使用统一的界面分离客户机和服务器。

⑤ 无状态连接：客户机上下文不保存在服务器中，每次请求都需要提供完整的状态。

与基于 SOAP 的 Web 服务有所不同，RESTful Web 服务并不存在一个“官方”的标准。REST 只是一种架构风格，而非一种协议或标准。但基于互联网的 RESTful 实现可以使用 HTTP、URL、XML 等标准，使用这些标准实现 REST 架构时可以分别设定标准。

**3．云应用程序的结构**

云计算架构与传统计算范式的架构有所不同。同理，云应用程序的结构也与传统操作系统中的应用程序结构有所不同，这归因于传统操作系统环境和云计算环境的巨大不同。事实上，云端运行的程序和传统架构上运行的程序存在较大的区别。仅将软件发布到云端并不能称为云计算（当然，有些传统应用程序的确可以直接发布到云端并在一定范围内正确运行），云应用软件需要根据云的特性进行构造，才能适合云环境或充分发挥云环境的优势。下面探索适合云计算环境的应用程序的结构。

如果熟悉云计算环境和传统操作系统中的应用程序，则不难推导出云应用程序的结构。在云计算环境下，云应用程序的结构可以分为 4 层，分别是应用程序本身、运行的实例、所提供的服务和用于控制云应用程序的云命令行界面。其中，应用程序是最终的成品，该成品可以同时运行多个实例（此为云环境的一个重要特点），而每个实例提供一种或多种服务，服务之间则相对独立。此外，云应用程序应当提供某种云命令行界面，以便用户对应用程序进行控制。图 2.3 即为云应用程序的结构。

与传统操作系统环境相比，云应用程序结构的 4 个部分类似于传统操作系统中的进程、线程、服务和 Shell。进程是最终的成品，该成品可以同时运行多个指令序列（线程），每个线程提供某种功能（服务），Shell 可以用于对进程进行一定程度的控制。图 2.4 即为传统操作系统中的应用程序结构。

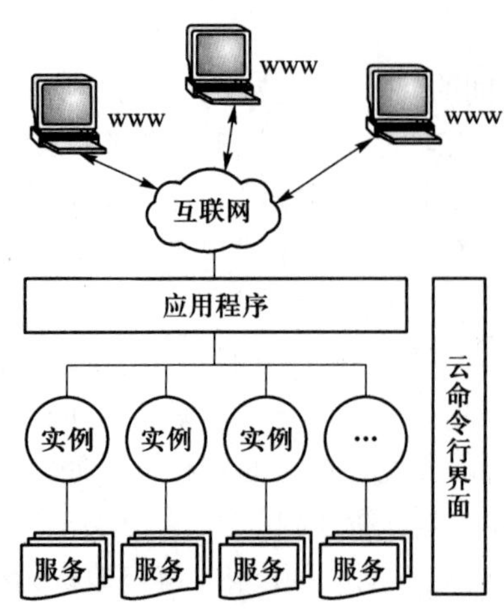

图 2.3　云应用程序的结构

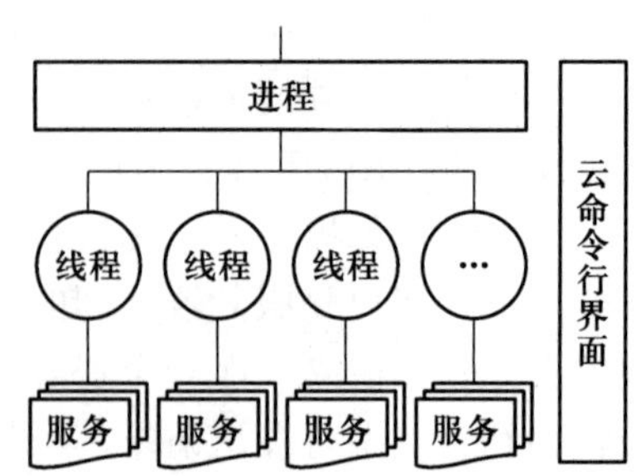


图 2.4　传统操作系统中的应用程序结构

此外，整个云平台可以看作一个应用程序，该应用程序由许多虚拟机构成，每个虚拟机上可以运行多个进程，每个进程可以由多个线程构成，整个云平台上覆盖的一层控制机制即云控制器。图 2.5 即为该视角下的云应用程序的结构。云应用程序的结构并不仅限于此，实际上，随着云计算技术的发展，越来越多的软件迁移到云端，形成云端软件。

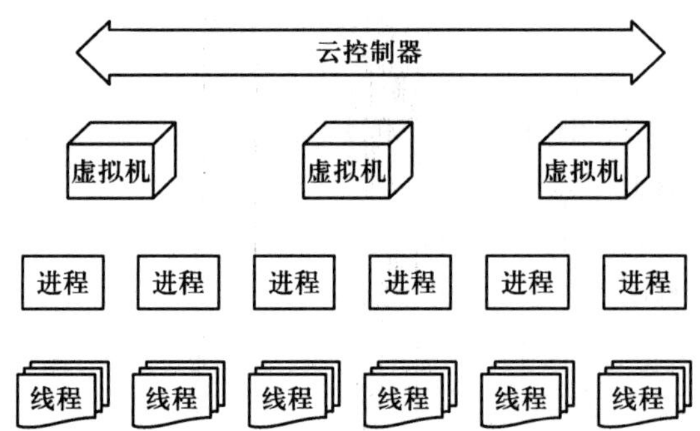


图 2.5　将云平台看作应用程序所展示的结构

## 2.1.2　云栈和云体

本节进一步结合目前广泛为人所接受的云计算架构进行归纳和总结，以期通过不同的云计算落地案例和各种云计算参考架构，呈现能够反应云计算技术本质的结构。

和云相关的概念有很多，例如“云体”“云栈”“云平台”“云计算”等，下面分别介绍其含义。

云体是云计算的物质基础，是云计算所用到的资源集合。其为构成云计算的软硬件环境，例如网络、服务器、存储器、交换机等，并通过网络将其连接在一起。在某些情况下，广义的云体也可以包括数据中心及其辅助设施，例如电力、空调、机架、冷却等系统。鉴于目前的云计算均基于数据中心进行，因此云体即为数据中心。

云栈又称云平台，是在云上构造的运行环境，能够支持应用程序的发布、运行、监控、调度、伸缩，并为应用程序提供辅助服务的机制，例如访问控制和权限管理等。微软的 Windows Azure、亚马逊的 AWS、谷歌的 App Engine、VMware 的 Cloud Foundry 等都是云平台。

云计算则是利用云体和云平台所进行的计算或处理，可以理解如下：云计算可以在云体上直接进行，也可以在云平台上进行。但无论在何种层面，只要符合按用量计费、资源可以伸缩的特点就是云计算。因此，云存储、云服务、在云上运行自己的软件或算法等均为云计算。简而言之，云计算是指人们利用云体和云平台所从事的活动。显然，云体和云平台本身并无价值，只有用于进行云计算才能提供价值。云则代指云体、云平台、云计算的结合，有时也称为云端和云环境。

**1. 云栈**

正所谓“没有规矩不成方圆”，任何一个大型系统的运行均建立在某种规则之上。这些规则相互依赖，形成一个规则体系。

鉴于云计算规模巨大，提供的服务多种多样，因此需要建立规则才能便于管理，即构建所谓的层次架构。例如，互联网的运转依赖于一个分层的协议栈（例如 OSI 的 7 层网络协议模型），协议栈中包含一系列网络协议（规则），不同的计算机通过这些协议进行沟通或协作。

同样地，云计算遵循分层的规则，其组织分为多个层次，并通过相互叠加构成一个层次栈，即云计算的“云栈”，其与传统计算机系统结构的比较如图 2.6 所示。

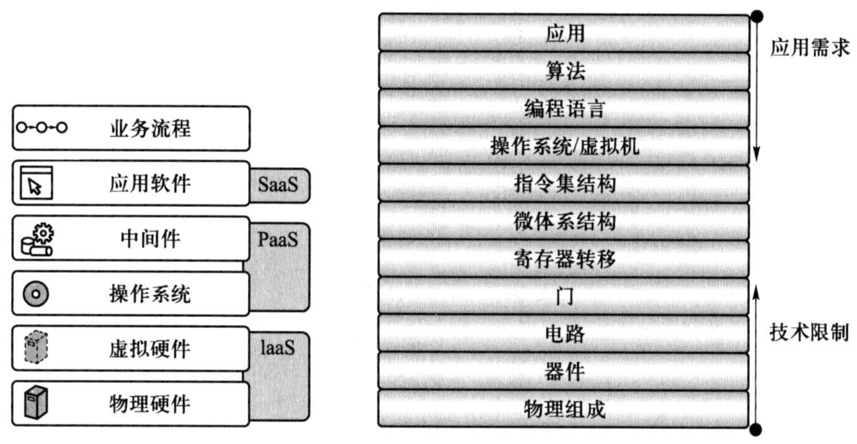


图 2.6　云计算的纵向云栈架构（左）和传统计算机系统结构（右）

云栈中的每一层提供一种抽象。底层为物理硬件层，其上各层逐渐远离物理现实，易用性也逐渐增加。每层用于实现抽象的手段均为某种或某几种服务，也称为功能。如果两个服务处于等价的抽象层，则属于云栈中的同一层。

云栈到底分为几层并没有明确的准则，因为除硬件层外，其他分层均在抽象上进行，而在抽象上进行分层是因时而异的。目前比较流行的分层方法有 3 种——三层模型、四层模型和五层模型，其中的三层模型为大众熟知。从该角度讲，云栈代表云计算的纵向架构。云栈架构的三层模型如图 2.7 所示。

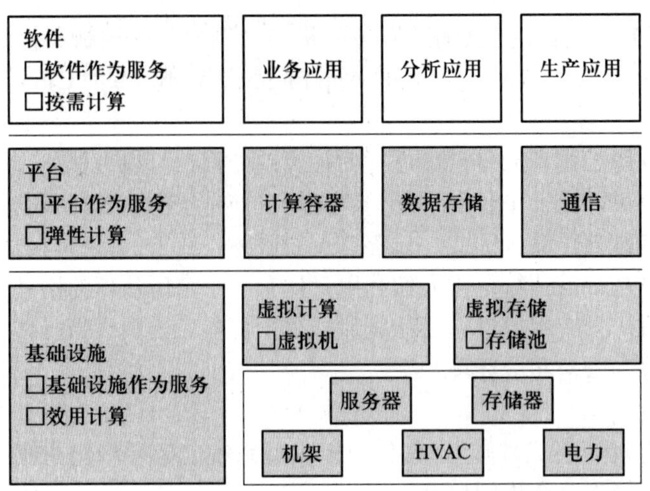


图 2.7　云栈的三层模型

在三层模型下，云计算可以简要概括为 IaaS、PaaS、SaaS，即基础设施即服务、平台即服务、软件即服务。其中，基础设施即服务可称为效用计算，平台即服务可称为弹性计算，软件即服务可称为按需计算。

下面对三层模型中每一层的能力和特点进行讨论。

（1）基础设施即服务层

基础设施即服务层也称为云基础设施服务层，如图 2.8 所示。

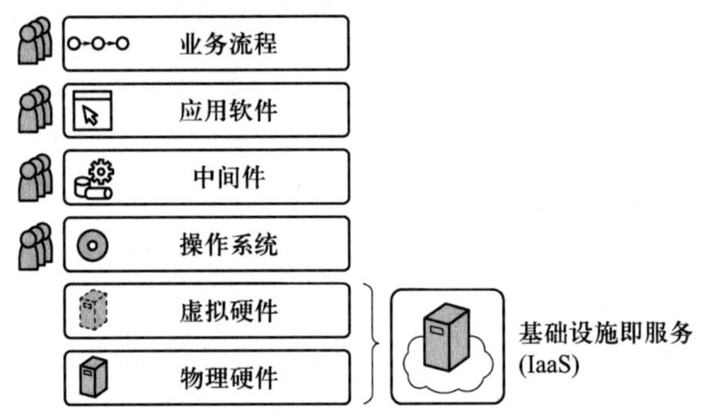


图 2.8　基础设施即服务层

该层提供云计算的物质基础，例如服务器、存储器等基础设施。云计算的起点是硬件设施及其虚拟化，基础设施中包括虚拟化的原因是各种硬件的规格、性能、质量不统一，无法直接在其上建造云平台。为此，必须将各种硬件变为统一的标准件，以利于云平台的安装。这种虚拟化的计算能力和存储容量正是该基础设施即服务层所提供的产品或服务。

由于基础设施即服务层位于底层，其消费的是物理现实（服务器、存储器等），支持的是上层的云平台。该层使得客户无须购买服务器、存储器、网络设备或数据中心空间，而是将其作为外部资源加以使用。云服务商则以效用计算模式对客户使用基础设施进行收费。

（2）平台即服务层

平台即服务层是一座桥梁，在虚拟化的 IT 基础设施上构建应用程序的运行环境，其提供的产品包括计算环境、云存储库、通信机制、控制调度机制等，统称为云计算平台或云解决方案栈。该层消费的是云基础设施服务，支持的是上层的云应用程序，如图 2.9 所示。

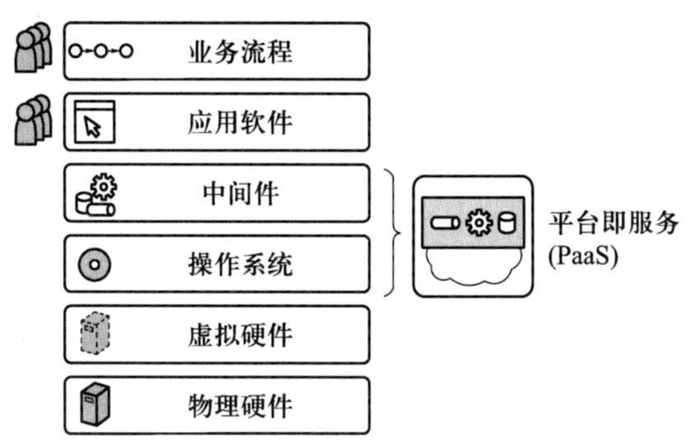


图 2.9　平台即服务层

（3）软件即服务层

软件即服务层又称应用程序、按需计算、行业应用（例如在云上部署铁路客票系统等行业应用）、大数据（例如在云上对大数据进行处理）、Hadoop（例如在云上部署 Hadoop 框架）、TensorFlow（例如在云上部署人工智能框架）层等。顾名思义，软件即服务层提供应用程序服务，即一般的终端客户所需要的服务。众所周知的一些服务（包括谷歌地球、微软在线 Office Live、Salesforce 的客户关系管理和一些大型的行业应用等）通过互联网进行交付，而不是将软件进行打包销售，从而避免了在客户自己的计算机上进行安装和运行的麻烦，同时简化了运维。软件即服务层消费的是云平台，产出则是终端功能和用户体验，如图 2.10 所示。

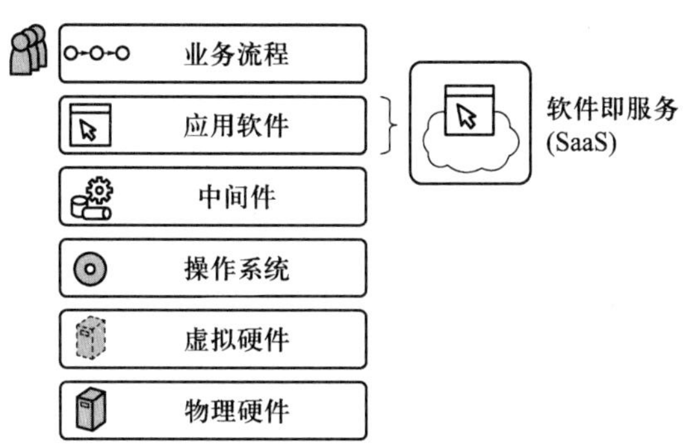


图 2.10　软件即服务层

软件即服务层的主要特点如下。

① 基于网络（通常为 Web 模式）进行远程访问的商用软件。

② 集中式管理，而非将管理分散在每个用户站点。

③ 应用交付通常接近一对多模型，即所谓的单个实例多个租户架构。

④ 按照用量计费（实际中一般按月或其他时间周期进行计费）。

SaaS 不一定部署在云平台上，若部署于其上则被称为云应用服务。因此，SaaS 与云计算的语义并非完全重合。对于云平台上的 SaaS 来说，可以运行的应用程序的种类和规模完全取决于云平台所拥有的能力。一般来说，云平台应当能够提供各种各样的运行环境，故而几乎所有的应用程序都可以成为云上的软件而化身为服务以提供给客户使用。

云软件和云服务的最大优势是：客户无须关心系统配置或架构管理，云供应商承担了所有这些任务。使用云软件的缺点在于客户缺乏灵活性，只能使用供应商所提供的版本和功能。

需要强调的是，虽然软件即服务层是大多数客户与云计算交互时用到的层面，但云计算也可以在云栈的 3 个层面同时为客户提供服务。当然，确实有大量的客户仅仅使用下层的平台服务或基础设施服务。

**2．云体**

如果说云栈是从纵向的角度构建云计算的整体架构，云体则是从横向的角度来看这种架构模式，如图 2.11 所示。

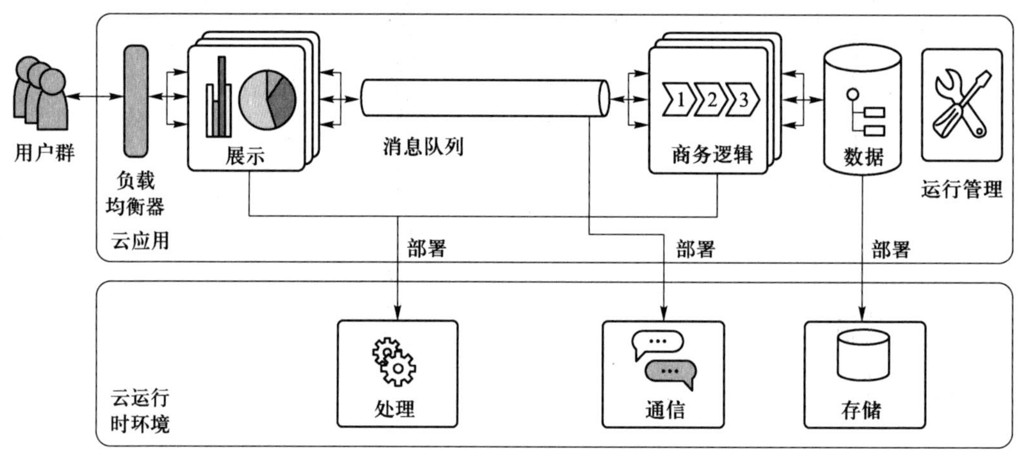


图 2.11　云计算的横向云体架构

传统操作系统需要提供计算、存储、通信和控制调度的能力，学习操作系统更有助于对云体架构模式进行理解，如图 2.12 所示。

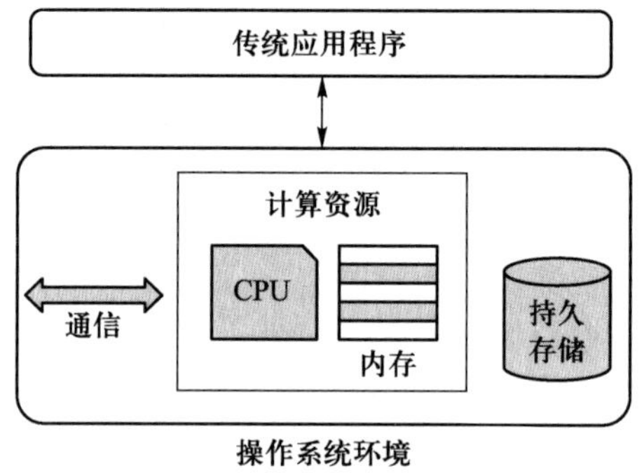


图 2.12　传统操作系统环境

应用程序在运行时需要使用计算资源存取数据，以及和其他程序进行交互。传统操作系统为此提供的抽象服务是进程/线程/内存管理、文件系统、进程间通信/网络等，其中文件系统提供数据的持久存储，进程间通信/网络提供通信能力。此外，操作系统配备有负责应用程序控制和调度的功能模块。在云体环境下，应用程序的运行也应具备计算资源、持久存储、通信等构件，如图 2.13 所示。

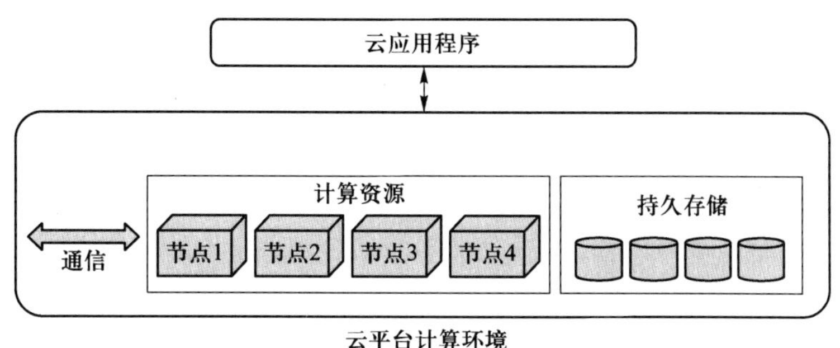


图 2.13　云平台计算环境

计算资源提供的是 CPU 能力。与传统操作系统不同，在云计算平台上，计算资源可能不仅包括一个 CPU 或一台主机上的多个计算核，而是包括无数计算节点上的多个 CPU。因为有底层虚拟化的支持，云体可以为应用程序提供一个或多个 CPU。为便于管理，云环境下所有的 CPU 计算能力均被切割并封装成一定规格的计算单元。一般情况下，用户只能按照这些预制的规格进行申请。此外，用户在申请计算单元时，通常会同时指定该计算单元中应当部署的操作系统、Web 服务器，甚至开发运行环境。

云环境下的持久存储机制称为云存储。在传统操作系统环境下，应用程序的持久存储机制就是本地磁盘，但不同的是，云环境下的应用程序在运行过程中写入本地磁盘的数据是非持久的，因为应用程序运行的主机并不确定，每次运行所用的物理设备可能不同。一旦应用程序结束运行，该物理设备可能被立即分配给其他应用程序，而已经终结的应用程序无法再次访问同一台物理设备，因而自然无法读取存储于该物理设备磁盘中的数据。因此，云存储需要提供与运行应用程序的主机相独立的存储位置和存储容量，这些位置和容量在应用程序运行结束后仍然存在，并且仍然能够访问。该机制与传统操作系统的磁盘类似，只是存储位置可能位于任意地点，甚至是在地理位置上十分遥远的地方。

云环境下的通信机制提供的是应用程序在运行时的信息沟通能力，对于云环境而言更为重要，因为云环境下的应用程序通常为多实例并发，不同实例之间必定需要进行沟通。故而云环境下需要提供某种机制使得应用程序的不同实例之间能够互通信息，此外，还需提供不同应用程序之间的通信通道。同一个应用程序的不同实例之间的通信一般由队列机制实现，不同应用程序之间的通信则一般由网络机制实现。因此，功能完整的云体平台所包含的云通信均包括队列和网络两个部分。

此外，云体平台通过提供模块或接口以优化和管理云平台。应用程序可以调用这些接口完成诸如增加计算实例、紧缩应用程序等在其他平台无法完成的任务。实际上，云体的一个重要功能是根据需要对应用程序进行伸缩，即动态调整一个应用程序所使用的计算能力、存储容量和通信资源。

接下来，第 2.2～2.4 节将围绕构成云体的计算、存储和通信展开。

# 2.2 虚拟化技术

## 2.2.1 虚拟化的定义

“万般皆虚拟，一切乃抽象”并不夸张，而是对人类社会和物理宇宙真实场景的描述。虚拟和抽象不仅在计算机领域中比比皆是，在人类生活中也无处不在。例如，人们经常在虚拟和抽象的层面与他人交互，以读者正在阅读的书籍为例，其写作对象就是虚拟的——该书并非针对某个具体的人或机构，而是针对位于具体对象之上的虚拟或抽象的读者。

“天圆地方，皆为抽象”，是说一切事物均为某种抽象，即某种虚拟。虚拟的优点在于将复杂的细节隐藏，将无变为有，将不自由变为自由。这也正是云计算的魅力所在。云计算的各种奇妙能力建立在优美的软件架构和虚拟化技术之上，其中后者可能更加重要（或更加基础），因为虚拟化是云计算赖以存在的基础和所提供功能的实质，而优美的软件架构只是在虚拟化之上实现另一种虚拟化的手段。不夸张地说，云计算完全构建于虚拟化之上，虚拟化（此处不仅指虚拟机监视器和云计算平台中的虚拟机）是云计算得以实现的核心基石。

首先来看一个例子：一台物理主机有 16 GB 内存，用户 A 的程序只需使用 2 GB 内存，用户 B 的程序只需使用 4 GB 内存，如果不使用虚拟化技术，而直接将两个用户的程序放置于同一台物理主机，则各自配置的运行环境和资源均可满足使用需求。但若两个程序的运行环境分别为 Linux 和 Windows，如何防止用户 A 的程序窃取用户 B 的数据则需要纳入考虑。如果通过再次购买物理主机的方式解决上述问题，则会造成资源浪费。因此需要更加合理的解决方法，即采用虚拟化技术，在物理主机上生成分别包含 2 GB 内存和 4 GB 内存、类型任意的两个操作系统，借助虚拟化技术提供资源隔离的功能。

对虚拟化技术的研究起源于 20 世纪 50 年代，至今已发展几十年。1959 年，克里斯托弗·斯特雷奇（Christopher Strachey）在国际信息处理大会上发表了一篇名为《大型高速计算机中的分时》（*Time Sharing in Large Fast Computers*）的学术论文。起初，虚拟化技术的出现源于对分时系统的需求，它解决了早期操作系统只能处理单任务而不能处理分时多任务的问题。IBM 7044 是最早使用虚拟化技术的计算机之一，之后，大型计算机和小型计算机均开始使用虚拟化技术。而在 x86 架构中对虚拟化技术的使用，使该技术得到了更加广泛的应用。在 x86 架构中，最早实现的是纯软件的“全虚拟化”，之后出现了 Denali 项目和 Xen 项目中的半虚拟化模式，需要对客户机操作系统进行更改，从而获得更高的性能。而后随着硬件技术的不断发展，英特尔（Intel）和超威半导体（AMD）等厂商相继将对虚拟化技术的支持加入 x86 架构处理器中（例如英特尔的 VT 技术），使纯软件的各项功能都可以用硬件实现。

虚拟化是一个广义的术语，对于不同的人可能代表不同的对象，这取决于人们所处的环境。在计算机科学领域中，虚拟化代表对计算资源的抽象，而非局限于虚拟机的概念。例如，对物理内存的抽象催生了虚拟内存技术，使应用程序认为其自身拥有连续可用的地址空间（address space）。实际上，应用程序的代码和数据可能被分隔成多个碎片页或段，甚至被交换到磁盘、闪存等外部存储器，即使物理内存不足，应用程序也能顺利执行。

虚拟化技术主要分为以下几个大类。

**1．服务器虚拟化**

正如前文所述，大多数服务器的容量利用率不足15%，这不仅导致服务器数量剧增，还增加了部署复杂性。实现服务器虚拟化后，多个操作系统可以作为虚拟机在单台物理服务器上运行，并且每个操作系统均可访问底层服务器的计算资源，从而解决了效率低下的问题。将服务器集群聚合为一项整合资源，可以提高整体效率并降低成本。服务器虚拟化还可加快工作负载部署速度，提高应用性能并改善可用性。

**2．网络虚拟化**

网络虚拟化以软件的形式完整地再现了物理网络，应用在虚拟网络中的运行与在物理网络中的运行完全相同。网络虚拟化向已连接的工作负载提供逻辑网络连接设备和服务（逻辑端口、交换机、路由器、防火墙、负载均衡器、VPN等）。虚拟网络不仅可以提供与物理网络相同的功能特性和保证，而且具备虚拟化所具有的运维优势和硬件独立性。

**3．桌面虚拟化**

通过代管服务的形式部署桌面，可以令使用者更加快速地对不断变化的需求进行响应。企业可以快速、轻松地向分支机构、外包员工、海外员工以及使用平板计算机的移动工作人员交付虚拟化桌面和应用，从而降低成本并改进服务。

**4．软件定义的存储**

海量数据和实时应用使存储需求达到新的高度。存储虚拟化对服务器内部的磁盘和闪存进行抽象，将其组合到高性能存储池，并以软件的形式交付。软件定义存储（software defined storage，SDS）是一种全新的存储方法，能够从根本上提高运维模式的效率。

虚拟化技术已经在市场中得到广泛的应用，它促进了云计算概念的产生，并成为其主要支撑技术之一。虚拟化技术有效地提高了硬件的利用率，使得一台服务器可以承载以前多台服务器的负载，并且实现了用户任务和数据的隔离，增强了安全性。

## 2.2.2　服务器虚拟化

人们通常所说的虚拟化主要是指服务器虚拟化技术，即通过使用控制程序隐藏特定计算平台的实际物理特性，为用户提供抽象的、统一的、模拟的计算环境（称为虚拟机）。虚拟机中运行的操作系统称为客户操作系统（guest operating system，guest OS），运行虚拟机监视器（virtual machine monitor，VMM）的操作系统称为主机操作系统（host operating system，host OS），当然，某些虚拟机监视器可以脱离操作系统直接运行在硬件之上（例如VMware的ESX产品）。运行虚拟机的真实系统称为主机系统，如图2.14所示，引入虚拟化后，不同用户的应用程序由自身的客户操作系统管理，并且这些客户操作系统可以独立于主机操作系统同时运行在同一套硬件上，通常通过添加一个称为虚拟化层的软件实现，该虚拟化软件层称为Hypervisor或虚拟机监视器。

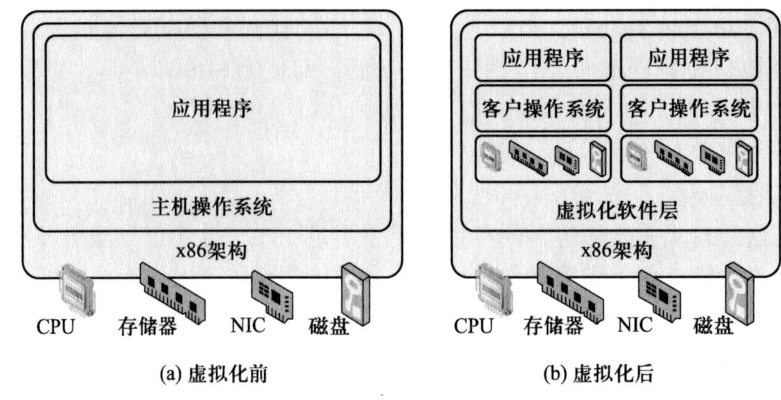


图 2.14 虚拟化前后的计算机体系结构

虚拟化软件层的主要功能是将一个主机的物理硬件虚拟化为可被各个虚拟机互斥使用的虚拟资源，并且可以在不同层实现。如图 2.15 所示，虚拟化软件层可以位于主机操作系统之上（称为寄居架构），也可以直接位于计算机硬件资源之上（称为裸金属架构）。下面讲解 x86 架构对虚拟化的限制。

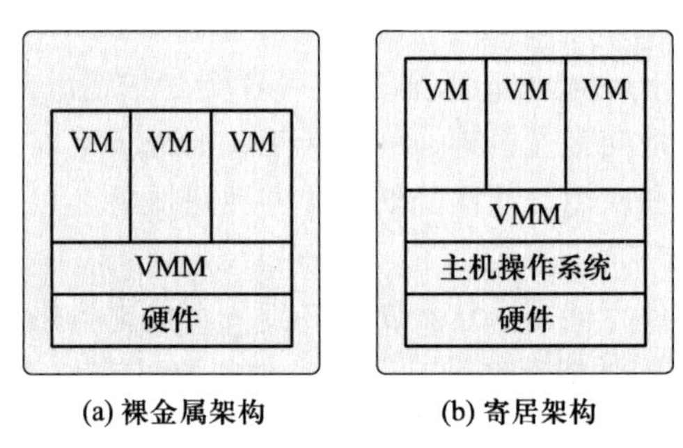


图 2.15 虚拟化软件层所处的位置

x86 泛指一系列由英特尔公司开发的处理器架构，最早为 1978 年面世的 Intel 8086 CPU。该版本在 3 年后为 IBM PC 所选用，之后 x86 便成为个人计算机的标准平台，也成为最成功的 CPU 架构。CPU 作为计算机的大脑，主要提供计算和控制功能，其中读取外部（操作系统、驱动程序或应用程序发出的）指令、将指令译码为 CPU 指令集、然后执行指令集的流程最能体现其计算和控制功能。CPU 的指令集分类如下。

① 特权指令集是指用于操控底层硬件（关机、开关摄像头等）、调度底层硬件资源的指令，目前主要由驱动程序或者操作系统发出。

② 普通指令集是指除特权指令外的指令，目前主要由操作系统或者应用程序发出。

③ 敏感指令集是指仅存在于虚拟环境、可以操控虚拟机的运行模式和宿主机的运行状态的指令，目前主要由虚拟机的操作系统发出。需要注意的是，在大型计算机时代，敏感指令集是特权指令集的子集；而在 x86 架构的 CPU 中，敏感指令集和特权指令集不再是从属关系，而是交集关系。敏感指令集中有 19 条指令不属于特权指令集。理解这一点对理解 x86 架构 CPU 的虚拟化非常重要。

x86 架构的 CPU 为保证系统安全执行指令，并为指令集提供 4 个分级保护域作为运行空间，分别为 Ring 0～Ring 3。其中，Ring 0 是权限级别最高的运行空间，可以执行特权指令；Ring 3 是权限级别最低的运行空间，只能执行一些普通指令。

由于基于 x86 架构设计的操作系统直接运行在裸硬件设备上，因此其工作在 CPU 的内核态。而用户应用程序运行在操作系统之上，因此其工作在 CPU 的用户态。如图 2.16 所示，无论是来自用户应用的普通指令还是来自操作系统的特权指令（操作系统也会发出普通指令），都会直接在计算机系统硬件上执行。

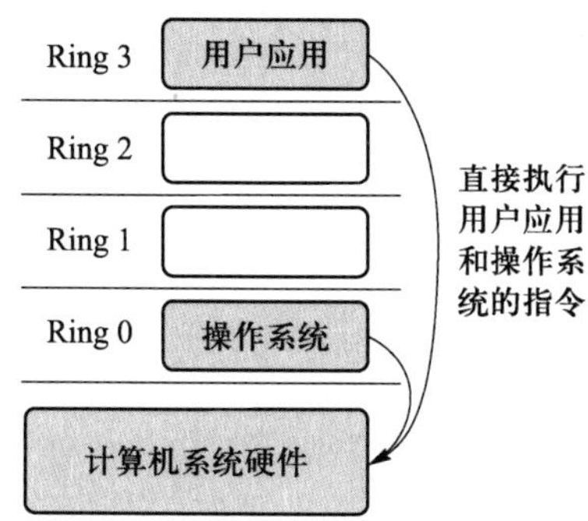


图 2.16　x86 架构下的指令执行方式

以基于 x86 架构的 Linux 操作系统（不存在虚拟机）为例，其具有以下特性。

① Linux 工作在 CPU 的内核态，可以向 CPU 发送特权指令，以控制中断、修改页表、访问设备等。CPU 对这些指令译码后，将其置于 Ring 0 运行空间中执行。

② 应用程序工作在 CPU 的用户态，其发送的普通指令被 CPU 译码后置于 Ring 3 运行空间中执行。

③ 如果应用程序需要执行访问磁盘、写文件等特权指令，则需执行系统调用，不能直接将指令发送至 CPU。执行系统调用时，实际是由 Linux 操作系统接收系统调用的指令，将其整理成由自身发出的特权指令，然后执行特性 1。该过程也称为用户态和内核态的切换。

存在虚拟机的场景中会出现如下难题：主机操作系统工作在 CPU 的内核态，虚拟机操作系统作为一个主机操作系统的应用而工作在 CPU 的用户态，由于虚拟机并不知晓自身为虚拟机，因而会同以前一样向 CPU 发送指令。如果这些指令中包含特权指令（例如开启摄像头），并且被提交给 CPU 执行，则 CPU 将认为这些指令来自用户态而没有执行权限，最终导致系统出错。为了解决这种错误，科学家们提出了全虚拟化、半虚拟化、硬件辅助虚拟化 3 种方法。

**1. 全虚拟化**

1998 年，VMware 公司攻克了这个难关，其使用了优先级压缩技术和二进制翻译技术，使得由工作在用户态的客户操作系统发出的所有指令（涵盖特权指令、普通指令、敏感指令）均交由 VMM 翻译，如果解析到 19 条特殊的敏感指令，则将其置于 Ring 0 运行空间执行。该指令执行方式如图 2.17 所示。其缺点是客户操作系统的所有指令均需进行二进制翻译，导致 VMM 层因压力过大而降低性能。

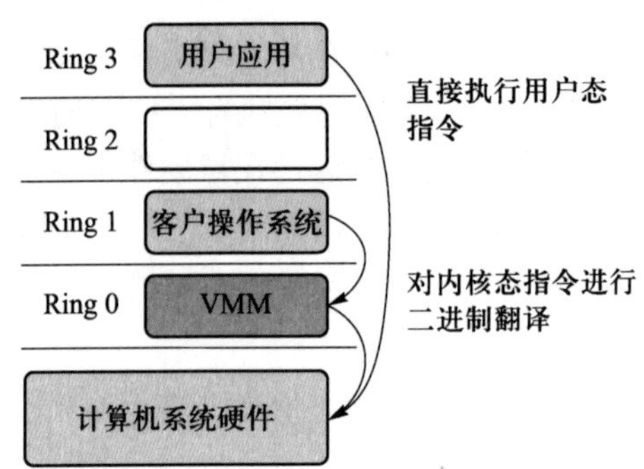


图 2.17　使用 VMM 翻译客户操作系统的请求

二进制翻译（binary translation，BT）技术是一种直接翻译可执行二进制程序的技术，能够将一种处理器上的二进制程序翻译到另一种处理器上执行。二进制翻译技术将机器代码从源机器平台映射至目标机器平台，包括指令语义与硬件资源的映射，使源机器平台上的代码“适应”目标机器平台。因此翻译后的代码更适应目标机器，具有更高的运行时效率。二进制翻译系统是位于应用程序和计算机硬件之间的一个软件层，其很好地降低了应用程序和底层硬件之间的耦合度，使二者可以相对独立地发展和变化。二进制翻译也是一种编译技术，其与传统编译的区别在于编译处理对象不同。传统编译的处理对象是某种高级语言，经过编译处理生成某种机器的目标代码；二进制翻译的处理对象是某种机器的二进制代码，该二进制代码通过传统编译过程生成，经过二进制翻译后生成另一种机器的二进制代码。

二进制翻译和直接执行指令相结合的全虚拟化使虚拟机系统和下层的物理硬件彻底解耦。虚拟机系统并未意识到自身是被虚拟化的，因此无须进行任何修改。全虚拟化无须硬件或操作系统辅助以虚拟化敏感指令和特权指令的唯一方案。虚拟化软件层将操作系统的指令进行翻译并将结果缓存供之后使用，而用户级指令无须修改即可运行，其具有和物理机相同的执行速度。

**2．半虚拟化**

半虚拟化是指虚拟机系统和虚拟化软件层通过交互改善性能和效率。如图 2.18 所示，该方式通过修改操作系统内核来捕获 19 条敏感指令，然后通过超级调用（hypercall）将其交由系统硬件执行。这种被修改过的操作系统也被称为半虚拟化的客户操作系统。

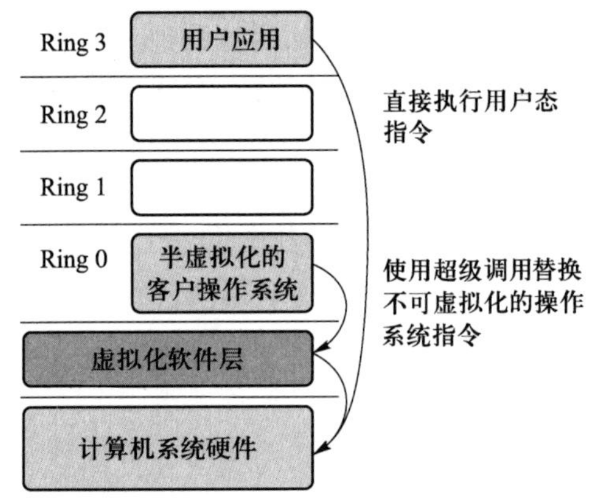


图 2.18　将不可虚拟化的操作系统指令替换为超级调用

半虚拟化的缺点也很明显，由于需要修改操作系统内核，因此尚不支持针对闭源操作系统（例如 Windows）的虚拟化，其兼容性和可移植性较差。由于半虚拟化需要对系统内核进行深度修改，在生产环境中，技术支持和维护方面将存在很大的问题。开源的 Xen 项目是半虚拟化的一个范例，其使用一个经过修改的 Linux 内核来虚拟化处理器，同时使用另一个定制的虚拟机系统的设备驱动来虚拟化 I/O。

**3．硬件辅助虚拟化**

随着虚拟化技术的不断推广和应用，硬件厂商迅速开发新的硬件特性以简化虚拟化技术。第一代技术包括英特尔的 VT-x 和 AMD 的 AMD-V，二者均针对特权指令为 CPU 添加了一个执行模式，即将 VMM 运行在一个新增的根模式（Root）下。如图 2.19 所示，特权指令和敏感指令调用均自动进入虚拟化软件层，无须进行二进制翻译或半虚拟化。虚拟机的状态保存在虚拟机控制结构（VMCS、VT-x）或虚拟机控制块（VMCB、AMD-V）中。

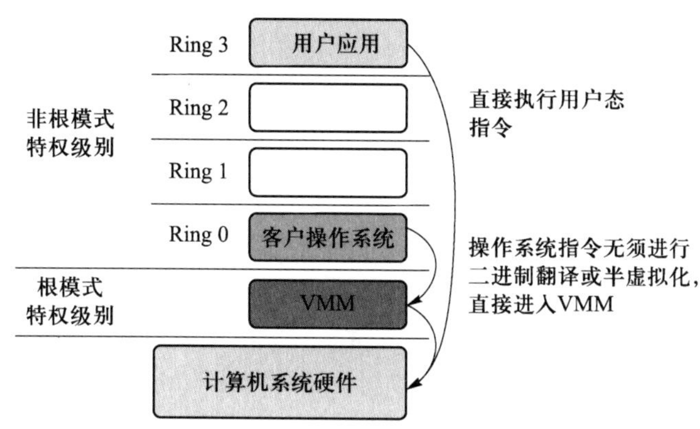


图 2.19　通过将 VMM 运行在新增的根模式下，直接捕获特权指令

英特尔和 AMD 的第一代硬件辅助特性于 2006 年发布，是虚拟化软件层能够不依赖于二进制翻译和修改操作系统的半虚拟化的第一步。这些早期的硬件辅助特性使创建一个不依赖于二进制翻译和半虚拟化技术的虚拟化软件层更加容易。随着时间的推移，可以预见硬件辅助的虚拟化性能将超越处理器和内存半虚拟化的性能。随着对 CPU、内存和 I/O 设备进行硬件辅助开发，半虚拟化相对于硬件辅助虚拟化的性能优势将逐渐缩小。第二代硬件辅助技术正在开发中，其将对虚拟化性能的提升产生更大影响，同时降低内存的消耗代价。

### 2.2.3　新型硬件虚拟化

如上文所述，虚拟化技术已被越来越多地应用于从数据中心到智能终端等不同的硬件场景中，成为当前支撑云计算、大数据、移动互联网等新型计算和应用模型的核心技术。但由于针对新型硬件的虚拟化方法和技术的缺失，导致云计算系统无法充分利用该类资源。例如，以深度学习为代表的人工智能类应用（例如图像分类、语音识别等）急需利用新型硬件实现 TB 级数据的内存进行计算。本节从云计算系统的角度出发，介绍新型硬件的虚拟化技术。

### 1. 硬件虚拟化背景

虚拟化技术通过在数量、功能和效果上对物理硬件进行逻辑化虚拟，具有提供高层次硬件抽象、按需调配资源、系统的高移动性、强化安全隔离等优点，因此虚拟机也成为当前各类硬件平台上的主要载体。从2009年起，全球新增的虚拟机数目已超过新增的物理机数目。得益于虚拟化技术的深入研究，云计算平台的使用场景和应用深度得到极大的扩展，使得网络化高频交易（例如铁路12306购票系统）、虚拟现实（例如AR/VR游戏）、深度学习、高性能计算等直接部署于物理平台上的大量应用，能够方便、高效地部署在以虚拟化技术为支撑的云平台上，大幅提升了物理资源的利用率，极大降低了系统的整体能耗。由此可见，解决云计算面临的新问题的关键之一在于提升虚拟化能力。

近年来，大量新型硬件迅速得到普及，例如拥有数千个内核的GPU处理器、具有RDMA功能的高速网络、支持硬件加速的FPGA器件等。以计算能力为例，CPU/GPU/FPGA不断延续摩尔定律，如图2.20所示。

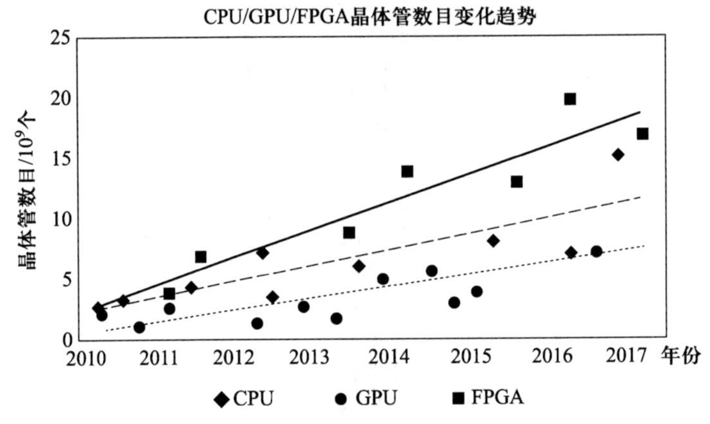


图2.20　新型硬件的晶体管数目变化趋势

但现有虚拟化技术主要针对通用的硬件平台（例如x86和x86-64）和系统软件栈（例如Linux和Windows），强调对于物理硬件的整合和系统软件栈的兼容，目前还无法高效承载新型硬件能力的供给。此外，多样化的硬件异构互联与硬件资源的高效利用之间存在矛盾，无法满足领域应用提出的可扩展的性能和功能需求。

为了直接应对高通量、低延迟等需求，硬件呈现出不断发展的新特性。诸如RDMA网络、非易失性存储器（non-volatile memory，NVM）、FPGA/GPU加速硬件、AR/VR传感设备等硬件在非虚拟化环境中已经能够很好地满足现有应用需求。但由于此类硬件的虚拟化方法尚不完善和成熟，因此目前无法在云环境中有效使用，以满足高效能、低延迟等应用需求。为此，工业界和学术界仍在寻求新型硬件的虚拟化解决方案，目前已经提出GPU、RDMA等硬件资源的直通独占式虚拟化方案。对比CPU、I/O等传统硬件的虚拟化发展历程，RDMA、FPGA等新型硬件的虚拟化尚处于早期阶段。

目前，设备虚拟化主要包括软件模拟、直通独占和直通共享3种方法，如图2.21所示。

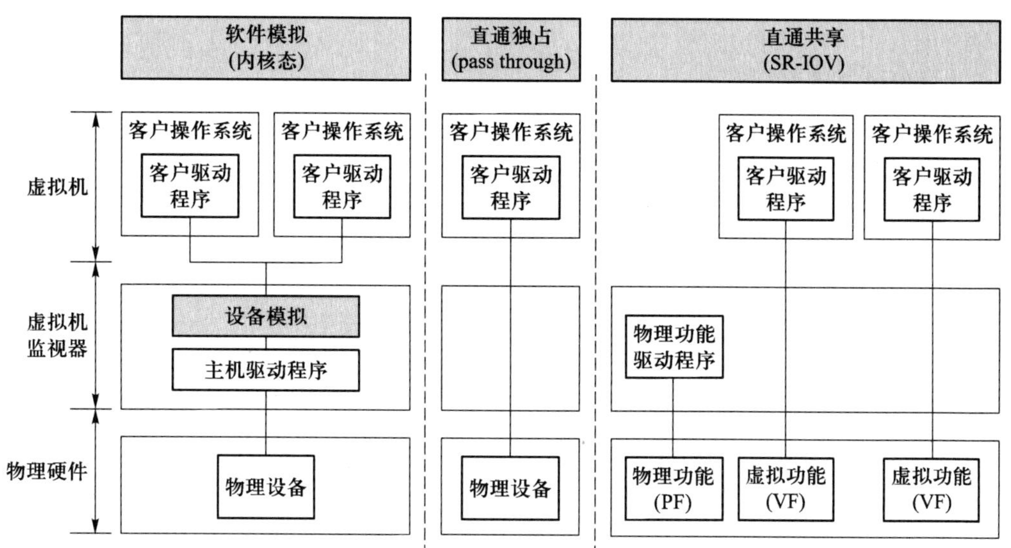


图 2.21　设备虚拟化的 3 种主要方法

基于软件模拟的全虚拟化方法能够支持多个设备共享，无须修改客户操作系统，但上下文切换开销大，性能低；基于直通独占的方法能够使虚拟机直通访问物理设备，减少了虚拟机监视器的切换开销，性能较高但共享困难；基于硬件辅助虚拟化的全虚拟化方法（以 SR-IOV 技术为代表）解决了直通和共享的矛盾，是虚拟化技术走向成熟的标志。自 2005 年英特尔公司首次提出针对 CPU 的硬件辅助虚拟化技术 VT-x 以来，该方法已经成为主流的 x86 平台虚拟化方法。目前，基于硬件辅助的虚拟化方法在 CPU、内存、网络等传统硬件资源上获得了成功，CPU 和内存虚拟化资源的性能已经接近物理硬件。

**2．硬件虚拟化的代表**

下面以 GPU、FPGA、RDMA、NVM 为典型代表，介绍新型硬件虚拟化的现状。

（1）GPU 虚拟化

GPU 是计算机的一个重要组成部分，但 GPU 等重要资源虚拟化的性能、扩展性和可用性较 CPU 而言尚处于相对滞后的阶段。例如，英特尔的 GPU 虚拟化解决方案 gVirt 中，单个物理 GPU 仅支持 7 个虚拟 GPU（VGPU），而 Xen 支持 512 个虚拟 CPU。2013 年，亚马逊首次推出商业化的 GPU 实例。2017 年 2 月，来自英特尔的首个 GPU 全虚拟化方案 KVMGT 才正式加入 Linux 内核 4.10。

传统 GPU 虚拟化通过 API 转发的方式，将 GPU 操作由虚拟机发送给虚拟机监视器代理执行。该方法被大量主流虚拟化产品采用并支持图形处理，但其并非真正意义上的完整硬件虚拟化技术，其性能和可扩展性均无法满足通用 GPU（GPGPU）计算等应用（例如机器学习和高性能计算）的需要。

由于 GPU 结构复杂，技术限制较多，直到 2014 年人们才提出两种针对主流 GPU 平台的硬件辅助的全虚拟化方案，即基于英伟达（NVIDIA）GPU 的 GPUvm 和基于英特尔 GPU 的 gVirt。GPUvm 支持全虚拟化和半虚拟化，在全虚拟化模式下的运行开销较高，在优化后的半虚拟化模式下的性能比原生系统低 1/3～2/3。gVirt 是第一个针对英特尔平台的 GPU 全虚拟化开源方案，其为每个虚拟机提供一个虚拟的 GPU，并且无须更改虚拟机的原生驱动。

（2）FPGA 虚拟化

FPGA 作为一种可重新配置的计算资源，与现有的虚拟化框架并不兼容。与 GPU 和 CPU 不同，FPGA 的使用场景趋向于独占。一方面，不同租户可能使用不同的访问接口，难以使用统一的指令集；另一方面，即便使用统一的接口规范，在租户切换时也需要进行耗时的重新烧写和复杂的状态保存，导致系统产生大量的时间和空间开销。目前 FPGA 器件与各自的开发生态（工具链、库等）具有紧密的耦合关系，特定器件型号的 FPGA 需要特定的软件支持才能生成可供烧写的二进制文件，目前尚无统一的二进制接口规范。

（3）RDMA 虚拟化

近年来，人们开始探索 RDMA 硬件虚拟化技术在高性能计算等领域的应用，基于 SR-IOV 的 RDMA 在部分场景已经能够媲美原生系统的高吞吐量与低延迟指标。例如，微软 Azure 云计算平台已经尝试性地推出带有 RDMA 网络支持的虚拟机租赁的云服务平台，然而虚拟机仅支持通过修改的 MPI 库接口使用 RDMA 硬件，并且提供的性能相比现有硬件的原生性能仍然存在数倍差距，导致大量基于 RDMA 优化的系统无法部署在该虚拟化环境中。

（4）NVM 虚拟化

NVM 是一种新的存储技术，因其同时拥有内存字节寻址的高性能以及数据存储持久化的特性而备受关注。但 NVM 存在价格高、容量小、使用方式多变等问题，如何进行虚拟化支持进而投入云环境中使用，仍处于研究的起步阶段。

如何在虚拟化环境中保持不同类型存储硬件的特性（非易失）和接近非虚拟化使用时的高性能，以及利用混合存储支持当前以内存计算为代表的存储密集型应用等，将是新型存储硬件虚拟化研究的重点。

**3．硬件虚拟化的未来**

高效、安全、稳定的虚拟化资源供给是云计算平台的核心要素。除了可用性、扩展性和安全等方面，新型硬件虚拟化的未来研究方向如下。

（1）极端虚拟化

随着云计算系统应用范围的不断扩大，虚拟机目前正在向极大和极小两个方向演化。由于新型硬件设备的加入，单机的处理能力不断增强。例如，单台物理主机已经能够拥有数百个 CPU 内核、数千个 GPU 内核、TB 级内存以及超 100 Gbps 网络带宽的硬件环境，由此产生了在单机上构建巨型虚拟机的迫切需求。同时，针对部署于智能移动终端、面向极端受限的特征化硬件环境的微型虚拟机，需要能够便捷共享集约化硬件资源，高效抽象具有多样性的硬件设备，按需移动和重构组件化的虚拟机，以及提供面向交互式和移动性的个性化系统软件栈。

（2）异构硬件的融合和归一化

当前硬件平台趋于异构化，单台服务器可能同时配置 CPU 与 GPU/FPGA 处理器、具有 RDMA 特性的 InfiniBand 网卡和以太网卡、普通内存和 NVM 以及固态盘（solid state disk，SSD）等外存。因此，根据“软件定义”基础设施的指导原则，可以利用虚拟化融合和归一化异构硬件。

首先，异构硬件的融合将本着“优势互补”的原则，向应用提供优势资源以满足极端化需求，例如 GPU 的高并发性和高带宽、CPU 的大容量缓存、RDMA 的低延迟和 NVM 的持久性等。其次，不同的硬件需要采用不同的虚拟化方法，提供多种接口以获得最佳性能，但仍然需要考虑使用的灵活性。因此，需要通过虚拟化实现异构硬件归一化管理，向应用提供统一的编程接口。可以利用来自应用的需求信息动态判断实际的后台执行硬件，实现应用需求指导的动态硬件选择技术。

（3）多硬件或多特性的聚合和抽象

目前，虚拟化侧重于“一虚多”技术，即将单个物理资源通过虚拟化技术作为多个虚拟资源提供。同时，可以利用新型硬件实现对多硬件或多特性的虚拟化聚合和抽象，提升硬件性能，甚至突破单一硬件的物理极限（“多虚一”）。例如，围绕 RDMA 技术能够实现虚拟化硬件聚合和抽象。

首先，针对 CPU 和 GPU 设备，在内存级使用输入输出内存管理单元（input/output memory management unit，IOMMU）实现二者的互通，扩展 GPU 的内存瓶颈，避免处理器间数据传递的内存复制开销；同时利用 RDMA 进一步打通节点间的内存界限，避免跨节点传输过程中数据在内核/应用层、CPU/GPU/FPGA 内存间的冗余复制开销。其次，利用数据原子性、一致性和隔离性配合 NVM（映射到 CPU 内存空间）提供的数据持久性，向应用提供硬件支持的完整 ACID 事务抽象，从而有效避免对锁的使用，降低硬件状态持久化的维护开销。

### 2.2.4　轻量级虚拟化

通过上述内容可以发现，寄居架构和裸金属架构的服务器虚拟化技术存在一个共同的特点，即每个隔离出的空间中均包含一个独立的操作系统。这种虚拟化方式的好处在于可以上下扩展，有可控的计算资源，能够提供安全隔离，并且可以通过 API 进行部署等。但其缺点也很明显：每台虚拟机都需要消耗一部分资源用于运转一个完整的操作系统。因此，人们提出一种操作系统层面上的轻量级虚拟化技术——容器。

**1．容器技术简介**

容器技术近年来日趋流行，但其并非一种新兴技术。图 2.22 对容器技术的发展过程进行了简单的梳理，下文详细介绍了几种主流容器技术。

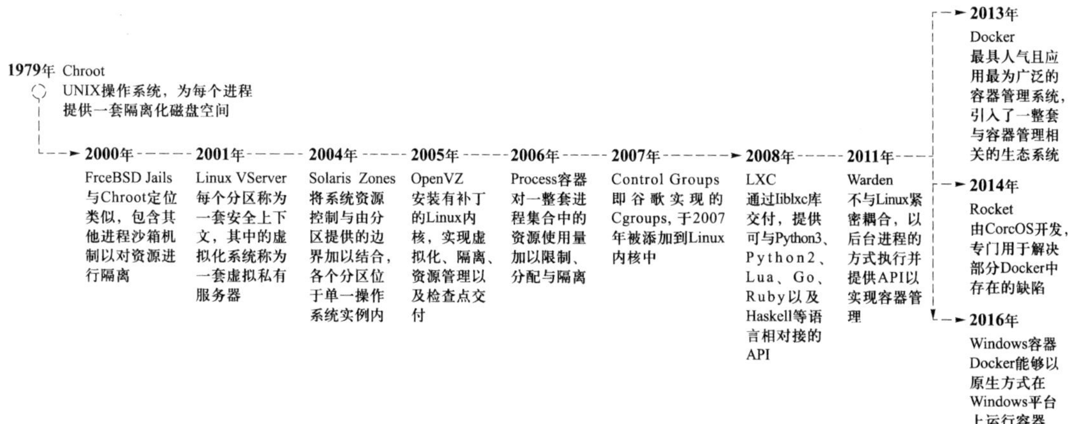


图 2.22　容器技术的发展过程

（1）1979 年——Chroot

容器技术的概念可以追溯至 1979 年的 UNIX Chroot。该技术将 Root 目录及其子目录变更至文件系统内的新位置，并且只接受特定进程的访问，旨在为每个进程提供一套隔离化磁盘空间。其于 1982 年被添加至 BSD。

（2）2000 年——FreeBSD Jails

FreeBSD Jails 与 Chroot 的定位类似，其中包含进程沙箱机制，以对文件系统、用户及网络等资源进行隔离，通过这种方式为每个 Jail、定制化软件安装包乃至配置方案等提供一个对应的 IP 地址。Jails 技术为 FreeBSD 系统提供了一种简单的安全隔离机制，其不足之处在于这种简单的隔离也会影响 Jails 中的应用访问系统资源的灵活性。

（3）2004 年——Solaris Zones

Zones 技术为应用程序创建了一个虚拟层，使应用在隔离的 Zone 中运行，并实现有效的资源管理。每个 Zone 拥有各自的文件系统、进程空间、防火墙、网络配置等。Solaris Zones 技术真正引入了容器资源管理的概念。在应用部署时为 Zone 配置一定的资源，在运行中可以根据 Zone 的负载动态修改该资源限制并且实时生效。在其他 Zone 不需要资源时，资源会自动切换给需要资源的 Zone，这种切换是即时的、无须人工干预的，可以最大化资源的利用率。在必要情况下，也可以为单个 Zone 隔离一定的资源。

（4）2008 年——LXC

LXC 即指 Linux Containers，其功能通过 Cgroups 以及 Linux 命名空间实现，是第一套完整的 Linux 容器管理实现方案。在 LXC 出现之前，Linux 中已经存在 Linux VServer、OpenVZ 和 FreeVPS。虽然这些技术均已成熟，但是尚未将其容器支持集成到主流 Linux 内核。相较于其他容器技术，LXC 能够在无须任何额外补丁的前提下运行在原版 Linux 内核上。目前 LXC 项目由 Canonical 公司负责赞助及托管。

（5）2013 年——Docker

Docker 项目最初由一家名为 DotCloud 的平台（即服务厂商）打造，后来该公司更名为 Docker。Docker 在起步阶段使用 LXC，而后利用自己的 Libcontainer 库将其替换。与其他容器平台不同，Docker 引入了一整套与容器管理相关的生态系统，其中包括一套高效的分层式容器镜像模型、一套全局及本地容器注册表、一个精简化 REST API 以及一套命令行界面等。与 Docker 具有同样目标功能的另外一种容器技术是 CoreOS 公司开发的 Rocket。Rocket 基于 App Container 规范并使其成为一项更为开放的标准。

（6）2016 年——Windows 容器

微软公司于 2016 年正式推出 Windows 容器。Windows 容器包括两个不同的容器类型：一是 Windows Server 容器，通过进程和命名空间隔离技术提供应用程序隔离功能，Windows Server 容器与容器主机和该主机上运行的所有容器共享内核；二是 Hyper-V 容器，通过在高度优化的虚拟机中运行每个容器，在 Windows Server 容器提供的隔离上进行扩展，在该配置中，容器主机的内核不与 Hyper-V 容器共享。Hyper-V 容器是一个新的容器技术，其通过 Hyper-V 虚拟化技术提供高级隔离特性。

**2．容器与虚拟机的对比**

为了较为直观地理解容器与虚拟机的差别，可以通过图 2.23 和图 2.24 进行对比。由图可知，利用虚拟机方式进行虚拟化的显著特征是每个客户机除容纳应用程序及其运行所必需的各类组件（例如系统二进制文件与库 Bins/Libs）外，还包含完整的虚拟硬件堆栈，其中包括虚拟网络适配器、存储器以及 CPU。这就表示其拥有自己的完整客户操作系统。从内部看，该套客户机自成体系拥有专用资源；而从外部看，该套虚拟机使用由主机设备提供的共享资源。假设需要运行 3 个相互隔离的应用，则需要使用 Hypervisor 启动 3 个客户操作系统，即 3 个虚拟机。因为包含完整的操作系统，这些虚拟机通常将占用大量的磁盘空间，甚至消耗更多 CPU 和内存。与之相反，每套容器拥有自己的隔离化用户空间，因而多套容器能够运行在同一主机系统之上。可以看到，全部操作系统层级的架构均可实现跨容器共享，唯一需要独立构建的是二进制文件与库。正因如此，容器才拥有极为出色的轻量化特性。

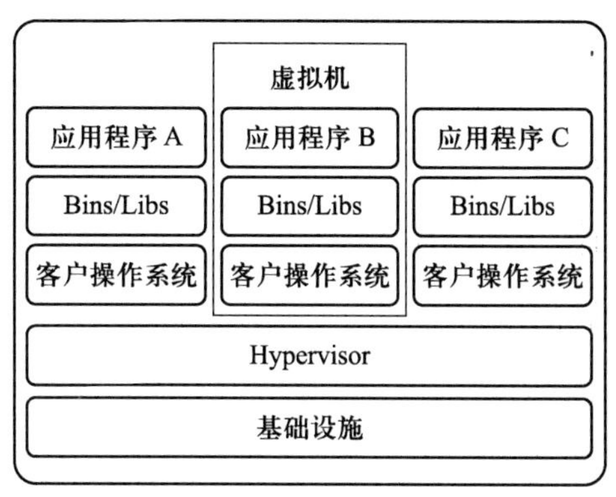


图 2.23　虚拟机架构

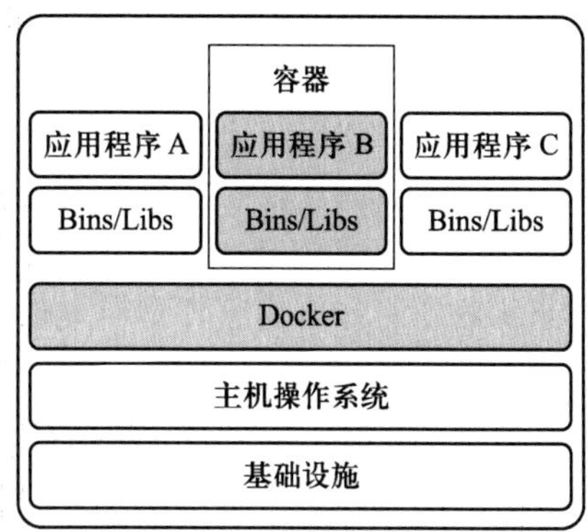


图 2.24　容器架构

关于容器背后的内核知识，本书将在第 4 章进行详细介绍。

# 2.3　分布式存储

## 2.3.1　分布式存储基础

### 1. 分布式存储的基本概念

亚马逊、谷歌、阿里巴巴、百度、腾讯等互联网公司的成功催生了云计算、大数据和人工智能等热门领域。这些互联网公司所提供的各种应用，其背后基础设施的一个关键目标就是构建高性能、可扩展、低成本且易用的分布式存储系统。

虽然有关分布式存储系统的研究已历经多年历史，但直到最近几年，大数据和人工智能应用的兴起才使其大规模地应用到工程实践中。相对于传统的存储系统，新一代的分布式存储系统有两个重要特点——低成本与大规模。可以说，基于互联网行业实际需求的推动，互联网公司重新定义了大规模分布式存储系统的概念。

首先介绍分布式存储系统的定义：分布式存储系统旨在将为数众多的普通计算机或服务器通过网络进行连接，同时对外提供一个整体的存储服务。

分布式存储系统包含以下几个特性。

① 高性能：对于整个集群或单台服务器，分布式存储系统需要具备高性能。

② 可扩展：理想情况下，分布式存储系统可以近乎无限扩展到任意集群规模，并且

随着集群规模的增长，系统整体性能也应成比例增长。

③ 低成本：分布式存储系统的自动负载均衡、容错等机制使其可以构建在普通计算机或服务器之上，成本大大降低。

④ 易用性：分布式存储系统能够对外提供方便易用的接口，同时需要具备完善的监控、运维等工具，以便与其他系统进行集成。

分布式存储系统的技术挑战包括数据和状态信息的持久化、数据的自动迁移、系统的自动容错、并发读写的数据的一致性等方面。与分布式存储相关的关键技术包括以下几个方面。

① 数据一致性：将数据的多个副本复制到不同的服务器上，即使存在异常，也能保证不同副本之间的数据一致性。

② 数据的均匀分布：将数据分布到不同的服务器上，并且保证数据分布的均匀性，从而实现高效的跨服务器读写操作。

③ 容错与数据迁移：及时检测服务器故障，并自动将故障服务器中的数据和服务迁移到集群中的其他服务器。

④ 负载均衡：新增服务器和集群在正常运行过程中需要实现自动负载均衡，避免在数据迁移的过程中影响已有的服务。

⑤ 事务与并发控制：需要实现分布式事务以及多版本并发控制。

⑥ 易用：对应于应用性，即对外接口要易于使用，并且监控系统能够方便地将系统的状态通过数据的形式发送给运维人员。

⑦ 压缩与解压缩算法：由于数据量较大，需要根据数据的特点设计合理的压缩与解压缩算法，并且平衡压缩算法节省的存储空间和消耗的 CPU 计算资源之间的关系。

**2．分布式存储的分类**

分布式存储面临的应用场景和数据需求较为复杂，根据数据类型，可以将其分为以下 3 类。

① 非结构化数据：包括文本、图像、音频和视频信息等。

② 结构化数据：对应于存储在关系数据库中的二维关系表结构，结构化数据的模式和内容相互分离，数据的模式需要预先定义。

③ 半结构化数据：介于非结构化数据和结构化数据之间，例如，HTML 文档就是典型的半结构化数据。半结构化数据的模式和内容混为一体，没有明显的区分，并且无须预先定义数据的模式。

正是由于数据类型的多样性，不同的分布式存储系统适合处理不同类型的数据，因此可以将分布式存储系统分为 4 类：分布式文件系统、分布式键值（key-value）系统、分布式表系统和分布式数据库。

（1）分布式文件系统

互联网应用中通常需要存储大量的图像、音频、视频等非结构化数据，该类数据以对象的形式组织，一般称其为二进制大对象（binary large object，BLOB）数据，使用分布式文件系统存储，例如 Taobao File System（TFS）。分布式文件系统也常作为分布式表系统以及分布式数据库的底层存储，例如谷歌的 Google File System（GFS）可以作为分布式表系统 Google BigTable 的底层存储，亚马逊的弹性块存储（Elastic Block Store，EBS）系统可以作为分布式数据库（例如 Amazon RDS）的底层存储。

总的来说，分布式文件系统用于存储 3 种类型的数据——BLOB 对象、定长块以及大文件。在系统实现层面，分布式文件系统内部按照数据块（chunk）组织数据，每个数据块可以包含多个 BLOB 对象或者定长块，一个大文件也可以拆分为多个数据块，如图 2.25 所示。分布式文件系统将这些数据块分散存储到集群的服务器中，通过软件系统处理数据一致性、数据复制、负载均衡、容错等问题。

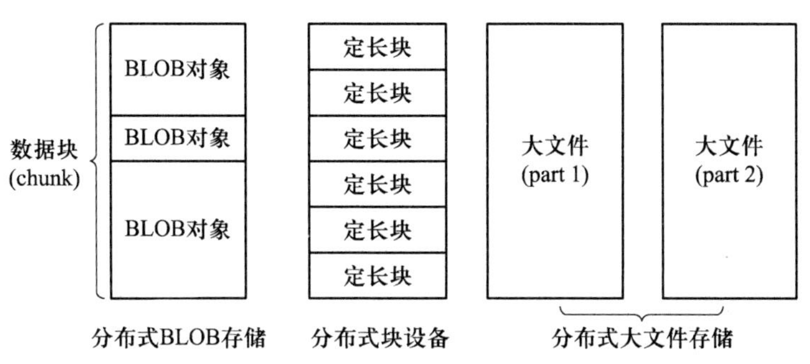


图 2.25　数据块与 BLOB 对象、定长块、大文件之间的关系

（2）分布式键值系统

分布式键值系统用于存储关系简单的半结构化数据，提供基于主键的 CRUD（create/read/update/delete）功能，即根据主键创建、读取、更新或者删除一条键值记录，例如 Amazon Dynamo。分布式键值系统是分布式表系统的一种简化，一般用作缓存，例如 Memcache。从数据结构的角度看，分布式键值系统支持将数据分布到集群中的多个存储节点。一致性散列是分布式键值系统中常用的数据分布技术，由于在众多系统中被采用而出名。

（3）分布式表系统

分布式表系统主要用于存储半结构化数据。与分布式键值系统相比，分布式表系统不仅支持简单的 CRUD 操作，而且支持扫描某个主键范围。分布式表系统以表格为单位组织数据，每个表格包括多个行并分别通过主键标识，支持根据主键的 CRUD 功能以及范围查找功能。典型的分布式表系统包括 Google BigTable、Microsoft Azure Table Storage、Amazon DynamoDB 等。

（4）分布式数据库

分布式数据库从传统的基于单机的关系数据库扩展而来，用于存储大规模的结构化数据。分布式数据库采用二维表格组织数据，提供经典的 SQL 关系查询语言，支持嵌套子查询、多表关联等复杂操作，并提供数据库事务以及并发控制。典型的系统包括 Amazon RDS、MySQL 数据库分片（MySQL Sharding）集群以及 Microsoft SQL Azure 数据库等。

分布式数据库支持的功能十分丰富，符合用户的使用习惯，尽管可扩展性往往受到限制，但近年来已经得到了很大改善。例如，谷歌的 Spanner 系统是一个支持多数据中心的分布式数据库，其不仅支持丰富的关系数据库功能，还能扩展到多个数据中心的成千上万台机器；阿里巴巴的 OceanBase 系统也是一个支持自动扩展的分布式关系数据库，已经在很多应用领域取得了成功。

关系数据库是目前为止最为成熟的存储技术，其功能丰富，有完善的商业关系数据库软件的支持，包括 Oracle、Microsoft SQL Server、IBM DB2、MySQL 等，其上层的工具及应用软件生态链也非常强大。然而，随着大数据时代的到来，关系数据库在可扩展性上面临着巨大的挑战，传统关系数据库的事务以及二维关系模型很难高效地扩展到多个存储节点。为了解决关系数据库面临的可扩展性、高并发以及其他性能方面的问题，各种各样的非关系数据库不断涌现，这类被称为 NoSQL 的系统可以理解为“Not Only SQL”。每个 NoSQL 系统均有各自的特色，适合解决特定场景下的问题。

## 2.3.2 从单机存储系统到分布式存储系统

### 1. 单机存储系统

（1）硬件基础

简单来说，单机存储是散列表、B 树等数据结构在机械硬盘、SSD 等持久化介质上的实现。单机存储系统的理论来源于关系数据库，是单机存储引擎的封装，对外提供文件、键值、表或者关系模型。由摩尔定律可知，相同性能的计算机等 IT 产品的价格，每 18 个月会下降二分之一。而计算机的硬件体系架构却保持相对稳定，一个重要的原因是人们希望最大限度地发挥底层硬件的价值。计算机架构中常用硬件的大致性能参数如表 2.1 所示。

表 2.1 常用硬件性能参数

| 类别 | 消耗的时间 |
|---|---|
| 访问 L1 Cache | 0.5 ns |
| 分支预测失败 | 5 ns |
| 访问 L2 Cache | 7 ns |
| Mutex 加锁/解锁 | 100 ns |
| 内存访问 | 100 ns |
| 千兆网络发送 1 MB 数据 | 10 ms |
| 从内存顺序读取 1 MB 数据 | 0.25 ms |
| 机房内网络通信 | 0.5 ms |
| 异地机房之间网络通信 | 30～100 ms |
| SATA 磁盘寻道 | 10 ms |
| 从 SATA 磁盘顺序读取 1 MB 数据 | 20 ms |
| 固态盘 SSD 访问延迟 | 0.1～0.2 ms |

存储系统的性能瓶颈主要在于磁盘随机读写，设计存储引擎时会针对磁盘的特性进行许多处理，例如将随机写操作转化为顺序写操作，通过缓存减少磁盘随机读操作。而固态盘（SSD）也越来越多地运用到实际场景中。SSD 的特点是随机读取延迟小，能够提供较高的每秒读写（input/output per second，IOPS）性能。随着容量的提升和价格的降低，SSD 越来越多地进入传统磁盘的应用场景中。

（2）存储引擎

存储引擎直接决定了存储系统能够提供的性能和功能，其基本功能包括增加、删除、修改、查询（下文简称增、删、改、查），而读取操作又分为随机读取和顺序扫描。散列存储引擎是散列表的持久化实现，支持增、删、改以及随机读取操作，但不支持顺序扫描，对应的存储系统为键值（key-value）存储系统。B 树（B tree）存储引擎是树的持久化实现，不仅支持单条记录的增、删、改、随机读取操作，而且支持顺序扫描，对应的存储系统为关系数据库。LSM 树（log-structured merge tree）存储引擎和 B 树存储引擎相似，支持增、删、改、随机读取以及顺序扫描，并通过批量转储技术规避了磁盘随机写入问题，广泛应用于互联网的后台存储系统，例如 Google BigTable、Google LevelDB 以及 Cassandra 系统等。

（3）数据模型

如果说存储引擎相当于存储系统的发动机，那么数据模型就是存储系统的外壳。存储系统的数据模型主要包括 3 类——文件、关系以及键值模型。传统的文件系统和关系数据库系统分别采用文件和关系模型。关系模型描述能力强，生态好，是目前存储系统的业界标准。而新产生的键值模型、关系弱化的表格模型等，因为其可扩展性、高并发以及性能上的优势，开始在越来越多的大数据应用场景中发挥重要作用。

**2．分布式存储系统**

分布式系统面临的一个重要问题是如何将数据均匀地分布到多个存储节点。为了保证可靠性和可用性，需要将数据复制成多个副本，这就带来了多个副本之间的数据一致性问题。大规模分布式存储系统为了节省成本，往往采用性价比较高的通用服务器。这些服务器性能良好但故障率较高，因此要求系统能够在软件层面实现自动容错。当存储节点出现故障时，系统能够自动进行检测，并将原有的数据和服务迁移到集群中其他正常工作的节点上。

（1）基本概念

① 异常

在分布式存储系统中，将一台服务器或者服务器中运行的一个进程称为一个节点，节点与节点之间通过网络互联。大规模分布式存储系统面临的一个核心问题是自动容错。然而，服务器节点和网络的不稳定性可能导致系统在运行过程中出现各种异常，包括服务器宕机、网络异常、磁盘故障等。

② 超时

在单机系统中，只要服务器没有发生异常，每个函数的执行结果就是确定的（即成功或失败）。然而，在分布式系统中，如果某个节点向另一个节点发起远程调用，该远程调用执行的结果则包含 3 种状态——“成功”“失败”和“超时”，也称为分布式存储系统的“三态”。

③ 一致性

由于异常的存在，分布式存储系统在设计时通常会将数据冗余存储多份，每一份称为一个副本（replica/copy）。当某个节点出现故障时，可以从其他副本读取数据。副本是分布式存储系统容错技术的重要手段，多个副本同时存在并保证副本之间的一致性是整个分布式系统的理论核心。

④ 衡量指标

评价分布式存储系统的常用指标主要包括以下几种。

性能：包括系统的吞吐能力以及系统的响应时间等。其中，系统的吞吐能力是指系统在某段时间可以处理的请求总数，通常用每秒处理的读操作数（queries per second，QPS）或者写操作数（transactions per second，TPS）衡量；系统的响应时间是指从某个请求发出到接收到返回结果消耗的时间。两个指标往往相互矛盾，追求高吞吐量的系统往往很难做到低延迟；追求低延迟的系统，其吞吐量也会受到限制。

可用性：系统的可用性（availability）是指系统在面对各种异常时可以提供正常服务的能力。系统的可用性可以用系统停止服务的时间与正常服务时间的比例衡量，例如某系统的年可用性为99.999%，相当于系统在一年中停止服务的时间不能超过365 d×24 h×60 min/100 000 = 5.256 min。系统的可用性往往体现了系统的整体代码质量以及容错能力。

一致性：一般来说，模型的一致性越强，用户使用起来越方便。如果系统部署在同一个数据中心，只要系统设计合理，则在保证强一致性的前提下，其性能和可用性不会受到太大的影响。例如，阿里巴巴的 OceanBase 系统以及谷歌的分布式存储系统均拥有较强的一致性。

可扩展性：随着业务的发展，人们对底层存储系统的性能需求不断增加，因而需要通过自动增加服务器来提高系统的能力即可扩展性。系统的可扩展性（scalability）是指分布式存储系统通过扩展集群服务器规模来提高系统存储容量、计算量和性能的能力。理想的分布式存储系统实现了“线性可扩展”，也就是说，随着集群规模的增加，系统的整体性能与服务器数量呈线性关系。

（2）性能分析

性能分析是用于判断设计方案是否存在瓶颈、权衡多种设计方案的一种手段，也可作为后续性能优化的依据。性能分析与性能优化是相对的，系统设计之初通过性能分析确定设计目标，防止出现重大的设计失误，待系统试运行后，需要通过性能优化方法找出系统中的瓶颈并逐步消除，使系统达到设计之初确定的设计目标。设计之初首先分析整体架构，然后重点分析可能成为瓶颈的单机模块。系统中的资源（CPU、内存、磁盘、网络等）是有限的，性能分析需要找出可能出现的资源瓶颈。

（3）数据分布

分布式系统能够将数据分布到多个节点，并在多个节点之间实现负载均衡，主要有以下两种实现方式。

① 散列分布，例如一致性散列，代表系统为亚马逊的 Dynamo。

② 顺序分布，即每张表格中的数据按照主键整体有序地分布，代表系统为谷歌的 BigTable。

将数据分散到多台机器后，需要尽量保证多台机器之间的负载均衡。机器是否负载均衡涉及许多因素，例如机器 load 值、CPU、内存、磁盘和网络等资源使用情况，以及读写请求数和请求量等。分布式存储系统需要能够自动识别负载较高的节点，将其服务的部分数据迁移至其他机器，实现自动负载均衡。

（4）复制

为了保证分布式存储系统的高可靠性和高可用性，数据在系统中一般存储多个副本。

当某个副本所在的存储节点出现故障时，分布式存储系统能够自动将服务切换到其他副本，从而实现自动容错。分布式存储系统通过复制协议将数据同步到多个存储节点，并确保多个副本之间的数据一致性。同一份数据的多个副本中通常存在一个主副本（primary copy），其他副本为备用副本（backup），由主副本将数据复制到备用副本。当主副本出现故障时，分布式存储系统能够将服务自动切换到某个备用副本，实现自动容错。

（5）容错

随着服务器规模不断扩大，故障发生的概率也随之增大，大规模集群几乎每天都有故障发生。容错是分布式存储系统设计的重要目标，只有实现自动化容错，才能减少人工运维成本，实现分布式存储的规模效应。分布式存储系统首先需要检测到机器故障，然后将服务复制或者迁移到集群中的其他正常节点。来自谷歌的一份报告中介绍了谷歌某数据中心第一年运行时发生的故障数据，如表 2.2 所示。

**表 2.2　谷歌某数据中心第一年的运行故障**

| 发生频率 | 故障类型 | 影响范围 |
| --- | --- | --- |
| 0.5 天 1 次 | 数据中心过热 | 5 分钟之内大部分机器断电，1～2 天后恢复 |
| 1 天 1 次 | 配电装置故障 | 500～1 000 台机器瞬间下线，6 小时后恢复 |
| 1 天 1 次 | 机架调整 | 大量告警，500～1 000 台机器断电，6 小时后恢复 |
| 1 天 1 次 | 网络重新布线 | 大约 5%的机器下线超过两天 |
| 5 天 1 次 | 机架不稳定 | 40～80 台机器发生 50%丢包 |
| 12 天 1 次 | 路由器重启 | DNS 和对外虚拟 IP 服务失效约几分钟 |
| 20 天 1 次 | 机架故障 | 40～80 台机器瞬间下线，1～6 小时后恢复 |

从表 2.2 可以看出，单机故障和磁盘故障发生的概率最高，几乎每天都会发生多起事故；机架故障发生的概率同样较高，需要避免将数据的所有副本部署在同一个机架内；还可能出现磁盘响应慢、内存错误、机器配置错误、数据中心之间网络连接不稳定等故障。

（6）可扩展性

可扩展性的实现手段有很多，例如通过增加副本个数或者缓存来提高读取能力、将数据分片使每个分片可以被分配到不同的工作节点以实现分布式处理、将数据复制到多个数据中心等。同时，衡量分布式存储系统的可扩展性应当综合考虑节点发生故障后的恢复时间、扩容的自动化程度、扩容的灵活性等。

（7）分布式协议

分布式系统涉及多种协议，例如租约协议、复制协议、一致性协议等，其中以两阶段提交协议和 Paxos 协议最具代表性。

① 两阶段提交协议（two-phase commitment protocol，2PC）：常被用于实现分布式事务，以保证跨多个节点操作的原子性，也就是说，跨多个节点的操作将在所有节点上全部执行成功或全部失败。顾名思义，两阶段提交协议由两个阶段组成——阶段 1 请求阶段（prepare phase）和阶段 2 提交阶段（commit phase）。两阶段提交协议是阻塞协议，在执行过程中需要锁定其他更新并且不能容错，大多数分布式存储系统放弃了对分布式事务的支持。

② Paxos 协议：用于解决多个节点之间的一致性问题。Paxos 协议考虑到主节点可能出现故障，系统需要选举出新的主节点的问题，该协议可以保证多个节点之间操作日志的一致性，并在这些节点上构建高可用性的全局服务，例如分布式锁服务、全局命名和配置服务等。Paxos 协议有两种使用方法：一是实现全局的锁服务或者命名和配置服务，例如 Google Chubby 以及 Apache ZooKeeper；二是将用户数据复制到多个数据中心，例如 Google Megastore 以及 Google Spanner。

## 2.4 网络虚拟化

计算机网络在云计算的方方面面都扮演着重要的角色：云计算的系统提供方需要通过网络协调资源的管理与调度，云计算的服务商需要通过网络将不同类型的资源以服务的形式提供给用户访问，而云计算的租户需要通过网络对自身所获取的虚拟化资源进行管理。这些需求对云计算系统的网络架构提出了巨大的挑战。为了应对这些挑战，现代云计算网络架构从基础设施的构建、网络行为的控制、网络资源的虚拟化到网络功能的管理进行了一系列解决方案的革新。事实证明，计算机网络本身必须被虚拟化，主要原因如下。

① 共享：当资源对于单个用户而言过大时，最好将其分成多个虚拟部分，类似于多核处理器。每个处理器可以运行多个虚拟机，并且每台机器可以由不同的用户使用。该方法同样适用于高速链路和大容量磁盘。

② 隔离：共享资源的多个用户可能互不信任，因此在用户之间提供隔离十分重要。使用一个虚拟组件的用户无权监视或干扰其他用户的活动，即使不同的用户属于同一个组织，因为组织的不同部门（例如财务和工程）可能拥有需要保密的数据。

③ 聚合：如果资源太小，则可构建一个大型虚拟资源，其行为类似于大型资源。存储即属于这种情况，大量廉价且不可靠的磁盘可以用于组成大量的可靠存储。

④ 动态：由于用户的移动性，资源需求通常变化较快，因此需要快速重新分配资源的方法，而虚拟资源比物理资源更易于实现。

⑤ 管理便捷：虚拟设备更易于管理，因为其基于软件并通过标准抽象展现统一的界面。而对于网络资源虚拟化的直接需求，究其根本主要有两点原因——快速改变网络的行为，以及快速部署新的功能。

### 2.4.1 灵活控制：软件定义网络（SDN）

依托于数据中心网络的云计算基础设施，为了能够持续向租户提供高效的服务，常需要对网络的行为进行动态调整。从某种角度解读，也可以将其理解为对网络进行自动化管理的需要。

构成网络的核心是交换机、路由器以及诸多网络中间盒。而这些设备的制造规范大多为思科、博通等通信厂商所垄断，并不具有开放性与扩展性。因此，长期以来，网络设备的硬件规范和软件规范均十分闭塞。尤其是对于路由协议等标准的支持，用户并没有主导权。对于新的网络控制协议的支持，需要通过用户与厂商沟通之后，经过长期的生产线流程，才能形成最终可用的产品。尽管对于网络的自动化管理，已经有 SNMP 等规范化协议进行定义，但这些网络管理协议并不能直接对网络设备的行为，尤其是路由转发策略等进行控制。为了能够更加快速地改变网络的行为，软件定义网络的理念应运而生。

**1. 软件定义网络基础架构**

经过30多年的高速发展，互联网已经从最初满足简单服务的“尽力而为”网络，逐步发展成能够提供涵盖文本、语音、视频等多媒体业务的融合网络。网络功能的扩展与结构的复杂化，使得传统基于IP的简洁网络架构日益臃肿并且越发无法满足高效、灵活的业务承载需求。软件定义网络（software defined network，SDN）技术是一种新型的网络解决方案，其将网络的控制平面与数据平面分离的理念为网络的发展提供了新的可能。SDN通过将网络中的数据平面和控制平面分离，实现对网络设备的灵活控制。

SDN标准化组织开放网络基金会（Open Networking Foundation，ONF）提出的SDN体系结构包括3个层次，即SDN的基础设施层（infrastructure layer）、SDN的控制器层（controller layer）、SDN的应用层（application layer），同时包含南向接口（使控制器与基础设施层的网络设备进行通信）和北向接口（使控制器与上层的应用服务进行通信）两个接口层次，如图2.26所示。

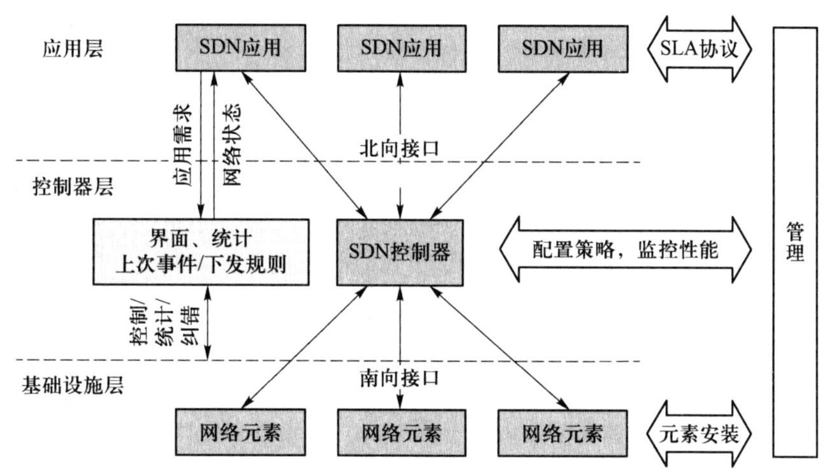


图2.26　软件定义网络的系统总体结构

由于网络设备的所有控制逻辑已经被集中在SDN的中心控制器内，因此网络的灵活性和可控性得到显著增强，编程者可以在控制器上编写策略，例如负载均衡、防火墙、网络地址转换、虚拟专用网络等功能，进而控制下层的设备。可以说，SDN本质上是通过虚拟化及其API暴露硬件的可操控成分，以实现硬件的按需管理，体现了网络管理可编程的思想和核心特性。因此，北向接口（north bound interface，NBI）的出现繁荣了SDN中的应用。北向接口主要是指SDN中的控制器与网络应用之间进行通信的接口，一般表现为控制器为应用提供的API编程接口。北向接口可以将控制器内的信息暴露给SDN中的应用以及管理系统，后者即可利用这些接口请求网络中设备的状态、请求网络视图、操纵下层的网络设备等。利用北向接口提供的网络资源，编程者可以定制网络策略并与网络进行交互，充分利用SDN带来的网络可编程的优点。

软件定义网络的核心思想是打破原有网络硬件系统对网络系统抽象分层的束缚。从系统构建的视角（而非数据传输的视角），将网络系统自底向上抽象为3个平面，即数据平面、控制平面和应用平面。

然而，在传统的网络系统设计中，控制平面并不具有很强的可控性，因为决定网络数据转发控制的逻辑是由网络硬件在其 ASIC 芯片决定的。除非设备厂商更新固件或更换芯片，否则这些控制逻辑只能通过少数配置参数进行修改。即便不追求计算机编程中所谓的图灵完备，也无法添加一个全新的转发协议。

即使网络设备支持控制逻辑的修改，要实现快速、灵活的控制逻辑切换，仍然面临另一个挑战：位于单个网络设备的控制平面无法获取整个网络的信息，只能通过分布式协议和相邻的网络设备进行信息交换，因此难以进行快速、准确的决策。

为了克服以上两点缺陷，软件定义网络对现有的网络架构提出了如下改进意见。

（1）数据平面与控制平面分离

SDN 的关键创新点之一是数据平面与控制平面分离。数据平面由控制平面转发表中的数据包组成，控制逻辑被分离并在准备转发表的控制器中实现。这些交换机实现了大大简化的数据平面（转发）逻辑，大幅降低了交换机的复杂性和成本。

（2）构建全局的控制平面抽象

美国国防部自 20 世纪 60 年代初期开始资助开发高级研究计划局网络（ARPANET），以应对整个全国通信系统可能中断的威胁。如果电信中心高度集中并由一家公司拥有，则极易受到攻击。因此，ARPANET 的研究人员提出了一种完全分布式的架构，在这种架构中，即使许多路由器变得不可操作，通信仍在继续，数据包会找到路径（如果存在）。数据和控制平面都是分布式的，例如，每个路由器均参与帮助准备路由表。路由器与邻居和邻居的邻居交换可达信息，以此类推。这种分布式控制模式是互联网设计的支柱之一，直到几年前都是互联网设计毋庸置疑的原则。

对于网络控制而言，集中式控制一直被视为不合理的设计，然而现在人们有充分的理由支持网络的集中式控制。事实上，大多数组织和团队使用集中式控制来运作。例如，一名生病的员工会打电话给老板，老板将安排其他员工在他缺席的情况下继续他的工作。而一个采用完全分布式控制的团队则有所不同。假如，员工小张生病且需要请假，则必须给所有同事打电话告知此事，并交代如何接替他的工作。而同事们又需要告知所有其他同事，经过足够长的时间，所有人在知晓此事后都将决定下一步的行动，以保证目前的项目进度，直到小张康复并回到岗位。尽管该方式相当低效，但目前的互联网控制协议正是这样工作。集中化控制使得网络系统能够比分布式控制更迅速地感知网络状态，并基于状态的变化对网络进行动态调整。

当然，相比于分布式设计，集中式设计存在规模扩展的问题，此时需要将网络划分为足够小以具有共同控制策略的子集或区域。集中式控制的明显优势在于，状态变化或策略变化的传播速度比完全分布式设计要快得多。此外，如果主控制器发生故障，备用控制器可用于接管。值得一提的是，数据平面仍然是完全分布式的。

**2．基于 OpenFlow 的 SDN 系统架构**

SDN 整体的系统架构通常分为 SDN 通用网络交换机、SDN 控制器和 SDN 网络应用程序 3 个部分。其中 SDN 的控制平面集中在一个中央控制器中，网络管理员很容易通过简单地更改控制程序来实现控制更改。实际上，通过不同的 API 调用，网络管理员可以轻松实现各种策略，并在系统状态或需求发生变化时进行动态更改。

SDN 的集中式可编程控制平面又称 SDN 控制器，是 SDN 最重要的组成部分，包括一组规范化的 API，用于定义和外部的通信方式。这些 API 的功能分为 3 个部分，其中南向 API 用于同硬件基础设施通信，北向 API 用于同网络应用程序通信，东西向 API 用于允许来自相邻域或不同域的不同控制器相互通信。控制平面可以进一步细分为管理程序层和控制系统层。可编程控制平面允许将网络划分为多个虚拟网络，这些虚拟网络可以具有完全不同的策略，但共享同样的硬件基础结构。相比之下，若使用完全分布式的控制平面，动态改变策略将变得非常困难和缓慢。目前已经有大量的开源或商用的 SDN 控制器被开发，一些早期的 SDN 控制器项目已不再活跃。而目前仍在开发并被广泛使用的 SDN 控制器包括 Floodlight、OpenDaylight、ONOS 和 OpenContrail 等。

SDN 的北向 API 目前尚未被标准化，每个控制器有不同的编程接口规范。在此 API 被标准化之前，SDN 网络应用程序的开发将受到限制。而东西向 API 并非被所有控制器支持，只有类似 OpenDaylight 和 ONOS 等着眼于大规模网络控制的平台才包含针对东西向 API 的设计，因为它们需要考虑分布式部署场景以提升规模的可扩展性。

南向 API 由于需要与底层硬件设备交互，因此更加需要标准化的定义。在众多 SDN 控制器的南向 API 中，OpenFlow 目前最受欢迎并被广泛使用。其由 ONF 进行标准化。OpenFlow 由于提供了一种基于流的网络控制而具有良好的可编程性，并且常作为通用的南向 API 被使用，几乎可在所有的 SDN 控制器中实现。

当然，也存在一些设备专用的南向 API，例如思科的 OnePK。该类南向 API 通常适用于各个供应商的传统设备。许多先前存在的控制和管理协议，例如可扩展消息和状态协议（XMPP）、路由系统接口（I2RS）、软件定义网络协议（SDNP）、主动虚拟网络协议（AVNP）、简单网络管理协议（SNMP）、网络配置（Net-Conf）、转发与控制元素分离（ForCES）、路径计算单元（PCE）和内容分发网络互联（CDNI）等均可作为南向 API，并被不同的 SDN 控制器实现和支持。但是，鉴于该类 API 均针对其他特定应用开发，它们作为通用南向 API 的适用性有限，如图 2.27 所示。

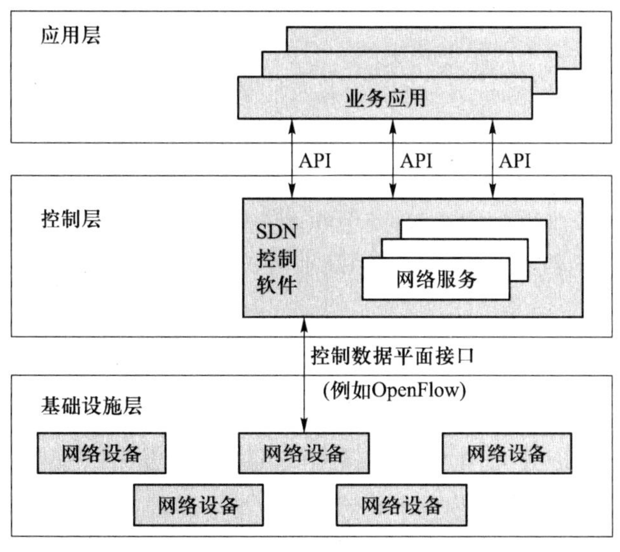


图 2.27　SDN 控制器基本架构

在过去 30 多年中（从第一个以太网标准的标准化开始），磁盘和内存的大小按照摩尔定律指数增长，文件大小亦是如此，而数据包大小却保持不变（约为 1 518 B 的以太网帧）。因此，如今大部分流量由一系列数据包而非一个数据包组成。例如，发送一个大文件可能需要传输数百个数据包。流媒体通常由长时间交换的数据包流组成。在这种情况下，如果对流的第一个分组作出控制决定，则可将其重新用于所有后续分组。因此，基于流的控制显著减少了控制器和转发单元之间的流量。当接收到流的第一个分组并将其用于该流的所有后续分组时，由转发元件请求控制信息。流可以由数据包标题上的任何掩码和从中接收数据包的输入端口定义。控制表条目指定了如何处理具有匹配报头的分组，并且负责收集关于匹配流的统计信息的说明，如图 2.28 所示。

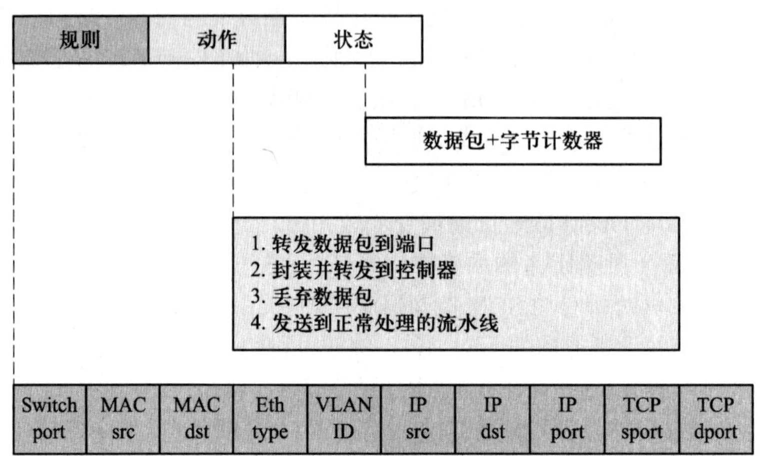


图 2.28　OpenFlow 流的控制表示例图

### 3．使用 OpenDaylight 管理云网络

OpenDaylight 项目目前由 Linux 基金会负责管理，旨在开发一个开源、模块化且灵活的 SDN 控制器平台。其由许多不同的子项目组成，以便生成满足不同特定场景要求的解决方案，因此可以涵盖许多不同的使用案例。

OpenDaylight 可用作多协议、模块化和可扩展的平台。随着下一代网络设计和标准的出现，以及 SDN 和 NFV 框架的不断发展，OpenDaylight 提供了所需的灵活性以支持日益增长的业务、应用和网络需求。SDN 控制器方法尤其适用于以网络为主要业务驱动因素的公司或组织。对于此类公司或组织而言，“正常工作”的联网解决方案远远不够，因为它们需要一个健壮、灵活、能够随业务的增长而扩展的设计以满足不同的使用情况。

OpenDaylight 使用了一个庞大的社区和生态系统，人们认为这是当今和未来保持相关性和创新性的关键。OpenDaylight 提供了一种模型驱动的网络连接方式，完全基于公共 API 和协议，例如 RESTCONF 和 YANG。OpenDaylight 是当今虚拟化堆栈中的关键组件，也是希望部署完全开源的 SDN 解决方案、而又不希望未来的使用受限于少数设备供应商的客户的首选平台，如图 2.29 所示。

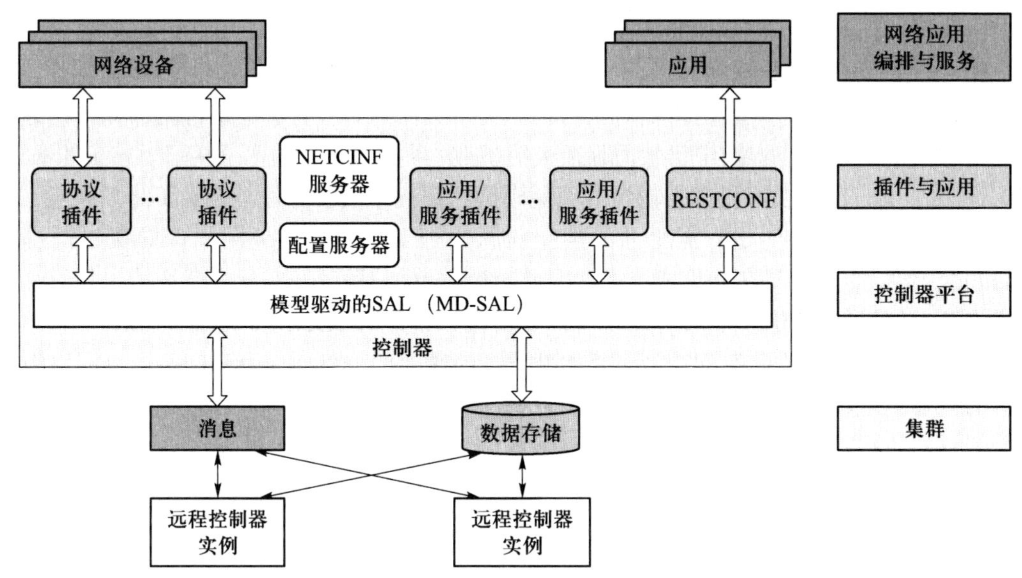


图 2.29　OpenDaylight 基本架构

#### 4. 使用 ONOS 管理云网络

利用 SDN 管理云网络的另一个选择是使用 ONF 主导开发的 ONOS 控制器平台。

ONOS 同样是一个开源的 SDN 控制器，与 OpenDaylight 相比，ONOS 有着更加紧凑的项目管理模式。与 OpenDaylight 具有诸多松散且由不同团队独立开发的子项目不同，ONOS 首先提供一个包括基本编程接口、常用南向协议的驱动、规范的北向接口、完整的网络视图以及基本的二层/三层包转发应用的最小可用集合（如果只安装 OpenDaylight 核心的控制器组件，用户几乎无法完成任何业务需求）。

与 OpenDaylight 相比，ONOS 有着更加清晰、有组织的文档系统。跟随 ONOS 的官方项目文档，用户甚至可以在完全不了解 SDN 的前提下，从零起步了解如何使用 ONOS 部署并管理一个 SDN 网络。

ONOS 的主要编程抽象为 Intent，该框架允许运营商使用高级抽象或语言来定义策略，而 ONOS 控制器负责将这些策略转换为网络配置。通过 ONOS 的 Intent 框架，用户可以使用预定义的 Intent 程序完成一些网络策略的配置。用户也可以通过 ONOS 的 Intent 框架编写程序定义自己的 Intent，从而为某些应用场景自定义网络策略，以供需要时调用。通过这种模式，用户可以创建与供应商和设备无关的网络结构，同时简化对日常网络的运维管理。

在 ONOS 中，Intent 是一个不可变的模型对象，用于描述应用程序对 ONOS 核心的请求，以改变网络的行为。具体而言，Intent 可以用以下形式描述。

① 网络资源（network resource）：一组对象模型，例如链接，即与受 Intent 影响的网络部分相关联。

② 约束（constraint）：表示一组网络资源取值范围，例如带宽、光频率和链路类型。

③ 标准（criteria）：描述一段网络流量的数据报文的包头字段或格式。Intent 的 TrafficSelector 将条件作为一组实现 Criterion 接口的对象。

④ 指令（instruction）：适用于切片流量的操作，例如标题字段修改或通过特定端口输

出。Intent 的 TrafficTreatment 将指令作为一组实现指令接口的对象。

**5．未来：可编程数据平面**

尽管使用 SDN 管理云网络较传统网络的分布式控制而言有着诸多可见的优势，但在实际商用环境的部署和实践中仍然面临很大的挑战。尤其是目前主流的基于 OpenFlow 的 SDN 解决方案，在需要大量动态调度的大规模网络管理中的实际性能仍然不尽如人意。而其中一个重要的原因便是数据平面的性能问题。由于需要支持通用的南向接口，提供 OpenFlow 支持的交换机在造价成本上比普通交换机更加昂贵，在实际生产环境中却无法记录足够负责转发策略的流表项。这就使硬件交换机和软件的 SDN 控制器之间不得不频繁地进行交互，以完成一些复杂的控制策略的部署，而频繁的设备间交互势必会影响网络策略执行的性能。这使人们转而思考其他解决方案，其中就包括将可编程性从控制平面向数据平面转移的思想。

P4 是目前比较受欢迎的一种可编程数据平面解决方案。该方案的提出者、SDN 早期的倡导者是斯坦福大学的尼克·麦基翁（Nick McKeown）教授，同时也是 OpenFlow 协议的发起人之一。

P4 是一种 SDN 的高级编程语言，旨在描述转发、修改或检查网络流量的任何系统或设备的数据平面的行为。P4 的程序包括 3 个部分的描述，分别用于描述网络协议、控制策略和转发表结构。而 P4 的程序通过其编译器和运行时环境，部署到拥有可编程网络的设备和 SDN 控制器上，如图 2.30 所示。

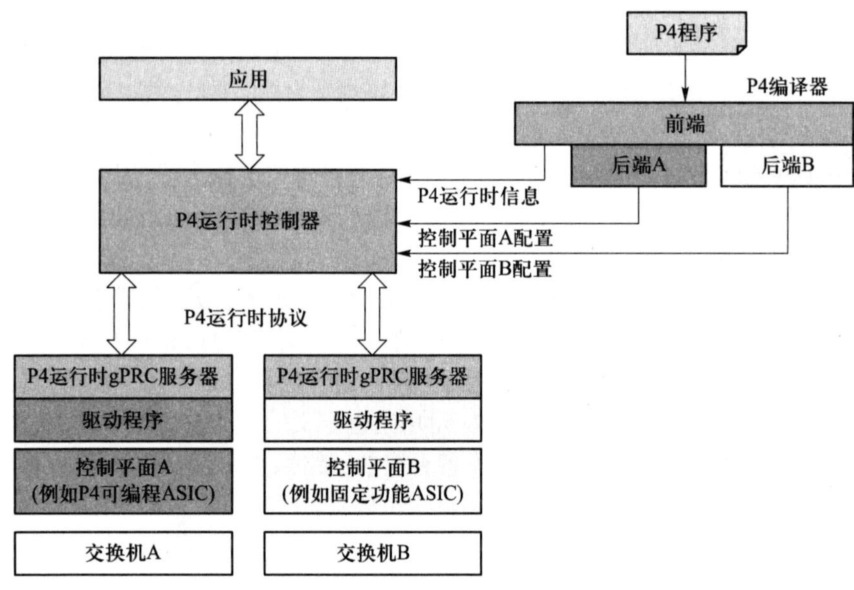


图 2.30　P4 运行时的工作流

## 2.4.2　快速部署：网络功能虚拟化（NFV）

SDN 的主要功能是令网络的控制逻辑更好地控制网络中交换机和路由器的行为，它并不会为网络引入新的功能。但事实上，大多数企业网络的关键能力是丰富而日益增长的网络功能。

传统的网络功能，例如防火墙、深度包检测、流量负载均衡器等，在各种类型的服务器操作系统中均可由相关软件实现。然而，为了使其性能足够适用于大规模的企业网络或软件/内容服务提供方的网络，该类功能大多采用定制的高性能网络设备进行硬件实现，而非软件实现。这些提供各种网络功能的专有硬件即网络中间盒。

网络中间盒通常只能支持单一的特定网络功能，并且一旦部署在网络中则难以随时更换。更重要的是，要增加一个新的网络功能，就如同在路由器和交换机中加入新的路由协议支持一样，同样需要复杂的生产线流程。

目前的标准多核处理器速度已经允许人们使用运行在标准处理器上的软件模块来设计网络设备。通过组合许多不同的功能模块，任何网络设备（L2 交换机、L3 路由器、应用交付控制器等）均可被经济、高效地组成，并具有可接受的性能。欧洲电信标准化协会的网络功能虚拟化（network function virtualization，NFV）组正致力于开发标准以实现这一目标。

**1．ETSI 国际标准与 NFV 基础架构**

NFV 的概念最初由一些网络服务提供方于 2012 年 10 月举行的 SDN 和 OpenFlow 世界大会上提出。这些服务提供方希望简化和加速添加新网络功能或应用程序的过程。基于硬件设备的限制使其将标准的 IT 虚拟化技术应用到网络中。为了加速实现这一共同目标，几家网络服务提供方聚集在一起，创建了欧洲电信标准化协会（European Telecommunications Standards Institute，ETSI）。随后他们成立了 ETSI 网络功能虚拟化行业规范工作组（ETSI ISG NFV）——一个专门负责为电信网络内的各种功能（例如 NFV MANO 等标准）开发虚拟化需求和架构的组织。该组织明确了规范网络功能虚拟化所面临的挑战。

① 新设备带来的系统设计的变动。

② 部署成本和物理限制。

③ 需要专业知识来管理和操作新的专有硬件和软件。

④ 处理新的专有设备中的硬件复杂性。

⑤ 网络设备迅速过时而造成的设备快速迭代。

⑥ 在资本支出和投资回报平衡之前即会开始新一轮产品迭代。

为了应对上述问题，工作组开始致力于定义需求和架构，以支持由供应商定制硬件设备执行的网络功能的虚拟化实施。该工作组使用 3 个关键标准为架构设计提出建议。

① 解耦：完全分离硬件和软件。

② 灵活性：网络功能的自动化和可扩展部署。

③ 动态操作：通过精细控制和监控网络状态来控制网络功能的操作参数。

基于上述标准，工作组建立了一个高度抽象的架构，定义了不同的重点组件。在 ETSI 的定义中，这些组件的正式名称定义如下。

① 网络功能虚拟化基础设施（NFVI）组件：该组件构成整个架构的基础，承载虚拟机的硬件、实现虚拟化的软件以及虚拟化资源被分配到该组件中。

② 虚拟网络功能（VNF）组件：该组件使用 NFVI 提供的虚拟机，并通过添加实现虚拟网络功能的软件进行构建。

③ 管理和编排（MANO）组件：该组件被定义为架构中的单独块，并与 NFVI 和 VNF 组件交互，负责管理基础设施层中的所有资源。此外，该组件负责创建和删除资源并管理

其 VNF 的分配。

ETSI NFV 架构的高层视图如图 2.31 所示。

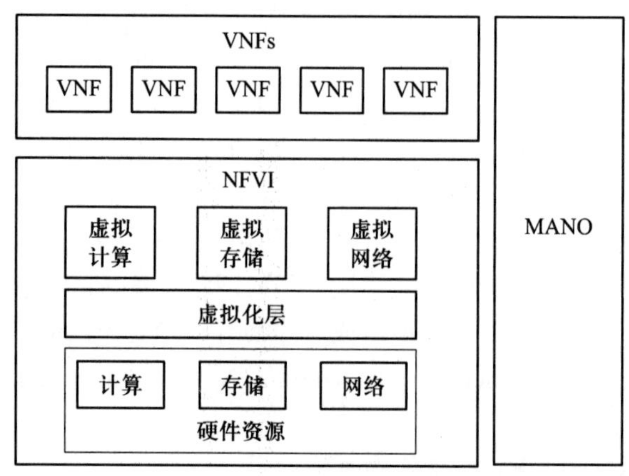


图 2.31　ETSI NFV 架构的高层视图

ETSI 进一步细化每个组件的定义，并为每个组件定义具有不同角色和责任的各个功能模块。因此，高层的组件包含多个功能模块。例如，管理组件（MANO）被定义为 3 个功能模块的组合：虚拟化基础架构管理器（VIM）、虚拟化网络功能管理器（VNFM）和 NFV Orchestrator（NFVO）。

**2．服务功能链**

服务功能链（service function chain，SFC）又称网络服务链，旨在使用软件定义网络功能并创建连接网络服务（例如 L4-7、防火墙、网络地址转换、入侵保护等），并将其连接在一个虚拟路径中。网络运营商可以使用此功能设置套件或连接服务目录，为具有不同特征的多种服务提供单个网络连接。

服务链包括许多 SDN 和 NFV 用例及部署，例如数据中心（连接虚拟或物理网络功能）、运营商网络（S/Gi-LAN 服务）和虚拟用户边缘，以及虚拟用户驻地设备（virtual customer premises equipment，vCPE）部署。

通过启用可能具有不同特征的网络应用的自动配置，网络服务链在操作上具有更多优势。例如，视频或 VOIP 会话比简单的 Web 访问有更多的需求，自动网络服务链可以使这些会话动态设置和拆除而无须人为干预。这也有助于确保特定应用获得适当的网络资源或特性（带宽、加密、服务质量等）。

与 SDN 结合使用时，网络服务链的另一个优势是能够优化网络资源的使用并提高应用程序的性能。SDN 分析和性能工具可以使用最佳的可用网络资源，并以自动的方式协助解决网络拥塞问题。

服务链中的“链”表示可以使用软件配置通过网络连接的服务，这在 NFV 领域尤为重要——新业务可以实例化为纯软件，在商品硬件上运行。

网络服务链功能意味着大量虚拟网络功能可以在 NFV 环境中相互连接。由于其使用虚拟电路在软件中实现，因此可以根据需要设置和移除这些连接，并通过 NFV 编排层进行服务链配置。

SFC 和 SDN 网络服务链标准正在几个行业组织中开发。IETF 正在开发 SFC 体系结构，以定义如何根据网络流的分类控制不同服务功能之间的路由流量，目前已通过 RFC 7665 定义了 SFC 的架构规范；ETSI 提出了使用网络转发图将 VNF 与网络服务报头之间的流量进行路由的服务架构；ONF 提出了一个软件定义网络——使用 OpenFlow 的 SDN 服务链接框架，将流量引导至相应的服务功能。SFC 体系结构如图 2.32 所示。

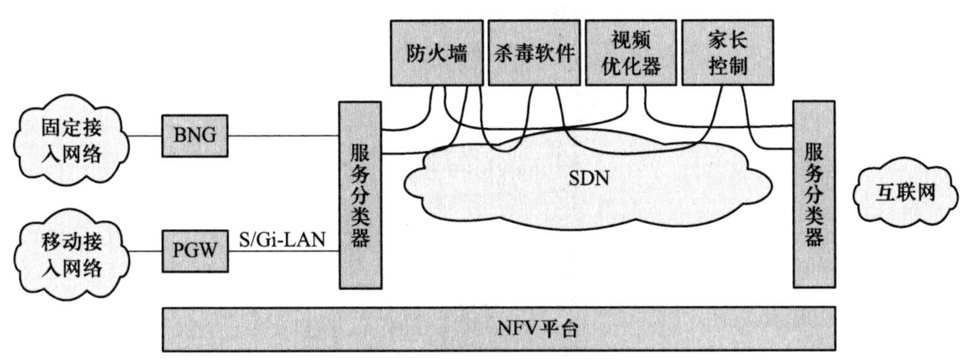


图 2.32　SFC 体系结构

# 2.5　实践：体验云计算核心技术

## 2.5.1　Docker 容器实践

Docker 最初是 dotCloud 公司创始人索罗门·海克思（Solomon Hykes）发起的一个公司内部项目，它是基于 dotCloud 公司多年云服务技术的一次革新，并于 2013 年 3 月以 Apache 2.0 授权协议开源，主要项目代码在 GitHub 上进行维护。Docker 项目随后加入了 Linux 基金会，并成立了开放容器联盟（Open Container Initiative，OCI）。

Docker 自开源起受到广泛的关注和讨论，截至 2022 年 7 月，其在 GitHub 上的项目集已被标注 130 000 多个星标和近 70 000 个 Fork。由于该项目十分火爆，因此 dotCloud 公司在 2013 年更名为 Docker。Docker 最初在 Ubuntu 12.04 中开发实现，红帽则从 RHEL 6.5 开始对 Docker 进行支持，谷歌也在其 PaaS 产品中广泛应用 Docker。Docker 使用谷歌公司推出的 Go 语言进行开发实现，基于 Linux 内核的 Cgroups、命名空间以及 AUFS 类的 Union FS 等技术，对进程进行封装隔离，属于操作系统层面的虚拟化技术。由于隔离的进程独立于宿主和其他隔离的进程，因此也被称为容器。Docker 最初基于 LXC 实现，从 0.7 版本起开始去除 LXC，转而使用自行开发的 Libcontainer；从 1.11 版本开始，则进一步演进为使用 runC 和 Containerd。

Docker 在容器的基础上进行了进一步的封装，从文件系统、网络互联到进程隔离等，极大地简化了容器的创建和维护过程，使 Docker 技术比虚拟机技术更加轻便、快捷。本节从实例出发，带领读者了解 Docker 的操作流程。

【实验目的】

1. 了解 Docker 的安装。
2. 掌握 Docker 的基本使用。
3. 掌握多种方式部署简易网页。

**【实验环境】**

操作系统：CentOS 7；Python：3.8；Docker：20.10.5；Flask：1.1.2。

**【实验步骤】**

**1．安装 Docker**

Docker 支持在 Linux、Windows 和 macOS 等操作系统中安装运行，本节以 CentOS 7 操作系统为例进行介绍。

Docker 官方提供了一键安装脚本，只需执行以下命令：

```
$ curl -fsSL https://get.docker.com | bash -s docker --mirror Aliyun
```

如果安装速度较慢，可以尝试使用 daocloud 提供的加速脚本进行安装：

```
$ curl -sSL https://get.daocloud.io/docker | sh
```

安装 Docker 后使其能够自启动：

```
$ systemctl enable docker
$ systemctl start docker
```

安装完毕后，可以尝试拉取 hello-world 镜像。如果不进行镜像源的配置，则默认从 Docker Hub 拉取镜像，也可以通过配置镜像源来加速镜像的拉取：

```
$ curl -sSL https://get.daocloud.io/daotools/set_mirror.sh | sh -s http://f1361db2.m.daocloud.io
```

通过拉取并运行 hello-world 镜像测试 Docker 是否安装正确：

```
$ docker run hello-world
```

若安装过程顺利，则屏幕显示如下：

```
Unable to find image 'hello-world:latest' locally
latest: Pulling from library/hello-world
ca4f61b1923c: Pull complete
Digest: sha256:be0cd392e45be79ffeffa6b05338b98ebb16c87b255f48e297ec7f98e123905c
Status: Downloaded newer image for hello-world:latest
Hello from Docker!
This message shows that your installation appears to be working correctly.
To generate this message, Docker took the following steps:
1. The Docker client contacted the Docker daemon.
2. The Docker daemon pulled the "hello-world" image from the Docker Hub.
(amd64)
3. The Docker daemon created a new container from that image which runs the
executable that produces the output you are currently reading.
4. The Docker daemon streamed that output to the Docker client, which sent it
to your terminal.
To try something more ambitious, you can run an Ubuntu container with:
$ docker run -it ubuntu bash
Share images, automate workflows, and more with a free Docker ID:
https://cloud.docker.com/
For more examples and ideas, visit:
```

```
https://docs.docker.com/engine/userguide/
```

若正常输出以上信息，则说明安装成功。

注：当屏幕出现如下信息：

```
Cannot connect to the Docker daemon at unix:///var/run/docker.sock. Is the docker daemon running?
```

则可能表示 Docker 引擎并未启动成功。此时执行下述命令启动 Docker 引擎。待引擎启动成功后执行 docker run hello-world 命令。

```
$ systemctl start docker
```

Docker 的常用命令如下。

拉取镜像：

```
$ docker pull  镜像名
```

查看镜像：

```
$ docker ps
```

运行容器：

```
$ docker run <容器名>
```

查看容器：

```
$ docker ps
```

停止容器：

```
$ docker stop <容器 ID>
```

删除容器：

```
$ docker rm <容器 ID>
```

对于其他不了解的命令，可以通过参数-h 获取帮助，例如：

```
$ docker -h
$ docker run -h
```

**2．拉取教材资源**

本教材的许多资源存放在极狐中，读者可以通过本步骤，即通过 git 的方式，将仓库资源拉取到本地：

```
$git clone https://gitee.com/X-laber/courseware_for_ccsadp.git
Cloning into 'courseware_for_ccsadp'…
remote: Enumerating objects: 27, done.
remote: Total 27 (delta 0), reused 0 (delta 0), pack-reused 27
Unpacking objects: 100% (27/27), done.
```

**3．注册 Docker Hub**

Docker 官方的镜像仓库为 Docker Hub，如果需要将本地制作的镜像提交到 Docker

Hub，则首先需要访问相应网址并填写相关信息进行注册。具体步骤如图 2.33 所示。

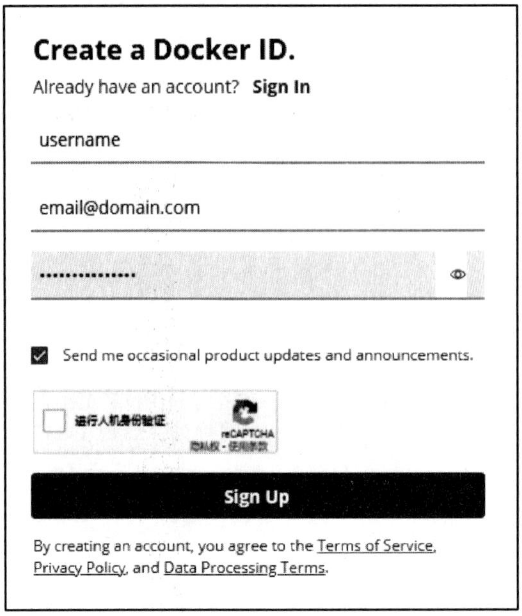

图 2.33　Docker Hub 会员注册

注册完成后可以使用本地命令行登录 Docker：

```
$ docker login
```

之后系统将提示分别输入用户名和密码。如果信息正确，系统将显示 Login Succeeded 表示登录成功。

**4．运行第一个 Docker 容器**

通过以上操作，Docker 环境已经在本机中建立。下面运行 alpine 容器——一个轻量级的 Linux 发行版，以此来学习 Docker 的基本操作。

首先在命令行中执行以下命令：

```
$ docker pull alpine
```

pull 命令从远端的 Docker Hub 仓库中将容器镜像拉取到本地，可以利用 docker images 查看本地已有的镜像文件：

```
$ docker images
REPOSITORY  TAG IMAGE ID  CREATED VIRTUAL SIZE
alpine        latest c51f86c28340   4 weeks ago       1.109 MB
hello-world latest 690ed74de00f   5 months ago      960 B
```

从列表中可以看出本地已经存在 alpine 的镜像。下面执行 docker run 命令，将某个镜像实例化为容器：

```
$ docker run alpine ls -l
total 48
```

```
drwxr-xr-x   2 root   root   4096 Mar  2 16:20 bin
drwxr-xr-x   5 root   root    360 Mar 18 09:47 dev
drwxr-xr-x  13 root   root   4096 Mar 18 09:47 etc
drwxr-xr-x   2 root   root   4096 Mar  2 16:20 home
drwxr-xr-x   5 root   root   4096 Mar  2 16:20 lib
...
...
```

下面进一步解释运行 docker run 命令后的操作。

① Docker 客户端通知运行在后台的 Docker 守护进程。

② Docker 守护进程检查本地文件系统以查看镜像（本例中为 alpine）是否存在，若不存在则从远端的 Docker 仓库下载。

③ Docker 守护进程创建 alpine 容器，并在该容器中运行用户指定的命令。

④ Docker 守护进程将容器中指令运行的结果返回 Docker 客户端。

docker run alpine ls -l 命令中的参数 ls -l 表示启动该容器后，以交互的方式使容器执行 ls -l 这条 Linux 命令。因此可以看到容器列出了其内部的文件目录。

读者可以尝试其他命令：

```
$ docker run alpine echo "hello from alpine"
hello from alpine
```

可以看到，在容器内执行命令与在用户主机中的执行效果一致，并且容器的启动速度十分迅速（通常为秒级），读者可能有较为直观的感受。

在默认情况下，容器运行全部命令后将自动退出，可以使用 docker ps -a 命令查看主机中所有的容器进程：

```
$ docker ps -a
```

结果显示如下：

```
CONTAINER IMAGE COMMAND CREATED STATUS PORTS NAMES
36171a5da744 alpine "/bin/sh" 5minutes Exited(0) 2 fervent_newton ago minutes ago
a6a9d46d0b2f alpine "echo 'hello 6 minutes Exited (0) 6    lonely_kilby
```

如果不想让容器运行命令后自动退出，则可在启动容器时指定-i 和-t 标志：

```
$ docker run -it alpine /bin/sh
/ # ls
bin dev etc home lib linuxrc media mnt proc root
run sbin sys tmp usr var
/ # uname -a
Linux 97916e8cb5dc 4.4.27-moby #1 SMP Wed Oct 26 14:01:48 UTC 2016 x86_64 Linux
```

上文简要介绍了从拉取镜像到运行容器的流程，当然容器的操作方式远不止于此，读者可以参考 Docker 的官方文档进一步了解。

**5．使用 Python 运行一个简易的网页**

基于 Python 的 Flask 实现网页运行，首先需要安装 Flask：

```
$ pip install flask
```

或

```
$ pip3 install flask
```

在本教材提供的资源文件中存在一个名为 main.py 的 Python 文件，该文件默认建立一个输出“Hello,World!”的简易网页。

进入资源文件目录 courseware_for_ccsadp\2-1，使用命令：

```
$ python main.py
```

或

```
$ python3 main.py
* Serving Flask app "main" (lazy loading)
 * Environment: production
   WARNING: This is a development server. Do not use it in a production deployment.
   Use a production WSGI server instead.
 * Debug mode: off
 * Running on http://0.0.0.0:5000/ (Press CTRL+C to quit)
```

打开浏览器，访问http://127.0.0.1:5000查看网页。如果一切顺利，则可在浏览器中看到输出的“Hello,World!”，如图 2.34 所示。

图 2.34　Flask 网页效果图

当然，也可以更改 main.py 文件的“Hello,World!”为任意内容，然后重新运行该代码查看效果。

注：如果运行 pip install flask 命令，出现如下屏幕提示：

```
bash: pip: command not found…
```

则可参考 Linux 安装 pip 的相关内容或者尝试使用以下命令，对 pip 进行安装：

```
$ yum -y install epel-release
$ yum -y install python-pip
```

注：如果系统中尚未安装 Python3，请参考 Linux 安装 Python 的方法进行安装。也可使用 yum 进行安装，命令如下：

```
$ yum install python3
```

**6．使用 Docker 镜像包运行一个简易的网页**

此处使用预先制作的包含 Nginx、uWSGI 和 Flask 的容器直接运行 main.py，无须在本地安装 Flask 以及 Python。

在安装 Docker 的机器上只需执行以下命令：

```
$docker run -p 5002:8080 -v ${PWD}/courseware_for_ccsadp/2-1/main.py:/root/app/main.py ccchieh/nginx-uwsgi-flask
```

其中，-p 5002:8080 表示将容器内部的 8080 端口映射到宿主机的 5002 端口中；-v ${PWD}/courseware_for_ccsadp/2-1/main.py:/root/app/main.py 表示将宿主机的 main.py 文件挂载到 Docker 容器中；ccchieh/nginx-uwsgi-flask 则表示预先在 Docker Hub 中制作完成的包含运行环境的镜像。

注：如果命令执行后的消息中包含与“Bind for 0.0.0.0:5002 failed: port is already allocated.”类似的信息，读者可以尝试更换宿主机端口：

```
$docker run -p 5001:8080 -v ${PWD}/courseware_for_ccsadp/2-1/main.py:/root/app/main.py ccchieh/nginx-uwsgi-flask
```

上述 Docker 命令执行成功后，可以访问http://127.0.0.1:5001查看网页效果。如果一切顺利，则可在浏览器中看到输出的“Hello,World!”，如图 2.35 所示。

图 2.35　通过 Docker 启动的 Flask 网页效果图（1）

**7．通过 Dockerfile 构建自定义的简易网页镜像**

在 Docker 中镜像的制作通常由 Dockerfile 完成。同样地，本书的资源文件中也提供了一个 Dockerfile 文件，通过文本编辑器打开 Dockerfile 文件，可以看到文件中仅包含两行内容：

```
FROM ccchieh/nginx-uwsgi-flask
COPY main.py /root/app/
```

其中，以 FROM 开头的命令表示构建的镜像所使用的基础镜像；以 COPY 开头的命令则表示将前面的 main.py 文件放入容器。

下面开始构建镜像：

```
$ docker build -t {DockerHub ID}/hello
```

通过该命令将构建一个名为{DockerHub ID}/hello 的镜像，其中 DockerHub ID 为步骤 3 中注册的 Docker Hub 的 ID，以便后续将镜像推送到 Docker Hub 中。

构建完成后可以通过以下命令查看刚刚构建的镜像：

```
$ docker images
```

通过 docker push 将镜像推送到 Docker Hub 中：

```
$ docker push {DockerHub ID}/hello
```

执行成功后，即可在https://hub.docker.com/的个人仓库中看到刚刚构建的镜像。

为了验证镜像已经提交到 Docker Hub 中，首先在本地删除刚刚构建的镜像：

```
$ docker rmi {DockerHub ID}/hello
```

使用 docker images 可以看到镜像已经从本地删除。

下面使用构建的镜像运行一个简易的网页：

```
$ docker run -p 5002:80 ccchieh/hello
```

访问http://127.0.0.1:5002查看网页，如果一切顺利，则可在浏览器中看到输出的“Hello, World!”，如图 2.36 所示。

图 2.36　通过 Docker 启动的 Flask 网页效果图（2）

## 2.5.2　分布式存储系统 Ceph

### 1. 概述

Ceph 最初是一项关于存储系统的研究项目，由 Sage Weil 在加利福尼亚大学圣克鲁兹分校（UCSC）开发。Ceph 是一个统一的、分布式的存储系统，具有出众的性能、可靠性和可扩展性。其中，“统一”和“分布式”是理解 Ceph 的设计思想的出发点。

① 统一：表示 Ceph 能够以一套存储系统同时提供“对象存储”“块存储”和“文件系统”3 种功能，以满足不同应用的需求。

② 分布式：表示无中心结构和系统规模的无限（至少在理论上没有限制）扩展。在实践中，Ceph 可以被部署于成千上万台服务器。

从 2004 年提交第一行代码至 2022 年，Ceph 已经走过十多年的历程。Ceph 在近几年的迅速发展既有其自身无可比拟的设计优势的助力，也有云计算尤其是 OpenStack 的大力推动。

首先，Ceph 本身确实具有较为突出的优势，包括统一存储能力、可扩展性、可靠性、高性能、自动化的维护等。Ceph 的核心设计思想之一是，充分发挥存储设备自身的计算能力，同时消除对系统单一中心节点的依赖，实现真正的无中心结构。基于此，Ceph 一方面实现了高度的可靠性和可扩展性，另一方面保证了客户端访问的相对低延迟和高聚合带宽。

其次，Ceph 目前在 OpenStack 社区中备受重视。OpenStack 是目前最为流行的开源云操作系统。随着 OpenStack 成为实质上的开源 IaaS 标准，Ceph 在近几年的热度骤升，其中最有力的推动因素就是来自 OpenStack 社区的实际需求。

### 2. 设计思想

Ceph 最初设计的目标应用场景是大规模、分布式的存储系统，即至少能够承载 PB 级的数据，并且由成千上万个存储节点组成的存储系统。在 Ceph 的设计思想中，针对一个大规模的分布式存储系统，主要考虑 3 个场景变化特征：存储系统的规模变化、存储系统中的设备变化以及存储系统中的数据变化。

上述 3 个变化即为 Ceph 目标应用场景的关键特征。Ceph 所具备的各种主要特性也即针对这些场景特征提出。针对上述应用场景，Ceph 在设计之初就包含了以下技术特性。

① 高可靠性：对于存储系统中的数据而言，高可靠性既包括尽可能保证数据不会丢

失，也包括数据写入过程中的可靠性，即在用户将数据写入 Ceph 存储系统的过程中，不会因为意外情况造成数据丢失。

② 高度自动化：指数据的自动复制、自动均衡、自动故障检测和自动故障恢复。总体而言，这些自动化特性既保证了系统高度可靠，也保证了在系统规模扩大后，其运维难度仍能保持在一个相对较低的水平。

③ 高可扩展性：指系统规模和存储容量可扩展，也包括随着系统节点数增加聚合数据访问带宽的线性扩展，还包括基于功能强大的底层 API 提供多种功能、支持多种应用的功能性可扩展。

Ceph 的设计思路基本可以概括为以下两点。

① 充分发挥存储设备自身的计算能力：采用具有计算能力的设备作为存储系统的存储节点。

② 去除所有的中心点：一旦系统中出现中心点，则一方面引入了单点故障点，另一方面也必然面临系统规模扩大时的规模和性能瓶颈。此外，如果中心点出现在数据访问的关键路径上，也必然导致数据访问的延迟增大。

除此之外，一个大规模分布式存储系统必须解决下面两个基本问题。

① 数据写入何处：当用户提交需要写入的数据时，系统必须迅速决策，为数据分配一个存储位置和空间。

② 从何处读取数据：高效准确地处理数据寻址。

针对上述两个问题，传统的分布式存储系统通常引入专用的元数据服务节点，并在其中存储用于维护数据存储空间映射关系的数据结构。这种解决方案容易导致单点故障和性能瓶颈，以及更长的操作延迟。而 Ceph 改用基于计算的方式，即任何一个 Ceph 存储系统的客户端程序仅使用不定期更新的少量本地元数据，经过简单计算即可根据一个数据的 ID 决定其存储位置。

**3．整体架构**

Ceph 存储系统在逻辑上自下而上分为 4 个层次，如图 2.37 所示。

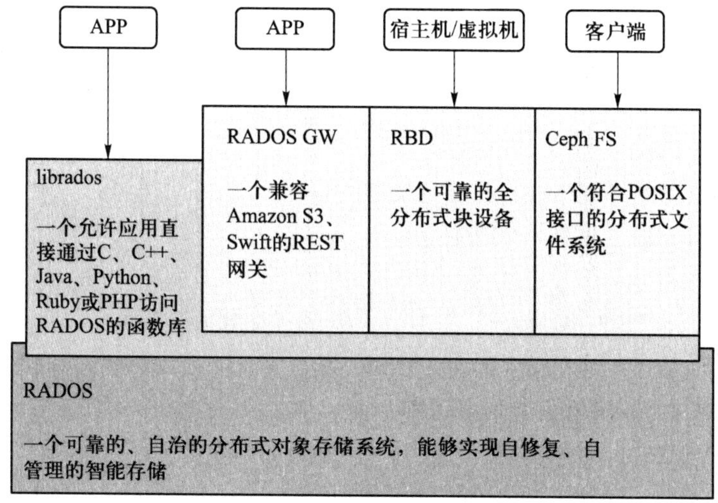


图 2.37　Ceph 存储系统的整体架构

（1）RADOS

RADOS（reliable，autonomic，distributed object store）意为可靠的、自动化的、分布式的对象存储。该层本身就是一个完整的对象存储系统，所有存储在 Ceph 系统中的用户数据最终均由该层进行存储，而 Ceph 的高可靠性、高可扩展性、高性能、高度自动化等特性本质上也由该层所提供。

在物理上，RADOS 由大量的存储设备节点组成，每个节点各自拥有硬件资源（CPU、内存、硬盘、网络等），并运行着操作系统和文件系统。

（2）librados

该层对 RADOS 进行抽象和封装，并向上层提供 API，以便直接基于 RADOS 进行应用开发。RADOS 是一个对象存储系统，librados 实现的 API 同样仅针对对象存储功能。

RADOS 采用 C++开发，所提供的原生 librados API 包括 C 和 C++两种。在物理上，librados 和在其上开发的应用位于同一台机器，因而也被称为本地 API。应用调用本机的 librados API，再由后者通过 socket 与 RADOS 集群中的节点通信并完成各种操作。

（3）高层应用接口

该层包括 3 个部分：对象存储 RADOS GW（RADOS gateway）、块存储 RBD（reliable block device）和文件系统 Ceph FS（Ceph file system）。其作用是在 librados 库的基础上提供抽象层次更高、更便于应用和客户端使用的上层接口。

① RADOS GW：一个提供与 Amazon S3 和 Swift 兼容的 RESTful API 的网关，以供相应的对象存储应用开发使用。

② RBD：提供一个标准的块设备接口，常用于在虚拟化的场景下为虚拟机创建 volume。目前，红帽已经将 RBD 驱动集成在 KVM/QEMU 中，以提高虚拟机的访问性能。

③ Ceph FS：一个兼容 POSIX 的分布式文件系统。由于尚处在开发阶段，因此 Ceph 官网并不推荐将其用于生产环境中。

（4）应用层

该层即为不同场景下对于 Ceph 各个应用接口的应用，例如基于 librados 直接开发的对象存储应用、基于 RADOS GW 开发的对象存储应用、基于 RBD 实现的云硬盘等。

**【实验目的】**

1．学习理解 Ceph 的相关基础概念。

2．在 Docker 环境中进行 Ceph 存储集群的搭建。

3．Ceph 文件系统的理解与实验任务。

**【实验环境】**

操作系统：CentOS 7；Docker：20.10.5；Ceph：jewel(10.2.x)。

**【实验步骤】**

**1．安装部署 Ceph 集群前的准备工作**

建议安装一个 ceph-deploy 管理节点和一个三节点的 Ceph 存储集群。在下文的描述中，节点代表一台独立计算机，如图 2.38 所示。

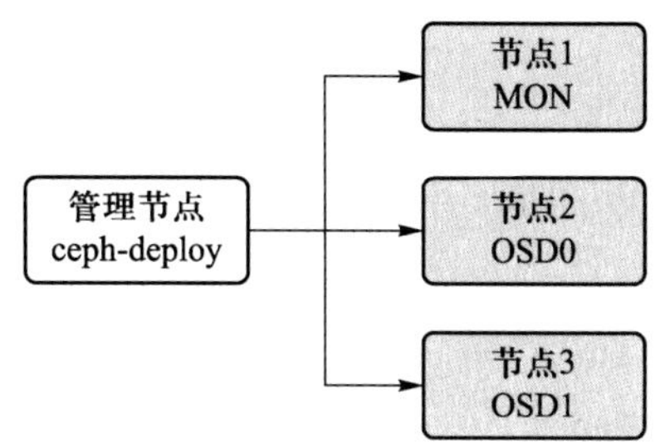


图 2.38　Ceph 存储系统的整体架构

4 台独立计算机的信息如表 2.3 所示。

**表 2.3　独立计算机的信息**

| 主机名称 | IP 地址 | 配置 |
|---|---|---|
| admin-node | 172.20.0.195 | 四核，4 GB 内存，CentOS 7 操作系统 |
| node1 | 172.20.0.196 | 四核，4 GB 内存，CentOS 7 操作系统 |
| node2 | 172.20.0.197 | 四核，4 GB 内存，CentOS 7 操作系统 |
| node3 | 172.20.0.198 | 四核，4 GB 内存，CentOS 7 操作系统 |

（1）关闭 SELinux 模式

临时关闭 SELinux：

```
$ setenforce 0
```

查看 SELinux 状态，SELinux status 参数为 enabled 即为开启状态：

```
$ /usr/sbin/sestatus -v
```

（2）修改各个节点中的配置文件

修改节点的主机名称（即修改/etc/hostname 文件），以 admin-node 节点对应的主机名称为例：

```
$ cat /etc/hostname
admin-node
```

其余的 node1、node2 和 node3 节点中的对应文件按照此文件中的内容设置即可，重点是设置节点的主机名称。

将 admin-node 节点中/etc/hosts 文件的内容修改如下：

```
$ cat /etc/hosts
::1     localhost   localhost.localdomain  localhost6  localhost6.localdomain6
127.0.0.1   localhost   localhost.localdomain  localhost4  localhost4.localdomain4
172.20.0.195 admin-node
172.20.0.196 node1
172.20.0.197 node2
172.20.0.198 node3
```

之后，节点 node1、node2 和 node3 中的/etc/hosts 文件复制相同的内容，重点是配置 IP

与节点名称之间的映射。

（3）安装 NTP 服务

无论是 k8s 集群还是 Ceph 集群，对于集群中各服务器节点的时间均要求同步，否则可能导致“时钟漂移”的问题。

在各个服务器节点中进行以下操作，首先通过 yum 安装工具安装 NTP 服务：

```
$ sudo yum install ntp ntpdate ntp-doc
```

然后校对系统时钟：

```
$ ntpdate 0.cn.pool.ntp.org
```

（4）安装部署 SSH 服务以实现免密登录

Ceph 存储集群的安装工具需要以 SSH 登录的方式登录到各个节点以完成 Ceph 的安装工作，因此需要在各个服务器节点中部署 SSH 服务。

通过 yum 安装工具安装 openssh：

```
$ sudo yum install openssh-server
```

查看 SSH 版本信息：

```
$ ssh -V
```

在各个 Ceph 节点中创建新用户：

```
$ ssh user@ceph-server
$ sudo useradd -d /home/{username} -m {username}
$ sudo passwd {username}
```

确保各个 Ceph 节点中新创建的用户均拥有 sudo 权限：

```
$ echo "{username} ALL = (root) NOPASSWD:ALL" |   \
$ sudo tee /etc/sudoers.d/{username}
$ sudo chmod 0440 /etc/sudoers.d/{username}
```

生成 SSH 密钥对，但不要使用 sudo 或 root 用户的身份。当系统提示“Enter passphrase”时，直接按回车键使口令为空：

```
ssh-keygen
Generating public/private key pair.
Enter file in which to save the key (/ceph-admin/.ssh/id_rsa):
Enter passphrase (empty for no passphrase):
Enter same passphrase again:
Your identification has been saved in /ceph-admin/.ssh/id_rsa.
Your public key has been saved in /ceph-admin/.ssh/id_rsa.pub.
```

将公钥复制到各个 Ceph 节点，并将下列命令中的{username}替换成前面创建部署 Ceph 的用户的用户名：

```
$ ssh-copy-id {username}@node1
$ ssh-copy-id {username}@node2
```

```
$ ssh-copy-id {username}@node3
```

在 admin-node 节点上测试免密登录到其他节点的功能：

```
$ ssh node1
```

（5）设置防火墙

Ceph monitor 节点之间默认使用 6789 端口通信，OSD 进程之间默认使用 6800:7300 范围内的端口通信。

对于 RHEL 7 中的防火墙，需对公共域开放 Ceph monitor 节点使用的 6789 端口和 OSD 进程使用的 6800:7300 端口范围，并且要配置为永久规则，这样重启后规则仍可有效。例如：

```
$ sudo firewall-cmd --zone=public --add-port=6789/tcp \
-- permanent
```

如果使用 iptables，则需开放 Ceph monitor 节点使用的 6789 端口和 OSD 进程使用的 6800:7300 端口范围，命令如下：

```
$ sudo iptables -A INPUT -i {iface} -p tcp -s \
{ip- address}/{netmask} --dport 6789 -j ACCEPT
```

在每个节点中配置 iptables 后一定要保存，这样重启之后才能依然有效。例如：

```
$ /sbin/service iptables save
```

**2．安装部署 Ceph 集群**

以下步骤仅在 admin-node 节点中执行。

（1）安装依赖包并添加 Ceph 仓库资源信息

```
$ sudo yum install -y yum-utils \
&& sudo yum-config-manager \
--add-repo \
https://dl.fedoraproject.org/pub/epel/7/x86_64/ \
&& sudo yum install --nogpgcheck -y epel-release \
&& sudo rpm --import /etc/pki/rpm-gpg/RPM-GPG-KEY-EPEL-7 \
&& sudo rm /etc/yum.repos.d/dl.fedoraproject.org*
```

修改 Ceph 服务国内镜像源：

```
$ export    CEPH_DEPLOY_REPO_URL= \
http://mirrors.163.com/ceph/rpm-jewel/el7 \
export CEPH_DEPLOY_GPG_URL= \
http://mirrors.163.com/ceph/keys/release.asc
```

（2）修改 Ceph 源配置文件

要修改的配置文件的路径为/etc/yum.repos.d/ceph.repo（此文件若不存在则创建即可）：

```
$ cat /etc/yum.repos.d/ceph.repo
[ceph-noarch]
```

```
name=Ceph noarch packages
baseurl=http://download.ceph.com/rpm- firefly / el7/noarch
enabled=1
gpgcheck=1
type=rpm-md
gpgkey=https://download.ceph.com/keys/release.asc
```

（3）安装 ceph-deploy 工具

由于 ceph-deploy 服务可以方便地实现在不同节点中安装 Ceph，因此首先下载 ceph-deploy 服务，安装并部署 ceph-deploy 节点：

```
$ sudo yum install ceph-deploy
```

（4）初始化 Ceph 集群的相关配置

由于之后将在该 Ceph 集群的 admin-node 节点中放置 Ceph 存储集群的资源，因此需要在 admin-node 服务器节点中创建一个文件夹，用于保存 Ceph 集群创建时产生的配置文件和密钥文件等：

```
$ mkdir toyourpath/ceph-cluster/ceph-cluster
$ cd toyourpath/ceph-cluster/ceph-cluster
```

初始化 Ceph 集群：

```
$ ceph-deploy new admin-node
```

此时能够发现在 toyourpath/ceph-cluster/ceph-cluster 文件夹下多了几个文件，分别是 ceph.conf、ceph-deploy-ceph.log 和 ceph.mon.keyring 文件。

注意，后续命令建议在 toyourpath/ceph-cluster/ceph-cluster 路径下执行，因为会用到该文件夹下的相关文件。

其中，ceph.conf 文件是 Ceph 集群的配置文件，需要进行修改和编辑：

```
$ cat ceph.conf
[global]
fsid = 45c8a6a6-525c-44c5-9009-69dad92eb3af
mon_initial_members = admin-node #Ceph 管理节点的名称
mon_host = 10.10.7.212
auth_cluster_required = cephx #启动 Cephx 加密认证协议
auth_service_required = cephx
auth_client_required = cephx
osd pool default size = 3 #设置 OSD 节点的数量
public network = 10.10.7.0/24 #根据 mon_host 字段进行设定
```

（5）使用 ceph-deploy 安装 Ceph 服务

```
$ ceph-deploy install admin-node node1 node2 node3
```

（6）初始化 Ceph 集群中的 monitor 节点

初始化 monitor 节点并收集 Ceph 的密钥环：

```
$ ceph-deploy mon create-initial
$ ceph-deploy --overwrite-conf mon create-initial
```

为了避免在安装 Ceph 集群时可能出现问题，此处提前说明 Ceph 集群的卸载步骤（注意需要在 admin-node 节点中依次执行以下命令）：

```
$ ceph-deploy forgetkeys
$ ceph-deploy purge admin-node node1 node2 node3
$ ceph-deploy purgedata admin-node node1 node2 node3
```

**3．OSD 节点的安装部署**

OSD 是 Ceph 集群最终存储数据的位置，OSD 的目录可以是一块独立磁盘上的唯一分区，也可以是一块磁盘上的某个分区。建议准备独立的磁盘，将其格式化后形成一个分区，然后将其设置为 OSD 的目录即可。OSD 节点使用独立的磁盘既有利于保证数据的独立性，也便于 OSD 节点进行后续扩展。

注意，以下操作仅在 Ceph 集群的 admin_node 节点中执行即可，但必须在之前的 toyourpath/ceph-cluster/ceph-cluster 文件夹下执行以下命令。

（1）进行 OSD 节点激活前的准备工作

分别在每个节点中为 OSD 目录设置用户组和用户，创建并指定 OSD 目录。在 admin-node 节点中执行以下命令：

```
$ sudo mkdir /var/local/osd0 && \
$ sudo chown -R ceph:ceph /var/local/osd0
```

在 node1 节点中执行以下命令：

```
$ sudo mkdir /var/local/osd1 && \
$ sudo chown -R ceph:ceph /var/local/osd1
```

在 node2 节点中执行以下命令：

```
$ sudo mkdir /var/local/osd2 && \
$ sudo chown -R ceph:ceph /var/local/osd2
```

在 node3 节点中执行以下命令：

```
$ sudo mkdir /var/local/osd3 && \
$ sudo chown -R ceph:ceph /var/local/osd3
```

使用 ceph-deploy 对 OSD 节点执行 prepare 操作，完成 OSD 节点的基础配置工作：

```
$ ceph-deploy osd prepare admin-node:/var/local/osd0 \
node1:/var/local/osd1 \
node2:/var/local/osd2 \
node3:/var/local/osd3
$ ceph-deploy --overwrite-conf osd prepare…
```

（2）激活 OSD 节点

```
$ ceph-deploy osd activate admin-node:/var/local/osd0 \
```

```
node1:/var/local/osd1 \
node2:/var/local/osd2 \
node3:/var/local/osd
```

（3）同步 Ceph 集群的配置文件和 admin 密钥

将 Ceph 集群 admin-node 节点中的密钥和配置文件同步到各个节点：

```
$ ceph-deploy admin admin-node node1 node2 node3
```

接下来需要在 Ceph 集群的各个节点中设置 admin 密钥文件的读取权限，在所有服务器节点上执行该文件的权限授予操作：

```
$ sudo chmod +r /etc/ceph/ceph.client.admin.keyring
```

至此，Ceph 集群的安装部署全部完成。可以查看整个 Ceph 集群的健康状态，其中包含详细的集群信息：

```
$ ceph -s
```

也可仅查看集群的状态是否健康，其中不含详细的集群信息：

```
$ ceph health
```

还可查看 Ceph 集群中 OSD 节点的状态：

```
$ ceph osd tree
```

如果 Ceph 集群的健康状态信息为 HEALTH_OK，OSD 节点的状态为 up，则说明 Ceph 集群成功安装部署。

**4．了解 Ceph 存储**

Ceph 是一个开源的分布式存储系统，包括对象存储（RGW）、块设备（RBD 或 RADOS 块设备）、文件系统（cephfs）。其可靠性高，管理方便，伸缩性强，能够轻松应对 PB、EB 级数据。

鉴于篇幅有限，此处不再介绍 Ceph 存储相关的具体使用，读者可以借助 Ceph 官网的教程以及相关文档自行探索。

# 本章小结

本章主要介绍了云计算的核心技术，提出了“基础设施+应用”的云计算架构，并围绕基础设施重点介绍了虚拟化、分布式存储、网络虚拟化等相关技术。最后通过两个针对性的实践内容，以具体的软件 Docker 和 Ceph 为例，使读者掌握容器和分布式存储系统的工作原理，从而加深对云计算的理解。

# 习题与实践 2

## 复习题

1．如何理解“云栈”和“云体”的概念？

2. 什么是虚拟化技术？该技术分为哪 3 种类型？
3. 全虚拟化技术和半虚拟化技术的区别是什么？
4. 硬件虚拟化技术有哪些代表？
5. 什么是轻量级虚拟化技术？有何代表？
6. 虚拟化技术为提高计算资源的利用率带来了怎样的好处？
7. 轻量级虚拟化技术相较于传统虚拟化技术存在哪些优势和不足？
8. 容器的轻量级虚拟化技术是否能够进一步轻量化？有何方式？
9. 分布式存储的定义是什么？
10. 分布式存储包含哪几种类型？
11. Paxos 的原理和机制是什么？
12. 软件定义网络（SDN）的概念是什么？
13. 什么是控制平面和数据平面？
14. 什么是网络功能虚拟化（NFV）？
15. ONOS 和 OpenDaylight 等开源项目如何推动 SDN 技术的发展？

**践习题**

1. Docker 是目前最流行的轻量级虚拟化解决方案之一，开始在越来越多的场合中替代传统的虚拟机技术。

① 通过 Docker 的官方网站下载并安装使用最新版本的 Docker，进一步了解 Docker 的原理。

② 通过基准测试程序对 Docker 和传统虚拟机的性能进行评测和比较。

2. Ceph 从 2004 年提交第一行代码开始，至今已有十多年的发展历史。这个起源于 Sage 博士的论文、最初致力于开发下一代高性能分布式文件系统的项目，如今已成为开源社区中众人皆知的明星项目。随着云计算的发展并借助 OpenStack 的推动，Ceph 受到各大厂商的欢迎，成为 IaaS 三大组件（计算、网络、存储）之一。

① 通过 Ceph 的官方网站下载并安装使用最新版本的软件，进一步了解 Ceph 的原理。

② 理解并实践 CRUSH（controlled replication under scalable hashing）算法。

3. Mininet 是一个轻量级软件定义网络和测试平台，采用轻量级的虚拟化技术，使一个单一的系统接近于一个完整的与网络运行相关的内核系统和用户代码；也可简单理解为 SDN 网络系统中的一种基于进程的虚拟化平台，同时支持 OpenFlow、Open vSwitch 等协议。Mininet 还可用于模拟一个完整的网络，使主机、链接和交换机位于同一台计算机且有助于互动开发、测试和演示，尤其是使用 OpenFlow 和 SDN 的技术，同时可将此进程虚拟化平台下的代码迁移到真实的环境中。

① 通过 Mininet 的官方网站下载并安装使用最新版本的软件，进一步熟悉 Mininet 的操作。

② 在 Mininet 中安装 OpenFlow，并测试其性能。

**研习题**

1. 阅读“论文阅读”部分的论文[1]，深入理解 Xen 虚拟化技术。
2. 阅读“论文阅读”部分的论文[2]，深入理解 Unikernels 虚拟化技术。
3. 阅读“论文阅读”部分的论文[3]，深入理解谷歌的 GFS 分布式存储技术。

4．阅读“论文阅读”部分的论文[4]，深入理解 Ceph 分布式存储技术。

5．阅读“论文阅读”部分的论文[5]和论文[6]，深入理解 SDN 和 OpenFlow 的原理。

6．阅读“论文阅读”部分的论文[7]，深入理解谷歌的数据中心网络技术。

**论文阅读**


[1] BARHAM P, DRAGOVIC B, FRASER K, et al. Xen and the Art of Virtualization[J]. ACM SIGOPS Operating Systems Review, 2003, 37(5): 164-177.

[2] MADHAVAPEDDY A, SCOTT D J. Unikernels: The Rise of the Virtual Library Operating System[J]. Communications of the ACM, 2014, 57(1): 61-69.

[3] GHEMAWAT S, GOBIOFF H, LEUNG S T. The Google File System[J]. ACM SIGOPS Operating Systems Review, 2003, 37(5): 29-43.

[4] WEIL S A, BRANDT SA, MILLER E L, et al. Ceph: A Scalable, High-Performance Distributed File System[C]//Proceedings of the Symposium on Operating Systems Design & Implementation, 2006: 307-320.

[5] MCKEOWN N, ANDERSON T, BALAKRISHNAN H, et al. OpenFlow: Enabling Innovation in Campus Networks[J]. Computer Communication Review, 2008, 38(2): 69-74.

[6] HU F, HAO Q, BAO K. A Survey on Software-Defined Network and OpenFlow: From Concept to Implementation[J]. Communications Surveys & Tutorials IEEE, 2014, 16(4): 2181-2206.

[7] SINGH A, ONG J, AGARWAL A, et al. Jupiter Rising: A Decade of Clos Topologies and Centralized Control in Google's Datacenter Network[J]. Communications of the ACM, 2015, 45(4): 183-197.

# 第 3 章　云原生应用的开发

扫一扫，进入
第 3 章资源平台

2015 年，谷歌成立了云原生计算基金会（Cloud Native Computing Foundation，CNCF），包括 Box、华为、思科、Docker、eBay、IBM、英特尔、红帽、推特、VMware、三星等 70 多家成员企业，云原生（cloud native）开始成为应用云化开发的主流方式。云原生是一套技术体系和方法论，是从内到外的整体变革，主要包括容器技术、DevOps、持续交付、微服务、敏捷基础设施、康威定律等，以及根据商业能力对公司进行重组的能力。其既包含技术也包含管理，可以说是一系列云技术和企业管理方法的集合，通过实践以及与其他工具结合，可以更好地帮助用户实现数字化转型。

本章的主要内容如下：3.1 节介绍云原生的相关概念，3.2 节介绍云原生应用开发的"12 要素"，3.3 节介绍云原生应用的开发与落地，3.4 节以具体的案例介绍云原生应用的开发流程。

## 3.1　云原生的相关概念

### 3.1.1　云原生简介

"云原生"一词由来已久。2015 年，Pivotal 公司的马特 • 斯泰恩（Matt Stine）提出这一概念，并结合该概念包装了自己的新产品 Pivotal Web Service 和 Spring Cloud。在斯泰恩所著的 *Migrating to Cloud-Native Application Architectures* 一书中，他对云原生的概念进行了详细的阐述。云原生的主旨是构建运行在云端的应用程序，致力于使应用程序能够最大限度地利用云计算技术特性的优势，提供更加优质的应用服务。

云原生也是一种构建和运行应用程序的方法，其充分利用了云计算的优势，重点关注如何在云计算交付模式下创建和部署应用程序。如今，云计算技术几乎影响着每个行业，云原生应用适用于公有云和私有云，开发人员可以充分利用当前云计算平台上的资源构建应用，采用适用于云计算环境的开发方法进行软件开发。通过云原生的方式构建和运行应用程序，使企业更敏捷地进行创新，以快速向市场推广产品和服务，从而更加迅速地响应客户需求。

云原生与传统云计算的最大区别在于，传统云计算关注的是如何提供性价比最高的计算、存储、网络资源，而云原生关注的是如何令产品能够支持快速验证业务模式，如何简化复杂的开发流程、提升研发效率，如何保障产品的高可用性以使业务无须承受成长之痛，如何实现大规模弹性伸缩以轻松应对业务爆发等。也正因如此，"云原生架构"虽然只有短短的 5 个字，其落地却隐藏了众多变数与陷阱。

云原生准确来说是一种文化，更是一种潮流。它是云计算的一个必然导向，旨在令云成为云化战略成功的基石而非障碍。自从云的概念开始普及，许多公司都部署了实施云化的策略，纷纷搭建起云平台，希望完成传统应用到云端的迁移。但在该过程中存在一些技术难题，例如云化后效率并没有更高，故障也没有被迅速定位。为了解决传统应用升级缓慢、架构臃肿、无法快速迭代、无法快速定位和解决故障等问题，云原生的概念横空出世。云原生可以改进应用开发的效率，改变企业的组织结构，甚至在文化层面直接影响一个公司的决策。此外，云原生很好地解释了在云端运行的应用应当具备的架构特性——敏捷性、可扩展性、故障可恢复性。

综上所述，云原生应用应当具备敏捷、可靠、高弹性、易扩展、故障隔离保护、不中断业务持续更新等特性，这也是云原生应用区别于传统云应用的优势特点。目前有许多不同类型的云服务能够用于支持云原生应用的开发，然而许多服务的重点是提供一个尽可能与本地 IT 运维相同的环境，以使将应用迁移到云相对容易。以基础设施即服务（IaaS）为例，假设用户是一名开发或运维人员，则可在云端订阅提供虚拟机的服务，该虚拟机环境与用户在本地使用的虚拟或物理环境完全相同，用户可以将自己的应用程序平台、框架、数据库以及其他相关环境等按照在本地操作的方式进行设置。显然，此类服务的价值有限，因为用户仍然需要购买任何需要产品许可的许可证，并且仍然需要手动安装、配置、维护软件运行的平台环境。此外，用户在每次开发新的应用程序时，均需重复进行类似的环境部署。这种方式并未真正提高开发和运维人员的效率。

取而代之的是将用户当前的平台或软件栈移植到云服务中的平台即服务（PaaS）产品中。这种方式可以避免单独购买授权产品，省去烦琐的安装和维护过程。通过大量使用 PaaS 服务，用户可以更充分地发挥云服务的优势，大大减少自行安装软件服务的使用。PaaS 产品服务的目标是突破 IaaS 云服务所不能提供的一些平台级服务，该目标或原则也最终被转化为软件即服务（SaaS）产品的使用。

当云服务模型中存在合适的备选方案时，应当避免亲自构建应用程序。因此，云原生的首要原则是“云端优先”：寻找云服务模型中可用的功能，并尽可能使用最适合需求的、最有价值的服务，最终将需要自行维护的软件数量减少到最低的、合理的水平。例如，许多云服务商提供了应用程序服务器、数据库、持续集成平台、数据分析、人工智能、缓存、负载均衡等服务，甚至提供了围绕上述服务再构建和定制的软件服务。这些都属于云服务的范畴，可以直接用于开发云原生应用。

不过在使用上述服务前，需要考虑云服务产品的通用性，以避免服务迁移时可能遇到的麻烦——产品被绑定在某一家云服务商上，不利于程序的后期维护以及商业策略的执行。为了避免这种情况，需要权衡考虑许可证产品、开源产品和自定义代码之间的关系。如果许可证产品最适合用户的需求，则可以使用提供该产品的 PaaS 服务或 IaaS 服务，以及用户之前购买的许可证，只需 PaaS 服务与许可证产品兼容即可。事实上，如果使用按需付费的服务合同，则用户对 PaaS 服务的依赖程度应当远低于之前对非云服务化的许可证产品的依赖程度。如果许可证产品中并不能提供用户所需的附加值，那么使用开源软件可能是更好的选择。通过开源，用户可以在云服务方之间进行更多的迁移。

## 3.1.2 云原生的内容

云原生是面向“云”设计的应用，因此其技术部分依赖于传统云计算的三层概念，即基础设施即服务（IaaS）、平台即服务（PaaS）和软件即服务（SaaS）。例如，敏捷的不可变基础设施交付类似于 IaaS，用于提供计算、网络、存储等基础资源，这些资源是可编程且不可变的，可以直接通过 API 对外提供服务；有些应用通过 PaaS 服务即可组合成不同的业务能力，无须从零开始建设；有些软件只需要“云”的资源即可直接运行并为云用户提供服务，即 SaaS 能力，用户直接面对的就是原生的应用。

基于云服务设计应用架构对技术人员提出了更高的要求：除了考虑业务场景，更需要考虑隔离故障、容错、熔断、自动恢复等非功能需求。此外，借助云服务提供的能力能够实现更优雅的设计，例如弹性资源的需求、跨机房的高可用性、“11 个 9”(99.999 999 999%)的数据可靠性等，基本是云计算服务本身提供的能力，开发者直接选择对应的服务即可，一般无须过多考虑机房本身的问题。如果架构设计本身又能支持多云的设计，可用性会进一步提高，例如 Netflix 能够处理在 AWS 的某个机房无法正常工作的情况，还能为用户提供服务。当然，云也会带来隔离等其他问题。如图 3.1 所示，目前业界公认的云原生主要包括以下几个层面的内容。

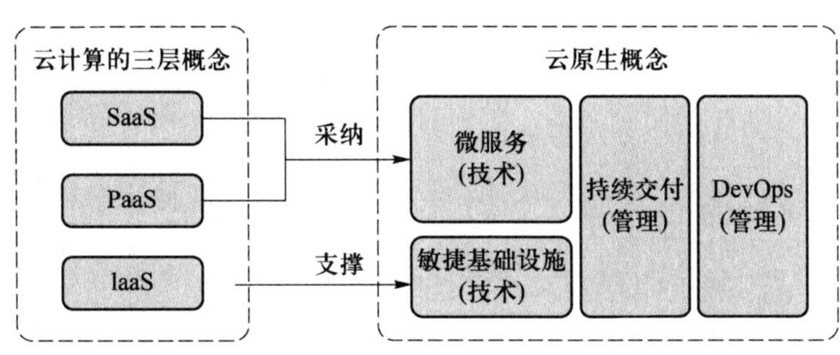


图 3.1　云原生的内容

### 1. 敏捷基础设施

正如通过业务代码能够实现产品需求、通过版本化的管理能够保证业务的快速变更，基于云计算的开发模式也要考虑如何保证基础资源的提供能够根据代码自动实现需求，同时记录变更，从而保证环境的一致性。使用软件工程中的原则、实践和工具来提供基础资源的生命周期管理，意味着工作人员可以更频繁地构建更可控或更稳定的基础设施，开发人员可以随时使用一套基础设施来服务于开发、测试、联调和灰度上线等需求。当然，业务开发需要具有较好的架构设计，无须依赖本地数据进行持久化，所有的资源均可被随时拉起和释放，同时以 API 的方式提供弹性、按需计算和存储能力。

技术人员部署服务器、管理服务器模板、更新服务器以及定义基础设施的模式均通过代码完成，并且自动进行，不能通过手工安装或复制的方式管理服务器资源。运维人员和开发人员均以资源配置的应用代码为中心，而非一台台机器。基础设施通过代码进行更改、测试，确保在每次变更后执行测试的自动化流程中，能够维持稳定的基础设施服务。

此外，基础设施的范围更加广泛，不仅包括机器，还包括不同的机柜或交换机、同城多机房、异地多机房等。

**2．持续交付**

为了满足业务需求的频繁变动，通过快速迭代使得产品具备随时发布的能力。持续交付是一系列的开发实践方法，分为持续集成、持续发布、持续部署等阶段，用于确保从需求的提出到设计开发和测试，再到令代码快速、安全地部署到产品环境中等顺利进行。

持续集成是指开发人员每提交一次改动，即立刻进行构建和自动化测试，确保业务应用和服务能够符合预期，从而确定新代码和原有代码能够正确地集成。持续发布是指软件发布的能力，在持续集成完成后，能够提供到预发布之类的系统上，达到生产环境的条件。持续部署是指使用完全自动化的过程将每个变更自动提交到测试环境，然后将应用安全地部署到产品环境中，打通开发、测试、生产的各个环节，自动持续、增量地交付产品，是大量产品追求的最终目标；当然，在实际运行的过程中，有些产品还会增加灰度发布等环境。总之，持续交付更多的是代表一种软件交付的能力，其流程示例如图 3.2 所示。

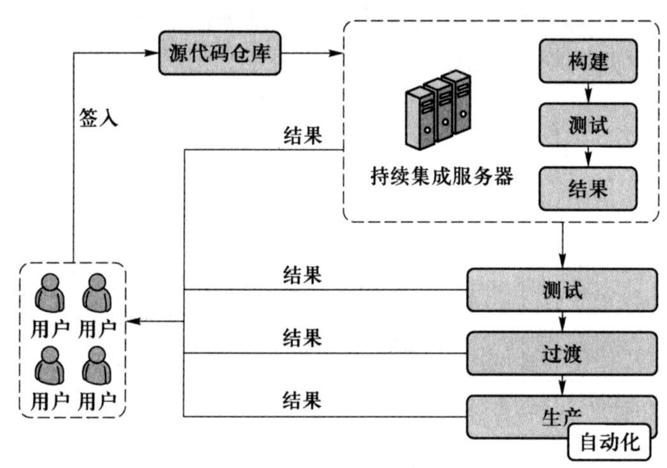


图 3.2　持续交付流程示例

**3．DevOps**

DevOps 从字面上理解只是“Dev（开发人员）+Ops（运维人员）”，实际上是一组过程、方法与系统的统称。DevOps 的概念从 2009 年首次提出发展至今，内容非常丰富，涉及理论和实践，并包括多个方面。

① 组织形式：包括组织架构、企业文化与理念等，需要自上而下设计，用于促进开发部门、运维部门和质量保证部门之间的沟通、协作与整合。简单而言，组织形式类似于系统分层设计。

② 自动化：指所有的操作均无须人工参与，全部依赖系统自动完成，例如上述持续交付过程必须实现自动化才有可能完成快速迭代。

③ DevOps 的出现是由于软件行业日益清晰地认识到：为了按时交付软件产品和服务，开发部门和运维部门必须紧密合作。

总之，DevOps 强调的是高效组织团队之间如何通过自动化的工具进行沟通与协作，以完成软件的生命周期管理，从而更快、更频繁地交付更稳定的软件，如图 3.3 所示。

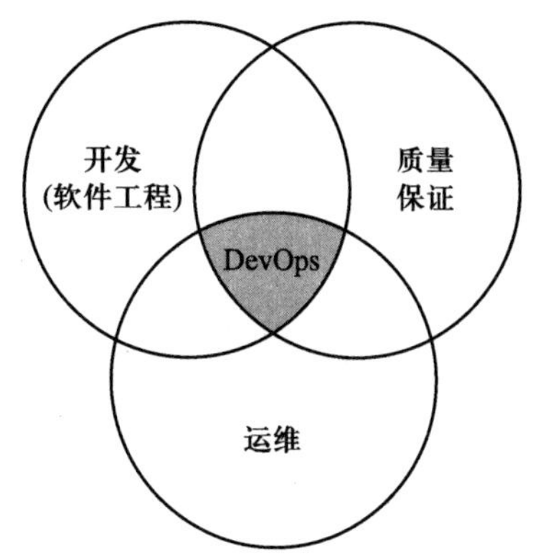


图3.3　DevOps强调组织的沟通与协作

**4．微服务**

随着企业业务的发展，传统业务架构面临很多问题。

① 单体架构在需求增长时无法满足其变更要求，开发人员对大量代码进行变更将越发困难，并且无法很好地评估风险，因此迭代速度较慢。

② 系统经常因为存在业务瓶颈而导致整个业务瘫痪，架构无法扩展，木桶效应严重，无法满足业务的可用性要求。

③ 整体组织效率低下，无法很好地利用资源，存在大量的浪费。

因此，传统的业务架构迫切需要进行变革。随着大量开源技术的成熟和云计算的发展，服务化的改造应运而生，不同的架构设计风格随之出现。其中最具代表性的是Netflix公司，它是最早基于云进行服务化架构改造的公司。2008年因为全站瘫痪而被迫停业3天后，Netflix公司痛下决心改造，经过近10年的努力，实现了从单架构到微服务化的变迁，业务量达到千倍增长（如图3.4所示），并产生了一系列最佳实践案例。

图3.4　Netflix微服务化支撑业务量千倍增长

随着微服务化架构的优势展现和快速发展，2013年，马丁·福勒（Martin Flower）对微服务的概念进行了系统的理论阐述，总结了相关的技术特征：① 微服务是一种架构风格，也是一种服务；② 微服务的颗粒度较小，一个大型的复杂软件应用由多个微服务组成，例如Netflix目前由500多个微服务组成；③ 微服务采用UNIX的设计哲学——每种服务只做一件事，是一种松耦合的、能够被独立开发和部署的无状态化服务（独立扩展、升级和可替换）。微服务架构如图 3.5 所示。

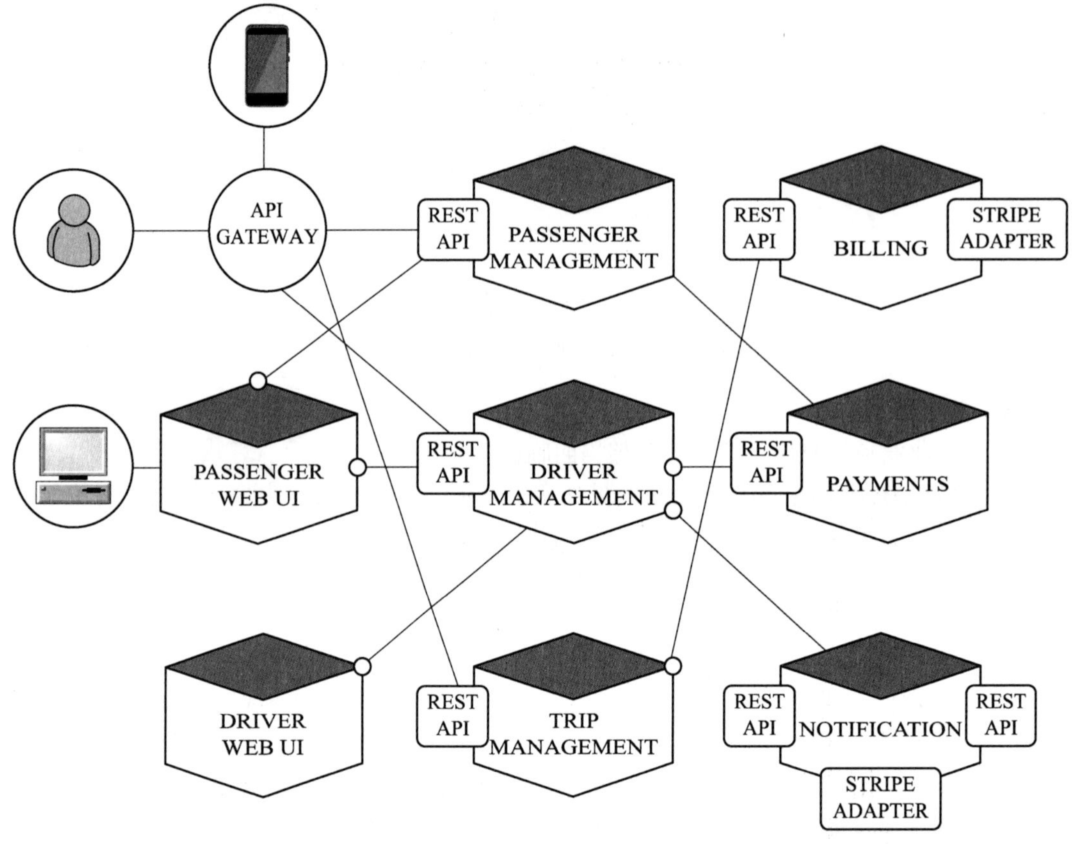


图 3.5 微服务架构

由微服务的定义可知，一个微服务基本是一个能够独立发布的应用服务，因此可以作为独立组件升级、测试灰度或复用等，对整个应用的影响也较小。每个服务可以由专门的组织单独完成，依赖方只需设定输入和输出端口即可完全开发，甚至整个团队的组织架构会更加精简，因此沟通成本低、效率高。

根据业务的需求，不同的服务可以根据业务特性进行不同的技术选型，无论是计算密集型应用还是 I/O 密集型应用均可依赖不同的语言编程模型，各个团队可以根据自身的特色独自运作。当服务压力较大时，也可提供更多的容错或限流服务。

微服务架构确实有许多优点，但也会引入更多技术挑战，例如性能延迟、分布式事务、集成测试、故障诊断等。企业需要根据业务的不同阶段进行合理的引入，不能完全为了微服务而“微服务”。

### 3.1.3 云原生应用的关键技术

从宏观概念上讲，云原生是不同思想的集合，集目前各种热门技术之大成，其关键技术如图 3.6 所示。

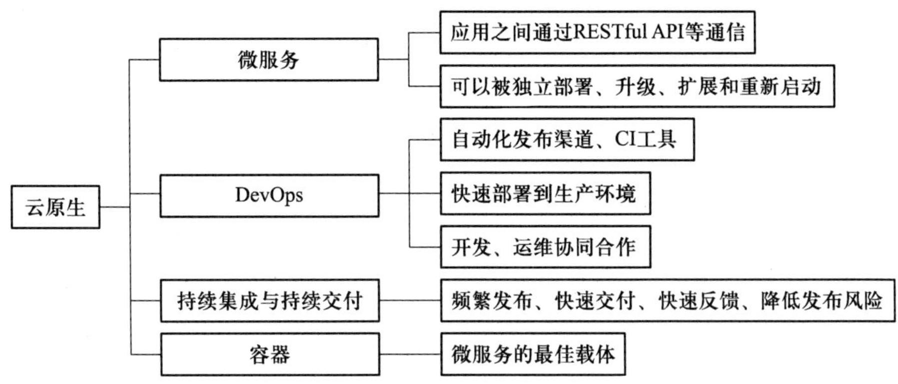


图 3.6 云原生的关键技术

在实际的云原生开发过程中，团队需要一个构建和运行云原生应用程序的平台，该平台需要具有高度自动化和集成化的特点。从具体的技术手段来说，它会涉及微服务、DevOps、持续集成（continuous integration，CI）与持续交付（continuous delivery，CD）、容器等技术。

**1．微服务技术**

如前所述，微服务将应用程序开发为一系列小型服务的体系结构，每个服务均实现独立的业务功能，并运行在各自的进程中，通过 API 或消息传递进行通信。每个微服务均可独立于应用程序中的其他服务进行部署、升级、扩展和重新启动，通常作为自动化系统的一部分，能够在不影响最终用户的情况下频繁更新现场应用程序。

值得一提的是，微服务领域有一个著名的“康威定律”：设计系统的组织、最终产生的设计等同于组织之内、之间的沟通结构。这意味着设计系统的企业生产的设计等同于企业内的沟通结构。图 3.7 形象地说明了这一概念，展现了企业现有沟通结构。简单地说，企业结构等于系统设计。

**2．DevOps 技术**

DevOps 技术通过自动化软件交付和架构变更的流程，使得构建、测试、发布软件能够更加快捷、频繁和可靠，如图 3.8 所示。

可以将 DevOps 看作开发（软件工程）、运维和质量保证（quality assurance，QA）的交集。传统的软件组织将三者设为各自独立的部门，在这种环境下，如何采用新的开发方法（例如敏捷软件开发）成为一个重要的课题。按照过去的工作方式，开发和部署无须 IT 部门或 QA 跨部门的支持，如今却需要极其紧密的多部门协作。DevOps 不仅考虑软件部署，还是一套针对部门间沟通与协作问题的流程和方法。需要频繁交付的企业可能更需要了解 DevOps。如果一个组织要生产面向多种用户、具备多样功能的应用程序，其部署周期必然较短。这种能力也被称为持续部署，并且经常与精益创业方法相联系。

DevOps 的引入对产品交付、测试、功能开发和维护起到意义深远的作用。在缺乏 DevOps 能力的组织中，开发与运维之间存在着信息“鸿沟”。例如，运维人员要求更高的可靠性和安全性，开发人员希望基础设施响应更加迅速，业务人员则希望更快地将更多特性发布给最终用户使用。这种信息鸿沟就是最常出现的问题。

以下几个方面的因素可能促使一个组织引入 DevOps。

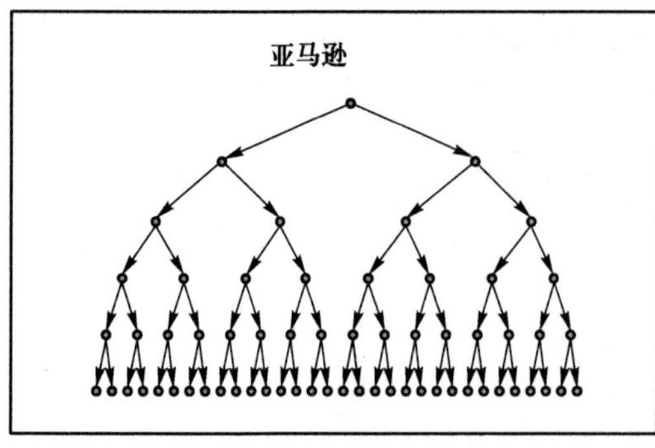


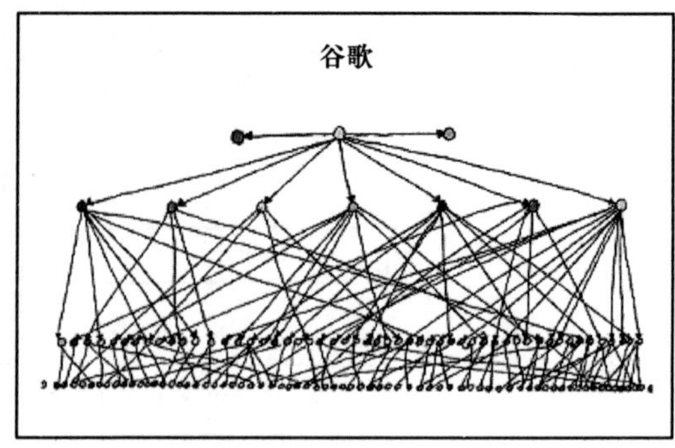


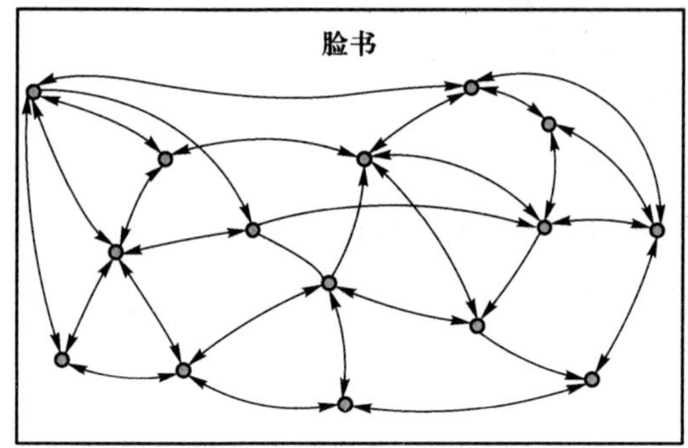


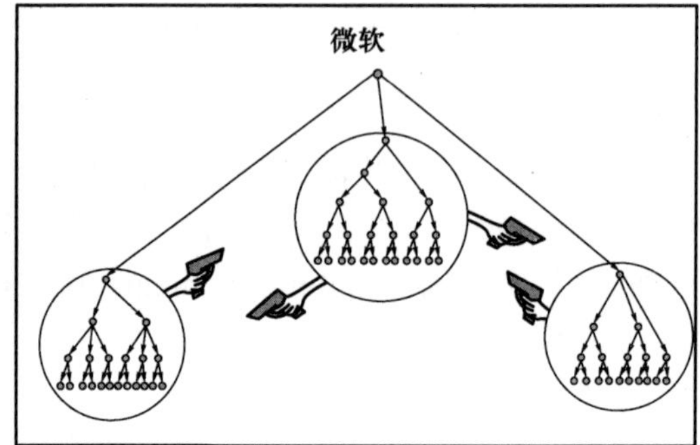


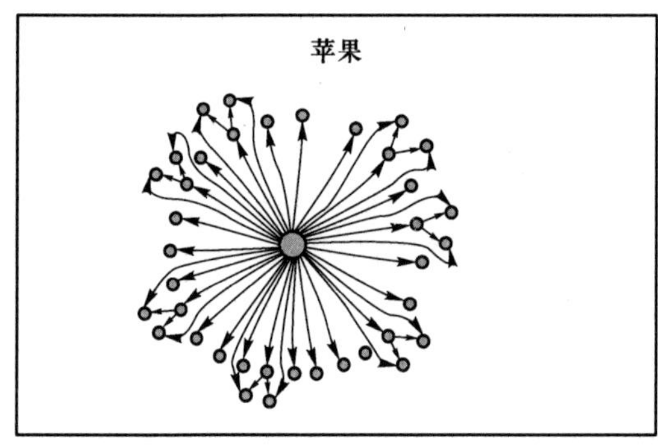


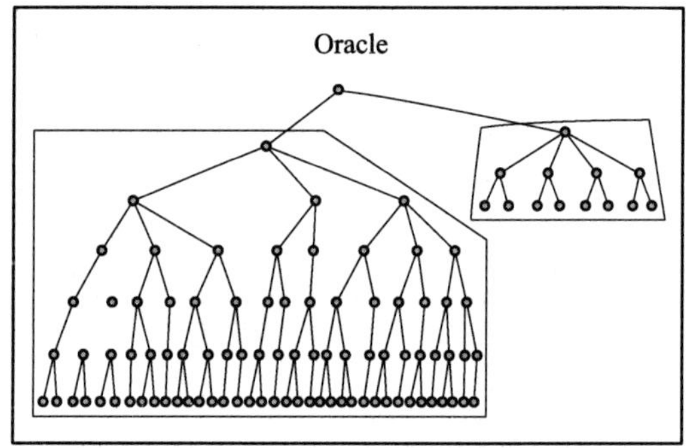


图 3.7　康威定律的形象说明

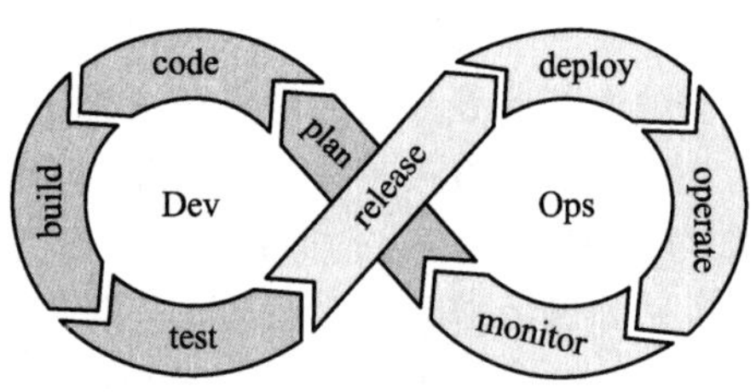


图 3.8　DevOps 流程

① 使用敏捷开发或其他软件开发过程与方法。

② 业务负责人要求加快产品交付的速度。

③ 虚拟化和云计算基础设施（可能来自内部或外部供应商）日益普遍。

④ 数据中心自动化技术和配置管理工具的普及。

DevOps 经常被描述为“开发团队与运维团队之间更具协作性、更高效的关系”。由于团队间协作关系的改善，整个组织的效率因此得到提升，伴随而来的生产环境的风险也得到降低。

DevOps 的落地实现需要借助一套集成的工具链，具体包括以下目标。

① 开发、交付和运维工具之间的实时协作。

② 实现从需求获取和需求评审到设计和代码分析的持续规划。

③ 落实测试策略以实施持续测试。

④ 当成功完成代码签入后，通过自动触发构建持续集成。

⑤ 测试自动化脚本可以按照作业计划执行，实现持续交付。

⑥ 通过报告和仪表板持续监测程序发布质量。

⑦ 可通过自动化的缺陷识别和解决方案，帮助用户快速响应变更。

⑧ 可以提供基于关键绩效指标（key performance index，KPI）的有价值的报告，以便用户快速进行决策。

⑨ 通过跟踪发布流水线实现持续交付。

**3．持续集成与持续交付技术**

持续集成是一种软件开发的实践方法，要求团队成员定期整合其工作成果（通常是程序代码）。通常情况下，团队中的每个成员每天至少提交一次代码到代码库进行集成构建，这样对于整个项目而言，每天就会进行多次集成构建。每次构建均自动集成，并且通常通过测试用例进行验证，以尽快检测构建错误。实践证明，该方法能够显著减少软件的构建错误，并且可以使团队更加迅速地交付整体软件功能。

持续交付是一种以可持续的方式安全、快速地将所有类型的软件变更（包括新功能开发、配置更改、错误修复等）转化为生产环节下的工作产品交付给用户直接使用的软件过程控制方法，其最终目标是将变更直接部署到生产环境。即使面对大规模分布式系统、复杂的生产环境或嵌入式系统的开发，以及软件的日常维护，持续交付均可有条不紊地进行，并确保程序代码始终处于可部署状态。因此，即使每天面对需要进行软件开发和维护的数千名开发人员的大团队，也可以有条不紊地系统作战，从而完全消除了传统意义上必须遵循的按部就班的僵化开发流程。

**4．容器技术**

与虚拟机技术相比，容器技术拥有更高的资源使用效率，由于无须为每个应用分配单独的操作系统，因此实例规模更小，创建和迁移速度更快。相较于虚拟机，单个操作系统能够承载更多的容器。云服务商十分热衷于容器技术，因为在相同的硬件设备中，通过该技术可以部署数量更多的容器实例。此外，容器易于迁移，但只能迁移到具有兼容操作系统内核的其他服务器中，这样就给迁移选择带来限制。由于容器无法像虚拟机那样对内核或虚拟硬件进行打包，因此每套容器均各自拥有隔离化用户空间，从而使多套容器能够运行在同一个主机系统上。由于创建和销毁的开销较低，因此容器成为部署单个微服务的理想计算工具。

容器化的最大优点是保持运行环境的一致性，只要应用可以打包成容器镜像（通常使用 Docker 容器），即可在一次编译后放置于各处运行。同时，容器可以作为应用运行的最小组件来部署，并且更适合作为无状态应用运行。结合容器编排工具（例如 Kubernetes）

将大大增强系统的扩展性和自愈能力，轻松应对大流量下的高并发场景，加快业务的迭代速度。Kubernetes 作为 CNCF 成员的核心，本身就是与云原生应用的理念紧密结合的产物。

综上，可以归纳出云原生的 3 个主要目标。

① 充分利用云计算技术的优势：采用云端优先策略，从云服务中获取最大价值。

② 实现快速、敏捷、频繁的交付模式。

③ 通过技术创新更多地扩展云计算技术的边界。

云原生中包含的不同思想，与其所解释的云上应用架构应该具备的特性几乎是一一对应的，具体如下。

① DevOps、持续交付对应更快的上线速度，即敏捷性。

② 微服务对应可扩展性以及故障可恢复性。

③ 敏捷基础设施实现了扩展能力的资源层支持。

④ 康威定律在组织结构和流程上确保架构特性能够快速实施。

实际上，云原生应用架构应当适用于任何应用类型。云原生应用架构适用于异构语言的程序开发，而非仅仅针对 Java 语言。目前，云原生应用生态系统已经初具规模，CNCF 成员不断发展壮大，基于 Cloud Native 的创业公司不断涌现，Kubernetes 引领容器编排潮流和 Service Mesh 技术，Go 语言的兴起等，这些都为将传统应用迁移到云原生应用架构提供了更多的选择。

## 3.2 云原生应用开发的要素

正如应用程序开发的最佳实践和设计模式一般，构建云原生应用程序同样存在最佳实践，即开发云原生应用的“12 要素”。“12 要素”的英文全称是“The Twelve-Factor App”，最初由 Heroku 的工程师整理，是集体智慧的结晶，其内容如图 3.9 所示。

根据基于云的软件开发模式，“12 要素”较为贴切地描述了软件应用的原型，并诠释了使用云原生应用架构的原因。例如，一个优雅的互联网应用在设计过程中，需要遵循的一些基本原则和云原生有异曲同工之处。通过强化详细配置和规范，类似 Rails 的基于“约定优于配置”（convention over configuration）的原则，尤其在大规模的软件生产实践中非常重要，从无状态共享到水平扩展、从松耦合架构关系到部署环境均会用到。基于“12 要素”的上下文关联，软件生产变成一个个单一的部署单元；多个联合部署的单元组成一个应用，多个应用之间相互关联即可组成一个复杂的分布式系统应用。

将该方法用于构建基于云的应用程序，能够扩展应用的可移植性，同时支持构建、测试自动化，以及持续部署和可伸缩性。该方法是业界从在云中构建数百个大型应用程序所得到的经验、教训的总结，可以应用于使用任何编程语言、平台和架构风格构建的应用程序。

下面简要介绍图 3.9 中的原则。

**1．一份代码库与多份部署**

“12 要素”应用通常使用版本控制系统加以管理，例如 Git、Mercurial 和 Subversion（SVN）。一个用于跟踪代码所有修订版本的数据库被称作代码库（code repository、code repo、repo）。

在类似 SVN 的集中式版本控制系统中，代码库是指控制系统中的代码库；而在 Git

的分布式版本控制系统中，代码库则是指最上游的代码库，如图 3.10 所示。

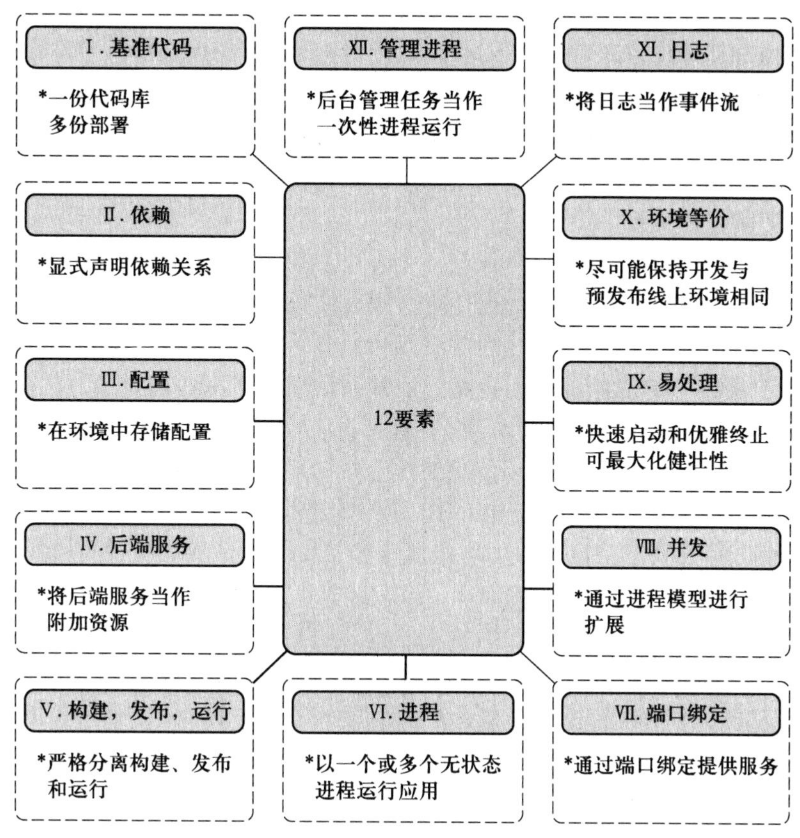


图 3.9 “12 要素”的内容

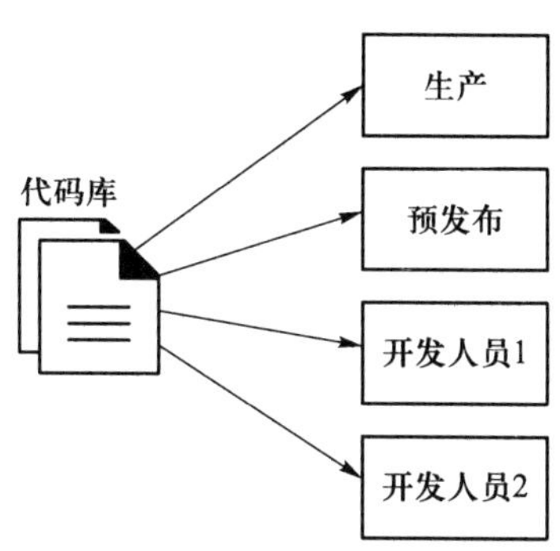


图 3.10　一份代码库（codebase）与多份部署（deploy）

代码库和应用之间总是保持一一对应的关系。

① 一旦存在多个代码库，则不能称为一个应用，而是一个分布式系统。分布式系统中的每个组件都是一个应用，每个应用可以分别使用“12 要素”进行开发。

② 多个应用共享一个代码库有悖“12 要素”原则。解决方案是将共享的代码拆分为独立的类库，然后使用依赖管理策略加载。

尽管每个应用仅对应一个代码库，但可以同时存在多份部署。每份部署相当于运行了一个应用的实例。通常存在一个生产环境、一个或多个预发布环境。此外，每个开发人员均会在自己的本地环境运行一个应用实例，这些都相当于一份部署。

所有部署的代码库相同，但每份部署可以使用其不同的版本。例如，开发人员的提交可能尚未完全同步至预发布环境，预发布环境的提交同样尚未完全同步至生产环境。但由于其共享一个代码库，因此将其视为相同应用的不同部署。

**2．显式声明依赖关系**

大多数编程语言会提供一个打包系统，为各个类库提供打包服务，例如 Perl 的 CPAN 或 Ruby 的 RubyGems。通过打包系统安装的类库可以是系统级的（称为“Site-packages”），或仅供某个应用程序使用并部署在相应的目录中（称为“Vendoring”或“Bunding”）。

“12 要素”原则下的应用程序不会隐式依赖系统级的类库，而是通过“依赖声明”确切地声明所有依赖项。此外，在运行过程中通过“依赖隔离”工具确保程序不会调用系统中存在但依赖声明中未声明的依赖项。该做法会统一应用到生产和开发环境。

例如，Ruby 的 Bundler 使用 Gemfile 作为依赖声明，使用 bundle exec 进行依赖隔离；Python 中则分别使用两种工具：Pip 用作依赖声明，Virtualenv 用作依赖隔离。甚至 C 语言也包含类似工具：Autoconf 用作依赖声明，静态链接库用作依赖隔离。无论使用何种工具，依赖声明和依赖隔离必须一起使用，否则无法满足“12 要素”的规范。

显式声明依赖的优点之一是为新进开发者简化了环境配置流程。新进开发者可以找出应用程序的代码库，安装编程语言环境和对应的依赖管理工具，只需通过一个“构建命令”即可安装所有的依赖项并开始工作。例如，Ruby/Bundler 下使用 bundle install，而 Clojure/Leiningen 下使用 lein deps。

“12 要素”应用同样不会隐式依赖某些系统工具，例如 ImageMagick 或 cURL。即便这些工具几乎存在于所有系统中，但终究无法保证未来所有系统均能支持应用顺利运行或与应用兼容。如果应用必须使用某些系统工具，那么这些工具应当被包含在应用中。

**3．在环境中存储配置**

应用的配置在不同部署（预发布、生产环境、开发环境等）之间通常存在很大差异，具体如下。

① 数据库、Memcached，以及其他后端服务的配置。

② 第三方服务的证书，例如 Amazon S3、推特等。

③ 每份部署特有的配置，例如域名等。

某些应用在代码中使用常量保存配置，这与“12 要素”所要求的代码和配置严格分离显然不符。配置文件在各部署间存在很大差异，代码却完全一致。

判断一个应用是否正确地将配置排除在代码之外，一个简单的方法是看该应用的代码库是否可以立刻开源，而无须担心暴露任何敏感的信息。

需要指出的是，此处定义的“配置”并不包括应用的内部配置，例如Rails 的 config/routes.rb 或使用 Spring 时代码模块间的依赖注入关系。该类配置在不同部署之间不存在差异，因此应当写入代码。

另外一个解决方法是使用配置文件，但并不将其纳入版本控制系统，例如Rails 的 config/database.yml。尽管该方法相较于在代码中使用常量已经是长足进步，但仍然存在缺点：

总是不小心将配置文件签入代码库；配置文件可能分散在不同的目录，并存在不同的格式，使得统一管理所有配置较为困难。更糟糕的是，这些格式通常仅用于特定的语言或框架。

“12 要素”推荐将应用的配置存储于环境变量（env vars 或 env）中。环境变量可以非常方便地在不同部署之间进行修改而无须更改代码；并且与配置文件不同，不小心将其签入代码库的概率微乎其微；此外，与一些传统的解决配置问题的机制（例如 Java 的属性配置文件）相比，环境变量与语言和系统无关。

配置管理的另一个方面是分组。有时应用会将配置按照特定部署进行分组（或称作“环境”），例如 Rails 中的 development、test 和 production 环境。该方法无法被轻易扩展，更多部署意味着更多新的环境，例如 staging 或 qa。随着项目的不断深入，开发人员可能添加自己的环境（例如 joes-staging），进而导致各种配置组合的激增，从而给管理部署增加许多不确定因素。

在“12 要素”应用中，环境变量的粒度需要足够微小且相对独立。它们永远不会组合成一个所谓的“环境”，而是独立存在于每个部署中。当应用程序不断扩展、需要更多种类的部署时，这种配置管理方式能够实现平滑过渡。

**4．将后端服务当作附加资源**

后端服务（backing service）是指程序运行所需要的通过网络调用的各种服务，例如数据库（MySQL 或 CouchDB）、消息/队列系统（RabbitMQ 或 Beanstalkd）、SMTP 邮件发送服务（Postfix），以及缓存系统（Memcached）等。

类似数据库的后端服务通常由部署应用程序的系统管理员共同管理。除本地服务外，应用程序可能使用了第三方发布和管理的服务，包括 SMTP（例如 Postmark）、数据收集服务（例如 New Relic 或 Loggly）、数据存储服务（例如 Amazon S3），以及使用 API 访问的服务（例如推特、谷歌地图、Last.fm）等。

“12 要素”应用不会区别对待本地服务和第三方服务。对应用程序而言，二者都是附加资源，均可通过一个 URL 或其他存储在配置中的服务定位/服务证书获取数据。“12 要素”应用的任意部署均应当能够在不改动任何代码的情况下，将本地 MySQL 数据库换成第三方服务（例如 Amazon RDS）。类似地，本地 SMTP 服务也应当能够和第三方 SMTP 服务（例如 Postmark）互换。在上述两个例子中，仅需修改配置中的资源地址即可。

每个不同的后端服务是一个资源。例如，一个 MySQL 数据库是一个资源，两个 MySQL 数据库（用于数据分区）则被当作两个不同的资源。“12 要素”应用将这些数据库视作附加资源，这些资源与其附属的部署保持松耦合，如图 3.11 所示。

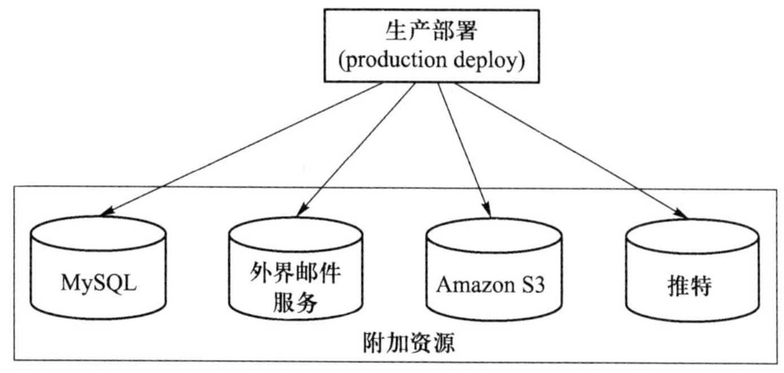


图 3.11　将后端服务当作附加资源

部署可以按需加载或卸载资源。例如，如果应用的数据库服务由于硬件问题出现异常，管理员可以从最近的备份中恢复一个数据库并卸载当前的数据库，然后加载新的数据库，整个过程无须修改代码。

**5．严格分离构建、发布和运行**

代码库转化为一份部署（非开发环境）需要经过以下 3 个阶段（如图 3.12 所示）。

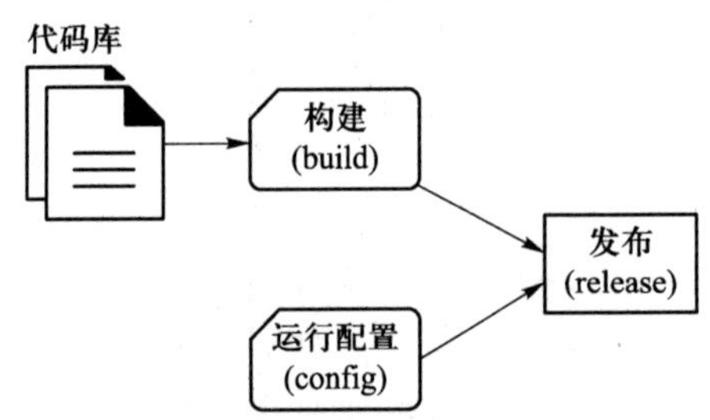


图 3.12　严格分离构建、发布和运行

① 构建阶段是指将代码库转化为可执行包的过程。构建时使用指定版本的代码获取和打包依赖项，将其编译成二进制文件和资源文件。

② 发布阶段将构建的结果和当前部署所需的配置相结合，并立刻在运行环境中投入使用。

③ 运行阶段（又称为“运行时”）是指针对选定的发布版本，在执行环境中启动一系列应用程序进程。

“12 要素”应用严格区分构建、发布、运行 3 个阶段。举例来说，直接修改处于运行状态的代码是非常不可取的做法，因为这些修改很难再被同步回构建阶段。

部署工具通常提供了发布管理工具，最引人注目的功能是回退至较旧的发布版本。例如，Capistrano 将所有发布版本存储在一个名为“releases”的子目录中，当前的在线版本只需映射至对应的目录即可。该工具的 rollback 命令可以很容易地实现回退版本的功能。

每一个发布版本必须对应唯一的发布 ID，例如可以使用发布时的时间戳（2011-04-06-20:32:17）或一个增长的数字（v100）。发布版本类似于一本只能追加的账本，一旦发布则不可修改，任何变动均会产生一个新的发布版本。

新的代码在被部署之前，需要开发人员触发构建操作。但是，运行阶段未必需要人为触发，而是可以自动进行，例如服务器重启或进程管理器重启一个崩溃的进程。因此，运行阶段应当保持尽可能少的模块，这样即便半夜发生系统故障并且开发人员处于捉襟见肘之时，也不会引起太大问题。构建阶段可以相对复杂一些，因为错误信息能够立刻展示在开发人员面前，从而得到妥善处理。

**6．以一个或多个无状态进程运行应用**

应用程序通常以一个或多个进程运行。以一个最简单的场景为例：代码是一个独立的脚本，运行环境是开发人员的计算机，进程是一条命令行（例如 python my_script.py）。另外一个极端情况是：复杂的应用可能使用多个进程类型，即 0 或多个进程实例。

“12 要素”应用的进程必须无状态且无共享。任何需要持久化的数据均需存储在后端服务中，例如数据库。

内存区域或磁盘空间可以作为进程执行某种事务型操作时的缓存，例如下载一个很大的文件，对其进行操作并将结果写入数据库的过程。“12 要素”应用无须考虑缓存的内容能否保留给之后的请求使用，因为应用启动了多种类型的进程，将来的请求多半会由其他进程服务。即使在只有一个进程的情况下，先前保存的（内存或文件系统中的）数据也会因为重启（例如代码部署、配置更改或将进程调度至另一个物理区域执行）而丢失。

源文件打包工具（jammit、django-compressor）使用文件系统缓存编译过的源文件，“12 要素”应用更倾向于在构建阶段而非运行阶段执行此操作（例如 Rails 资源管道）。

一些互联网系统依赖于“黏性会话”，是指将用户会话中的数据缓存至某个进程的内存中，并将同一用户的后续请求路由到同一个进程。黏性会话是“12 要素”极力反对的——会话中的数据应当保存在诸如 Memcached 或 Redis 等带有过期时间的缓存中。

**7．通过端口绑定提供服务**

互联网应用有时运行于服务器的容器中，例如 Java 运行于 Tomcat 中。

“12 要素”应用完全自我加载，无须依赖任何网络服务器即可创建一个面向网络的服务。互联网应用通过端口绑定提供服务，并监听发送至该端口的请求。

在本地环境中，开发人员通过类似 http://localhost:5000/的地址访问服务。在线上环境中，请求统一发送至公共域名，而后路由至绑定了端口的网络进程。通常的实现思路是将网络服务器类库通过依赖声明载入应用，例如 Python 的 Tornado、Ruby 的 Thin、Java 以及基于 JVM 语言的 Jetty。用户端通过类库的应用代码，与运行环境绑定端口号后发起并处理请求。

HTTP 并非唯一可以由端口绑定提供的服务。几乎所有的服务器软件均可通过进程绑定端口来等待请求，例如使用 XMPP 的 ejabberd，以及使用 Redis 协议的 Redis。

需要指出的是，端口绑定的方式意味着一个应用可以成为另一个应用的后端服务，调用方将服务方提供的相应 URL 当作资源存入配置以备将来调用。

**8．通过进程模型进行扩展**

任何计算机程序一旦启动，即会生成一个或多个进程。互联网应用采用多进程的运行方式，如图 3.13 所示。例如，PHP 进程作为 Apache 的子进程存在，随请求按需启动；Java 进程则采取了相反的方式，在程序启动之初 JVM 就提供了一个超级进程用以储备大量的系统资源（CPU 和内存），并通过多线程实现内部的并发管理。在上述案例中，进程是开发人员可以操作的最小单位。

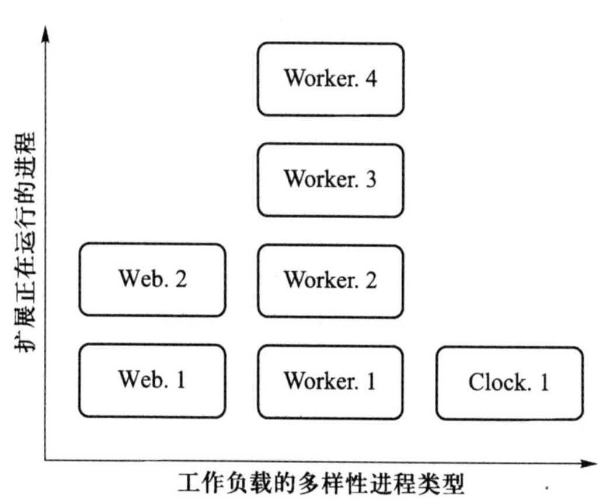


图 3.13　通过进程模型进行扩展

在“12 要素”应用中，进程是“一等公民”。“12 要素”应用的进程主要借鉴于 UNIX 守护进程模型。开发人员可以运用该模型设计应用架构，将不同的工作分配给不同类型的进程。例如，HTTP 请求可以交由 Web 进程处理，而常驻的后台工作则交由 Worker 进程负责。这其中并不包括个别较为特殊的进程，例如通过虚拟机的线程处理并发的内部运算，或者使用诸如 EventMachine、Twisted、Node.js 的异步事件触发模型。由于一台独立的虚拟机的扩展存在瓶颈(垂直扩展)，因此应用程序必须能够在多台物理机器之间跨进程工作。

上述进程模型会在系统急需扩张时大放异彩。“12 要素”应用的进程所具备的无共享、水平分区的特性意味着添加并发应用将变得简单而稳妥。这些进程的类型以及每个类型中进程的数量被称作“进程构成”。

“12 要素”应用的进程无须守护进程或写入 PID 文件。相反，应该借助操作系统的进程管理器（例如分布式的进程管理云平台 Upstart，或者类似 Foreman 的工具）管理输出流，响应崩溃的进程，以及处理用户触发的重启和关闭超级进程的请求。

**9．快速启动和优雅终止可最大化健壮性**

“12 要素”应用的进程是易处理（disposable）的，即进程能够瞬间开启或停止。该特性有利于快速、弹性地伸缩应用，迅速部署变化的代码或配置，从而稳健地部署应用。

进程应当追求最少的启动时间。在理想状态下，进程从输入命令到真正启动并等待请求的时间应当较短。更少的启动时间提供了更为敏捷的发布以及扩展过程，同时增加了健壮性，因为进程管理器可以在获得授权的情况下轻易将进程迁移到新的物理机器上。

进程一旦接收到终止信号（SIGTERM）即会优雅终止。就网络进程而言，优雅终止是指停止监听服务的端口，即拒绝所有新的请求并继续执行当前已接收的请求，然后退出。该类进程所隐含的要求是 HTTP 请求大多较短（不会超过几秒），而在长时间轮询中，客户端在丢失连接后会立即尝试重连。

对于 Worker 进程来说，优雅终止是指将当前任务退回队列，例如在 RabbitMQ 中，Worker 可以发送一个 NACK 信号。在 Beanstalkd 中，任务终止并退回队列会在 Worker 断开时自动触发。存在锁机制的系统（例如 Delayed Job）则需要确定释放了系统资源。该类进程所隐含的要求是任务均应当可重复执行，这主要由将结果包装进事务或重复操作等实现。

此外，进程应当在面对突然终止时保持健壮，例如当发生底层硬件故障时，尽管该类情况发生的概率小之又小。一种推荐的方式是使用一个健壮的后端队列，例如 Beanstalkd 能够在客户端断开或超时后自动退回任务。无论如何，“12 要素”应用应当能够应对意外的、不优雅的终止。Crash-Only 设计将这种概念转化为合乎逻辑的理论。

**10．尽可能保持开发与预发布线上环境相同**

从过去的经验来看，开发环境（开发人员的本地部署）和线上环境（外部用户访问的真实部署）之间存在诸多差异，主要表现在以下 3 个方面。

① 时间差异：开发人员正在编写的代码可能需要几天、几周，甚至几个月才会上线。

② 人员差异：开发人员负责编写代码，运维人员负责部署代码。

③ 工具差异：开发人员使用 Nginx、SQLite、OS X，而线上环境使用 Apache、MySQL、Linux。

“12 要素”应用要想做到持续部署，则必须缩小本地与线上的差异，具体如下。

① 缩小时间差异：开发人员可以在几小时甚至几分钟内部署代码。

② 缩小人员差异：开发人员不仅需要编写代码，更应当密切参与部署过程以及关注

代码在线上的表现。

③ 缩小工具差异：尽可能保证开发环境以及线上环境的一致性。

将上述内容总结为一个表格，如表 3.1 所示。

**表 3.1　传统应用和“12 要素”应用的差异**

| 内容 | 传统应用 | “12 要素”应用 |
|---|---|---|
| 每次部署间隔 | 几周 | 几小时 |
| 开发人员 vs 运维人员 | 不同人员 | 相同人员 |
| 开发环境 vs 线上环境 | 不同 | 尽量接近 |

后端服务是保持开发环境与线上环境等价的重要部分，例如数据库、队列系统以及缓存。许多语言都提供了简化获取后端服务的类库，例如不同类型服务的适配器。表 3.2 列举了一些示例。

**表 3.2　后端服务示例**

| 类型 | 语言 | 类库 | 适配器 |
|---|---|---|---|
| 数据库 | Ruby/Rails | ActiveRecord | MySQL，PostgreSQL，SQLite |
| 队列 | Python/Django | Celery | RabbitMQ，Beanstalkd，Redis |
| 缓存 | Ruby/Rails | ActiveSupport::Cache | Memory，Filesystem，Memcached |

开发人员有时倾向于在本地环境中使用轻量级的后端服务，而将重量级的、健壮的后端服务应用于生产环境。例如，在本地使用 SQLite 而在线上使用 PostgreSQL，将本地缓存存入进程内存而将线上缓存存入 Memcached。

“12 要素”应用的开发人员应当避免在不同环境之间使用不同的后端服务，即便适配器几乎已经能够消除使用上的差异。这是因为不同的后端服务可能互不兼容，从而导致测试或预发布时正常的代码在线上出现问题，给持续部署造成阻力。从应用程序的生命周期来看，消除这种阻力需要花费巨大的代价。

与此同时，轻量级本地服务也不像从前那样引人注目。借助 Homebrew、apt-get 等现代打包系统，Memcached、PostgreSQL、RabbitMQ 等后端服务的安装与运行变得不再复杂。此外，使用类似 Chef 和 Puppet 的声明式配置工具，结合 Vagrant 等轻量级虚拟环境即可令开发人员的本地环境与线上环境无限接近。与同步环境和持续部署所带来的好处相比，安装这些系统显然是值得的。

不同后端服务的适配器仍然能够发挥作用，即可以使移植后端服务变得简单。但应用的所有部署，包括开发、预发布以及线上环境，均应使用同一个后端服务的相同版本。

**11．将日志当作事件流**

日志使应用程序的运行变得透明。在基于服务器的环境中，日志通常被写在硬盘的一个文件中，但这只是一种输出格式。日志应当是事件流的汇总，即将所有运行中进程和后端服务的输出流按照时间顺序进行收集。尽管在回溯问题时可能需要查看多行数据，但日志最原始的格式是每个事件显示为一行数据。日志没有确定的开始和结束，但会随应用的运行持续增加。

“12要素”应用本身并不考虑存储自己的输出流，因此不应当尝试写入或管理日志文件。相反，每个运行中的进程都会直接对应标准输出（stdout）事件流。在开发环境中，开发人员可以通过这些数据流，实时在终端观测应用的活动。

在预发布或线上部署中，每个进程的输出流由运行环境截获，并同其他输出流进行整合，然后一并发送给一个或多个最终的处理程序，用于查看或长期存档。这些存档路径对于应用而言不可见且不可配置，而是完全交由程序的运行环境管理。Logplex 和 Fluent 等开源工具可以达到该目的。

该类事件流可以输出至文件，或者在终端实时观察。最重要的是，输出流可以发送到 Splunk 等日志索引及分析系统，或者 Hadoop/Hive 等通用数据存储系统。这些系统为查看应用的历史活动提供了强大而灵活的功能，具体如下。

① 找出过去一段时间内的特殊事件。

② 图形化一个大规模的趋势，例如每分钟的请求量。

③ 根据用户定义的条件实时触发警报，例如在每分钟的报错数超过某个警戒线时。

**12．后台管理任务当作一次性进程运行**

进程构成（process formation）是指用于处理应用的常规业务（例如处理 Web 请求）的一组进程。与常规业务不同，开发人员经常希望执行一些管理或维护应用的一次性任务，具体如下。

① 运行数据移植（例如 Django 中的 manage.py migrate 和 Rails 中的 rake db:migrate）。

② 运行一个控制台（又称 REPL shell）以执行代码或针对线上数据库进行检查。大多数语言通过解释器提供一个 REPL 工具（Python 或 Perl）或其他命令（例如，Ruby 使用 irb，Rails 使用 rails console）。

③ 运行提交到代码库的一次性脚本。

一次性管理进程应当与正常的常驻进程使用相同的环境，与任何其他的进程使用相同的代码和配置，并基于某个发布版本运行。后台管理代码应当随其他应用程序代码一并发布，从而避免同步问题。

所有进程类型应当使用相同的依赖隔离技术。例如，如果 Ruby 的 Web 进程使用 bundle exec thin start 命令，那么数据移植应当使用 bundle exec rake db:migrate 命令。同样地，如果一个 Python 程序使用 virtualenv，则需要在运行 Tornado Web 服务器和任何 manage.py 管理进程时引入 bin/python。

“12 要素”应用尤其青睐提供了 REPL shell 的语言，因其能够令运行一次性脚本变得简单。在本地部署中，开发人员直接在命令行使用 shell 命令调用一次性管理进程。在线上部署中，开发人员依然可以使用 SSH 或运行环境提供的其他机制运行该类进程。

## 3.3 云原生应用开发

### 3.3.1 云原生应用开发的原则

云原生应用的开发范式是软件开发演进的一种新型范式，其不仅将应用程序迁移至云平台中运行，而且更加关注如何利用云计算并最大限度地发挥其优势。为了实现这一目标，在生产和开发过程中，软件开发相关部门需要认真关注如何使用云服务，进而关注并实践如何构建云原生应用。综合前述章节的内容，可以归纳得到云原生应用开发的几项原则。

**1．云优先（cloud-first）策略**

在评估技术解决方案中的服务或组件时，首先需要考察目前市面上是否存在可用的云服务功能，并优先考虑使用最适合用户需求的云服务，将需要自行全新开发的软件模块数量降到最低、最合理的水平。例如可以直接利用云端的应用程序平台、数据库、持续集成、持续交付、数据分析服务、缓存服务、负载均衡服务等云服务功能，开发团队仅围绕这些服务构建定制化的软件，将主要的开发精力聚焦在业务功能的实现上。实践参考建议如下。

① 云原生的服务应当部署在云端，除非受限于一些特殊的环境因素，例如安全、合规问题，或者受限于特殊的网络、集成需求问题。

② SaaS 适用于一些大中型应用功能，同时支持自定义和个性化设置，相对于版权许可软件而言更具灵活性。

③ 必须权衡考虑版权许可软件和开源软件。

**2．基础设施即代码（infrastructure as code，IaC）**

以和处理应用程序代码相同的方式管理基础设施配置以及工作流的定义。通过 API 的方式构建环境，提供管理和执行运行环境工作流的工具，使得环境配置可被视为软件功能的一部分。通过管理环境配置代码和应用程序代码，能够获得更好的总体配置管理体验。整个运行时环境均可使用版本化的方式进行管理。实践参考建议如下。

① 需要使用支持 IaC 的工具。

② 需要为应用软件及其运行环境编写相应的测试脚本。

③ 环境的准备和配置不可通过手动操作的方式进行。

**3．敏捷交付（agile delivery）**

在交付过程的各个阶段争取做到敏捷，包括开发前的项目启动和计划阶段，以及开发后的发布管理和运维管理阶段。敏捷软件开发过程通常能够使产品更快地投入生产，但如果开发过程控制过于死板，项目开发则无法做到敏捷，只有力争在各个阶段保持敏捷，才能最大限度地提高效益。实践参考建议如下。

① 前期开发规划应充分考虑项目迭代周期与开发交付周期之间的呼应关系，使软件开发过程适应敏捷开发的过程控制方式。

② 必须设定一个初始交付目标，并且交付物必须是可以运行的工作成果。

③ 随着业务目标的调整，对于开发过程中的需求变更应当持有开放的态度。

④ 开发团队和运维团队紧密合作，力求做到频繁发布，充分采用 DevOps 的开发理念。

⑤ 快速试错，避免冗长的 QA 测试环节，最大程度地降低交付风险。

**4．交付自动化（delivery automation）**

力求在开发和运维过程中做到从构建到发布的全自动化，实现软件构建、环境准备、测试和部署的自动化能够使产品在加速市场化的过程中占据绝对的优势。实践参考建议如下。

① 该原则建立在基础设施即代码的原则之上。

② 自动化测试工具是必备的。

③ 快速试错旨在加快部署和自动化生产。

④ 应当设计一个监控系统和回滚计划，以便快速检测和回退有问题的版本而无须等待错误修复。

**5. 基于服务的结构（service-based architecture，SBA）**

必须按照既定的项目目标和期望的特点来遵循各种形式的基于服务的结构。所有形式的基于服务的结构均存在优点，应当加以利用。虽然在进行具体选择时需要权衡，但应当考虑和评估各种服务形式，为给定的解决方案确定最合适的结构和方法。实践参考建议如下。

① 为了确定基于服务的结构最适合的应用，在软件开发生命周期的早期即需要进行分析。

② 所有形式的 SBA 均要求按照 API 的规范开发。

③ 应采用 API 优先的开发战略。

④ 需要考虑 API 风格的标准化。

⑤ 需要考虑 API 的安全性，并采取相应的措施保障 API 不会暴露给不安全或不受信任的网络。

**6.“12 要素”应用**

遵循最佳实践（例如“12 要素”应用原则）开发云原生应用程序。一些组织多年来一直致力于开发云原生应用程序并记录最佳实践，因此需要吸取他人经验并适时采取最佳实践。实践参考建议如下。

① 构建过程、发布过程和配置管理实践可能受某些最佳实践的影响。

② 一些最佳实践会影响应用程序的部署和管理方式，因此可能有必要查看运营团队成员的最佳实践。

### 3.3.2 云原生的落地：Kubernetes

Kubernetes 是谷歌基于其内部使用的 Borg 改造的一个通用容器编排调度器，于 2014 年开源，并于 2015 年捐赠给 Linux 基金会下属的 CNCF；同时其也为 GIFEE（Google Infrastructure for Everyone Else）中的一员，该组织同时包括 HDFS、HBase 和 ZooKeeper 等项目。

Kubernetes 的架构设计足够开放，并使用一系列接口，例如将 CRI（container runtime interface）作为 Kubelet 与容器之间的通信接口，将 CNI（container network interface）用于管理网络服务，使用各种 VolumePlugin 实现持久化存储。同时，Kubernetes 的 API 可以通过 CRD（custom resource define）进行扩展，还可以自行编写 Operator 和 Service Catalog，基于 Kubernetes 实现更加高级、复杂的功能。Kubernetes 的整体架构如图 3.14 所示。

Kubernetes 的基本概念如下。

① Cluster：Kubernetes 维护一个集群，Docker 容器运行于其上。该集群可以运维在任何云和 Bare Metal 物理机上。

② Master：Master 节点包含 API Server、Replication Controller 等核心组件（通常也将 etcd 部署于其中）。

③ Node：Kubernetes 采用 Master-Slaves 的方式部署，单独一台 Slave 机器称为一个 Node（过去称为 Minion）。

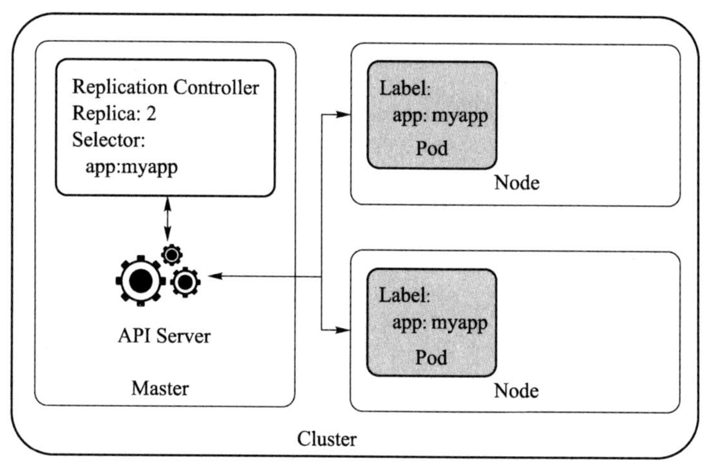


图 3.14　Kubernetes 的整体架构

④ Pod：Kubernetes 的最小管理单位，用于控制创建、重启、伸缩一组功能相近、共享磁盘的 Docker 容器。虽然 Pod 可以单独创建使用，但是推荐通过 Replication Controller 进行管理。

⑤ Replication Controller（RC）：管理其下控制的 Pod 的生命周期，保证指定数量（Replica）的 Pod 正常运行。

⑥ Service：可用作服务发现，类似于 LoadBalancer，通过 Selector 为一组 Pod 提供对外接口。

⑦ Label：K-V 键值对，用于标记 Kubernetes 组件的类别关系（例如标记一组 Pod 是 frontServices，另一组是 backServices）。Label 对于 Kubernetes 的伸缩调度非常重要。

Kubernetes 如今已经成为容器编排调度的实际标准，Docker 官方和 Mesos 均已支持 Kubernetes。

云原生的概念出现在 Kubernetes 之前，只是当时尚不存在切实可行的技术解决方案。彼时 PaaS 出现不久，PaaS 平台供应商 Heroku 提出了“12 要素”应用的理念，为构建 SaaS 应用提供了方法论，该理念在云原生时代依然适用。

如今，云已经可以提供稳定而易得的基础设施，但是业务上云成为一个难题。Kubernetes 已经从最初提供容器编排解决方案发展为针对解决业务上云（即云原生应用）的难题而设计。CNCF 中托管的一系列项目即致力于云原生应用整个生命周期的管理，从部署平台、日志收集、服务网格（service mesh）、服务发现、分布式追踪、监控及安全等各个领域通过开源软件提供一整套解决方案。

谷歌通过将云应用进行抽象简化出 Kubernetes 中的各种概念对象，例如 Pod、Deployment、Job、StatefulSet 等，形成了云原生应用的通用可移植模型。Kubernetes 作为云应用的部署标准，直接面向业务应用，大大提高了云应用的可移植性，解决了云厂商锁定的问题，使云应用可以在云之间无缝迁移，甚至能够用于管理混合云，成为企业 IT 云平台的新标准。

谷歌的GKE、微软的Azure ACS、AWS的Fargate和在2018年推出的EKS、Rancher联合Ubuntu推出的RKE，以及华为云、腾讯云、阿里云等均已推出公有云上的Kubernetes服务。Kubernetes已经成为公有云的容器部署的标配，私有云领域也有众多厂商正在开发基于Kubernetes的PaaS平台。

目前大部分容器云提供的产品大同小异，从云平台管理、容器应用的生命周期管理、DevOps到微服务架构等，大多是对原有应用的部署和资源申请流程的优化，并未形成“杀手级”的平台级服务，而是旧容器时代的产物。而容器云进化到高级阶段的云原生后，容器技术将成为该平台的基础。

2017年是云原生蓬勃发展和大放异彩之年，而2018年之后的云原生生态圈的发展包括以下几个方向。

① 服务网格，即在Kubernetes中践行微服务架构进行服务治理所必需的组件。

② Serverless，即以FaaS（function as a service）为代表的无服务器架构。

③ 加强数据和智能服务承载能力，例如在Kubernetes中运行大数据和人工智能应用。

④ 简化应用部署与运维，包括云应用的监控与日志收集分析等。

Kubernetes是云原生哲学的体现，通过容器技术和抽象的IaaS接口，屏蔽底层基础设施的细节和差异，实现多环境部署并在多个环境之间灵活迁移。这样一方面能够实现跨域、多环境的高可用多活灾备，另一方面能够帮助用户脱离某个云厂商或底层环境的绑定。Kubernetes已经成为PaaS层的重要组成部分，为开发者提供了一种应用程序部署的简单方法。

## 3.4 实践：云原生应用开发流程

### 3.4.1 基于Git与Gitee的开放式协作

Git是一个开源的分布式版本控制系统，用于敏捷高效地处理任何项目。Git是Linus Torvalds为了帮助管理Linux内核开发而设计的一个开放源代码的版本控制软件，其与常用的版本控制工具CVS、Subversion等不同，采用分布式版本库的方式，无须服务器端软件支持。

Gitee（码云）是开源中国社区推出的代码托管协作开发平台，支持Git和SVN，提供免费的私有仓库托管。Gitee专为开发者提供稳定、高效、安全的云端软件开发协作平台，个人、团队或企业均可实现代码托管、项目管理和协作开发。

基于Git和Gitee进行开放式协作是后续很多实验的基础。此处以开源项目xlab-website为例，介绍如何向一个开源项目作出贡献以及如何与他人在Gitee上进行协作。

**【实验目的】**

1. 了解Git的基本操作与相关原理。
2. 了解在Gitee上协作的基本流程。
3. 了解Gitee项目的DevOps思想。

*4．学习使用 Hugo 搭建一个简单的个人网站。

**【实验环境】**

操作系统：CentOS 7；Git：2.23.0；Hugo：extended_0.72.0。

**【实验步骤】**

**1．实验环境准备**

（1）安装 Git

访问Git 官方网站下载并安装，或直接在命令行终端输入指令：

```
$ yum install git
```

（2）安装 Hugo

Hugo 是由 Go 语言实现的静态网站生成器，其简单、易用、高效、易扩展、易于快速部署。建议前往 GitHub 下载 0.65 以上的 extended 版本。

（3）注册 Gitee 账号

如果读者目前没有 Gitee 个人账号，请前往官方网站注册。

**2．开发准备工作**

（1）Fork 上游仓库

访问 xlab-website 项目的主页，并 Fork 到自己的账号下。

（2）Clone 下游仓库

回到自己的 Gitee 主页，找到之前 Fork 的仓库，进入仓库主页，将该仓库复制到本地：

```
# 将下面的{用户名}替换成自己的用户名
$ git clone https://gitee.com/{用户名}/courseware_for_ccsadp.git
$ cd ./courseware_for_ccsadp/3-4-1
```

（3）从上游仓库认领任务

在 Issue 列表中找到本实验的任务 issue：更新实验室成员的介绍信息。

**3．开发并推送变更到下游仓库**

（1）新建 branch

若非紧急修复，则不建议在 master 分支进行开发修改。

根据该分支的用途，为其设置一个合适的分支名称并新建分支：

```
$ git checkout -b feature/add-personal-info
```

（2）修改内容并提交

参考Code_Rules.md 对相应文件进行修改，修改完成后提交：

```
$ git add
$ git commit -sm "feat: add personal info (#6)"
```

修改完成后，可使用以下命令预览效果：

```
$ hugo server
```

注意，提交时应尽量做到以下两点。

① 用一句话清楚地描述本次提交完成的工作。

② 关联相关 issue，例如 fix #1、close #2、#3。

（3）同步上游仓库变更

同步上游仓库变更，避免因他人率先提交至上游仓库而发生冲突：

```
$ git remote add upstream https://gitee.com/X-laber/courseware_for_ccsadp.git
$ git fetch upstream
```

若上游仓库发生变更，则需先进行 rebase：

```
$ git rebase upstream/master
```

如果发生冲突，则需手动修改冲突文件，然后执行以下命令：

```
$ git add my-fix-file
$ git rebase --continue
```

（4）推送新分支到自己的下游仓库

```
$ git push -f origin my-fix-branch:my-fix-branch
```

**4．向上游仓库提交 Pull Request**

（1）提交 Pull Request

在自己的仓库页面中提交 Pull Request 到上游仓库 X-laber/courseware_for_ccsadp。

① 在提交 Pull Request 之前，请确保已经签署贡献者许可协议（contributor license agreement，CLA）。

② 在预设的 Pull Request 模板中详细描述所做的修改。

③ 其他用户将对 Pull Request 进行 review，review 后如果需要再次进行更改，则修改相关内容并执行以下操作，该 Pull Request 将自动同步该 commit。

```
$ git add .
$ git commit --amend
$ git push -f origin branch-name
```

（2）Pull Request 被上游合并后执行以下操作

① 删除下游仓库的开发分支：

```
$ git push origin --delete branch-name
```

② 从本地切回至 master 分支：

```
$ git checkout master -f
```

③ 删除本地仓库的开发分支（可选）：

```
$ git branch -D my-fix-branch
```

④ 保持本地/下游仓库的 master 分支与上游同步：

```
$ git pull --ff upstream master
$ git push -f origin master
```

### 3.4.2　基于 Jenkins 体验自动化部署

Jenkins 是一款开源持续集成服务，能够配置自动化任务以完成重复、烦琐的打包、构建、部署工作。

在本书的 2.5.1 节中，通过结合 Nginx 和 Python 镜像，手动构建了一个可以输出“Hello, World!”的 Nginx 服务。现在将整个过程交由 Jenkins 自动实现，构建一个简易的流水线任务，最终完成 Docker 镜像的自动构建。

**【实验目的】**

1．在实验环境中使用 Docker 安装 Jenkins。

2．体验 Jenkins 构建自动化任务的过程。

3．启动持续集成完成 Docker 镜像的自动构建。

**【实验环境】**

操作系统：CentOS 7；Docker：20.10.5；Git：2.17.1；Jenkins：2.277.2。

**【实验步骤】**

**1．使用 Docker 安装 Jenkins**

关于 Docker 和 Git 的安装，请分别参考 2.5.1 节和 3.4.1 节。为了简单起见，此处将 Jenkins 部署到本地，在实际应用中可以单独将其部署至专门的远程服务器上。

新建一个名为 jenkins 的文件夹作为挂载目录，例如/root/jenkins。然后执行下列命令以运行 Jenkins 官方镜像，命令的相关解释可以参考 Jenkins 的官方中文文档。

```
$ docker run \
    -u root \
    --rm \
    -d \
    -p 8080:8080 \
    -p 50000:50000 \
    -v /root/jenkins/jenkins_home:/var/jenkins_home \
    -v /var/run/docker.sock:/var/run/docker.sock \
jenkinsci/blueocean
```

命令执行完毕后，通过本地浏览器访问 localhost:8080，或通过任意浏览器访问{本地服务器的公网 IP}:8080。

**2．Jenkins 预览**

当出现如图 3.15 所示的界面时，说明 Jenkins 已经正常启动。

由于在运行 Jenkins 容器时使用了文件挂载功能，因此无须进入容器内部获取密码，在宿主机的挂载目录/secrets/下即可看到该文件。

除了需要解锁 Jenkins，后续的安装步骤还包括安装插件、创建第一个管理员账户、填写服务 URL 等，大多可以按照默认值或实际需求填写。

**3．准备 Gitee 仓库**

Git 仓库不仅可以用于存储代码，还可以记录代码版本，并用于向持续集成提供源代码。本实验以 Gitee 为例，为本地的 Python 代码新建一个仓库。

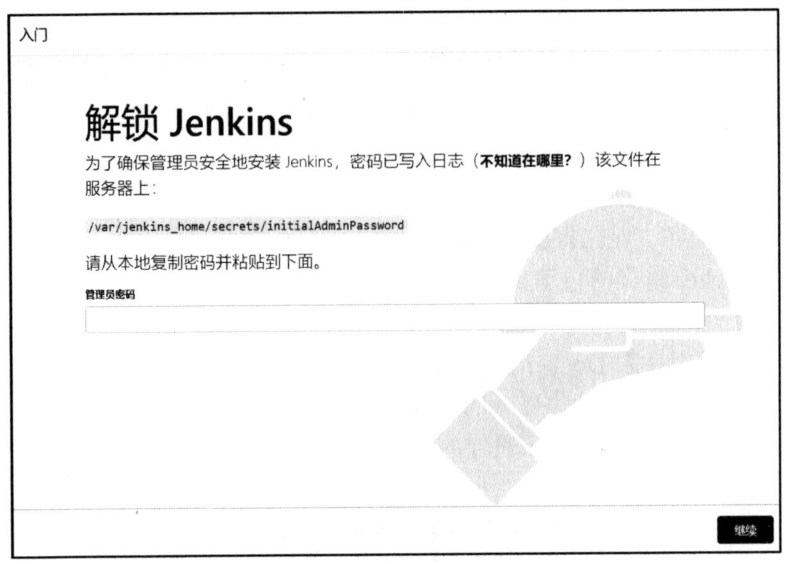


图 3.15　Jenkins 启动界面

新建一个自己的 Gitee 仓库，获得远程仓库地址 https://gitee.com/…/demo.git，并推送至远程仓库的 master 分支：

```
$ git remote add test https://gitee.com/…/demo.git
$ git push test master
```

**4．Jenkins 配置项目的持续集成**

新建一个 Jenkins 项目，需要在其配置文件中写入需要自动执行的 Shell 脚本。整个自动流程应当包括以下内容。

① 从自己的 Git 仓库拉取最新的 Python 代码和 DockerFile。

② 构建镜像。

③ 将新镜像推送至自己的 DockerHub。

④ 删除本地镜像。

具体步骤如下。

① 新建项目，在弹出的窗口中输入任务名（例如“task”），在项目类型中选择 Freestyle project。

② 在源代码管理处选择 Git，并配置 URL 为自己的远程仓库地址 gitee.com/…/demo，同时指定分支为*/master。

③ 在构建处选择执行 Shell。

④ 在该实验中执行以下脚本：

```
$ cd ./{远程仓库 main.py 所在的目录}
$ docker login -u {DockerHub ID} -p {DockerHub password}
$ docker build -t {DockerHub ID}/hello .
$ docker push {DockerHub ID}/hello
$ docker rmi {DockerHub ID}/hello
```

其中，DockerHub ID 为自己注册的 DockerHub 的账户，DockerHub password 代表该账户的密码。

**5．手动启动 Jenkins 项目**

为了测试自动化任务，需要对远程代码进行更新，然后手动启动 Jenkins 项目的构建过程。

① 修改本地 main.py 中的输出内容：

```
def hello_world():
    # return 'Hello, World!'
    return 'Hello, Cloud Native!'
```

② 提交新的代码并推送至远程仓库：

```
$ git add .
$ git commit -m "Update main.py"
$ git push test main
```

③ 向 Jenkins 手动发送启动命令，只需进入项目 task 的面板，单击立即构建即可。

④ 此时会在构建历史下看到正在闪烁的灰色状态灯，表示构建正在运行。任务完成后将变为蓝色状态，如图 3.16 所示。

图 3.16　构建状态

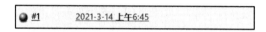

⑤ 再次从 DockerHub 拉取最新的 hello 镜像，启动容器后，可以看到输出内容已经被替换为“Hello,Cloud Native!”，如图 3.17 所示。

```
$ docker pull {DockerHub ID}/hello
$ docker run -p 5002:80 {DockerHub ID}/hello
```

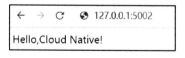

图 3.17　更新后的镜像运行内容

# 本章小结

云原生是一种构建和运行应用程序的方法，通过充分利用云计算的优势，能够让企业更敏捷地进行创新，从而更迅速地向市场推广产品和服务。本章介绍了云原生应用的相关概念、云原生应用开发实践的“12 要素”，以及云原生应用的开发与落地，最后以一个具体案例介绍云原生应用的开发实践过程。

# 习题与实践 3

**复习题**

1．什么是云原生？

2．云原生包括哪几个方面的内容？

3．什么是持续集成与持续交付？

4．云原生的“12 要素”是什么？

5．相对于传统云应用，云原生应用的优势是什么？

6．为什么 Docker 和 Kubernetes 技术能够成为云原生落地的最佳实践？

**践习题**

1．Git 是目前最主流的开源分布式版本控制工具，而 Gitee 是全球最大的代码托管平台和开放协作平台，基于 Git 和 Gitee 进行开放式协作，也已经成为当前开源项目的主流推进方式。

① 下载或通过命令行安装 Git，学习 Git 的一些基本命令，理解 Git 版本控制背后的原理与“分支”的概念。

② 访问本书的 Gitee 仓库，通过提 issue 的方式，向本书提出一些建议或意见。

2．Jenkins 是一个开源软件项目，是基于 Java 开发的一种持续集成工具，用于监控持续重复的工作，旨在提供一个开放且易用的软件平台，使软件项目能够进行持续集成。

① 通过 Jenkins 的官方网站下载并安装最新版本的软件，阅读 Jenkins 的官方文档，进一步了解 Jenkins 的原理。

② 理解持续集成的思想，并使用 Jenkins 配置一个简单项目的持续集成。

**研习题**

1．阅读“论文阅读”部分的论文[1]和论文[2]，深入理解 Gitee 的开放式协作与 Pull Request。

2．阅读“论文阅读”部分的论文[3]，深入理解 Jenkins 的原理。

**论文阅读**

[1] HERBSLEB J, TSAY J, STUART C. et al. Social coding in GitHub: Transparency and collaboration in an open software repository [C]//Proceedings of the CSCW'12 Computer Supported Cooperative Work, Seattle, WA, USA, February 11-15, 2012.DBLP, 2012.

[2] Yu Y, WANG H, YIN G, et al. Reviewer recommendation for pull-requests in GitHub: What can we learn from code review and bug assignment? [J]. Information & Software Technology, 2016: 204-218.

[3] MOUTSATSOS I K, HOSSAIN I, AGARINIS C, et al. Jenkins-CI, an Open-Source Continuous Integration System, as a Scientific Data and Image-Processing Platform[J]. Journal of Biomolecular Screening, 2016:238.

# 第 4 章　云服务的基础设施构建

扫一扫，进入
第 4 章资源平台

随着云计算技术和应用的不断成熟，其应用范围也将得到扩展，进而促使一场从客户-服务器模式到公有云的巨大变革，推动云经济新时代的到来。容器技术是云计算和 IT 生态系统中的最新技术之一，如今逐渐发展成熟，成为云服务的基础设施。容器技术能够有效地将单个操作系统的资源划分到独立的组中，以便更好地在独立的组之间平衡存在冲突的资源使用需求，同时大幅提升生产效率。容器技术包含核心技术、平台技术和支持技术等，目前已被广泛应用于各个行业的基础设施。

## 4.1　容器技术概述

### 4.1.1　容器技术的发展

云计算解决了计算机基础设施在计算、网络、存储等方面的弹性问题，但在应用的扩展性和迁移性方面存在不足。在云计算环境下，人们提出两种解决方案：一是使用自动化脚本，然而不同的环境往往千差万别，脚本在一个环境中运行正确，却可能在另一个环境中无法运行；二是使用虚拟机镜像，然而虚拟机镜像文件通常较大，复制和下载过于耗时。

为了解决上述问题，业界提出了容器技术。通过借鉴传统运输业的解决方案，提出使用类似集装箱的方式封装应用和应用运行的环境（应用运行所需的依赖关系），即将全部应用及其依赖打包成一个轻量级、可移植、自包含的容器。通过一种类虚拟化技术来隔离运行在主机中的不同进程，从而令容器之间、容器和宿主操作系统相互隔离、互不影响，使应用程序几乎能够在任何场所以相同的方式运行。开发人员自行创建并测试完成的容器，无须任何修改即可在生产系统的虚拟机、物理服务器或公有云主机上运行。

**1．容器和虚拟机**

提到容器，就不得不将其与虚拟机进行对比，因为二者均为应用提供封装和隔离。传统虚拟化技术（例如 VMware、KVM、Xen 等）的目标是创建完整的虚拟机。为了运行应用，除了部署应用本身及其依赖，还需安装整个操作系统。

容器由应用程序本身及其依赖组成。例如，应用程序需要的库或其他软件容器在宿主机操作系统的用户空间中运行，与操作系统的其他进程进行隔离，该特点显著区别于虚拟机。图 4.1 展示了二者的区别。

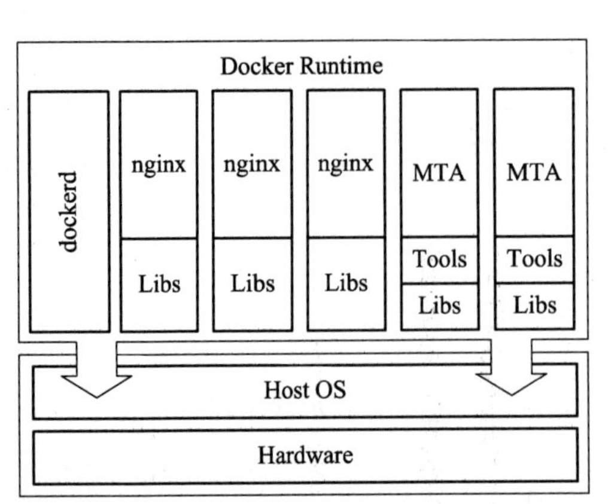


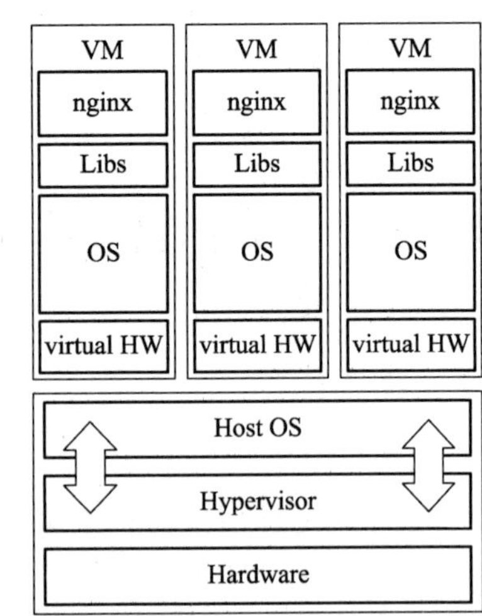


图 4.1 容器与虚拟机的区别

由于所有的容器共享一个宿主机操作系统，因此容器的体积远小于虚拟机。此外，启动容器无须启动整个操作系统，因此容器部署和启动的速度更快、开销更小，并且更易于迁移。

**2. 容器的发展演化**

容器技术可以追溯至 1979 年 UNIX 系统中的 chroot 命令，该命令最初用于方便地切换 root 目录，为每个进程提供文件系统资源的隔离，这也是操作系统虚拟化思想的起源。

2000 年，BSD 系统吸收并改进了 chroot 技术，发布了 FreeBSD Jails。FreeBSD Jails 除了对文件系统进行隔离，还添加了对用户和网络资源等的隔离，每个 Jail 还能分配一个独立 IP，从而进行相对独立的软件安装和配置。

2001 年，Linux 发布 Linux VServer。Linux VServer 延续了 Jails 的思想，在一个操作系统中隔离文件系统、CPU 时间、网络地址和内存等资源，每个分区称为一个安全上下文（security context），内部的虚拟化系统称为虚拟专用系统（virtual private system，VPS）。

2004 年，原 SUN 公司发布 Solaris 10 中的特性 Solaris Containers，其包含系统资源控制和 Zones 提供的二进制隔离，而 Zones 作为操作系统实例内一个完全隔离的虚拟服务器存在。2005 年，SWsoft 公司发布 OpenVZ，其与 Solaris Containers 类似，通过安装补丁的 Linux 内核提供虚拟化、隔离、资源管理和检查点。OpenVZ 的出现标志着内核级别的虚拟化真正成为主流，之后不断有新的相关技术加入内核。

2006 年，谷歌发布 Process Containers，用于记录和隔离每个进程的资源使用（包括 CPU、内存、硬盘 I/O、网络等）情况。其后改名为 Cgroups（Control Groups），并于 2007 年加入 Linux 内核 2.6.24 版本。

2008 年出现了第一个较为完善的 LXC 容器技术，其基于已经加入内核的 Cgroups 和 Namespace 实现，无须打补丁即可运行在任意 vanilla 内核的 Linux 中。2011 年，Cloud Foundry 发布 Warden，其与 LXC 不同，可以工作在任何操作系统中，作为守护进程运行，并且提供了管理容器的 API。

2013 年，谷歌公司建立开源的容器技术栈，旨在通过容器实现高性能、高资源利用率，以及接近零开销的虚拟化技术。目前 Kubernetes 中的监控工具 cAdvisor 即起源于 lmctfy 项目，2015 年谷歌将 lmctfy 的核心技术贡献给 Libcontainer。

2013 年，Docker 诞生，其最早为 dotCloud（Docker 公司的前身，是一家 PaaS 公司）的内部项目，最初同样使用 LXC，之后自行构建 Libcontainer 并将 LXC 替换。和其他容器技术不同的是，Docker 围绕容器构建了一套完整的生态，包括容器镜像标准、容器 Registry、REST API、命令行界面（command-line interface，CLI）、容器集群管理工具 Docker Swarm 等。

2014 年，CoreOS 创建 rkt——一个为改进 Docker 在安全方面的缺陷而重写的容器引擎，相关容器工具产品包括服务发现工具 ETCD 和网络工具 flannel 等。

2016 年，微软公司发布基于 Windows 的容器技术 Hyper-V Container，其原理和 Linux 下的容器技术类似，可以保证在某个容器中运行的进程与外界隔离，兼顾虚拟机的安全性和容器的轻量级要求。

**3．容器标准化**

当前，Docker 几乎成为容器的代名词，许多人认为 Docker 即容器，其实这是错误的认识，容器除包含 Docker 外还包含 CoreOS。任何技术的出现均需要标准的规范，否则很容易导致技术实现的碎片化，出现大量的冲突和冗余。因此，2015 年，由谷歌、Docker、CoreOS、IBM、微软、红帽等厂商联合发起的开放容器计划（Open Container Initiative，OCI）组织成立，并于 2016 年 4 月推出第一个开放容器标准。该标准主要包括 runtime 运行时标准和 image 镜像标准。标准的推出有助于为成长中的市场带来稳定性，使企业能够放心地使用容器技术，用户在打包、部署应用程序后，可以自由选择不同的容器 runtime；同时，镜像打包、建立、认证、部署和命名均能按照统一的规范进行。该标准主要包含以下内容。

（1）容器运行时标准（Runtime Spec）

① Creating：使用 create 命令创建容器，该过程称为创建中。

② Created：容器创建完毕但尚未运行，表示镜像和配置没有错误，容器能够运行在当前平台。

③ Running：容器正在运行，容器内的进程处于 up 状态，正在执行用户设定的任务。

④ Stopped：容器运行完成或者运行错误，或者在执行 stop 命令后处于暂停状态。该状态下容器的许多信息保存在平台中，并未完全被删除。

（2）容器镜像标准（Image Spec）

① 文件系统：以 layer 保存的文件系统，每个 layer 保存和上层之间存在变化的部分，涉及 layer 应当保存哪些文件，以及如何表示增加、修改和删除的文件等。

② Config 文件：保存文件系统的层级信息（每个层级的哈希值和历史信息），以及容器运行时需要的信息（例如环境变量、工作目录、命令参数、mount 列表），指定镜像在某个特定平台和系统中的配置，类似于使用 docker inspect <image_id> 看到的内容。

③ Manifest 文件：镜像的 Config 文件索引，保存 layer 信息和额外的 annotation 信息，同时保存许多和当前平台有关的信息。

④ Index 文件：可选的文件，能够指向不同平台的 Manifest 文件，从而保证一个镜像可以跨平台使用。每个平台拥有不同的 Manifest 文件，使用 index 作为索引。

**4．容器应用场景**

容器技术主要解决 PaaS 层的技术实现问题，而 OpenStack、CloudStack 等技术旨在解决 IaaS 层的问题。容器技术的主要应用场景如下。

（1）容器化传统应用

容器不仅能够提高现有应用的安全性和可移植性，还能节约成本。每个企业的环境中均使用一套较旧的应用服务客户或自动执行业务流程。即使是大规模的单体应用，通过容器隔离的增强安全性和可移植性特点，也能从容器中获益，从而降低成本。一旦经过容器化，该类应用即可扩展额外的服务或者转变到微服务架构之上。

（2）持续集成和持续部署

使用 Docker 能够加速应用管道自动化和应用部署。有资料表明，采用 Docker 甚至能够使交付速度提高 13 倍以上。现代化开发流程快速、持续且具备自动执行能力，最终目标是开发出更加可靠的软件。通过持续集成（continuous integration，CI）和持续部署（continuous deployment，CD），开发人员每次迁入代码并顺利测试后，IT 团队都能够集成新代码。作为开发运维方法的基础，CI/CD 创造了一种实时反馈回路机制，持续地传输小型迭代更改，从而加速更改，提高质量。CI 环境通常是完全自动化的，通过 git 推送命令触发测试，测试成功时自动构建新镜像，然后推送到 Docker 镜像库。通过后续的自动化执行和脚本，可以将新镜像的容器部署到预演环境，从而执行进一步测试。

（3）微服务

使用微服务能够加速应用架构现代化进程。应用架构正在从采用瀑布模型开发法的单体代码库转变为独立开发和部署的松耦合服务。成千上万个类似服务相互连接即构成应用。Docker 允许开发人员选择最适合于每种服务的工具或技术栈，隔离服务以消除任何潜在的冲突，从而避免“地狱式的矩阵依赖”。这些容器可以独立于应用的其他服务组件，轻松地共享、部署、更新和瞬间扩展。Docker 的端到端安全功能使团队能够构建和运行最低权限的微服务模型，服务所需的资源（其他应用、涉密信息、计算资源等）会实时被创建并被访问。

（4）IT 基础设施优化

充分利用基础设施能够节省资金。Docker 和容器有助于优化 IT 基础设施的利用率和成本。优化不仅是指削减成本，还能确保在合适的时间有效地使用合适的资源。容器是一种轻量级的打包和隔离应用工作负载的方法，因此 Docker 允许在同一物理或虚拟服务器中毫不冲突地运行多项工作负载。企业可以整合数据中心，将并购而来的 IT 资源进行整合，从而获得向云端的可迁移性，同时减少操作系统和服务器的维护工作。

### 4.1.2 容器背后的内核知识

目前，每个厂商对容器的实现方式存在差别，但整体的设计思想大同小异。本节以 Docker 为例，对容器背后的内核知识进行简要介绍。Docker 容器本质上是宿主机中的一个进程，通过 Namespace 实现资源隔离，通过 Cgroups 实现资源控制，通过写时复制技术实现高效的文件操作。

**1．Namespace 资源隔离**

假设要实现一个资源隔离的容器，最先想到的或许是使用 chroot 指令，该指令能够切换进程的根目录，即令用户感受到文件系统被隔离。此外，为了能够在网络环境中定位某个容器，其必须具有独立的 IP、端口、路由等，这就需要对网络进行隔离。同时，容器还需要一个独立的机器名，以便在网络中自我标识。进程在隔离的空间中应当有独立的进程号，进程之间的通信也应当与外界隔离。最后，还需要对用户和用户组进行隔离，以便实现用户权限的隔离。

Linux 内核中提供了 6 种 Namespace 系统调用，基本实现了容器需要的隔离机制。具体系统调用名称如表 4.1 所示。

**表 4.1　Namespace 的 6 项隔离**

| Namespace | 系统调用参数 | 隔离内容 |
|---|---|---|
| UTS | CLONE_NEWUTS | 主机名与域名 |
| IPC | CLONE_NEWIPC | 信号量、消息队列和共享内存 |
| PID | CLONE_NEWPID | 进程编号 |
| Network | CLONE_NEWNET | 网络设备、网络栈、端口等 |
| Mount | CLONE_NEWNS | 挂载点（文件系统） |
| User | CLONE_NEWUSER | 用户和用户组 |

实际上，Linux 内核实现 Namespace 的主要目的是实现轻量级虚拟化（容器）服务。位于同一个 Namespace 下的进程可以感知彼此的变化，而对外界的进程一无所知，仿佛置身于一个独立的系统环境，以此达到独立和隔离的目的。

**2．Cgroups 资源控制**

Linux Cgroups 的全称是 Linux Control Groups，它是 Linux 内核的特性，主要作用是限制、记录和隔离进程组（Process Groups）使用的物理资源（CPU、内存、I/O 等）。

2006 年，谷歌的工程师 Paul Menage 和 Rohit Seth 启动 Cgroups 项目，并将其命名为 Process Containers。由于 Container 在内核中存在歧义，因此在 2007 年将其更名为 Control Groups，并合并到 2008 年发布的 2.6.24 内核版本。最初的版本称为 v1，该版本的 Cgroups 设计并不友好，理解起来非常困难。后续的开发工作由 Tejun Heo 接管，他重新设计并重写了 Cgroups，新版本被称为 v2，并首次出现在 4.5 内核版本中。

如今 Cgroups 已经成为许多技术的基础，例如 LXC、Docker、systemd 等。Cgroups 在设计之初的使命十分明确，即为进程提供资源控制，主要包括以下功能。

① 资源限制：限制进程使用的资源上限，例如最大内存、文件系统缓存使用限制。

② 优先级控制：不同的组可以设置不同的优先级，例如 CPU 使用和磁盘 I/O 吞吐的优先级不同。

③ 审计：计算组的资源使用情况，可以用于计费。

④ 控制：挂起一组进程，或重启一组进程。

对于开发者来说，Cgroups 存在以下 4 个特点。

① Cgroups 的 API 以一个伪文件系统的方式实现，用户态的程序可以通过操作文件系统来实现对 Cgroups 的组织管理。

② Cgroups 的组织管理操作单元可以细粒度到线程级别，用户可以创建和销毁 Cgroups，从而实现资源的再分配。

③ 所有资源管理的功能均以子系统方式实现，并且接口统一。

④ 子任务在创建之初与其父任务处于同一个 Cgroups 的控制组。

**3. 写时复制技术**

在 Docker 中，镜像是容器的基础，由文件系统叠加而成。其底端为引导文件系统 bootfs，当一个容器启动后，引导文件系统随即从内存中卸载。第 2 层是 root 文件系统 rootfs，其可以为一种或多种操作系统，例如 Debian 或 Ubuntu。在 Docker 中，root 文件系统永远只能是只读状态，并且 Docker 会利用联合加载（union mount）技术在 root 文件系统层上加载更多的只读文件系统。Docker 将其称为镜像，一个镜像可以置于另一个镜像的顶部。位于下面的镜像称为父镜像（parent image），而最底部的镜像称为基础镜像（base image）。最后，当从一个镜像启动容器时，Docker 会在该镜像上加载一个读写文件系统，即最终在容器中执行程序的位置。图 4.2 即为一个镜像的文件结构。

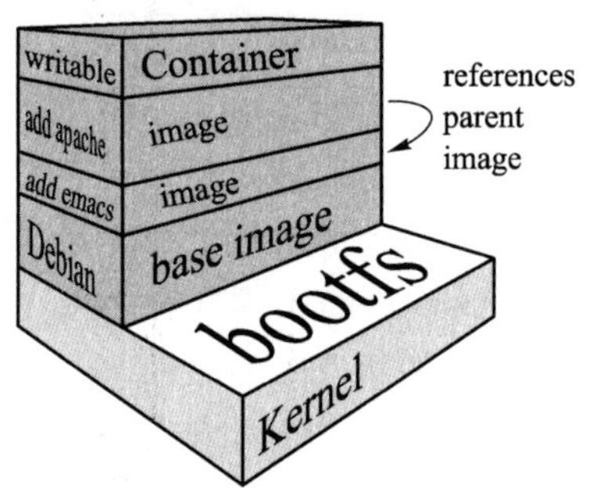


图 4.2　Docker 镜像的文件结构

当 Docker 首次启动一个容器时，初始的读写层为空，当文件系统发生变化时，这些变化都会应用到该层。例如，如果想修改一个文件，则该文件首先从该读写层下的只读层复制到该读写层。由此可知，该文件的只读版本依然存在于只读层，只是被读写层的该文件副本所隐藏。上述机制称为写时复制（copy on write）。

## 4.2　容器镜像

镜像是容器的基石，容器是镜像的运行实例，有了镜像才能启动容器。本节从镜像内部结构、镜像构建和镜像管理与分发等方面进行介绍。

### 4.2.1　镜像内部结构

如果想构建自己的镜像或想了解容器（例如 Docker）是轻量级的原因，则需深入了解镜像的内部结构。为便于理解，此处以一个最小镜像 hello-world 为例讲解。

hello-world 是 Docker 官方提供的一个镜像，通常用于验证 Docker 是否安装成功。首先通过 docker pull 从 Docker Hub 下载，如下所示：

```
root@ubuntu: docker pull hello-world
```

```
Using default tag：latest
latest：Pulling from library/hello-world
m4b14d08d14：Pull compete
Digest：Sh0256 m256e8036e2070f7bf2d0b0763db0bdd6779851
Status：Downloaded newer image for hello-world：latest
```

通过 docker run 运行 hello-world，如下所示：

```
root@ubuntu: docker run hello-world
Hello from Docker!
This message shows that your installation appears to be working
```

Dockerfile 是镜像的描述文件，用于定义如何构建 Docker 镜像，其语法简洁且可读性强。hello-world 的 Dockerfile 内容如下：

```
FROM scratch
COPY hello /
CMD ["/hello"]
```

其内仅包含短短 3 条指令，内容如下。

① FROM scratch：镜像从零开始构建。

② COPY hello /：将文件"hello"复制到镜像根目录。

③ CMD["/hello"]：容器启动时，执行/hello。

镜像 hello-world 中仅包含一个可执行文件"hello"，其功能为打印 "hello from Docker…"等信息。hello-world 虽然是一个完整的镜像，但并无实际用途。通常来说，人们希望镜像提供一个基本的操作系统环境，用户可以根据需要安装和配置软件。这样的镜像称为 Base 镜像。

Base 镜像有两层含义：不依赖其他镜像而从 scratch 构建，其他镜像能够以之为基础进行扩展。因此，能被称为 Base 的镜像通常是各种 Linux 发行版的 Docker 镜像，例如 Ubuntu、Centos 等。

Linux 操作系统由内核空间和用户空间组成。内核空间为 Kernel，Linux 启动时会加载 bootfs 文件系统，之后 bootfs 将被卸载；用户空间的文件系统为 rootfs，包括/dev、/bin 等目录。对于 Base 镜像来说，底层直接使用宿主机的 Kernel，然后自行添加 rootfs 即可。

Docker 支持通过扩展现有镜像创建新的镜像。例如，假设需要构建一个新的镜像，则 Dockerfile 的内容如下所示：

```
FROM debian
RUN apt-get install emacs
RUN apt-get install apache2
CMD ["/bin/bash"]
```

新镜像无须从 scratch 开始，而是直接在 Debian Base 镜像上构建，然后安装 emacs 和 apache2，最后设置容器启动时运行 bash。构建过程如图 4.3 所示。由图可知，新镜像从 Base 镜像逐层叠加生成。每安装一个软件，即在现有镜像的基础上增加一层。Docker 采用这种分层结构的最大优势是可以共享资源。

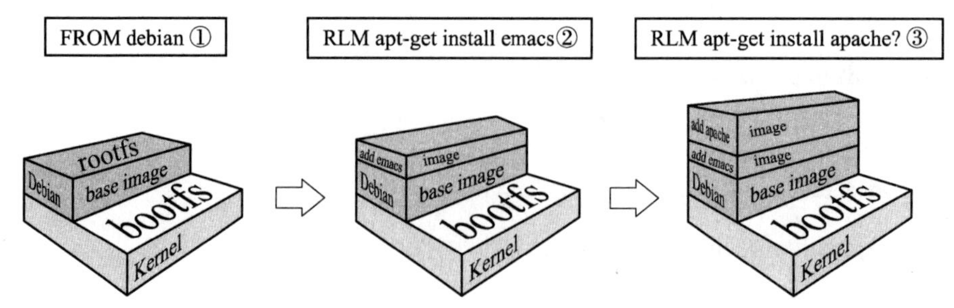


图 4.3 Docker 镜像构建过程

如果多个容器共享一份基础镜像，当某个容器修改基础镜像的内容，其他容器的内容并不会被修改，即修改会被限制在单个容器内。该特性称为容器的写时复制。当容器启动时，一个新的可写层被添加到镜像的顶部，该层称作容器层，容器层下的各层均称作镜像层。所有对容器的改动（添加、删除、修改文件等）均只发生在容器层，只有容器层是可写的，容器层下的所有镜像层均为只读的。由此可见，容器层保存的是镜像变化的部分，不会对镜像本身进行任何修改。

### 4.2.2 镜像构建

对于 Docker 用户来说，最好的情况是无须亲自创建镜像。几乎所有常用的数据库、中间件、应用软件等均有 Docker 官方镜像或由其他开发者和组织创建的镜像，只需稍作配置即可直接使用。使用已有镜像除了能够省去自行开发镜像的工作量，更重要的是可以利用前人的经验，尤其是使用官方镜像，因为 Docker 的工程师知道如何更好地在容器中运行软件。当然，在某些情况下用户需要自行构建镜像。

① 找不到现成的镜像，例如自行开发的应用程序。

② 需要在镜像中加入特定的功能，例如官方镜像几乎不提供 SSH。

Docker 提供了两种构建镜像的方法：docker commit 命令与 Dockerfile 构建文件。

docker commit 命令是创建新镜像最直观的方法，其过程包含 3 个步骤。下面以在 Ubuntu Base 镜像中安装 vim 并保存为新镜像为例来说明如何通过 docker commit 创建新镜像，如下所示：

```
root@ubuntu: docker run –it ubuntu
root@ubuntu: vim
bash: vim :command not found
root@ubuntu: apt-get install –y vim
Reading package lists… Done
Building dependency tree
Reading state information. …Done
The following additional packages will be installed ：
file libexpatl libgpm2 libmagicl libmpdec2 ibpythor
libsqlite3-0 libssl1.0.0 mime-support
root@ubuntu: docker ps -a
root@ubuntu: docker commit Silly-goldberg ubuntu-with-vim
```

① 运行容器：-it 参数的作用是以交互模式进入容器，并打开终端。

② 安装 vim：首先确认 vim 尚未安装，然后执行安装命令。

③ 保存为新镜像：可以通过 docker ps 命令在新窗口中查看当前环境中运行的容器。Silly-goldberg 是 Docker 为新容器随机分配的名称，执行 docker commit 命令将容器保存为新镜像，并重命名为 ubuntu-with-vim。

以上步骤演示了如何通过 docker commit 创建新镜像。然而，鉴于手动创建容易出错、效率低下、可重复性弱以及安全性方面的考虑，该方式并非 Docker 官方推荐的首选方式。

Dockerfile 是另外一种构建镜像的方法。它是一个记录了镜像构建所有步骤的文本文件。此处同样以构建 ubuntu-with-vim 镜像为例，说明如何通过该方式构建新镜像。

使用 Dockerfile 构建新镜像首先需要创建 Dockerfile 文件，其内容如下所示：

```
root@ubuntu :pwd                                                        ①
/root
root@ubuntu: ls                                                         ②
Dockerfile
root@ubuntu ： docker build -t ubuntu-with-vim-dockerfile .             ③
Sending build context to Docker daemon 32KB                             ④
Step 1：  FROM ubuntu                                                   ⑤
---> f753707788c5
Step 2：  RUN apt-get update & & apt-get install -y vim                 ⑥
---> Running in 9f4d4166f7e3                                            ⑦
Setting up vim （2:7.4 1689-3ubuntu1.1）
---> 350a89798937                                                       ⑧
Removing intermediate container 9f4d4166f7e3                            ⑨
Successfully built 350a89798937                                         ⑩
```

① 当前目录为/root。

② Dockerfile 准备就绪。

③ 运行 docker build 命令，-t 将新镜像命名为 ubuntu-with-vim-dockerfile，命令末尾的“.”指明 build context 为当前目录。Docker 默认从 build context 中查找 Dockerfile 文件，也可以通过-f 参数指定 Dockerfile 的位置。

④ 从该步开始即为真正的镜像构建过程。首先，Docker 将 build context 中的所有文件发送至 Docker daemon，build context 为镜像构建提供所需的文件或目录。Dockerfile 中的 ADD、COPY 等命令可以将 build context 中的文件添加到镜像。在本例中，build context 为当前目录/root，该目录下的所有文件和子目录均被发送至 Docker daemon。因此，使用 build context 时务必注意不要将多余文件放入 build context，尤其不要将根目录或/usr 目录作为 build context，否则构建过程会相当缓慢甚至失败。

⑤ Step 1：执行 FROM，将 Ubuntu 作为 Base 镜像，Ubuntu 镜像 ID 为 f753707788c5。

⑥ Step 2：执行 RUN，安装 vim，具体步骤详见⑦⑧⑨。

⑦ 启动 ID 为 9f4d4166f7e3 的临时容器，在容器中通过 apt-get 安装 vim。

⑧ 安装成功后，将容器保存为镜像，其 ID 为 350a89798937，该步骤底层使用的是类似 docker commit 的命令。

⑨ 删除临时容器 9f4d4166f7e3。

⑩ 镜像构建成功。

此外需要特别指出，Docker 在构建镜像时会缓存已有镜像的镜像层，构建新镜像时，如果某镜像层已经存在，则直接使用而无须重新创建，该特性称为 Docker 镜像的缓存特性。

### 4.2.3 镜像管理与分发

下面讲述如何在多个 Docker Host 中使用镜像，可以通过以下方法实现。

① 使用相同的 Dockerfile 在其他宿主机中构建镜像。

② 将镜像上传至 Registry，例如 Docker Hub，宿主机直接下载并使用。

③ 搭建私有 Registry 供本地宿主机使用。

方法①即为之前讲述的通过 Dockerfile 重新构建一份镜像。下面重点讨论如何通过公有/私有 Registry 分发镜像。

无论采用何种方式保存和分发镜像，首先需要为镜像命名。事实上，当执行 docker build 命令时就已经设置了镜像名，例如“docker build -t ubuntu-with-vim”中的 ubuntu-with-vim 即为镜像名。

保存和分发镜像最直接的方法是使用 Docker Hub。Docker Hub 是 Docker 公司维护的公有 Registry，用户可以将自己的镜像保存到 Docker Hub 免费的 repository 中。如果不希望他人访问自己的镜像，也可以购买私有 repository。除了 Docker Hub，quay.io 是另一个公有 Registry，提供与 Docker Hub 类似的服务。下面介绍如何使用 Docker Hub 存取镜像。

① 首先在 Docker Hub 上注册一个账号。

② 使用命令 docker login -u xx 在 Docker 宿主机上登录。其中 xx 为用户名，输入密码后即可登录成功。

③ 修改镜像的 repository，使之与 Docker Hub 账号匹配。Docker Hub 为了区分不同用户的同名镜像，镜像的 Registry 中需要包含用户名，完整格式为[username]/xxx:tag。之后通过 docker tag 命令重命名镜像。

此外，Docker 官方维护的镜像不包含用户名，例如 httpd。

④ 通过 docker push 将镜像上传到 Docker Hub。Docker 会上传镜像的每一层，如果该镜像与官方的某个镜像一致，即 Docker Hub 中已经存在该镜像层，则真正上传的数据将非常少。同样地，如果镜像基于 Base 镜像，则只有新增加的镜像层会被上传。如果需要上传同一 repository 中的所有镜像，则省略 tag 部分即可，例如 docker push cloudman6/httpd。

Docker Hub 虽然非常方便，但仍然存在限制：例如需要网络连接，并且下载和上传速度较慢；上传到 Docker Hub 的镜像任何人均可访问，虽然可以使用私有 repository，但并非免费；此外出于安全原因，许多组织不允许将镜像放到外网。

解决方案就是搭建本地的 Registry。Docker 已经将 Registry 开源，同时在 Docker Hub 中也存在官方的镜像 Registry。下面讲解如何在 Docker 中运行自己的 Registry。

（1）启动 Registry 容器

此处使用镜像 registry：2，如下所示：

```
root@ubuntu: docker run -d -p 5000：5000 -v /myregistry：/var/lib/registry registry：2
Unable to find image 'registry：2 locally
```

```
2：Pulling from library/registry
3690e4760f9：Pull complete
9305f1e8fue：Pull complete
feeaa9qcbdbc: Pull complete
61f85310d350：Pull complete
b6o82239858a：Pull complete
Digest：sha256：11522917f9304e02d95ed14201e743b6dd70e10f9e6ebe530f78217
Status：Downloaded newer image for registry：2
el2894887928ef732b349df6b1b890ffe696e6553e0751f90d62437
```

-d：后台启动容器。

-p：将容器的 5000 端口映射到宿主机的 5000 端口，即 registry 服务端口。端口映射将在容器网络一节详细讨论。

-v：将容器/var/lib/registry 目录映射到宿主机的/myregistry，用于存放镜像数据。-v 的使用将在容器存储一节详细讨论。

通过 docker tag 重命名镜像，使之与 Registry 匹配，如下所示：

```
root@ubuntu: docker tag cloud/httpd:v1 register.example.net:5000/cloud/httpd:v1
```

在镜像前添加运行 Registry 的主机名称和端口。

前文提到，镜像名称由 repository 和 tag 两部分组成。而 repository 的完整格式为[registry-host]：[port]/[username]/xxx。只有 Docker Hub 中的镜像可以省略[registry-host]：[port]。

（2）通过 docker push 上传镜像

通过 docker push 上传镜像，如下所示：

```
root@ubuntu: docker push register.example.net:5000/cloud/httpd:v1
3690e4760f9：Pulled
9305f1e8fue：Pulled
feeaa9qcbdbc: Pulled
v1：digest：sha256：bf45daeba98eadeadffbeadec50accffeabbc193cd6555ddabdeedaa234ffb size:1256
```

现在已经可以通过 docker pull 从本地 Registry 下载镜像，如下所示：

```
root@ubuntu: docker pull registry.example.net:5000/c1oud/httpd:v1
v1：Pulling from cloudman6/httpd
3860066cd84a：Already exists
011d6b8e2f00: Pull compl ete
cl07bee07eec：Pull complete
bd14067dec02：Pull complete
92b340d02810：Pull complete
Digest：sh0256：5b40385b4b874e84174ee7e7B0599208180039903f6028047b9278f576b404d
Status：Downloaded newer image for registry.example.net：5000/c10ud/httpd：v1
root@ubuntu ：docker images registry.example.net：5000/c1oud/httpd
```

# 4.3 容器网络

本节以 Docker 网络为例讨论容器网络。首先讲解 Docker 提供的几种原生网络，以及如何创建自定义网络；然后介绍容器之间如何通信，以及容器与外界如何交互。

## 4.3.1 Docker 网络模型

Docker 提供了 none、host、bridge、overlay、macvlan 等多种原生网络，按照网络覆盖范围可分为单个宿主机上的容器网络和跨多个宿主机的容器网络。此处主要讨论前者。

Docker 在安装时会自动在宿主机上创建 3 个网络，可以通过 docker network ls 命令查看，如下所示：

```
root@ubuntu: docker network ls
NETWORK ID          NAME          DRIVER          SCOPE
cb325e4bbe5         bridge        bridge          local
f48f4d42ae8         host          host            local
252509338fd         none          null            local
```

下面分别进行讨论。

**1．none 网络**

顾名思义，none 网络即不包含任何内容的网络。挂载在该网络下的容器除了 lo，不存在任何其他网卡。容器在创建时，可以通过--network=none 指定 none 网络，如下所示：

```
root@ubuntu: docker run -it --network=none busybox
/ #
/ # ifconfig
Lo Link encap ： local loopback
inet addr ：  127.0.0.1 Mask：255.0.0.0
inet6 addr：： ： 1/128  Scope ：  Host
UP LOOPBACK RUNNING MTU ： 65536 Metric：1
packets ： 0 errors：0 dropped：0 overruns：0 frame：0
TX packets：0 errors：0 dropped:0 overruns ： 0 carrier：0
RX bytes:0 (0.0 B)    TX bytes ： ( 0.0.B)
root@ubuntu:
```

该网络为封闭网络，对安全性要求较高并且不需要连网的应用可以使用 none 网络。

**2．host 网络**

连接到 host 网络的容器共享 Docker host 的网络栈，容器的网络配置与宿主机完全相同。可以通过--network=host 指定使用 host 网络，如下所示：

```
root@ubuntu: # docker run -it --network=host busybox
/ #
/ #ip 1
1：lo：<LOOPBACK，UP，LOWER_UP> mtu 65536 qdisc noqueue qlen 1
Link/loopback 00：00：00：00：00：  brd ： 00：00：00：00：00
```

```
2 : enp0s3：<OROADCAST，MULTICAST，UP，LOWER—UP> mtu 1500 qdisc pfifo_fast qlen 1000
link/ether 08：00：27：5f：79：3f brd ff：ff：ff：ff：ff：ff
3 : enp0s8：<OROADCAST，MULTICAST，UP，LOWER—UP> mtu 1500 qdisc pfifo_fast qlen 1000
link/ether08：00：27：21：9c：3f brd ff：ff：ff：ff：ff：ff
8 : virbrØ-nic:<QROADCAST，MULticast> mtu 1500 qdisc pfifo_fast master virbrØ qlen 1000
link/ether08：52：54：00：96：f4 brd ff：ff：ff：ff：ff：ff
/ # hostname
Ubuntu
/ #
```

在容器中可以看到宿主机的所有网卡，并且 hostname 也属于宿主机。直接使用 Docker host 网络的最大优势在于性能较优，如果容器对网络传输效率有较高要求，可以选择 host 网络。当然，不便之处在于灵活性有所降低，例如需要考虑端口冲突，Docker host 中已经使用的端口不能再次使用。

**3．bridge 网络**

Docker 在安装时会创建一个名为 docker0 的 Linux bridge。如果不指定--network，则创建的容器默认挂载至 docker0，如下所示：

```
root@ubuntu: brctl show
bridgeid name        bridge id            STP enable        interfaces
docker0              8000:0242360fc4      no
virbrØ               8000:524095f4fe      yes               virbr0-nic
```

除了 none、host、bridge 这 3 个自动创建的网络，用户也可以根据业务需要创建 user-defined 网络。Docker 提供 3 种 user-defined 网络驱动：bridge、overlay、macvlan。其中 overlay 和 macvlan 用于创建跨宿主机的容器网络，此处不予讨论。

## 4.3.2　容器间通信

容器之间可以通过 IP、Docker DNS Server 或 Joined 容器 3 种方式进行通信。

从前面的例子可以得出一个结论：两个容器如果需要通信，则必须具有属于同一个网络的网卡。满足该条件后，容器即可通过 IP 交互。具体做法是在容器创建时通过--network 指定相应的网络，或者通过 docker network connect 将现有容器加入指定网络。

通过 IP 访问容器虽然满足了通信需求，但仍不够灵活。因为在部署应用前可能无法确定，部署后再指定要访问的 IP 会比较麻烦。针对这个问题，可以通过 Docker 自带的 DNS 服务解决。

从 Docker1.10 版本开始，Docker daemon 实现了一个内嵌的 DNS Server，使容器可以直接通过“容器名”通信。方法很简单，只需在启动时使用-name 为容器命名即可。下面为启动两个容器 bbox1 和 bbox2 的步骤：

```
docker run -it --network=my-net2 -name=bbox1 busybox
docker run -it --network=my-net2 -name=bbox2 busybox
```

之后，bbox2 即可直接 ping 到 bbox1，如下所示：

```
root@ubuntu: docker run -it --network=my_net2 -name=bbox2 busybox
```

```
/ #
/ # ping -c 3 bbox1
PING bb0xl （172.22.16.2 ）： 56 data bytes
bytes from 172.22.16.2： seq=0 ttl=64 time=0.079 ms
bytes from 172.22.16.2： seq=0 ttl=64 time=0.076 ms
bytes from 172.22.16.2： seq=0 ttl=64 time=0.088 ms
root@ubuntu：
```

使用 Docker DNS Server 存在限制：只能在 user-defined 网络中使用。也就是说，默认的 bridge 网络无法使用 DNS 服务。

Joined 容器是另一种实现容器间通信的方式。Joined 容器非常特别，可以使两个或多个容器共享一个网络栈，进而共享网卡和配置信息。Joined 容器之间可以通过 127.0.0.1 直接通信。

### 4.3.3 容器与外部世界通信

下面讨论容器如何与外部世界通信，主要涉及容器访问外部世界和外部世界访问容器两个方面。

在当前的实验环境下，Docker 宿主机可以访问外网，具体过程如下所示：

```
root@ubuntu: docker run -it busybox
/#
/ # ping -c (www.bing.com)
PING www.bing.com （202.89.233.104 ）： 56 data bytes
bytes from 202.89.233.104：  seq=Ø ttl=61 time=49.211 ms
bytes from 202.89.233.104：  seq=Ø ttl=61 time=50.986 ms
bytes from 202.89.233.104：  seq=Ø ttl=61 time=49.237 ms
root@ubuntu：
```

由此可见，容器在默认情况下允许访问外网。但请注意，此处的外网是指容器网络以外的网络环境，并非指互联网。

接下来讨论外网通过端口映射的方式访问容器。Docker 可以将容器对外提供服务的端口映射到宿主机的某个端口，外网通过该端口访问容器。容器启动时可以通过-p 参数映射端口。

容器启动后，可以通过 docker ps 或 docker port 查看宿主机映射的端口。除了映射动态端口，也可以在-p 中指定映射到宿主机的某个特定端口，例如可以将端口 80 映射到宿主机的 8080 端口，如下所示：

```
root@ubuntu: docker run -d –p 8080:80   httpd
58401dd02d03950043f208dd28251413607280be579fd06b576
root@ubuntu： #
root@ubuntu： curl 10.0.2.15:8080
<html><body><h1>It works! </h1></body> </html>
root@ubuntu：
```

# 4.4　容器存储

## 4.4.1　容器存储基础

Docker 为容器提供了两种存放数据的资源，由 Storage Driver 管理镜像层、容器层以及 Data Volume。由前文可知，Docker 镜像是分层结构，由顶层的可写容器层以及若干只读镜像层组成，容器的数据即存放在各层中。该结构的最大特性是写时复制。

分层结构使镜像和容器的创建、共享以及分发变得非常高效，而这些均归功于 Docker Storage Driver 实现了多层数据的堆叠并为用户提供单一的合并后的统一视图。Docker 支持多种 Storage Driver，包括 AUFS、Device、Mapper、Btrfs、VFS 和 ZFS 等。它们均能实现分层结构，同时又有各自的特性。

Docker 安装时会根据当前系统的配置选择默认 Driver。默认 Driver 具有最强的稳定性，因为其在发行版本上经过了严格测试。运行 docker info 可以查看默认 Driver。

对于某些容器而言，直接将数据存放在由 Storage Driver 维护的层中是很好的选择，例如某些无状态的应用。无状态表示容器中不含需要持久化的数据，随时可以从镜像直接构建。但该方法并不适用于有持久化数据需求的应用，因为容器启动时需要加载已有数据，容器销毁时希望保留产生的数据，也就是说，该类容器是有状态的。此时即需要用到 Docker 的另一种存储机制：Data Volume。

Data Volume 本质上是 Docker host 文件系统中的目录或文件，能够直接挂载到容器的文件系统，特点如下。

① Data Volume 是目录或文件，而非未经格式化的磁盘或块设备。

② 容器可以读写 Volume 中的数据。

③ 即便使用容器被销毁，Volume 中的数据也可永久保存。

在具体使用上，Docker 提供了两种类型的 Data Volume：bind mount 和 docker managed volume。

**1．bind mount**

bind mount 是指将宿主机中已经存在的目录或文件挂载到容器，例如 Docker host 中存在目录～/htdocs，如下所示：

```
root@ubuntu:
root@ubuntu  : cat htdocs/index.html
<html><body><h1>This is a file in host file system! </h1></body> </html>
root@ubuntu  :
```

使用-v 将其挂载到 httpd 容器，如下所示：

```
root@ubuntu:
root@ubuntu: docker run -d –p 80: 80 -v ~/htdocs: /usr/10ca1/apache2/htdocs httpd
11911ef5f1bdd437801000260f6f36ed87bf824def500df7q3f854e67ddb28
root@ubuntu  :
```

bind mount 可以令宿主机与容器共享数据，从而方便管理。即使将容器销毁，bind mount 仍然存在。此外，执行 bind mount 时可以指定数据读写权限，默认为可读可写。

bind mount 存在许多应用场景。例如，可以将源代码目录挂载到容器，在宿主机中修改代码即可看到应用的实时效果；还可将 MySQL 容器的数据存放在 bind mount 中，使宿主机能够方便地备份和迁移数据。

bind mount 的使用直观高效。易于理解，但也存在不足：bind mount 需要指定宿主机文件系统的特定路径，使容器的可移植性受到限制，当需要将容器迁移到其他宿主机，而该宿主机中没有需要挂载的数据或数据并非位于相同路径时，操作将会失败。可移植性更优的方式是 docker managed volume。

**2．docker managed volume**

docker managed volume 与 bind mount 在使用上的最大区别是无须指定挂载源，仅指明 mount point 即可。以 httpd 容器为例，如下所示：

```
root@ubuntu:
root@ubuntu ：  docker run -d -P 80：80 -v /usr/local/apache2/htdocs httpd
2102000729920082b729dd0425080b1f280603d08131e13030ed75
root@ubuntu ：
```

通过-v 告知 Docker 需要一个 Data Volume，并将其挂载到/usr/local/apache2/htdocs。每当容器申请 mount docker managed volume 时，Docker 会在/var/lib/docker/volumes 下生成一个目录，该目录即为挂载源。

docker managed volume 的创建过程总结如下。

① 容器启动时，简单告知 Docker 需要一个 volume 存放数据，并挂载到指定目录。

② Docker 在/var/lib/docker/volumes 中生成一个随机目录作为挂载源。

③ 如果指定目录已经存在，则将数据复制到挂载源。

④ 将 volume 挂载到指定目录。除了通过 docker inspect 查看 volume，也可使用 docker volume 命令查看。

### 4.4.2 容器数据共享

共享数据是 volume 的关键特性，接下来讨论如何通过 volume 在容器与宿主机之间、容器之间共享数据。

**1．容器与宿主机共享数据**

容器与宿主机共享数据存在两种类型的 Data Volume，二者均可实现在容器与宿主机之间共享数据，但方式有所区别。bind mount 直接将需要共享的目录 mount 到容器，docker managed volume 则略微烦琐。由于 volume 位于宿主机中的目录，在容器启动时才生成，因此需要将共享数据复制到 volume 中。docker cp 可以在容器和宿主机之间复制数据，当然也可以直接通过 Linux 的 cp 命令进行复制。

**2．容器间共享数据**

一种方法是将共享数据存放在 bind mount 中，然后将其挂载到多个容器；另一种方法是使用 volume container。volume container 是专门为其他容器提供 volume 的容器，提供的

volume 可以是 bind mount，也可以是 docker managed volume。下面创建一个 volume container，如下所示：

```
root@ubuntu:docker create --name vc_data \
>       -v ~/htdocs: /usr/local/apache2/htdocs \
>           -v /other/useful/tools \
>           busybox
2f459897d6dbd12d78fb41e6eb43e038f551ebdf3e47edkd0e083e709
root@ubuntu :
```

此处将容器命名为 vc_data（vc 是 volume container 的缩写）。注意，这里执行的是 docker create 命令，因为 volume container 的作用只是提供数据，其本身无须处于运行状态。容器挂载了两个 volume，具体如下。

① bind mount：用于存放 Web 服务器的静态文件。

② docker managed volume：用于存放一些实用工具（目前为空，此处仅作示例）。

其他容器可以通过 volumes-from 使用 vc_data 作为 volume container。

最后讨论 volume container 的特点，具体如下。

① 与 bind mount 相比，不必为每个容器指定 host path，所有 path 均已在 volume container 中定义，容器只需与 volume container 关联即可，从而实现了容器与宿主机的解耦。

② 使用 volume container 的容器的 mount point 一致，从而有利于配置的规范和标准化，但也带来一定的局限，使用时需要综合考虑。

## 4.5　超轻量级容器技术

以 Docker 为代表的主流容器技术目前已经取得较大成功，但在镜像体积、资源共享等方面仍然存在较大的改进空间。本节进一步介绍一种超轻量级的容器设计方案 REG（runtime environment generation），通过细化可操作资源的粒度，使得支撑应用程序运行的容器运行时环境最小化，同时实现对主机内存资源最大化共享。

### 4.5.1　REG 整体设计

在传统容器设计中，镜像的作用是为容器提供一个固定的运行时环境。由于不能事先确定容器中的应用程序，镜像在封装过程中通常会包含通用的基础程序。这些基础程序在生产环境中往往不会被全部使用，如此构建的运行时环境不仅造成内存和磁盘空间的浪费，也导致容器存在更多安全隐患。同时，基于镜像的容器设计是内存中运行时库冗余的来源，运行时依赖文件在内存中的冗余程度是影响内存利用率的显著因素。业界主流容器管理器 Docker 仅支持特定存储驱动下基于同源镜像的容器在内存中的库文件共享，但对于其他存储驱动或非同源镜像启动的容器却无法实现，这就导致相同的运行时依赖文件会被重复加载至内存，造成内存空间浪费。

超轻量级容器构建方法摒弃了镜像的概念，在运行时环境中嵌入代码的容器设计理念，强调代码即镜像本身。使用者在编写应用程序时，只需在项目配置文件中指定该应用程序所依赖的运行时环境（例如 Python、Node.js、JVM 等）。容器执行时，由容器引擎解析并动态生成使用者指定的运行时环境。则当内存进行容器资源加载时，资源粒度从原本固定的镜像层细化到具体的可执行二进制文件与共享库文件，仅生成容器中应用程序执行所需的最小化运行时环境。同时，由于所有依赖文件均由本机文件系统向容器内统一映射，使得多个容器依赖的相同文件在内存中的索引节点相同，保证了内存中相同可执行二进制文件与共享库的唯一性，从而最大化内存资源的共享。这里要做的是在共享库文件的基础上保证容器间资源隔离，以及本地库文件的防篡改工作。图 4.4 为超轻量级容器的整体框架图，可以看出，每个容器仅包含自身需要的最基本运行时环境。

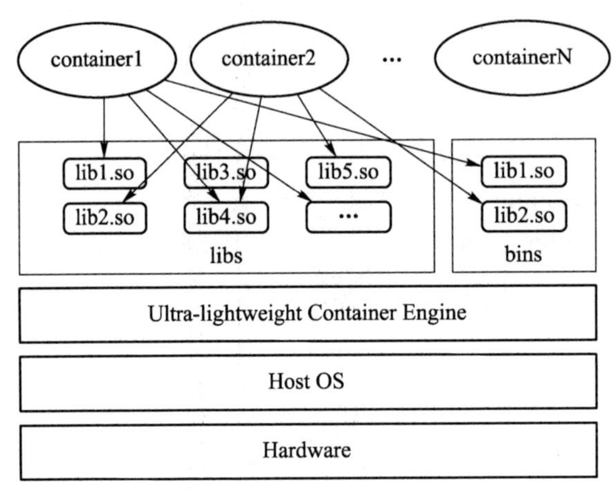


图 4.4　超轻量级容器整体框架

传统的容器在操作系统之上进行隔离，容器间共享主机内核，并在各自的空间中封装完整的操作系统发行版、应用程序及其依赖项。这样做的优点是剔除了操作系统内核的冗余，在资源固定的情况下能够启动更多容器实例。超轻量级容器设计思想通过构建 REG 容器管理引擎，将共享思想进一步深化，所有容器空间中仅包含各自的应用程序代码，在保证隔离性的基础上实现了运行时依赖文件层面上的共享，始终保证多个容器的相同依赖项仅在内存中存在一份，实现了理论上的最优解。图 4.5 展示了 VM、Docker、Unikernal 与 REG 在结构上的差别。

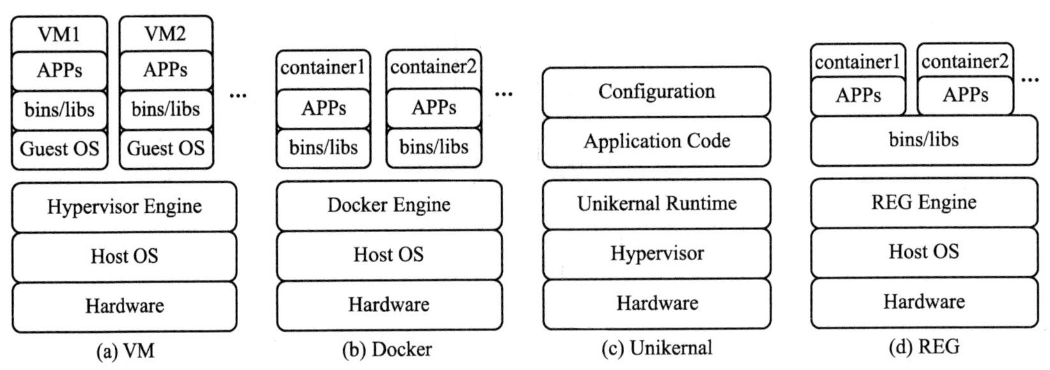


图 4.5　4 种虚拟化方案对比

## 4.5.2　REG 系统实现

REG 作为超轻量级容器管理引擎，对用户而言是一个简单的客户-服务器架构，用户通过客户端与服务器端建立通信。REG 的总体架构如图 4.6 所示，主要包括 REG client、REG host、REG registry 3 个部分。

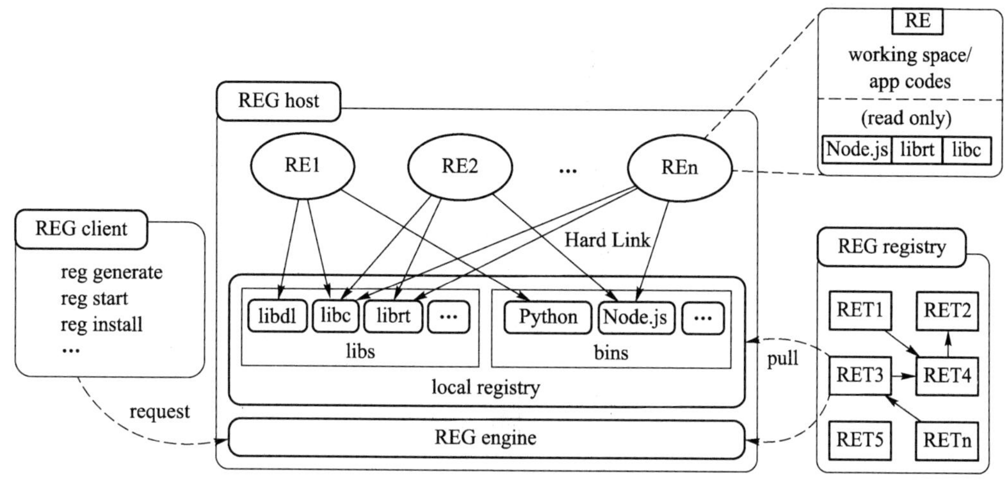


图 4.6　容器管理引擎架构图

REG client 是用户与 REG engine 建立通信的最佳途径，用户通过 client 发起对超轻量级容器的管理请求，REG engine 收到请求后解析用户指令，进行实际操作。支持的用户指令主要包括容器生成（generate）、移除（remove）、启动（start）、停止（stop）、组件安装（install）、组件卸载（uninstall）等。

REG registry 是部署在公共网络中的运行时环境模板（runtime environment template，RET）仓库，负责运行时环境模板的存储与分发。RET 的作用可以类比于 Docker 容器的镜像，Docker 依据镜像生成容器，REG 则依据 RET 获得相应的二进制文件及库文件，从而生成用户指定的运行时环境。如图 4.6 所示，REG registry 中存在两种形式的文件：RET 文件与共享库（.so）文件。其中 RET 文件又包含了可执行二进制文件本身以及对相应共享库文件的依赖说明。

REG host 作为架构的主体部分，首先具备服务器端的功能，能够接收客户端发来的请求。REG host 内部的所有任务均由 engine 完成，主要包括对用户请求的解析、从远端仓库中拉取相应的运行时依赖（可执行二进制文件与共享库文件）、容器的生成与生命周期管理等。每次创建新容器时，REG engine 将本地仓库中的运行时库文件以硬链接的形式复制到容器空间，从而保证每个容器中内容相同的运行时库文件总是拥有相同的索引节点，即该部分文件仅需在内存中加载一份即可被多个容器共享。

## 4.5.3　进一步讨论

### 1．REG 容器管理引擎的设计折中

相比于其他容器管理引擎，REG 主要关注于对运行时环境的去冗余，以及相同依赖文

件在宿主机内存中的共享。通过细化可操作资源的粒度，给予程序构建者更高的可操控程度，使之可以自由指定项目实际使用的依赖文件，但同时也对开发者本身提出了更高的要求。此外，不同运行时环境往往依赖不同的可执行二进制文件与共享库文件，并且相同库文件具有多种不同版本，这就要求构建容器的同时需要实现一套完备的库文件管理系统，实现对依赖文件的正确分发。同时，由于这些依赖文件往往是支撑众多应用程序运行的底层基础，因此如何保证仓库在管理过程中的安全性以及如何保证文件分发过程不被篡改，都对应用程序的正确运行至关重要。

**2．超轻量级容器的安全性讨论**

在安全性方面，REG 的安全性问题本质上是容器技术的安全性问题。

REG 管理引擎对生成的容器实现了文件系统级防护。/sys、/proc 等内核系统目录必须挂载至容器环境才能使容器正确运行，这就为恶意程序留下了潜在攻击点。因此在实现过程中，REG 对这些内核系统目录实行只读挂载，保证宿主机文件系统不会受到容器的影响。同时，REG 采用 OverlayFS 作为容器的文件系统，将组成运行时环境的基础文件放置在底层目录（lower dir），利用该文件系统的写时复制特性，虽然所有容器共享底层目录，但一旦需要向文件系统写入数据则引导其写入与该容器相关的另一个特定目录中。这样即可保证本地仓库中的二进制文件与共享库文件不会被污染，任何单个容器的操作不会影响到其他容器。

在隔离性方面，REG 采用与当前主流容器技术相同的 Linux Namespace 机制，通过命名空间隔离不同容器的可见资源。例如对进程编号 PID 的隔离会将所有未运行在开发者当前容器中的进程隐藏，使得容器内的程序无法感知外部进程，从而无法对外部进程产生影响。此外，REG 实现了对挂载点与进程间通信等资源的隔离，考虑到保持 REG 本身的轻量级特性，因而暂未对容器网络进行隔离，所有容器共享宿主机的网络命名空间。

## 4.6　实践：Docker 容器网络实践

通过前面的实践，读者已经能够搭建一个简易的网站，但是将 Nginx 和网页代码放在同一个镜像中的高耦合方式不利于扩展和维护，降低了软件的可维护性。如果一个模块修改了公共数据，则会影响相关模块，并且会降低软件的可理解性，导致排错困难。

为了解决上述问题，Docker 引入容器网络模型，如图 4.7 所示，主要包含以下 3 个构件。

① Network：可理解为一个 Driver，是包含多种网络模式的第三方网络栈。

② Sandbox：定义容器内的虚拟网卡、域名系统（domain name system，DNS）和路由表，是 Network Namespace 的一种实现，属于容器的内部网络栈。

③ Endpoint：端点，用于连接 Network 和 Sandbox。

此外，Docker 在创建容器时，首先调用控制器创建 Sandbox 对象，然后调用容器运行时为容器创建 Network Namespace。

下面以在同一个容器网络中建立 Tomcat 和 Nginx 两个容器并实现反向代理为例，讲解容器网络的现实应用。

**【实验目的】**

1．掌握创建 Docker 网络的方法。

2．掌握由 Docker Compose 定义和运行多个容器的方法。

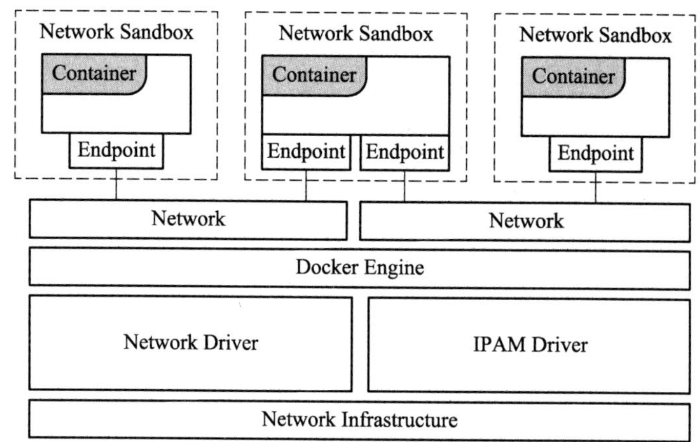


图 4.7　Docker 容器网络模型

【实验环境】

操作系统：CentOS 7；　Python：3.8；　Docker：20.10.5。

【实验步骤】

**1. 建立容器网络**

使用以下命令建立一个名为 test-net 的容器网络：

```
$ docker network create test-net
```

**2. 启动网页 App 容器**

下载预先准备的 Tomcat 镜像，并以默认的 8080 端口启动 Web 服务器：

```
$ docker run -d -p 8080:8080 --name mywebsite --network test-net bsuecnu/mywebsite
```

其中，--name mywebsite 将该容器命名为 mywebsite，　--network test-net 将容器加入 test-net 网络。bsuecnu/mywebsite 是一个存放网站的素材镜像，如果系统中不存在，Docker 将自动从网络中拉取最新的版本。

```
Unable to find image 'bsuecnu/mywebsite:latest' locally
latest: Pulling from bsuecnu/mywebsite
```

执行上述命令后即可启动浏览器，通过访问 http://localhost:8080 查看网站是否正常运行。如果出现 Tomcat 的网页，则证明容器已经正常工作。

**3. 启动 Nginx 容器**

Nginx 是一个高性能的 HTTP 和反向代理 Web 服务器，假设已在用户目录/home/cloud 下预先准备 nginx.conf 文件，具体过程如下：

```
user  nginx;
worker_processes  1;
error_log  /var/log/nginx/error.log warn;
pid/var/run/nginx.pid;
events {
    worker_connections  1024;
```

```
    }
    http {
        include/etc/nginx/mime.types;
        default_type   application/octet-stream;

        log_format   main   '$remote_addr - $remote_user [$time_local] "$request" '
                            '$status $body_bytes_sent "$http_referer" '
                            '"$http_user_agent" "$http_x_forwarded_for" "$upstream_addr"';
        access_log   /var/log/nginx/access.log    main;
        sendfile on;
        keepalive_timeout    65;
        server {
            listen 80;
            server_name localhost;
            location / {
                proxy_pass http://mywebsite:8080/;
                proxy_redirect off;
                proxy_set_header Host $host;
                proxy_set_header X-Real-IP $remote_addr;
                proxy_set_header X-Real-Port $remote_port;
                proxy_set_header X-Forwarded-For $proxy_add_x_forwarded_for;
            }
        }
    }
```

从上述代码中可以看到，使用同一虚拟网络下的 mywebsite 指代 Tomcat 服务器。

然后启动 Nginx 容器，并将本地的 nginx.conf 文件导入其中：

```
$ docker run -d --name nginx-test --network test-net -p 80:80 -v /home/cloud/nginx.conf:/etc/nginx/
nginx.conf nginx
```

其中，nginx.conf 为 Nginx 的配置文件。与 mywebsite 类似，此处同样为容器命名，并将其加入对应的网络。

最后访问宿主机 IP 地址，如果执行顺利，则可看到网页内容。

上述连通两个容器的方式显然十分不便，每次新建或删除容器时需要执行许多步骤。下面将介绍 Docker Compose，通过该工具可以更方便地运行简易的网页。

**4．安装 Docker Compose**

首先下载并安装 Docker Compose：

```
$ sudo curl -L
"https://gitee.com/X-laber/courseware_for_ccsadp/blob/master/docker-compose/docker-compose-2.1.1" -o
/usr/local/bin/docker-compose
```

将可执行权限应用于二进制文件：

```
$ sudo chmod +x /usr/local/bin/docker-compose
```

创建软链：

```
$ sudo ln -s /usr/local/bin/docker-compose /usr/bin/docker-compose
```

测试是否安装成功：

```
$ docker-compose --version
```

**5．创建脚本文件**

创建一个脚本文件 docker-compose.yml，其为 Docker Compose 默认读取的配置文件：

```
version: '3'
services:
  mywebsite:
    image: bsuecnu/mywebsite
    container_name: mywebsite
    ports:
      - "8080:8080"
  nginx:
    image: nginx
    container_name: mynginx
    volumes:
      - "/home/cloud/nginx.conf:/etc/nginx/nginx.conf"
    ports:
      - "80:80"
```

文件的许多声明与 Docker 命令相似，同样指定了容器的名称（container_name）、镜像（image）、挂载的文件或目录（volumes）以及开放的端口（ports）。此处并未声明网络，因为 Docker Compose 为每个 docker-compose 指定了一个默认网络，所以无须再次配置。

**6．运行**

在宿主机的终端中进入 docker-compose.yml 文件所在的目录，执行以下命令启动应用程序：

```
$ docker-compose up -d
```

最后访问 80 端口，如果执行顺利，则可看到网页内容。

# 本章小结

容器技术是云生态系统中的最新技术，如今逐渐发展成熟，开始成为云服务的基础设施。容器技术有效地将单个操作系统的资源划分到独立的组中，以便更好地在独立的组之间平衡存在冲突的资源使用需求。容器技术包括核心技术、平台技术和支持技术等一系列技术，能够大幅提升生产效率，目前已经广泛应用于各个行业的基础设施。本章介绍了容器的基本概念和关键技术，并通过具体的实践案例令读者实践容器系统的构建与实际业务场景中的应用。

# 习题与实践 4

**复习题**

1．轻量级虚拟化技术相较于传统虚拟化技术存在哪些优势和不足？

2．容器的轻量级虚拟化技术是否能够进一步轻量化？有何实现方式？

3．容器技术的诞生旨在解决哪个层次的技术实现？

4．简述 Docker 提供的两种构建镜像的方法。

5．简述 Docker 提供的两种存储机制以及各自的特点。

6．简述 Docker 容器间的通信方式。

**践习题**

1．Docker 是目前最流行的轻量级虚拟化解决方案之一，开始在越来越多的场景中替代传统的虚拟机技术。

① 通过 Docker 的官方网站下载并安装使用最新版本的 Docker，进一步了解 Docker 的原理。

② 利用 training/webapp 镜像创建一个简单的 Web 服务器，并使用浏览器测试网页是否可以正常加载。

③ 创建自定义 Docker Network，并在该网络中启动两个 CentOS 容器，测试两个容器是否可以通过 ping 命令连通。

④ 利用 Tomcat 镜像和 Nginx 镜像实现简单的反向代理。

2．编写 Dockerfile，实现自动化创建 Tomcat 和 Nginx 容器以及反向代理的功能。

# 第 5 章　云服务的编排与管理

扫一扫，进入
第 5 章资源平台

当云化的应用在服务端横向拆分为微服务时，能够有效地对复杂业务解耦，进而极大提升系统的扩展性、容错性。如何拆分是业务层面需要解决的问题。将微服务以容器化的方式部署，已经成为微服务架构在云原生环境下进行部署的实际标准。该类部署方式能够大大提高系统在微服务层面的弹性伸缩能力与服务可复用性。相比传统架构，服务数量急剧增加以及诸多服务存在异构、分布式的特点，使得服务的管理和编排成为业界的一个热点问题。容器的编排也作为一项正式内容，写入云原生的官方学习路径。

本章主要讨论如何使用 Kubernetes 这一工具对微服务（容器）进行有效的编排，从而实现高效的资源调度，提高服务质量。

## 5.1　云服务的高可扩展设计

### 5.1.1　弹性计算：云服务的高可扩展设计之道

弹性计算是云计算中的一个基本概念，也称弹性伸缩（auto scaling）。弹性计算能够快速扩展或缩减 CPU、内存、网络和存储等资源，以满足服务容量不断变化的需求，而无须担忧服务用量高峰的容量计划和工程设计。弹性计算通常由系统监控工具控制，无须中断操作即可使分配的资源量与实际所需资源量相匹配。通过云灵活性，企业可避免未用容量或闲置资源付费，并且不必担心投入资金购买或维护额外的资源和设备。

虽然在考虑弹性计算时需要顾及安全性和有限控制方面的问题，但其确实具有许多优点。弹性计算比典型的静态分配基础结构更加高效，其通常自动执行，因此不必时刻依赖人工管理员；而且通过避免不必要的减速或服务中断，能够实现服务的连续可用性。在应用范围上，弹性计算不仅适用于业务量不断波动的应用程序，也适用于业务量稳定的应用程序。

弹性计算通常包含以下 3 个方面的概念。

（1）弹性扩张

当业务需求升级时，弹性计算自动完成底层资源升级，避免访问延时和资源超负荷运行。例如，若设置扩张阈值为 85%的 CPU 利用率，则当被监控主机或容器的资源利用率超过 85%时，会自动扩容出一个相同的主机或容器环境，增加计算资源，同时自动启动新的服务实例对外提供服务。

（2）弹性收缩

当业务需求下降时，弹性计算将自动释放资源，以免造成资源空闲，避免资源和成本的浪费。例如，若设置收缩阈值为 35%的 CPU 利用率，则当被监控主机或容器的资源利用率低于 35%时，会自动释放主机或容器，减少计算资源。

（3）弹性自愈

弹性自愈提供健康检查功能，自动监控伸缩组内主机或容器实例的健康状态。当出现不健康的计算节点时，系统会自动创建新的计算节点，然后释放不健康的节点，并保证服务的正确启停。

弹性计算包含以下 5 个方面的关键技术。

（1）多地域和多区域

弹性计算系统通常覆盖多个地理区域，每个地理区域中又包含多个可用区域。基于多地域和多区域机制，用户可将服务部署在不同的可用区域和地理区域中，最大限度地实现容灾。此外，弹性计算系统还可基于网络延迟测速机制为终端设备选择距离最近的服务，从而降低终端与服务交互过程中的网络延迟。

（2）网络通信

通常弹性计算实例创建后就会动态地分配公网 IP 地址和私有 IP 地址，私有 IP 地址由动态主机配置协议（dynamic host configuration protocol，DHCP）分配产生。公网 IP 地址和私有 IP 地址均可动态调整带宽，以适应网络带宽弹性的需求。弹性计算实例也可以绑定多张网卡，以适应不同的业务需求。

（3）弹性负载均衡

弹性负载均衡功能允许弹性计算实例自动分发应用流量，从而保证工作负载不会超过现有能力，并且在一定程度上支持容错。弹性负载均衡功能可以识别应用实例的状态，当一个应用运行不佳时，会自动将流量路由到状态较好的实例资源，直到前者恢复正常才会重新为其分配流量。

（4）自动缩放

自动缩放可以按照用户自定义的条件，自动调整弹性计算的计算能力。自动缩放功能适用于周期性变化的应用程序，由管理程序自动启动。

（5）服务管理控制台

用户通过服务管理控制台能够实现资源的可视化管理，从而有效提高服务管理的效率。

### 5.1.2 容器云的高可扩展

传统云计算平台通常使用虚拟机作为计算的基本单位，虚拟机既保证了系统之间的隔离性和安全性，同时能够最大限度地利用硬件资源，是云计算的“基石”。然而，随着计算技术的快速发展，虚拟机的不足之处逐渐显现。

① 虚拟机的创建速度处于分钟级，无法满足快速扩容集群的需求。

② 虚拟机通常具有完整的操作系统，系统镜像会占用较多的存储资源。

③ 虚拟机启动时会加载完整的操作系统服务，这些服务会占用一定的计算和内存资源。

容器（container）是一种更轻量级、更灵活的虚拟化处理方式，能够将一个应用程序所需的全部资源进行打包。容器包括所有代码、各种依赖甚至操作系统，使得应用程序几乎能够在任何环境运行。因此容器的诞生解决了一个重要的问题——确保应用程序从一个环境移动到另一个环境的正确运行。容器只是虚拟化操作系统，而非如虚拟机般虚拟化底层计算机。

相比于虚拟机，容器具有以下优势。

（1）可移植性

目前容器技术的现代形式主要体现在应用程序容器化（例如 Docker）和系统容器化（例如 LXC）中。两种形式的容器均能够使 IT 团队从底层架构中抽象出程序代码，从而实现跨多种部署环境的可移植性。

（2）轻量级

容器通常位于物理服务器及其主机操作系统，可以通过单个操作系统运行多个工作环境。因此容器特别“轻”——通常只有几兆字节，能够实现秒级启动。

（3）低成本

与虚拟机相比，内存、CPU 和存储效率的提高是容器技术的关键优势。由于可以在同一基础架构中支持更多容器，因此这些资源的减少即可转化为巨大的成本节省，同时能够减少管理开销。

容器技术的大规模应用也不断促进着相关技术的发展，例如 DevOps 和微服务。

在 DevOps 领域，容器不仅可以作为 DevOps 的基本运行环境，而且在提高敏捷性、支持开发人员协作、安全性和自动化等方面均提供了很好的支持。当需要快速创建新的应用程序时，容器可以按需提供所有部件，从而使开发人员能够实时快速更新和迭代。由于开发团队需要测试和评估多个 IT 场景，并迅速执行应急计划，因此 DevOps 必须能够快速支持进程。容器允许操作系统在网络范围内设置测试环境，同时确保及时响应应用程序生命周期中的任何问题。

在微服务领域，微服务是指将大型的单个应用程序和服务拆分为数十个小型服务。微服务策略可以使工作变得更为简便，其最大的优点是能够比传统的应用程序更有效地利用计算资源。大多数服务存在不同的资源需求，例如网络、磁盘、CPU 或内存。虽然云供应商可以提供针对各种资源的不同设置，但系统仍然会留下大量的冗余资源。由于微服务类似于小型应用程序，因此必须将微服务部署到虚拟机实例。可以想象，将整个虚拟机专门用于部署应用程序的一小部分并非最有效的选择。但是，使用容器技术可以降低性能开销，并在同一台服务器中部署上千个微服务，因为容器比虚拟机需要的计算资源少得多。微服务进行容器化很有必要，其可以提高利用率和可用性，降低成本，同时快速实现服务扩/缩容。

目前，越来越多的云平台正在基于容器构建 PaaS 平台，云计算平台正在从传统弹性计算平台转向容器云平台。容器技术并不会替代传统虚拟机技术，虚拟机在隔离性、安全性等方面的优点是容器所无法比拟的，因此容器云平台也并不会完全替代传统云计算平台，而是与多种计算服务共存，分别应用于不同的场景中。

## 5.2　容器的编排与管理技术

### 1. 云原生消息队列

消息队列是指利用高效、可靠的消息传递机制进行与平台无关的数据交流，并基于数据通信进行分布式系统的集成。在传统应用架构设计中，系统组件与应用紧密耦合，消费者出现任何问题（升级停服、宕机、不可用等）都会影响生产者的业务。并且系统的可用性和效率较低，当出现突发的海量消息压力，导致消费者无法实时、高效地处理消息时，容易产生雪崩效应。再者，由于缺少持久化机制，系统发生故障时会丢失消息。此外，消息的本地存储难以扩展，单机的处理能力和内存容量有限，不具备可扩展性，同时系统组件的高度耦合使得扩展难度进一步增大。

为了解决传统架构中的各种问题，云原生消息队列服务应运而生，为微服务和事件驱动架构提供核心的解耦、异步和削峰的能力。消息队列能够使用户方便地架构出分布式的、高性能的、弹性的、鲁棒的应用程序。

程序组件与应用解耦分离独立运行，同时可以简化组件间的消息管理。分布式应用程序的任何组件均可将消息存储在队列中，云消息服务确保每条消息至少传送一次，并且支持多次读取和写入。

单个队列可由多个分布式应用程序组件同时使用而无须组件之间互相协作。所有组件均可使用云消息服务 API 以编程方式检索和操作消息。

可靠的基于消息的异步通信机制，能够将分布式部署的不同应用（或同一应用的不同组件）之间的收发消息存储在可靠、有效的消息队列中，防止消息丢失。云原生消息队列支持多进程同时读写，收发互不干扰，无须各个应用或组件始终处于运行状态。

消息同步多副本落盘可以保障消息的高可靠性，并通过分布式 Raft 等算法保证消息的强一致性，同时提供消息队列、发布订阅、消息回溯、延时消息、顺序消息、消息轨迹等服务，具有高可靠、高可用、高性能、动态伸缩等优势。

云消息服务不仅具备处理系统解耦、异步通信等传统消息队列所必备的能力，而且在数据的可靠传递、性能、快速部署等方面提供有力的支持，满足使用者针对特定场景下的消息高可靠堆积、动态扩/缩容、系统监控、消息轨迹查询等方面的需求。

**2．服务网格**

服务网格（service mesh）是一个用于管理、观测、支持工作负载实例之间安全通信的管理层，其控制平面示意图如图 5.1 所示。服务网格通常以轻量级网络代理阵列的形式实现，这些代理与应用程序代码部署在一起，而应用程序无须感知代理的存在。服务网格通常由控制平面和数据平面两部分组成。数据平面运行在 Sidecar 中，Sidecar 作为一个独立的容器和业务系统运行在同一个 Kubernetes 的 pod 中，或者作为一个独立的进程和应用程序进程运行在同一个虚拟机上，其主要充当业务系统的网络流量的代理。传统远程过程调用（remote procedure call，RPC）中的服务发现、限流、熔断、链路追踪等功能均会下沉到 Sidecar 中。Sidecar 为应用程序提供了一个透明的网络基础设施，使业务在低侵入或零侵入的情况下获得更加健壮的网络通信能力。

服务网格为微服务带来新的变革，主要体现为服务治理与业务逻辑解耦。服务网格将软件开发工具包（software development kit，SDK）中的大部分功能从应用中剥离，并拆解为独立进程，以 Sidecar 的模式部署，将服务通信以及相关管控功能从业务程序中分离并下沉到基础设施层，使其和业务系统完全解耦，令开发人员更加专注于业务本身。此外，异构系统的统一治理，通过服务网格技术将主体的服务治理能力下沉到基础设施，能够方便地实现多语言、多协议的统一流量管控、监控等需求。

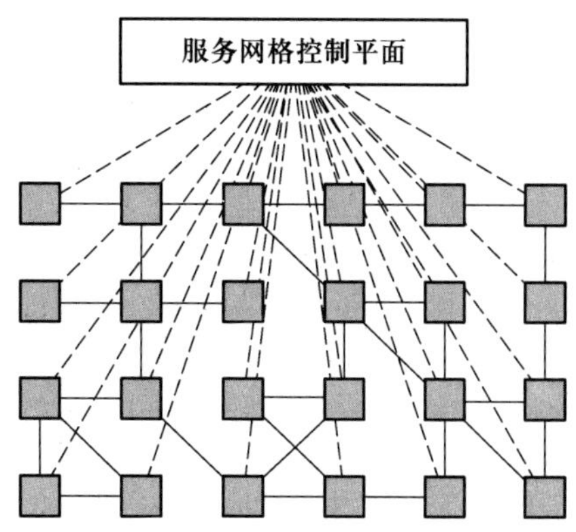


图 5.1　服务网格控制平面示意图

服务网格比传统微服务架构拥有更多优势。首先是超强的通信线路数据观察性，服务网格是一个专用的管理层，鉴于其在技术堆栈中处于独特的位置，所有的服务间通信都要经由服务网格，以便在服务调用级别提供统一的遥测指标。其次是“面向目的地”的流量控制能力，由于服务网格的设计目的是有效地将来源请求调用连接至其最优目标服务实例，因此这些流量控制特性是“面向目的地”的，而这也正是服务网格流量控制能力的一大特点。此外，服务网格可以为服务提供智能路由（蓝绿部署、金丝雀发布、A/B 测试）、超时重试、熔断、故障注入、流量镜像等控制能力，并增强微服务网络的安全性。在某种程度上，单体架构应用受其单地址空间的保护，一旦单体架构应用被分解为多个微服务，网络就会成为一个重要的攻击面，更多的服务意味着更多的网络流量，对黑客而言就意味着更多的攻击信息流的机会，而服务网格恰恰提供了保护网络调用的能力。服务网格在安全方面的优势主要体现在以下 3 个核心领域：服务的认证、服务间通信的加密、安全相关策略的强制执行。

服务网格因其带来的巨大变革以及拥有的强大技术优势，被称为第二代“微服务架构”。然而软件开发没有“银弹”，传统微服务架构存在诸多痛点，而服务网格也有其局限性：首先，网络复杂性大幅增加，服务网格将 Sidecar 代理和其他组件引入复杂的分布式环境中，会极大地增加整体链路和操作运维的复杂性；其次，学习曲线较为陡峭，当前的服务网格几乎均建立在以 Kubernetes 为基础的云原生环境中，服务网格的运维人员需要同时掌握 Kubernetes 和服务网格两种技术，才能应对使用中的问题，增加了用户的学习成本；此外，系统调用存在额外的性能开销，服务网格在服务链路中引入 Sidecar Proxy，因在系统调用中增加了跳转而带来延迟，虽然该延迟是毫秒级的，在大多数场景下可被接受，但是在某些追求高性能、低延迟的业务场景下可能难以容忍。

**3．无服务器（serverless）架构技术**

基础设施架构总是伴随软件架构演进。单体架构时代的应用比较简单，应用的整体部署、业务的迭代更新，物理服务器的资源利用效率足以支撑业务的部署。随着业务的复杂程度飙升，功能模块复杂且庞大，单体架构严重阻塞了开发、部署的效率，业务功能解耦、独立模块可并行开发部署的微服务架构逐渐流行，业务的精细化管理不可避免地推动着基础资源利用率的提升。虚拟化技术打通了物理资源的隔阂，减轻了用户管理基础架构的负担。容器/PaaS平台则进一步抽象，提供了应用的依赖服务、运行环境和底层所需的计算资源，使得应用的开发、部署和运维的整体效率再度提升。无服务器架构技术将计算抽象得更加彻底，将应用架构堆栈中的各类资源的管理全部委托给平台，免去基础设施的运维，使用户能够聚焦高价值的业务领域。图 5.2 展示了其与虚拟机和容器的抽象示意图比较。

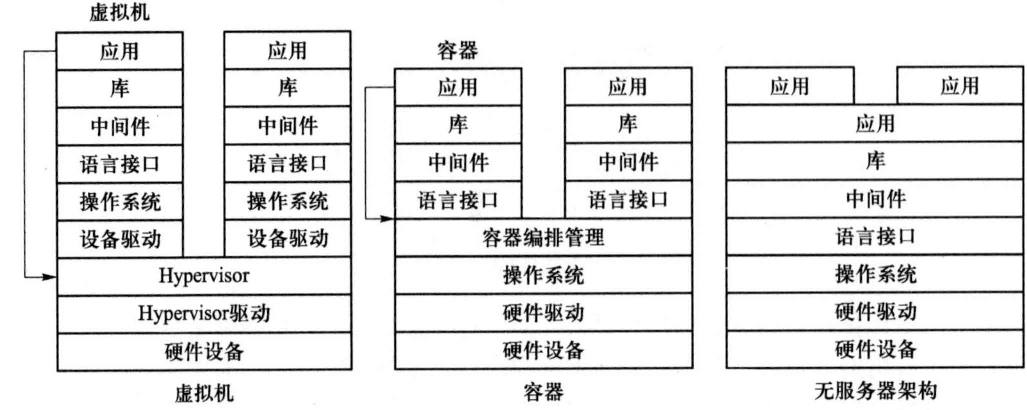


图 5.2　虚拟机、容器、无服务器架构抽象示意图

无服务器是一种架构理念，其核心思想是将提供服务资源的基础设施抽象成各种服务，以 API 的方式提供给用户按需调用，真正做到按需伸缩、按使用收费。该架构消除了对传统海量持续在线服务器组件的需求，降低了开发和运维的复杂性，降低了运营成本并缩短了业务系统的交付周期，使用户能够专注于价值密度更高的业务逻辑开发。表 5.1 展示了传统架构与无服务器架构的区别。

**表 5.1　传统架构与无服务器架构的区别**

| 项目 | 传统架构 | 无服务器架构 |
|---|---|---|
| 资源申请 | 需要申请资源以及后期的资源扩容 | 无须申请资源，资源按需分配 |
| 资源运维 | 需要运维系统资源，包括资源的容灾、弹性伸缩、安全性等 | 资源的运维交由云厂商代为维护，用户无须运维 |
| 计费方式 | 根据实例配置计费 | 根据实际资源使用量计费 |
| 弹性伸缩 | 弹性伸缩处于分钟级，伸缩敏感度不高，不支持缩容到零 | 更极致的弹性伸缩能力，可以实时/秒级地对资源进行弹性伸缩，并支持缩容到零 |

在无服务器架构的理念和方法下，多种无服务器技术形态诞生，目前成熟落地的有 3 种形态：函数即服务（function as a service，FaaS）、后端即服务（backend as a service，BaaS）和 Serverless 容器。

**4．云原生调度系统**

随着云原生技术的普及，越来越多的应用开始进行云原生化架构升级和应用迁移，负载类型和集群规模的不断扩大，要求云原生调度系统提升资源的使用效率，并能够对不同类型的应用（例如人工智能、大数据、高性能计算）、异构硬件资源（例如 GPU、TPU）和多个云环境进行统一智能化调度。

① 离线与在线应用的统一调度，使得越来越多的批量计算任务迁移至云原生环境中执行，从高性能计算（high performance computing，HPC）到大数据再到人工智能，早期各种场景中的分布式系统多为专有系统。

② 在批量计算任务向云原生环境迁移的过程中，需要云原生调度系统能够支持各种场景的批量计算任务，并能够与微服务应用共享云原生环境和资源。这就需要云原生调度系统能够同时支持（在线）微服务类应用和（离线）批量计算任务共享资源，以达到多种应用统一调度的要求。

③ 异构硬件的统一调度：为了应对多种应用对资源适用场景的多元需求，需要云原生调度系统能够对异构硬件资源进行统一的管理与调度，使用各种应用达到最优的资源配比。

④ 多云负载的统一调度：为了降低厂商绑定的风险，同时最大限度地兼顾不同云厂商的优势，多云环境下的负载高效分发逐渐成为趋势。

⑤ 智能化的统一调度：云原生环境的多样化使得资源和作业调度更加困难，人工智能等新技术的发展为其提供了解决方法。

⑥ 借助作业画像等 AI 技术预判资源的使用量，并以此为依据对资源进行动态扩/缩容和动态超分，以优化复杂环境下的资源和作业调度方案。

针对上述新的要求和挑战，云原生的相关项目提供了不同的解决方案。一是通过改进现有的 Kubernetes 组件实现。目前云原生环境中的大量微服务使用 Kubernetes 进行调度管理，随着批量计算任务向云原生环境迁移，Kubernetes 社区的不同兴趣组也对各个组件进行相应的改进，调度兴趣组开始通过调度框架，使用户通过自研插件支持批量计算任务。二是基于 Kubernetes 的扩展机制实现。通过 CRD、Operator、Multi-scheduler 等扩展机制提供批量计算解决方案，能够有效支持批量计算任务与微服务应用统一调度。例如，Volcano 是 CNCF 首个面向批量计算场景的云原生调度系统项目，作为基于容器组的调度框架，Volcano 支持批量计算的各种场景，并通过引用 Kubernetes 现有的调度策略支持微服务场景以及兼容 Kubernetes 的调度策略，同时支持 GPU 共享的异构硬件功能。

**5. 多云容器编排**

企业生产环境的容器集群规模爆发式增长，越来越多的企业核心业务切换到容器，容器技术栈需要应对的场景越来越复杂，对多云环境的容器编排能力提出了强烈诉求，主要的场景需求如下。

① 避免厂商锁定：应用可以灵活部署在不同云供应商或本地互联网数据中心（internet data center，IDC）的集群中，不再依赖某一家云服务厂商。

② 云上、云下分离部署：部分核心业务部署在私有云环境，满足行业监管和数据安全要求；普通业务部署在公有云环境，利用公有云强大计算能力的同时节约成本。

③ 跨云部署实现容灾：在云服务商发生故障时可以快速切换到其他云服务商或混合云环境，实现业务的容灾管理。

④ 跨云弹性伸缩：利用公有云超大资源池应对短期流量高峰的场景，大幅提高业务的承载能力。

当前多云容器编排主要存在两种实现方式。其一为以 GitOps 为媒介联通多云环境的 Kubernetes 集群进行协作。GitOps 是一种持续交付的理念，其核心思想是将应用系统的声明性基础架构和应用程序存放在 Git 库中进行版本控制。通过将 GitOps 与 Kubernetes 结合，利用自动交付流水线将更改的应用交付到指定的任意多个集群。同时，GitOps 能够通过工具将各个集群环境的实际状态与 Git 库中的配置进行比较，快速发现集群配置的非预期变更，并将其还原到预期状态，以确保多集群环境配置的一致性，从而达到多云容器编排部署的目的。然而 GitOps 方案目前只能解决跨云部署的配置一致性问题，无法解决跨云应用容灾切换、跨云弹性伸缩等高阶业务场景诉求。其二为通过“集群联邦”项目扩展资源类型，实现跨集群编排调度。SIG-Federation 于 2016 年正式推出官方项目 Federation，并在此基础上发展出 KubeFed 项目。KubeFed 简化了 Federated API 的扩展方式，并在跨集群服务发现和编排等方面进行增强。KubeFed 通过 CRD 机制完成 Federated Resources 的扩充，联邦控制器负责管理这些 CRD，将资源分发至不同集群，并通过 External DNS 等服务发现机制打通不同集群的应用访问与协同。

KubeFed 遵循模块化与可定制的设计理念，并与 Kubernetes 生态保持兼容性与扩展性。由此，基于 KubeFed 的架构理论上可支持扩展解决各类多云场景的问题。

**6．有状态应用管理**

以容器为代表的云原生技术，使用开放、标准的技术体系，帮助企业和开发者在云上构建和运行可弹性扩展、容错性优良、易于管理、便于观察的系统，如今已经成为释放云价值的最优途径。通过声明式 API 和控制器模式（controller pattern），Kubernetes 构建出一套“面向终态”的编排体系，为用户提供敏捷、弹性、可移植性等核心价值，目前已成为容器编排的实际标准，并被广泛应用于自动部署、扩展和管理容器化应用等领域。无状态应用容器化已十分普遍，但由于有状态应用基本为分布式，因此其生命周期管理比无状态应用复杂得多。

Kubernetes 的现有资源类型无法实现有状态应用的合理抽象与描述，同时有状态应用对外部资源具有一定的绑定性依赖，多个实例之间通常存在拓扑关系，并且这些实例本身并非完全等价。Kubernetes 内置的 StatefulSet 资源类型在管理有状态应用方面仅解决了启动顺序、存储状态依赖性等问题，无法实现应用“状态”的合理抽象与描述，状态和容器进程本身无法解耦。此外，有状态应用的管理经验无法得到有效沉淀，在当前环境下，开发者不得不尝试编写一套复杂的管理脚本，而这些脚本、知识和经验无法被有效地沉淀，从而制约了云原生应用的普及。

面向交付和运维和 Operator 技术提供了打包、部署、管理 Kubernetes 应用的全新方式。Operator 是一种通过扩展 Kubernetes 的资源模型，引入自定义控制器，实现对资源及其状态的灵活控制的技术。Operator 将控制器模式的思想贯彻得更加彻底，在 CRD 的基础上增加自定义控制器，实现丰富、可扩展的调度和运维功能。Operator 的本质是一段代码，通过实现 Kubernetes 的控制器模式，保证该 CRD 资源始终与用户的定义完全相同。而在该过程中，Operator 能够利用 Kubernetes 的存储、网络插件等外部资源，协同地为应用状态的保持提供帮助。

**7．云原生数据库**

Gartner 曾在数据库市场分析报告中预测，到 2022 年，75%的数据库将被部署或迁移至云平台，只有 5%的数据库会部署在本地。在国外，以 AWS 为主的云厂商已经实现云技术与数据库的融合，正在逐步挑战与吞噬传统数据库厂商的市场份额；在国内，“云+数据库”的发展也已步入后半程，数据库正在不断深度融合云计算的特性，为用户提供高弹性、分布式、低成本的极致使用体验。数据库的部署形态正在发生改变，传统数据库的发展已遭遇瓶颈。

基于物理服务器部署的传统数据库存在高成本、低效率、稳定性差等问题。业务部门在采购时需为未来业务增量预留资源，存在显著的资源浪费；而当业务快速增长时，资源的采购周期又无法满足业务快速扩张的需求。此外，传统 IT 架构下的服务器故障恢复时间较长，对数据库影响明显。迁移至云的云数据库，在架构层面没有质变而无法充分复用云平台的强大能力，云数据库基于云平台的弹性调度和虚拟机迁移等功能在一定程度上提高了弹性和稳定性，但受限于传统数据库技术而同样存在问题，例如难以实现 TB 级数据的存储扩展、指数级增长的并发访问导致数据同步延时严重、可用性降低等。

上述问题主要存在业务拆分以及采用分库分表的分布式数据库架构两种解决方案，但会带来系统复杂度提高、扩展操作难度增大等问题。

云原生数据库的出现能够有效解决云数据库的现有问题，因而成为重要的发展趋势。云原生数据库采用计算存储分离的架构，遵循“日志即数据”的原则：计算层能够自动实现读写分离，扩/缩容过程对上层透明；存储层采用多租户分布式高可用存储系统，单集群具备 TB 级的扩展能力。相较于传统数据库，云原生数据库主要存在以下优势。

① 数据库部署高度标准化：云原生数据库使用 Kubernetes 等云原生平台进行部署，以 PaaS 的形式对外提供服务，提供近似对象存储的使用体验，从而使数据库在资源使用、应用部署、业务调用等方面实现标准化。

② 大幅降低使用成本：与现有数据库架构不同，用户无须提前预留资源，仅需为使用的资源进行付费。

③ 受益于计算存储分离架构，增加从库时不会额外增加存储成本，仅需为计算资源付费。

④ 多数据库版本兼容：云原生数据库一般兼容现有数据库协议，例如 MySQL、PostgreSQL 的多种主流版本以及部分商业数据库版本。

⑤ 业务无须修改即可进行迁移，同时数据库提供的 TB 级空间能够满足绝大多数应用需求，避免了分库分表所带来的数据一致性问题，研发仅需关注业务逻辑即可。此外，秒级的故障恢复提升了稳定性，传统数据库的稳定性严重依赖底层资源，当资源存在故障时需进行数据迁移，导致故障恢复时间过长。在云原生架构下，计算节点发生故障时无须复制数据，仅需创建新的资源承载流量即可，从而实现秒级故障恢复。而存储节点通常采用分布式多副本的架构，如果节点发生故障，用户一般不会察觉业务异常。

## 5.3 Kubernetes 技术与最佳实践

Kubernetes 是容器编排引擎的实际标准，是继大数据、云计算和 Docker 后的又一热门技术，并且将在未来相当一段时间内流行。对于 IT 行业而言，Kubernetes 是一项非常有价值的技术。

### 5.3.1 Kubernetes 概述

Docker 容器技术的流行和标准化，激活了一直以来不温不火的 PaaS 市场，随之而来的是各类 Micro-PaaS 的出现，Kubernetes 是其中最具代表性的一员。Kubernetes 是谷歌开源的容器集群管理系统，为容器化应用提供资源调度、部署运行、服务发现、扩容缩容等一整套功能，本质上可看作是基于容器技术的 Micro-PaaS 平台。

谷歌从 2004 年起开始使用容器技术，并于 2006 年发布 Cgroups，继而开发了强大的集群资源管理平台 Borg 和 Omega，这些均已被广泛应用于谷歌的各个基础设施。而 Kubernetes 的灵感来源于谷歌的内部 Borg 系统，并且吸收了包括 Omega 在内的容器管理器的经验和教训。

Kubernetes 在古希腊语中意为“舵手”，同时是 Cyber 的词源。Kubernetes 利用谷歌在容器技术上的实践经验和技术积累，同时吸取 Docker 社区的最佳实践，已经真正成为云计算服务的舵手。

Kubernetes 包含以下优秀特性。

（1）强大的容器编排能力

Kubernetes 随 Docker 共同发展，因深度集成 Docker 而天然适应容器的特点，并设计出强大的容器编排能力，例如容器组合、标签选择和服务发现等，能够满足企业级需求。

（2）轻量级

Kubernetes 遵循微服务架构理论，整个系统划分成多个功能独立的组件，组件之间边界清晰，部署简单，能够轻易运行在各种系统和环境中。同时，Kubernetes 中的许多功能均实现了插件化，能够方便地进行扩展和替换。

（3）开源开放

Kubernetes 顺应了开源开放的趋势，吸引大批开发者和企业参与其中，协同构建生态圈。同时，Kubernetes 同 OpenStack、Docker 等开源社区积极合作，共同发展，企业和个人均可参与其中并获益。

Kubernetes 自推出后迅速得到关注和参与，2015 年 7 月，经过 400 余位贡献者一年的努力以及多达 14 000 次代码提交，谷歌正式对外发布 Kubernetes v1.0，代表该开源容器编排系统可以正式在生产环境中使用。与此同时，谷歌联合 Linux 基金会及其他合作伙伴共同成立了 CNCF 基金会，并将 Kubernetes 作为首个编入 CNCF 基金会管理体系的开源项目，助力容器技术生态的发展进步。Kubernetes 的发展里程碑如下。

① 2014 年 6 月，谷歌宣布 Kubernetes 开源。

② 2014 年 7 月，微软、红帽、IBM、Docker、CoreOS、Mesosphere 和 SaltStack 加入 Kubernetes。

③ 2014 年 8 月，Mesosphere 宣布将 Kubernetes 作为框架整合到 Mesosphere 生态系统中，用于 Docker 容器集群的调度、部署和管理。

④ 2014 年 8 月，VMware 加入 Kubernetes 社区，谷歌产品经理克雷格・麦克卢基（Craig McLuckie）公开表示，VMware 将会帮助 Kubernetes 实现利用虚拟化来保证物理主机安全的功能模式。

⑤ 2014 年 11 月，惠普加入 Kubernetes 社区。

⑥ 2014 年 11 月，谷歌容器引擎 Alpha 启动，谷歌宣布 GCE 支持容器及服务，并以 Kubernetes 为架构。

⑦ 2015 年 1 月，谷歌和 Mirantis 及伙伴将 Kubernetes 引入 OpenStack，开发者可以在

OpenStack 中部署运行 Kubernetes 应用。

⑧ 2015 年 4 月，谷歌和 CoreOS 联合发布 Tectonic，将 Kubernetes 和 CoreOS 软件栈进行整合。

⑨ 2015 年 5 月，英特尔加入 Kubernetes 社区，宣布将合作加速 Tectonic 软件栈的发展进度。

⑩ 2015 年 6 月，谷歌容器引擎进入 beta 版。

⑪ 2015 年 7 月，谷歌正式加入 OpenStack 基金会，Kubernetes 产品经理克雷格宣布谷歌将成为 OpenStack 基金会的发起人之一，谷歌会将其容器计算的专家技术带入 OpenStack，以提高公有云和私有云的互用性。

⑫ 2015 年 7 月，Kubernetes v1.0 正式发布。

### 5.3.2　Kubernetes 管理对象

Kubernetes 遵循微服务架构理论，整个系统划分成多个功能独立的组件，组件之间边界清晰，部署简单，可以轻易地运行在各种系统和环境中。

（1）Kubernetes 的架构和组件

Kubernetes 属于主从分布式架构，节点角色分为 Master 和 Node。Kubernetes 使用 etcd 作为存储中间件，etcd 是一个高可用的键值存储系统，其灵感来自 ZooKeeper 和 Doozer，通过 Raft 一致性算法处理日志复制以保证强一致性。Kubernetes 使用 etcd 作为系统的配置存储中心，Kubernetes 中的重要数据均持久化在 etcd 中，从而使 Kubernetes 架构的各个组件处于无状态，可以更简单地实施分布式集群部署。

Kubernetes 中的 Master 是指集群控制节点，每个 Kubernetes 集群中需要存在一个 Master 节点来负责整个集群的管理和控制，Kubernetes 的控制命令大都发送至该节点，由其负责具体的执行过程，后续命令基本均在 Master 节点中执行。Master 节点通常占据一个独立的服务器（高可用部署建议使用 3 台服务器），因其太过重要，是整个集群的“首脑”，如果宕机或不可用，那么针对集群内容器应用的管理都将失效。Master 节点中运行以下关键组件。

① Kubernetes API Server：作为 Kubernetes 系统的入口，其封装了核心对象的增、删、改、查操作，以 REST API 的方式提供给外部客户和内部组件调用。其维护的 REST 对象将持久化到 etcd 中。

② Kubernetes Scheduler：负责集群的资源调度，为新建的 pod 分配机器。该部分工作分离而成一个组件，继而可以方便地替换为其他调度器。

③ Kubernetes Controller Manager：负责执行各种控制器，目前已经实现多种控制器，用于保证 Kubernetes 的正常运行。

除 Master 外，Kubernetes 集群中的其他节点称为 Node，在早期版本中也称为 Minion。与 Master 相同，Node 可以是一台物理主机，也可以是一台虚拟机。Node 节点是 Kubernetes 集群中真正的工作负载节点，每个 Node 由 Master 分配工作负载（Docker 容器），当某个 Node 宕机时，其工作负载将被 Master 自动转移至其他节点。

每个 Node 节点中均运行以下关键组件。

① kubelet：负责 pod 对应的容器的创建、启停等任务，同时与 Master 节点密切协作，

实现集群管理的基本功能。

② kube-proxy：实现 Kubernetes Service 的通信与负载均衡机制的重要组件。

③ Docker Engine：Docker 引擎，负责本机的容器创建和管理工作。

Node 节点可以在运行期间动态添加至 Kubernetes 集群中，前提是该节点已经正确安装、配置和启动了上述关键进程。在默认情况下，kubelet 会向 Master 自我注册，这也是 Kubernetes 推荐的 Node 管理方式。一旦 Node 被纳入集群管理范围，kubelet 进程就会定时向 Master 节点汇报自身情况，例如操作系统、Docker 版本、机器的 CPU 和内存情况，以及当前运行的 pod 等，以便 Master 能够获知每个 Node 的资源使用情况，实现高效、均衡的资源调度策略。若某个 Node 在指定时间内未上报信息，则会被 Master 判定为“失联”，Node 的状态将被标记为不可用（NotReady），随后 Master 会触发“工作负载转移”的自动流程。

（2）基本对象概念

Kubernetes 中的大多数概念（例如 Node、pod、Replication Controller、Service 等）均可视为一种“资源对象”，几乎所有的资源对象均可通过 Kubernetes 提供的 kubectl 工具（或 API 编程调用）执行增、删、改、查等操作，并保存在 etcd 中持久化存储。从这个角度看，Kubernetes 实质上是一个高度自动化的资源控制系统，通过跟踪对比 etcd 库中保存的“资源期望状态”与当前环境中的“实际资源状态”的差异，实现自动控制和自动纠错的高级功能。

① pod：pod 是若干相关容器的组合，其内包含的容器运行在同一台宿主机上，并使用相同的网络命名空间、IP 地址和端口，通过 localhost 互相发现和通信。此外，这些容器能够共享一块存储卷空间。Kubernetes 中创建、调度和管理的最小单位是 pod 而非容器，pod 通过提供更高层次的抽象，实现了更加灵活的部署和管理模式。

② Replication Controller：Replication Controller 用于控制管理 pod 副本（Replica，又称实例），确保任何时刻下 Kubernetes 集群中始终存在指定数量的 pod 副本正在运行。如果 pod 副本少于指定数量，Replication Controller 会启动新的 pod 副本，反之会杀死多余的副本以保证数量不变。此外，Replication Controller 是弹性伸缩、滚动升级的实现核心。

③ Service：Service 是真实应用服务的抽象，定义了 pod 的逻辑集合与访问该 pod 集合的策略。Service 将代理 pod 对外表现为一个单一访问接口，外部无须了解后端 pod 如何运行，为扩展和维护带来诸多便利，并提供了一整套简化的服务代理和发现机制。

④ Label：Label 是用于区分 pod、Service、Replication Controller 的键值对，实际上，Kubernetes 中的任意 API 对象均可由其标识。每个 API 对象可以包含多个 Label，但是每个 Label 的 Key 只能对应一个 Value。Label 是 Service 和 Replication Controller 运行的基础，二者通过 Label 关联 pod。相比于强绑定模型，Label 提供了一种非常好的松耦合关系。

⑤ Node：Kubernetes 属于主从分布式集群架构，Node 负责运行并管理容器。作为 Kubernetes 的操作单元，Node 用于分配给 pod（或容器）进行绑定，pod 最终运行在 Node 上，Node 可被视为 pod 的宿主机。

⑥ Deployment：Deployment 是一个更高层次的 API 对象，负责管理 ReplicaSet 和 pod，并提供声明式更新等功能。官方建议使用 Deployment 管理 ReplicaSet，而非直接使用 ReplicaSet，这就表示或许无须直接操作 ReplicaSet 对象。

⑦ StatefulSet：StatefulSet 适用于永久性的应用程序，包含唯一的网络标识符（IP），能够持久存储并有序地部署、扩展、删除和滚动更新。

⑧ DaemonSet：DaemonSet 能够确保所有（或部分）节点运行于同一 pod。当节点加入 Kubernetes 集群时，pod 将被调度至节点中运行；当节点从集群中移除时，DaemonSet 的 pod 将被删除，同时清理其创建的所有 pod。

⑨ Job：Job 为一次性任务，运行完成后由 pod 销毁，不再重新启动容器；也可设置为定时运行。

⑩ Namespace：Namespace 为命名空间，是 Kubernetes 系统中的另一个非常重要的概念，在很多情况下用于实现多租户的资源隔离。Namespace 通过将集群内部的资源对象“分配”到不同的 Namespace 中，形成在逻辑上分组的不同项目、小组或用户组，便于不同的分组在共享整个集群资源的同时能够被分别管理。Kubernetes 集群在启动后，会创建一个名为“default”的 Namespace，可以通过 kubectl 查看。

上述对象组件是 Kubernetes 系统的核心组件，共同构成了 Kubernetes 系统的框架和计算模型。通过对其进行灵活组合，用户能够快速、方便地对容器集群进行配置、创建和管理。此外，Kubernetes 系统中存在许多辅助配置的资源对象，例如 LimitRange 和 ResourceQuota。关于系统内部使用的对象 Binding、Event 等请参考 Kubernetes 的 API 文档。

### 5.3.3　Kubernetes 服务

为了适应快速发展的业务需求，微服务架构逐渐成为主流，其应用需要由优良的服务编排支持。Kubernetes 中的核心要素 Service 提供了一套简化的服务代理和发现机制，天然适用于微服务架构，任何应用均可轻易运行在 Kubernetes 中而无须对架构进行改动。

**1．服务代理和虚拟 IP**

在 Kubernetes 中，当被 Replication Controller 支配时，pod 副本是变化的，例如在发生迁移（准确地说是 pod 的重建）或伸缩时。这对于 pod 的访问者而言是一种负担——访问者需要能够发现 pod 副本并感知其变化，以便及时进行更新。

Kubernetes 中的 Service 是一种抽象概念，定义了一个 pod 逻辑集合及其访问策略，Service 同 pod 的关联同样基于 Label 完成。Service 的目标是提供一种桥梁，为访问者提供一个固定访问地址，用于在访问时重定向到相应的后端，从而使非 Kubernetes 原生应用程序在无须为 Kubernetes 编写特定代码的前提下轻松访问后端。

Kubernetes 为 Service 分配一个固定 IP，其为虚拟 IP（又称 ClusterIP）而非真实存在。虚拟 IP 属于 Kubernetes 内部的虚拟网络，外部无法寻址。在 Kubernetes 系统中，由 Kubernetes Proxy 组件负责实现虚拟 IP 的路由和转发，因此每个 Kubernetes Node 中均运行 Kubernetes Proxy，从而在容器覆盖网络之上进一步实现 Kubernetes 层级的虚拟转发网络。

**2．服务发现**

微服务架构是一种新流行的架构模式，相比于传统的单块架构模式，微服务架构提倡将应用划分成一组小的服务。但是应用的微服务化也将带来新的挑战，例如将应用划分成多个分布式组件运行，每个组件又将进行集群化扩展，组件和组件之间的相互发现和通信将变得复杂，此时则需要一套服务编排机制。

Kubernetes 提供了强大的服务编排能力，微服务化应用的每个组件均以 Service 进行抽象，组件和组件之间只需访问 Service 即可互相通信，无须感知组件集群的变化。同时，Kubernetes 为 Service 提供了服务发现能力，组件和组件之间可以轻易地互相发现。

Kubernetes 支持两种服务发现模式：环境变量和 DNS。

（1）环境变量

当 pod 运行在 Node 上时，kubelet 将为每个活动的 Service 添加环境变量，环境变量包含以下两类。

① DockerLink：相当于 Docker 的–link 参数实现容器连接时设置的环境变量。

② Kubernetes Service：Kubernetes 为 Service 设置的环境变量形式，例如{SVCNAME}_SERVICE_HOST 和{SVCNAME}_SERVICE_PORT，环境变量的名称为大写字母和下画线。

假设存在一个名为“REDIS_MASTER”的 Service（其 ClusterIP 地址为 10.0.0.11，端口号为 6379，协议为 TCP），其环境变量设置如图 5.3 所示。

```
#Kubernetes Service环境变量:
REDIS_MASTER_SERVICE_HOST=10.0.0.11
REDIS_MASTER_SERVICE_PORT=6379
#Docker Link环境变量:
REDIS_MASTER_PORT=tcp://10.0.0.11:6379
REDIS_MASTER_PORT_6379_TCP=tcp://10.0.0.11:6379
REDIS_MASTER_PORT_6379_TCP_PROTO=tcp
REDIS_MASTER_PORT_6379_TCP_PORT=6379
REDIS_MASTER_PORT_6379_TCP_ADDR=10.0.0.11
```

图 5.3　环境变量设置

此处可以看到环境变量中记录了 REDIS_MASTER 服务的 IP 地址、端口以及协议信息。因此，pod 中的应用即可通过环境变量发现该服务。但是环境变量的方式存在以下限制。

① 环境变量只能在相同的命名空间中使用。

② Service 必须先于 pod 创建，否则 Service 变量不会被设置到 pod 中。

（2）DNS

DNS 基于 Cluster DNS 发现，能够对新服务进行监控，并为每个服务创建 DNS 记录以用于域名解析。在集群中，如果启用 DNS，则所有 pod 均可自动通过域名解析。DNS 机制中不存在环境变量面临的诸多限制。

例如，如果在“my-ns”命名空间下存在一个名为“my-service”的服务，则会有一个名为“my-service.my-ns”的 DNS 记录被创建。

① 在“my-ns”命名空间下，pod 能够通过名称“my-service”发现该服务。

② 在其他命名空间下，pod 必须通过“my-service.my-ns”发现该服务，该名称选址的结果即为 ClusterIP。

Kubernetes 同时支持端口的 DNS SRV（service）记录。如果“my-service.my-ns”服务拥有一个 TCP 协议名称为“http”的端口，则可通过“_http._tcp.my-service.my-ns”名称发现“http”端口的值。Kubernetes DNS 服务器是发现 ExternalName 类型服务的唯一途径。

**3．服务发布**

Service 的虚拟 IP 是由 Kubernetes 虚拟出的内部网络，外部网络无法寻址得到。但是某些 Service 需要对外公布，例如 Web 前端。这时需要增加一层网络转发，即外网到内网的转发，Kubernetes 提供了 NodePort Service、LoadBalancer Service 和 Ingress 以用于发布 Service。

（1）NodePort Service

NodePort Service 是类型为 NodePort 的 Service，Kubernetes 除了为 NodePort Service 分配一个内部的虚拟 IP，还会在每个 Node 上暴露端口 NodePort，外部网络可以通过[NodeIP]:[NodePort]访问 Service。

（2）LoadBalancer Service

LoadBalancer Service 是类型为 LoadBalancer 的 Service，其建立在 NodePort Service 集群上。Kubernetes 为 LoadBalancer Service 分配一个内部的虚拟 IP，同时暴露 NodePort。此外，Kubernetes 请求底层云平台创建一个负载均衡器，将每个 Node 作为后端，负载均衡器会将请求转发至[NodeIP]:[NodePort]。

（3）Ingress

Kubernetes 提供了一种 HTTP 方式的路由转发机制，称为 Ingress。Ingress 的实现需要两个组件支持：Ingress Controller 和 HTTP 代理服务器。HTTP 代理服务器会将外部的 HTTP 请求转发至 Service，Ingress Controller 则需监控 Kubernetes API，从而实时更新 HTTP 代理服务器的转发规则。

### 5.3.4　Kubernetes 网络

Kubernetes 从 Docker 默认的网络模型中独立形成一套自己的网络模型，该网络模型更加适用于传统的网络模式，应用能够平滑地从非容器环境迁移至同一 Kubernetes 中。

**1．Kubernetes 网络模型**

（1）容器间通信

该情况下的容器通信较为简单，由于 pod 内部的容器共享网络空间，因此容器可以直接使用 localhost 访问其他容器。这样一来，pod 中的所有容器是互通的，而 pod 可以对外视为一个完整的网络单元，如图 5.4 所示。

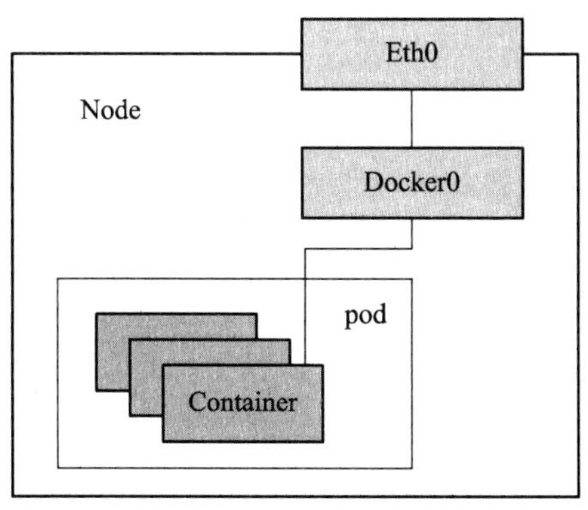


图 5.4　pod 网络单元

Kubernetes 在启动容器时会首先启动一个 Pause 容器。每个 pod 中运行着一个特殊的称为 Pause 的容器，其他容器则为业务容器，这些业务容器共享 Pause 容器的网络栈和 Volume 挂载卷，因而彼此间的通信和数据交换更为高效。在设计时可以充分利用这一特性将一组密切相关的服务进程放入同一个 pod 中。

（2）pod 间通信

Kubernetes 网络模型是一个扁平化的网络平面，在该网络平面中，pod 作为一个网络单元与 Node 的网络处于同一层级。图 5.5 展示了一个最小的 Kubernetes 网络拓扑，在该网络拓扑中满足以下条件。

① pod 间通信：pod2 和 pod3（同主机）、pod1 和 pod3（跨主机）能够通信。

② Node 与 pod 间通信：Node1 和 pod2/pod3（同主机）、pod1（跨主机）能够通信。

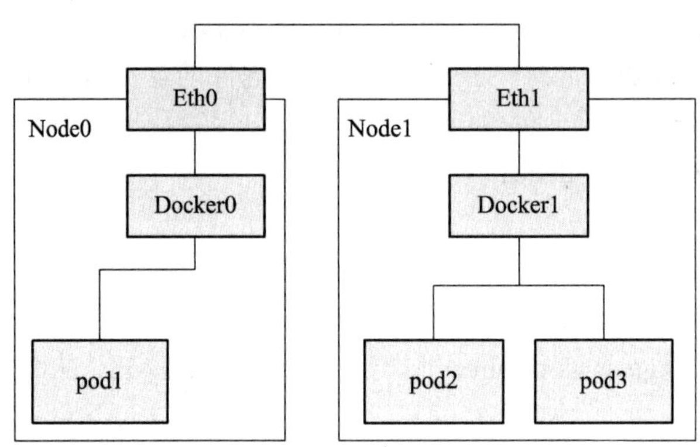


图 5.5　最小的 Kubernetes 网络拓扑

由于 pod 的 IP 由 Docker 网桥分配，因此将不同 Node 的 Docker 网桥配置成不同的 IP 网段，即可保证 pod 的 IP 全局唯一。

此外，同一个 Node 上的 pod/容器能够互相通信，但是要使不同 Node 之间的 pod/容器互相通信，则需对 Docker 进行增强，在容器集群中创建一个覆盖网络（OverlayNetwork）以连通各个节点。目前可以通过第三方网络插件创建，例如 Flannel 和 Open vSwitch 等。

① Flannel 实现 Kubernetes 覆盖网络

Flannel 是由 CoreOS 团队设计开发的一个覆盖网络工具，通过在集群中创建一个覆盖网络，为主机设定一个子网，通过隧道协议封装容器之间的通信报文，实现容器的跨主机通信。利用 Flannel 连通两个 Node 的过程如图 5.6 所示。

② Open vSwitch 实现 Kubernetes 覆盖网络

Open vSwitch 是一个高质量的多层虚拟交换机，使用开源 Apache2.0 许可协议，由 Nicira Networks 开发。其目的是令大规模网络自动化能够通过编程扩展，同时仍然支持标准的管理接口和协议。此外，Open vSwitch 提供了对 OpenFlow 协议的支持，用户可以使用任何支持 OpenFlow 协议的控制器对 Open vSwitch 进行远程管理控制。Open vSwitch 是一项非常重要的 SDN 技术，可以灵活地创建满足各种需求的虚拟网络，包括其中的覆盖网络。

下面利用 Open vSwitch 连通两个 Node。为了保证容器 IP 地址互不冲突，因此必须规划 Node 上 Docker 网桥的网段，如图 5.7 所示。

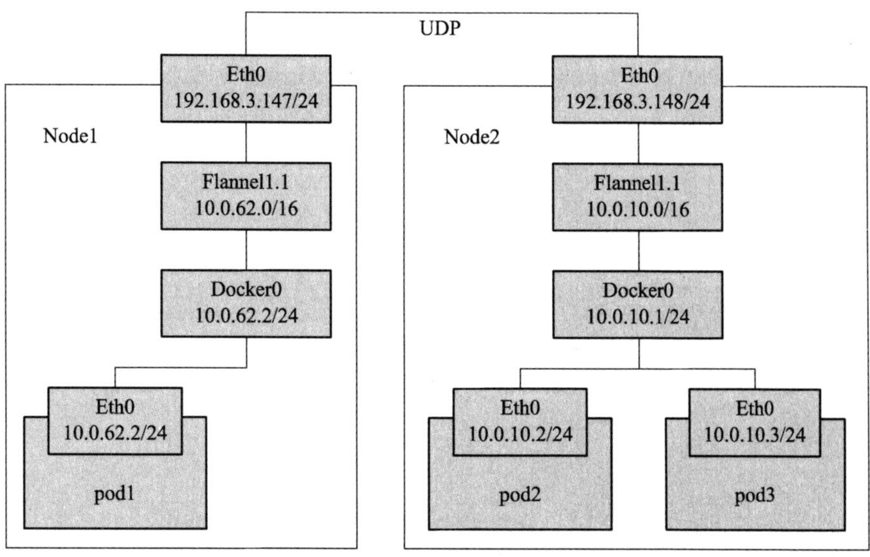


图 5.6　Flannel 连通两个 Node

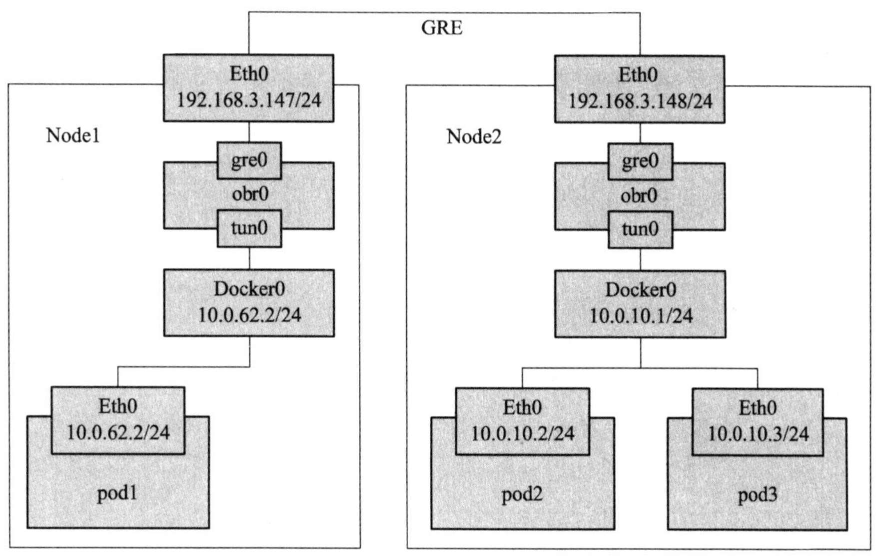


图 5.7　Open vSwitch 连通两个 Node

（3）Service 到 pod 通信

Service 在 pod 之间起到服务代理的作用，对外表现为一个单一访问接口，将请求转发给 pod。Service 的网络转发是 Kubernetes 实现服务编排的关键一环，其中 Kubernetes Proxy 作为关键组件，负责实现虚拟 IP 的路由和转发，而在容器覆盖网络之上又实现了 Kubernetes 层级的虚拟转发网络。Kubernetes Proxy 存在 Userspace 和 Iptables 两种实现模式，可以通过 Kubernetes Proxy 的启动参数--proxy-mode 指定。

① Userspace 模式

在 Userspace 模式下，Kubernetes Proxy 将为每个 Service 在主机上启用随机端口进行监听，并且创建Iptables规则，将访问Service虚拟IP的请求重定向到该端口，随后Kubernetes Proxy将请求转发到Endpoint。在该模式下，Kubernetes Proxy起到反向代理的作用，请求的转发由Kubernetes Proxy在用户空间下完成。Kubernetes Proxy需要监控Endpoint的变化，实时刷新转发规则，如图5.8所示。

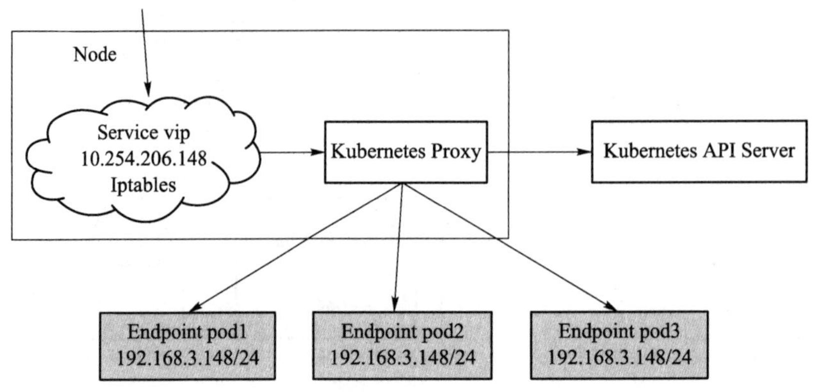


图5.8　Userspace模式下Kubernetes Proxy的作用

② Iptables模式

在Iptables模式下，Kubernetes Proxy则完全通过创建Iptables规则，直接将访问Service虚拟IP的请求重定向到Endpoint。而当Endpoint发生变化时，Kubernetes Proxy会刷新相关的Iptables规则。在该模式下，Kubernetes Proxy仅负责监控Service和Endpoint，以及更新Iptables规则，报文的转发依赖于Linux内核，默认的负载均衡策略是随机方式，如图5.9所示。

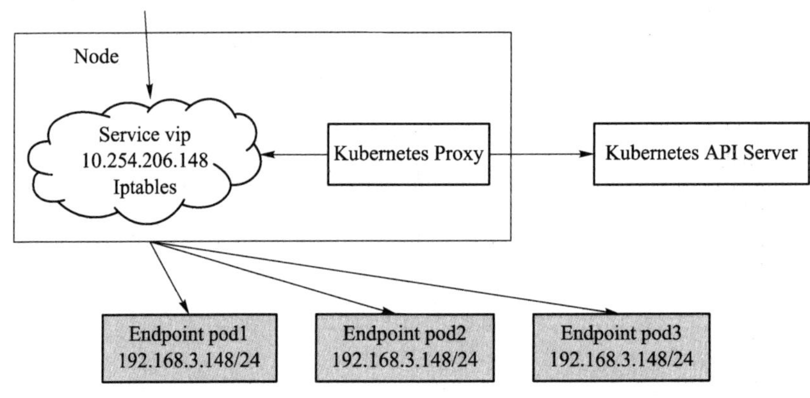


图5.9　Iptables模式下Kubernetes Proxy的作用

### 5.3.5　Kubernetes存储

#### 1．存储应用场景

在Kubernetes中运行的服务可以由简至繁分为3类：无状态服务、普通有状态服务和有状态集群服务。

① 无状态服务：Kubernetes使用ReplicaSet保证一个服务的实例数量，如果某个pod

实例由于某种原因而崩溃，ReplicaSet 将立即使用该 pod 的模板重新启动一个 pod 进行替代。由于是无状态的服务，因此新 pod 与旧 pod 完全相同。此外，Kubernetes 通过 Service（一个 Service 后可以挂载多个 pod）对外提供一个稳定的访问接口，实现服务的高可用性。

② 普通有状态服务：和无状态服务相比，该服务增加了状态保存的需求。Kubernetes 提供了以 Volume 和 Persistent Volume 为基础的存储系统，可以实现服务的状态保存。

③ 有状态集群服务：和普通有状态服务相比，该服务增加了集群管理的需求。运行有状态集群服务需要解决状态保存和集群管理的问题。Kubernetes 为此开发了 StatefulSet（早期称为 PetSet），以便有状态集群服务在 Kubernetes 中部署和管理。

分析以上服务类型，Kubernetes 中对于存储的使用主要集中在以下方面。

① 服务的基本配置文件读取、密码密钥管理等。

② 服务的状态保存、数据存取等。

**2．存储系统**

在 Docker 的设计实现中，容器中的数据是临时的，即当容器被销毁时，其中的数据将会丢失。如果需要持久化数据，则需使用 Docker 数据卷将宿主机中的文件或目录挂载到容器中。

在 Kubernetes 系统中，当 pod 重建时数据将丢失，Kubernetes 同样通过数据卷提供 pod 数据的持久化功能。Kubernetes 数据卷是对 Docker 数据卷的扩展，其处于 pod 级别，可以用于实现 pod 中容器的文件共享。

Kubernetes 数据卷适配对接各种存储系统，提供了丰富且强大的功能。Kubernetes 提供以下类型的数据卷，按功能可划分为本地数据卷、网络数据卷和信息数据卷 3 类。

（1）本地数据卷

Kubernetes 中存在两种只能作用于本地文件系统的数据卷，称为本地数据卷。本地数据卷中的数据仅存在于一台机器，因此当 pod 发生迁移时，数据便会丢失，无法满足真正的数据持久化需求。但是本地数据卷提供了其他功能，例如共享 pod 中容器的文件，或者共享宿主机的文件系统。

① EmptyDir

EmptyDir 从名称上看意为空目录，其在 pod 创建时新建。EmptyDir 一旦配置则存在于 pod 的整个生命周期，当 pod 被分配至 Node 时，会在 Node 中创建 EmptyDir 数据卷，并挂载到 pod 的容器中。只要 pod 存在，EmptyDir 数据卷则始终存在（删除容器不会导致 EmptyDir 数据卷丢失数据），但是如果 pod 的生命周期终结（pod 被删除），EmptyDir 数据卷将一并被删除，并且永久丢失。

EmptyDir 数据卷非常适合实现 pod 中容器的文件共享。pod 的设计提供了一个优良的容器组合模型，容器之间各司其职，通过共享文件目录完成交互，例如可以通过一个专职日志收集容器，在每个 pod 和业务容器中进行组合，从而完成日志的收集和汇总。

② HostPath

HostPath 数据卷允许将容器宿主机中的文件系统挂载到 pod 中。如果 pod 需要使用宿主机中的某些文件，则可使用 HostPath 数据卷。

（2）网络数据卷

Kubernetes 提供了多种类型的数据卷以集成第三方的存储系统，包括一些非常流行的分布式文件系统，以及在 IaaS 平台上提供的存储支持。这些存储系统均为分布式系统，并通过网络共享文件系统，因此称该类数据卷为网络数据卷。

网络数据卷能够满足数据的持久化需求，pod 通过配置使用网络数据卷，在每次创建时将存储系统的远端文件目录挂载到容器中。数据卷中的数据将被永久保存，即使 pod 被删除，也只是删除挂载数据卷，数据卷中的数据仍然保存在存储系统中，并且当新的 pod 被创建时，仍然挂载相同的数据卷。

① NFS

NFS 即网络文件系统（network file system），是 FreeBSD 支持的一种文件系统，允许网络中的计算机通过 TCP/IP 共享资源。在 NFS 的应用中，本地 NFS 的客户端应用可以透明地读写位于远端 NFS 服务器的文件，就像访问本地文件一样。

② iSCSI

iSCSI 即互联网小型计算机系统接口（internet small computer system interface），是一种由 IBM 公司研发的、使硬件设备能够在 IP 上层运行的 SCSI 指令集，旨在实现在 IP 网络中运行 SCSI 协议，使其能够在高速千兆以太网中进行路由选择。iSCSI 技术是一种新型存储技术，通过将现有 SCSI 接口与以太网技术结合，使服务器能够与使用 IP 网络的存储装置互相交换资料。

③ GlusterFS

GlusterFS 是 Scale-out 存储解决方案的核心，是一个开源的分布式文件系统，具有强大的横向扩展能力，通过扩展能够支持 PB 级存储容量并处理数千个客户端的信息。GlusterFS 借助 TCP/IP 或 InfiniBand RDMA 网络将物理上分散的存储资源聚集，使用单一全局命名空间管理数据。GlusterFS 基于可堆叠的用户空间设计，能够为各种数据负载提供优异的性能。

④ RBD

Ceph 是开源、分布式的网络存储和文件系统，旨在提供卓越的性能、可靠性以及可扩展性。Ceph 基于可靠的、可扩展的和分布式的对象存储，通过分布式集群管理元数据，符合便携操作系统接口（portable operating system interface，POSIX）。RBD（RADOS block device）是一种 Linux 块设备驱动，旨在提供共享网络块设备，实现与 Ceph 的交互。RBD 在 Ceph 对象存储的集群中进行条带化和复制，提供可靠性、可扩展性以及对块设备的访问。

（3）信息数据卷

Kubernetes 中的某些数据卷主要用于向容器传递配置信息，称为信息数据卷，例如 Secret 和 DownwardAPI 均将 pod 的信息以文件形式保存，然后以数据卷的方式挂载到容器中，容器通过读取文件获取相应的信息。从功能设计上来说有些偏离数据卷的本意——毕竟数据卷主要用于持久化数据或进行文件共享。后续版本可能对该部分进行重构，将信息数据卷提供的功能用在更合适的地方。

① Secret

Kubernetes 提供 Secret 来处理敏感数据，例如密码、Token 和密钥等。相比于直接将敏感数据配置在 pod 的定义或镜像中，Secret 提供了更加安全的机制以防止数据泄露。

Secret 的创建独立于 pod，其以数据卷的形式挂载到 pod 中。Secret 的数据以文件的形式保存，容器通过读取文件可以获取需要的数据。

② DownwardAPI

DownwardAPI 可以通过环境变量告知容器 pod 的信息，也可通过数据卷的方式传值。pod 的信息将以文件的形式通过数据卷挂载到容器中，在容器中可以通过读取文件获取信息，目前支持 pod 的名称、Namespace、Label、Annotation 等。

③ gitRepo

Kubernetes 支持将 Git 仓库下载到 pod 中，目前通过 gitRepo 数据卷实现，即当 pod 配置 gitRepo 数据卷时，将 Git 仓库下载配置到 pod 的数据卷，然后挂载到容器中。

（4）存储资源管理

理解所有的存储系统极其复杂，尤其对于普通用户而言，有时无须关心各种存储实现，只希望能够安全可靠地存储数据。Kubernetes 中提供了 Persistent Volume 和 Persistent Volume Claim 两种存储消费模式。Persistent Volume 是由系统管理员配置创建的一个数据卷，代表某一类存储插件的实现，可以是 NFS、iSCSI 等；而对于普通用户来说，通过 Persistent Volume Claim 能够请求并获得合适的 Persistent Volume，无须感知后端的存储实现。

Persistent Volume 和 Persistent Volume Claim 的关系类似于 pod 和 Node，pod 消费 Node 的资源，Persistent Volume Claim 则消费 Persistent Volume 的资源。Persistent Volume 和 Persistent Volume Claim 相互关联，存在完整的生命周期管理。

① 准备

系统管理员规划并创建一系列 Persistent Volume，Persistent Volume 在创建成功后处于可用状态。

② 绑定

用户创建 Persistent Volume Claim 声明存储请求，包括存储大小和访问模式。Persistent Volume Claim 创建成功后进入等待状态，当 Kubernetes 发现新的 Persistent Volume Claim 创建时，将根据条件查找 Persistent Volume。若存在匹配的 Persistent Volume，则将其与 Persistent Volume Claim 绑定，此时二者均进入绑定状态。

Kubernetes 只会选择可用状态的 Persistent Volume，并且采取最小满足策略，若不存在满足需求的 Persistent Volume，则 Persistent Volume Claim 将处于等待阶段。例如存在两个可用的 Persistent Volume，二者的容量分别为 50 GiB 和 60 GiB，那么请求 40 GiB 的 Persistent Volume Claim 将被绑定至 50 GiB 的 Persistent Volume，而请求 100 GiB 的 Persistent Volume Claim 将处于等待状态，直至大于 100 GiB 的 Persistent Volume 出现（Persistent Volume 可能被新建或被回收）。

③ 使用

如果在创建 pod 时使用 Persistent Volume Claim，Kubernetes 便会查询其绑定的 Persistent Volume，以调用真正的存储实现，然后将数据卷挂载到 pod 中。

④ 释放

当用户删除 Persistent Volume 所绑定的 Persistent Volume Claim 时，Persistent Volume 将进入释放状态。此时 Persistent Volume 中可能残留着之前 Persistent Volume Claim 使用的数据，因此 Persistent Volume 并不可用，需要对其进行回收操作。

⑤ 回收

释放的 Persistent Volume 需要回收才能被再次使用，回收策略可以是人工处理，或者由 Kubernetes 自动清理。如果清理失败，Persistent Volume 将进入失败状态。

### 5.3.6 Kubernetes 服务质量

为了实现资源的有效调度和分配，同时提高资源利用率，Kubernetes 针对不同服务质量的预期，通过服务质量（quality of service，QoS）对 pod 进行服务质量管理。对于一个 pod 来说，服务质量体现在 CPU 和内存两个具体的指标。当节点中的内存资源紧张时，Kubernetes 将根据预先设置的不同 QoS 类别进行相应处理。

**1．QoS 分类**

QoS 主要分为 Guaranteed、Burstable 和 Best-effort，优先级依次递减。

（1）Guaranteed（有保证的）

pod 中的所有容器必须统一设置 limits 并且参数一致；如果某个容器需要设置 requests，那么所有容器均需设置，并使参数同 limits 一致。此时该 pod 的 QoS 即为 Guaranteed。如果一个容器仅指明 limits 而未设置 requests，则 requests 的值等于 limits 的值。

Guaranteed 举例：requests 与 limits 均已指定且值相等，如图 5.10 左图所示。

（2）Burstable（不稳定的）

pod 中只要有一个容器的 requests 和 limits 设置不同，该 pod 的 QoS 即为 Burstable。

Burstable 举例：对容器 foo 与容器 bar 的不同 resources（foo 为 memory，bar 为 cpu）设置 limits，如图 5.10 中图所示。

（3）Best-effort（尽力而为的）

如果全部 resources 的 requests 和 limits 均未设置，该 pod 的 QoS 即为 Best-effort。

Best-effort 举例：容器 foo 与容器 bar 均未设置 requests 和 limits，如图 5.10 右图所示。

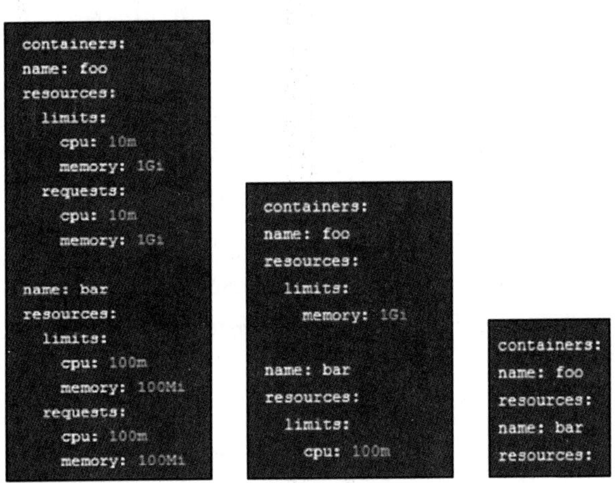


图 5.10 未设置 requests 和 limits 的情况

**2．资源回收策略**

当 Kubernetes 集群中某个节点的可用资源较少时，Kubernetes 将提供资源回收策略来保证节点以此 pod 中的服务正常运行。当节点的内存或 CPU 资源耗尽时，调度到该节点运行的 pod 服务可能会不稳定。Kubernetes 通过 kubelet 进行回收策略控制，从而保证节点的

pod 在节点资源较少时能够稳定运行。

Kubernetes 根据资源能否伸缩进行分类，划分为可压缩资源和不可压缩资源。CPU 资源是目前支持的一种可压缩资源，而内存资源和磁盘资源是目前支持的不可压缩资源。下面以 CPU 和内存为例进行讲解。

可压缩资源 CPU：当 pod 使用超过设置的 limits 值时，pod 中进程使用 CPU 会被限制，但不会被 kill。

不可压缩资源内存：当 Node 内存资源不足时，会有部分进程被内核 kill，3 种 QoS pod 被 kill 的顺序与场景如下。

① Best-effort pod：系统耗尽全部内存时，该类型的 pod 将最先被 kill。

② Burstable pod：系统耗尽全部内存，并且没有 Best-effort pod 可以被 kill 时，该类型的 pod 将被 kill。

③ Guaranteed pod：系统耗尽全部内存，并且没有 Burstable pod 与 Best-effort pod 可以被 kill 时，该类型的 pod 将被 kill。

注意，如果 pod 进程因使用超过预先设定的 limits 而非 Node 资源紧张，系统将倾向于在其原所在机器中重启该容器，或在本机或其他机器中重新创建一个 pod。

**3．QoS 使用建议**

如果资源充足，可将 QoS pod 的类型全部设置为 Guaranteed。使用计算资源换取业务性能和稳定性，能够减少排查问题的时间和成本。

如果想进一步提高资源利用率，可将业务服务设置为 Guaranteed，而将其他服务根据重要程度分别设置为 Burstable 或 Best-effort。

### 5.3.7　Kubernetes 资源调度

资源调度是 Kubernetes 的一个关键能力，Kubernetes 需要为应用分配足够的资源，同时防止应用无限制使用资源，随着应用规模数量级的增加，这些问题变得至关重要。

**1．Kubernetes 资源模型**

虚拟化技术是云计算平台的基础，其目标是对计算资源进行整合或划分，是云计算管理平台中的关键技术。虚拟化技术为云计算管理平台的资源管理提供了资源调度上的灵活性，从而使云计算管理平台可以通过虚拟化层整合或划分计算资源。

相比于虚拟机，新出现的容器技术使用一系列系统级别的机制，例如利用 Linux Namespace 进行空间隔离，通过文件系统的挂载点决定容器可以访问哪些文件，通过 Cgroup 确定每个容器可以利用的资源等。此外，容器之间共享同一个系统内核，当同一个内核被多个容器使用时，内存的使用效率将得到提升。

虽然容器和虚拟机两大虚拟化技术的实现方式完全不同，但其资源需求和模型类似，二者均需使用内存、CPU、硬盘空间和网络带宽，并被宿主机系统视作一个整体，由其分配所需的资源并进行管理。当然，虚拟机提供了专用操作系统的安全性和更加牢固的逻辑边界，而容器在资源边界方面比较松散，在带来灵活性的同时增加了不确定性。

Kubernetes 是一个容器集群管理平台，需要统计整体平台的资源使用情况，合理地将资源分配给容器使用，并且需要保证容器生命周期内存在足够的资源以使其正常运行。此外，如果资源已被发放给一个容器，则同样的资源不会发放给另一个容器，对于空闲容器而言占用未被使用的资源（例如 CPU）是非常浪费的，Kubernetes 需要考虑如何在保证优先度和公平性的前提下提高资源利用率。

**2. 资源请求和限制**

计算资源为 pod 或容器运行所需，包括如下内容。

① CPU：单位为核（core）。

② 内存（memory）：单位为字节（byte）。

在创建 pod 时，可以指定每个容器的资源请求（request）和资源限制（limit），资源请求是容器所需的最小资源需求，资源限制是容器不能超过的资源上限，其大小关系必须遵循 0≤request≤limit≤infinity。

在容器的定义中，资源请求通过 resources.requests 设置，资源限制通过 resources.limits 设置，目前可以指定的资源类型只有 CPU 和内存。资源请求和资源限制是可选配置，默认值根据是否设置 limit range 而定。如果未指定资源请求并且未设定默认值，那么资源请求即等于资源限制。

以下定义的 pod 中包含两个容器：第 1 个容器的资源请求是 0.5 核 CPU 和 256 MB 内存，资源限制是 1 核 CPU 和 512 MB 内存；第 2 个容器的资源请求是 0.25 核 CPU 和 128 MB 内存，资源限制是 1 核 CPU 和 512 MB 内存。

```
apiVersion: v1
kind：pod
metadata：
name：frontend
spec：
containers:
        -name：db
    image：mysql
    resources:
        requests:
            memory ： "256Mi"
            cpu ：  " 500m "
        limits:
            memory:"512Mi"
           cpu:"1000m "
          -name：wp
    image：wordpress
    resources:
        requests:
            memory: "128Mi"
            cpu ：  "250m"
        limits:
            memory:"512Mi"
           cpu:"1000m "
```

pod 的资源请求/限制是 pod 中所有容器资源请求/限制之和，例如该 pod 的资源请求是

0.75 核 CPU 和 384 MB 内存，资源限制是 2 核 CPU 和 1 024 MB 内存。

Kubernetes 在调度 pod 时，pod 的资源请求是调度的一个关键指标。Kubernetes 会获取 Kubernetes Node 的最大资源容量（通过 cAdvisor 接口），并计算已使用的资源情况，例如 Node 能够容纳 2 核 CPU 和 2 GB 内存，Node 中已经运作了 4 个 pod，共请求 1.5 核 CPU 和 1 GB 内存，剩余 0.5 核 CPU 和 1 GB 内存。Kubernetes Scheduler 调度 pod 时会检查 Node 中是否存在足够的资源来满足 pod 的资源请求，若无法满足则将该 Node 删除。

资源请求能够保证 pod 有足够的资源维持运行，资源限制则能够防止某个 pod 无限制地使用资源，导致其他 pod 崩溃。尤其在公有云场景中，往往存在恶意软件通过抢占攻击平台。

## 5.4　实践：大规模容器的管理与调度

Kubernetes 组件众多，导致 Kubernetes 集群的搭建较为复杂。目前 Kubernetes 存在多种安装方式。在生产环境中，通常使用标准安装方式，安装流程较为复杂，kubeadm 工具则提供了一种更为简单的 Kubernetes（以下简称 k8s）集群创建方式；在日常测试环境中，通常选择一种更为简单的安装方式，即通过 minikube 一键创建单机版的 k8s 环境。

minikube 是一个易于在本地运行 k8s 的工具，可以轻松地在个人计算机中创建单机版的 Kubernetes，目前 minikube 具有以下特性。

① 支持最新的 Kubernetes 版本。

② 支持跨平台（Linux、macOS、Windows）运行。

③ 可以基于虚拟机、容器或裸机部署。

④ 支持多个容器运行时（CRI-O、容器化、泊坞窗）。

⑤ 提供负载均衡、文件系统挂载和 Feature Gates 等高级功能。

⑥ 提供众多易于安装的 Kubernetes 应用程序的插件。

上述特性能够完全满足日常学习和测试 k8s 的需求。本节实验将采用 minikube 的方式安装 k8s。

### 5.4.1　Kubernetes 的安装与使用

**【实验目的】**

1．了解 Kubernetes 以及 minikube 的基本功能，掌握其基本用法。

2．了解 Kubernetes 的多种安装方式，掌握其基本操作方法。

3．掌握 Kubernetes 基本功能的使用，在集群中部署简单的网页服务。

**【实验环境】**

操作系统：CentOS 7；minikube；kubectl。

**【实验步骤】**

**1．安装 minikube**

可以通过直接下载二进制包的方式安装 minikube：

```
$ sudo curl -Lo minikube \
https://kubernetes.oss-cn-hangzhou.aliyuncs.com/minikube/releases/v1.17.1/minikube-linux-amd64 && sudo chmod +x minikube && sudo mv minikube /usr/local/bin/
```

**2．安装 kubectl**

kubectl 是 k8s 集群管理的命令行工具，提供部署应用程序、检查和管理集群资源以及查看日志等功能，其本地安装方式如下：

```
$ sudo cat <<EOF > /etc/yum.repos.d/kubernetes.repo
[kubernetes]
name=Kubernetes
baseurl=https://mirrors.aliyun.com/kubernetes/yum/repos/kubernetes-el7-x86_64
enabled=1
gpgcheck=1
repo_gpgcheck=1
gpgkey=https://mirrors.aliyun.com/kubernetes/yum/doc/yum-key.gpg
https://mirrors.aliyun.com/kubernetes/yum/doc/rpm-package-key.gpg
EOF
$ sudo yum install -y kubectl
```

**3．安装 Kubernetes**

使用 minikube，只需一条命令即可创建一个单机版的 k8s 集群：

```
$ minikube start --driver=docker --image-mirror-country=cn \
--registry-mirror=https://registry.docker-cn.com
```

其中，--driver 参数指定驱动，本实验中使用 Docker 作为驱动；--image-mirror-country 和 --registry-mirror 参数指定使用国内的镜像源，提高镜像拉取速度。

由于创建过程中会下载一些必需的文件，因此实际创建速度视网络情况而定。创建完成后，控制台输出如下内容则表示安装成功：

```
...
* Done! kubectl is now configured to use "minikube" cluster and "default" namespace by default
...
```

安装完成后，可以通过 kubectl 查看当前 k8s 集群启动的 pod：

```
$ kubectl get po --all-namespaces
NAMESPACE        NAME                        READY    STATUS
kube-system      coredns-74ff55c5b-95jrr     1/1      Running
kube-system      etcd-minikube               1/1      Running
...
```

以下命令用于停止集群：

```
$ minikube stop
```

以下命令用于删除集群：

```
$ minikube delete
```

值得注意的是，删除集群为不可逆操作，若再次需要则只能重新创建新的集群。除了以上操作命令，minikube 还提供了多个集群管理的命令，感兴趣的读者可以通过 minikube

--help 命令查看，或在官方文档中查看更详细的使用说明。

**4．Kubernetes 基本操作命令**

使用 kubectl 可以方便地管理 k8s 集群，下面介绍常用的操作命令。

（1）查看集群节点

```
$ kubectl get nodes
NAME STATUS ROLES AGE    VERSION
minikube Ready    control-plane,master 12m     v1.20.2
```

（2）管理命名空间

```
$ kubectl get ns // 列出集群中的命名空间
$ kubectl create ns test // 创建命名空间
$ kubectl delete ns test // 删除命名空间
```

（3）查看集群资源

```
$ kubectl get all --all-namespaces          // 查看所有命名空间的资源
$ kubectl get all -n kube-system            // 查看指定命名空间的资源
$ kubectl get pod --all-namespaces          // 查看所有命名空间的指定资源
$ kubectl get pod -n kube-system            // 查看指定命名空间的指定资源
```

（4）在 Kubernetes 中部署服务

创建一个简单的 deployment 类型的服务并公开 80 端口：

```
$ kubectl create deployment nginx --image=nginx:latest
$ kubectl expose deployment nginx --type=NodePort --port=80
```

查看创建的服务：

```
$ kubectl get all
```

由于拉取镜像需要时间，因此 pod 需要经过一段时间才会处于 Running 状态。

在正常情况下，公开的端口可以直接访问，但是由于使用 minikube，实际运行的容器可能处于容器或虚拟机中，从而产生网络不通的情况，因此使用 kubectl 将服务进行代理：

```
$ kubectl port-forward service/nginx 30080:80
```

此时通过浏览器访问 http://127.0.0.1:30080 即可看到 Nginx 的页面。

使用 kubectl 可以删除服务：

```
$ kubectl delete deployment nginx

$ kubectl delete service nginx
```

再次查看时，服务已经被删除。

## 5.4.2　使用 Kubernetes 部署服务

**【实验目的】**

1．掌握 pod、service、deployment 等资源的基本概念和配置。

2．掌握 pod、service、deployment 等资源的创建、查看和删除等操作。

3．掌握 deployment 的横向扩展能力。

4．了解 service 的负载均衡能力和 minikube 的 tunnel 机制。

**【实验环境】**

minikube v1.18.1；Kubernetes v1.20.2；计算机最低配置要求：2CPUs / 8 GB 可用内存 / 20 GB 空闲磁盘空间。

**【实验步骤】**

**1．使用 pod 部署服务**

pod 是 k8s 中的一个基本资源类型，为一个或多个容器的组合，这些容器共享存储、网络和命名空间。前述章节已经介绍如何使用 Docker 直接部署运行 hello 服务，本节实验将介绍如何使用 k8s 部署 hello 服务。

此处对 hello 服务进行了扩展，内容如下。

① hello 服务的日志将输出到指定文件中，对应的代码目录为 courseware_for_ccsadp/5-2 /hello。

② hello 服务的日志需要上报到数据中心，为了避免对原有代码产生影响，新建日志收集服务 reporter，对应的代码目录为 courseware_for_ccsadp/5-2 /reporter，负责定时从文件中读取 hello 服务的日志，并模拟上报到数据中心。

hello 和 reporter 服务分别封装独立的镜像，并上传到 Docker hub 中的 xlab/csapp 仓库，对应的镜像分别为 xlab/csapp:5.2.hello 和 xlab/csapp:5.2.reporter。

使用 Docker 部署 hello 和 reporter 服务时，由于二者具有独立的镜像，因此启动的容器彼此之间文件隔离，若 reporter 服务需要读取 hello 服务的日志文件，则只能通过两个容器共享数据卷实现。使用 pod 部署时，基于 pod 中的所有容器可以共享存储这一特性，可以非常容易地解决这个问题。

（1）使用 pod 部署 hello 和 reporter 服务

k8s 中的每一种资源均可使用 yaml 文件配置，本次实验所需的配置文件已存放在仓库的 courseware_for_ccsadp/5-2/k8s_resources 目录中，pod 对应的文件为 pod.yaml。同时为了能够在本地访问 hello 服务，还需要 service 资源将服务公开，对应的文件为 service.yaml。

在 pod.yaml 文件中，第 9 行的 containers 字段包含 2 个容器配置，第 1 个容器 hello 的配置为第 10～24 行，第 2 个容器 reporter 的配置为第 25～30 行。第 32～34 行即为数据共享配置，声明了可被 pod 中容器共享的数据卷，由 k8s 管理，然后分别在第 13 行和第 28 行声明将数据卷挂载到容器的/tmp/log 目录中。第 16 行的 env 字段使用 k8s 的 downward 机制，可以将 pod 的基本信息以环境变量的形式注入容器，此处将 pod 的 name 和 IP 信息注入环境变量，pod 中的所有容器均可通过环境变量获取，csapp/5-2/hello/main.py 的第 10～11 行即使用了该机制。

基于以上配置，使用 kubectl 创建 pod 和 service：

```
$ cd 5-2/k8s_resources
$ kubectl apply -f pod.yaml
$ kubectl apply -f service.yaml
```

部署完成后，使用 kubectl 查看结果：

```
$ kubectl get all
NAME READY STATUS RESTARTS AGE
pod/hello 2/2 Running 0 10s
NAME TYPE CLUSTER-IP EXTERNAL-IP PORT(S)
service/hello NodePort 10.109.185.237 <none> 5000:31480/TCP
```

部署过程中需要下载镜像，因此容器需要等待一段时间才会处于运行状态。最终可以看到 pod/hello 的状态为 Running，两个容器（hello、reporter）均处于运行状态，同时 service/hello 建立了主机的 31480 端口和容器的 5000 端口之间的映射。

值得注意的是，31480 端口为自动分配的端口，每次的执行结果可能并不相同，同时由于实验环境中 minikube 使用 Docker 作为驱动，所有 k8s 相关的服务均运行在一个 Docker 容器而非实验主机中，因此此处的 31480 端口并非实验主机的端口，而是 k8s 服务所在的 Docker 容器的端口。为了能够访问 hello 服务，需要使用 kubectl 的代理功能：

```
$ kubectl port-forward service/hello 5000:5000
```

该命令会将 hello 服务的 5000 端口和实验主机的 5000 端口之间建立映射关系，在实验主机中打开浏览器并访问 localhost:5000 即可访问 hello 服务。值得注意的是，该命令会在终端中保持前台运行状态，执行结束后 kubectl 代理一并终止，无法再次访问 hello 服务。浏览器中的访问结果如图 5.11 所示。

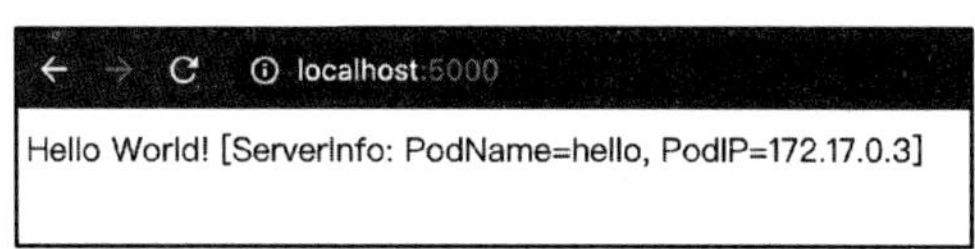


图 5.11　hello 服务页面

hello 服务返回“Hello World!”信息，同时包含从环境变量获取的容器的基本信息 PodName 和 PodIP。在浏览器多次访问后，查看 hello 服务输出到文件的日志：

```
$ kubectl exec -it hello -c hello -- cat /tmp/log/app.log
2021-… - INFO - main.py - hello_world - 20 - call hello
2021-… - INFO - main.py - hello_world - 20 - call hello
2021-… - INFO - main.py - hello_world - 20 - call hello
```

然后查看 reporter 服务输出的日志：

```
$ kubectl logs hello -c reporter
2021-… - /app/main.py[line:42] - INFO: start collect logs
2021-… - /app/main.py[line:14] - INFO: 没有新增日志，无须上报
…
2021-… - /app/main.py[line:12] - INFO: 上报 3 条日志到数据中心
```

执行结果显示，hello 服务输出到文件中的日志被 reporter 服务正确读取并模拟上报到数据中心。

（2）清理服务

实验完成后，执行以下命令清理创建的服务：

```
// 在 courseware_for_ccsadp/5-2 /k8s_resources 目录中
$ kubectl delete -f pod.yaml
$ kubectl delete -f service.yaml
```

然后通过 Ctrl +C 手动关闭 kubectl port-forward 服务。

**2．使用 deployment 部署服务**

pod 是 k8s 部署服务的最小资源单位。在实际场景中存在许多复杂的业务需求，仅使用 pod 很难满足全部需求，k8s 基于 pod 提供多种具有不同能力的资源，例如 deployment、cron job、daemon set、stateful set 等。deployment 通常用于部署无状态应用，其基于 pod 增加了滚动升级、水平扩/缩容等能力。本节将基于 deployment 部署上一节中的 hello 和 reporter 服务，实现服务的水平扩/缩容。

（1）使用 deployment 部署 hello 和 reporter 服务

实验所需的配置文件已编写完成，对应仓库中的 courseware_for_ccsadp/5-2 /k8s_resources/deployment.yaml 文件。从配置文件可以看出，第 18 行及后续的配置和 pod.yaml 的配置相同，即 deployment 实际上是对 pod 的管理；第 9 行的 replicas 字段声明 pod 的副本数，默认为 1，表示启动 1 个 pod，修改该字段即可实现 pod 的水平扩/缩容；第 10 行的 selector 字段声明该 deployment 管理哪些 pod，即包含 app:hello 标签的 pod 均可被该 deployment 管理；第 14 行 pod 的 label 中包含 app:hello 标签，表明启动的 pod 均由该 deployment 管理。

基于以上配置，使用 kubectl 创建 deployment：

```
// 在 courseware_for_ccsadp/5-2 /k8s_resources 目录中
$ kubectl apply -f deployment.yaml
```

查看 deployment 创建的结果：

```
$ kubectl get all
NAME                          READY   STATUS    RESTARTS   AGE
pod/hello-6698454b64-9kbbx    2/2     Running   0          14s

NAME            TYPE       CLUSTER-IP       EXTERNAL-IP   PORT(S)          AGE
service/hello   NodePort   10.109.185.237   <none>        5000:31480/TCP   51m

NAME                    READY   UP-TO-DATE   AVAILABLE   AGE
deployment.apps/hello   1/1     1            1           14s

NAME                               DESIRED   CURRENT   READY   AGE
replicaset.apps/hello-6698454b64   1         1         1       14s
```

可以看到 deployment.apps/hello 处于 READY 状态，且其创建的 pod hello-6698454b64-9kbbx 同样处于 Running 状态。继续创建 service，将 hello 服务公开，并使用 kubectl 建立实验主机和服务所在容器的端口映射：

```
// 在 courseware_for_ccsadp/5-2 /k8s_resources 目录中
$ kubectl apply -f service.yaml
$ kubectl port-forward service/hello 5000:5000
```

然后在浏览器中打开 localhost:5000 即可访问 hello 服务，如图 5.12 所示。

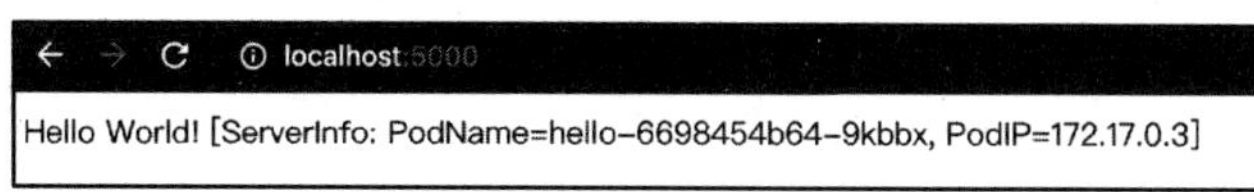


图 5.12　hello 服务页面

由图可知，PodName 和在控制台获取的 pod 名一致，即从环境变量正确获取了注入的 pod 信息。

（2）使用 deployment 对服务进行水平扩/缩容

修改 deployment.yaml 文件中的 replicas 字段，将 1 改为 3，然后执行以下命令更新 deployment：

```
// 在 courseware_for_ccsadp/5-2 /k8s_resources 目录中
$ kubectl apply -f deployment.yaml
deployment.apps/hello configured
```

然后查看当前 pod 的数量：

```
$ kubectl get pod
NAME                        READY   STATUS    RESTARTS   AGE
hello-6698454b64-9kbbx      2/2     Running   0          9m11s
hello-6698454b64-l2fq7      2/2     Running   0          34s
hello-6698454b64-n64ld      2/2     Running   0          34s
```

可以看到 pod 的数量已经变为 3 个，并且具有相同的名称前缀，均由创建的 deployment 管理。3 个 pod 均可对外提供服务，请求实际发送到哪个 pod 则取决于负载均衡机制。下面使用负载均衡机制进行验证。

由于 minikube 在 Docker 容器中运行所有 k8s 组件和服务，因此网络具有隔离性，使用 LoadBalancer 类型的 service 和 minikube 提供的 tunnel 解决该问题。

首先使用 Ctrl+C 停止 kubectl 的 port-forward，然后删除创建的 service：

```
// 在 courseware_for_ccsadp/5-2 /k8s_resources 目录中
$ kubectl delete -f service.yaml
service "hello" deleted
```

然后创建 LoadBalancer 类型的 service 并启动 minikube 的 tunnel：

```
$ kubectl expose deployment hello --type=LoadBalancer --port=5000
service/hello exposed
$ minikube tunnel
```

此时控制台会阻塞在 minikube tunnel 的进程中，关闭该进程则 tunnel 代理将同时停止，因此该进程需要保持前台运行。

打开浏览器并访问 localhost:5000，多次请求后，可以看到页面输出的 PodName 和 PodIP 会发生变化，如图 5.13 所示。

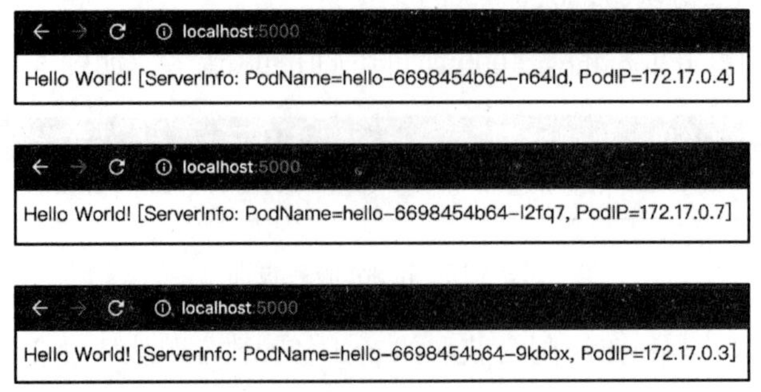


图 5.13　多次请求后 pod 的变化页面

这也证实了 3 个 pod 服务均可对外提供服务，并且通过负载均衡机制实现了统一地址访问。

（3）清理服务

minikube tunnel 可通过 Ctrl + C 终止进程。deployment 和 service 通过以下命令删除：

```
// 在 courseware_for_ccsadp/5-2 /k8s_resources 目录中
$ kubectl delete -f deployment.yaml
deployment.apps "hello" deleted
$ kubectl delete svc hello
service "hello" deleted
```

等待一段时间后再次查看资源，可以看到 deployment、pod 和 service 均已被删除：

```
$ kubectl get all
```

# 本章小结

容器技术已广泛应用于各个行业的基础设施，大规模容器集群的编排与管理技术也得到了快速的发展，而 Kubernetes 凭借其丰富的功能和出色的性能，已经成为容器编排引擎的实际标准，目前已得到大规模的应用。本章首先介绍了弹性计算以及容器云的可扩展性设计，接着介绍了容器编排与管理相关的关键技术，然后介绍了 Kubernetes 服务、网络、存储、调度等方面的概念和技术，最后以具体的案例介绍了基于 Kubernetes 的大规模实训环境的管理与调度方法。

# 习题与实践 5

## 复习题

1．什么是云服务的编排与管理？二者之间有何区别？

2．Kubernetes 与 Docker 存在何种关系？

3．Kubernetes 包含哪些组件？分别有什么功能？组件之间如何进行交互？

**践习题**

1．使用 Operator Framework 扩展 k8s。

Kubernetes 本身提供了多种资源以管理集群中的容器，同时提供了强大的可扩展能力。基于其扩展框架，用户可以方便地扩展 k8s，以满足定制化的业务需求。

Kubernetes Operator 是一种针对特定应用的控制器，能够扩展 k8s API 的功能，从而代表 k8s 用户创建、配置和管理复杂应用的实例。其基于基本 Kubernetes 资源和控制器的概念构建，同时涵盖了针对特定域或应用的知识，用于实现其所管理软件的整个生命周期的自动化。Operator 是使用自定义资源管理应用及其组件的自定义 k8s 控制器。

感兴趣的读者可以继续了解 k8s 自定义资源 CRD 以及 Operator Framework，并对前述实现进行扩展，实现更加灵活强大的控制能力。

**研习题**

1．阅读“论文阅读”部分的论文[1]，深入理解 k8s 的前身 Borg 在大规模集群管理方面的设计方法。

2．阅读“论文阅读”部分的论文[2]，深入理解资源管理平台 Mesos 的设计，并分析 Mesos 和 k8s 的相同点和不同点。

**论文阅读**

[1] VERMA A, PEDROSAL, KORUPOLUM, et al. Large-Scale Cluster Management at Google with Borg [C] //Proceedings of the Tenth European Conference on Computer Systems. ACM, 2015: 1-17.

[2] HINDMAN, BENJAMIN, et al. Mesos: A Platform for Fine-Grained Resource Sharing in the Data Center[C]//Proceedings of the 8th USENIX Conference on Networked Systems Design and Implementation, 2011: 295–308.

# 第 6 章　云服务的运维

扫一扫，进入
第 6 章资源平台

当用户使用在线系统搜索网页、编辑文档、存储图片、听音乐，享受网络带来的各种便捷服务时，几十万到上百万台服务器坚守在后方，为用户提供全天候的可靠支持。超大的规模和超高的复杂度给服务的可靠性、可用性和性能带来了极大的挑战。近年来，利用人工智能技术解决大规模在线系统服务的运维问题成为众多云服务与云产品的发展趋势。本章主要介绍云服务运维的相关内容，6.1 节介绍云服务环境的监控，6.2 节介绍云监控解决方案，6.3 节介绍智能运维，6.4 节介绍智能运维在大视频运维中的应用，6.5 节为云服务运维的实践。

## 6.1　云服务环境的监控

### 6.1.1　云监控概述

云平台将众多的物理资源以及虚拟资源进行整合，并通过虚拟化技术实现服务量的动态伸缩，将服务按需提供给用户。只有提供高质量的服务，才能给用户带来良好的体验，因此保障云平台服务高质量地、稳定地运行是云平台运维工作的重中之重。而随着云平台规模的不断扩大以及资源的不断增加，云平台中存在的问题也越发突出。例如，没有方便有效的监控系统，云平台管理员需要每天对多台机器进行手动检查；没有告警机制，云平台在使用过程中出现的故障不能得到及时的处理。这些弊端必然会影响云平台用户的体验。

监控作为云平台中支持服务稳定性的一个重要角色，能够为云平台中的资源调度、故障检测以及分析预测等提供强有力的支持，对云平台中服务质量的提高起到十分重要的作用。为了使运营者能够对云平台的总体运行情况有比较清晰的了解和把握，同时便于云平台中资源性能以及可用性的及时优化，确保云平台能够顺利地为用户提供服务，需要一个高可靠且稳定的监控系统对云平台进行实时监控。通过监控软件，对系统中的重要资源进行监控，发现系统存在的问题及其具体节点，在云平台中的主机或服务发生故障时主动、及时地向系统管理员发出警报，管理员即可在最短的时间内对系统进行调整恢复，并利用监控得到的数据分析云平台的瓶颈，为云平台的负载均衡提供可靠的支撑。

典型的云计算场景由基础设施提供方（infrastructure provider，InP）、服务提供方（service provider，SP）和用户组成，InP 负责提供可由 SP 租用的虚拟资源（例如计算、存储、网络等资源），SP 负责考虑用户的需求，并为用户提供相应的服务应用来满足这些需求。最后，用户提出所需的服务以及对服务质量的期望，通常该期望通过服务等级协定（service level agreement，SLA）表示。在满足 SLA 的过程中，需要妥善处理云计算模式下所引发的各种复杂问题，这些问题通常需要得到快速解决。因此，最好能够及时甚至预见性地发现问题，这就要求在云计算资源的管理中添加一些关键性的任务，云监控即为其中之一。对 InP 和 SP 进行云监控即表示观察已授权或已分配的虚拟或物理资源。通过监控，SP 可以向用户展示云资源信息。同时，从云监控中获取的信息也是决定如何降低能耗、提高系统可靠性或调整云响应时间的基础。

当前云原生应用开发的研究和实践已经逐渐受到产业界和学术界的重视。云计算作为云原生应用开发的优先采用策略，可以用于提高应用程序的可用性和可伸缩性，同时降低运营成本。在这样的背景下，资源管理是改善云计算的重要手段。因此，对资源的监控也就成为实现云计算的关键。本节首先介绍云资源监控的概念以及相关云监控解决方案的比较。

### 6.1.2 云监控特性

云计算通过网络共享成功地实现了计算资源的高效利用，但是，云资源分配的动态性、随机性和开放性使得云平台的服务质量保障难题日益突出。云环境下资源状态的监控技术可以通过深入挖掘、分析监控数据，及时发现计算资源的异常运行状态，然后根据历史运行数据等对资源的未来使用状态进行预测，以便及时发现潜在的性能瓶颈和安全威胁，为用户提供可靠稳定的云服务。

云计算本身的特性决定了这些特性必须由云监控进行具体的实现和支持，换句话说，云监控的活动是围绕云计算本身的特性展开的。云计算的特性以及对应云监控系统必须支持的要求如下。

① 可扩展性（scalability）：可扩展性是指能够通过增加计算资源来提高系统性能的能力。为了实现这一功能，监控系统需要使用大量潜在的探测器（探针）来保持对系统性能的高效监控。

② 弹性（elasticity）：弹性是指根据特定应用程序或系统的目标，按需增加或减少计算资源的能力。弹性旨在当提升云计算环境性能的同时降低成本，为了实现这一目的，监控系统需要对虚拟资源的创建和销毁进行跟踪记录，从而真正实现系统的扩展与伸缩。

③ 可迁移性（migration）：可迁移性体现了系统能够根据特定应用程序或系统的目标来改变计算资源位置的能力。可迁移性要求云平台服务商必须为用户在性能、能耗和成本方面提供更多的改进。在迁移过程中，系统必须监控从一台物理主机迁移到另一台物理主机的虚拟资源，并保证监控过程的正确性，以确保迁移时不会丢失任何信息，并且监控系统不会受到被监控资源潜在迁移的负面影响。

除此之外，云监控系统必须能够适应云计算环境的动态性和复杂性。基于以上特性的要求，云监控系统应当具备的功能总结如下。

① 准确性：准确性是指监控系统测量能力的准确程度。在云计算环境中，由于 SLA 是系统的固有部分，因此准确性十分重要。监控系统的准确性不达标可能导致 InP 和 SP 受到经济损失，并损害用户的信心，进而可能损害公司的声誉，甚至造成用户群的流失。

② 自治性：在云计算环境中，动态性是一个关键因素，因为各种变化是十分激烈和

频繁的。自治性是指监控系统自行管理其配置以保持自身在动态环境中的工作能力。在云监控系统中保持自治性的过程十分复杂，因为系统需要具备接收和管理来自多种探测器的输入的能力。

③ 全面性：云计算环境中包含多种类型的资源（例如不同的虚拟资源和物理资源）和信息。监控系统需要具备支持多种资源的监控和数据收集的能力。因此，监控系统必须能够从不同类型的资源、多种类型的监控数据以及大量的用户中获取更新状态。

### 6.1.3 云监控需求

可靠性是云平台的重要属性，是保证云平台为用户提供服务的基础。为了提高云服务的可靠性、安全性和可用性，保证用户可以放心使用云计算的资源，云平台需要时刻保持安全稳定的状态，并且在云平台发生故障时要能够及时告警和解决。因此，对云平台的监控通常存在如下要求。

① 可从负载、CPU、内存、存储和网络等多个方面对物理节点进行监控。

② 可对云平台中的所有物理节点按集群分组并进行监控。

③ 可对监控得到的数据进行完整、持久的保存，以便系统管理员查询及分析，从而针对一些常见问题提出解决方案和提供历史数据支持。

④ 监控系统在发现云平台故障时，能够及时判断故障等级并在管理界面提示管理员或发出告警信息通知管理员。

⑤ 对操作系统中特定进程的流量进行监控，确保云平台中网络的通畅。

⑥ 将所监控的信息采用图形化的形式形象直观地向系统管理员展示，便于管理员分析系统状态的未来趋势。

⑦ 云平台的资源具有动态性，资源的分布也十分广泛。用户需要根据实际情况对监控的节点和资源进行配置。因此，云平台监控系统应当具有良好的扩展性，能够对新加入的资源节点进行有效监控，并及时实现主机节点新的监控需求。

在整个监控系统中，监控系统管理员能够灵活地添加或删除被监控对象，对监控信息进行配置，设置监控主机和主机组、服务和服务组、监控对象、监控时间段；也可通过浏览器实时查看云平台监控信息，查看服务、被监控主机的监控数据图；还可应用故障管理功能，设立故障监控的告警阈值和故障报警联系人。此外，监控系统管理员能够通过查看监控的历史信息或最近时间段的状态走势图，分析系统未来可能的运行状态趋势，提前发现系统的潜在问题。监控系统管理员管理系统的用例图如图 6.1 所示。

**1. 基本功能需求**

① 对物理服务器的监控：云平台中包含多台服务器，物理服务器上运行着虚拟机，云平台将虚拟机作为云服务提供给用户。如果运行虚拟机的服务器由于某些故障导致服务器的正常使用受到影响，则会直接影响虚拟机的可用性。因此，保障云服务器的安全尤为重要，这就需要对云中的物理服务器进行监控。

② 对物理节点上虚拟机资源的监控：云平台提供了成千上万台虚拟机供用户使用。为保证虚拟机的正常运行，以及通过系统资源调度实现虚拟机负载的有效调节，从而改善云平台资源的使用效率，需要对所有接入云平台的虚拟机的运行状态、CPU、内存利用率、硬盘的使用空间和未使用空间以及运行的进程数等进行监控。

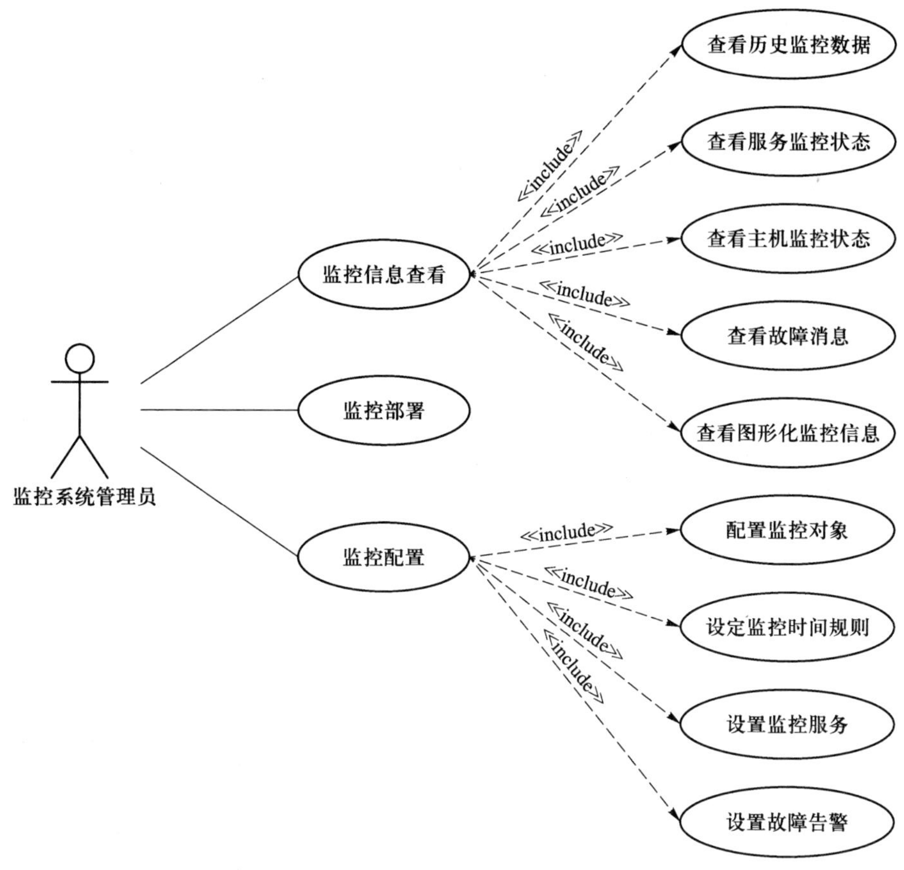


图 6.1　监控系统管理员管理系统的用例图

③ 对操作系统中特定进程流量的监控：为了防止网络阻塞，需要对云平台的操作系统中特定进程的流量进行监控，以便对网络主机进行管理，确保云平台中的网络通畅。

④ 对云中的各类网络服务的监控：云中部署运行着各种网络服务，其服务质量的好坏极大地影响着用户所使用服务的稳定性和可靠性，网络服务的不可用将直接导致云的不可用。因此，需要对云中的网络服务（例如 SMTP、HTTP 等）进行监控，从而实时了解各类网络服务的状态。

**2．性能需求**

① 可扩展性：云平台中的资源具有动态性，当云平台中的虚拟节点发生动态变化时，监控系统能够适应该变化，从而继续保持稳定的运行状态。换句话说，当有新的节点加入云平台时，监控系统应在不对之前的逻辑结构进行大规模改变的前提下，实现对监控节点的动态扩展；当有监控项目调整需求时，能够在不影响现有监控项目的前提下及时方便地调整相应的监控模块。

② 高可靠性：可靠性高的系统运行较为稳定，不易造成监控信息的异常丢失。云平台监控系统投入使用后，需要持续不断地运行。一旦监控服务器由于某些原因（例如宕机、断电、物理损坏、网络故障等）无法正常提供监控服务而造成重大影响时，监控系统应能及时采用高可靠性手段解决问题。

**3．数据处理需求**

① 数据完整持久存储：监控系统应当具有将监控数据持久存储在数据库中的功能，以便管理员对历史监控数据进行查看与分析。

② Web 页面监控数据图形化显示：监控系统需要为管理员提供清晰简明的图形化监控数据，以便管理员查看监控信息并分析云平台未来的走势，及时发现平台潜在的问题，尽可能降低对用户造成的影响。

**4．故障管理需求**

云平台需要设置明确的告警机制，能够在云平台出现故障时准确地诊断故障级别并及时向管理员通知告警消息。如何提高故障诊断的准确性以及如何有效进行告警即成为云监控系统研究的一个问题。故障管理不仅包括个人主机操作不规范的监控告知，还应包括对服务器不良运行状态的诊断和提示，监控系统需要对告警通知消息、告警联系人、告警级别等进行灵活配置，并将告警通知信息写入日志。当收集到的监控数据被系统诊断为故障时，监控系统应能通过邮件、短信或其他方式及时通知系统管理员。当收集到监控数据时，系统利用故障诊断对故障进行等级评定，如果达到故障标准，系统则需自动发送告警以通知系统管理员。

### 6.1.4 云监控结构

一个云服务平台的资源通常大量分布于数据中心。由于云服务的运营实体（例如 InP 和 SP）需要清楚地掌握与资源相关的信息，因此必须持续监控这些资源，即评估云中托管的服务的状态，并根据资源的状态信息执行控制活动（例如资源按需分配和迁移）。不同云服务的服务模型通常互不相同，并由不同类型的资源组成。对云资源的高效管理取决于对其结构的全面监控。为了提供全面的监控，通常将云监控结构划分为 3 个组件——云模型、监控视图和监控焦点，如图 6.2 所示。

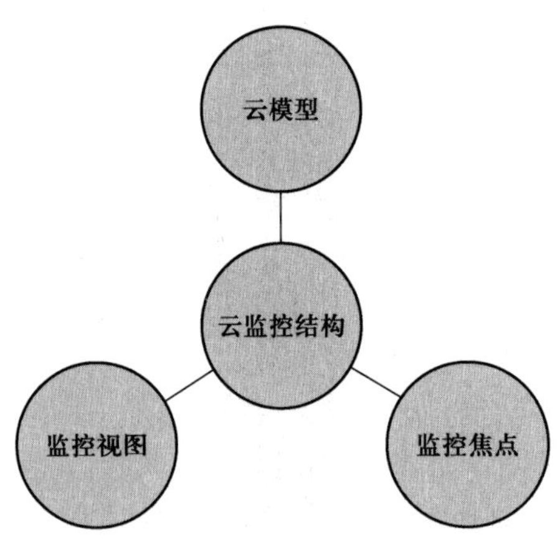


图 6.2　云监控结构

**1．云模型**

云模型由软件即服务（SaaS）、平台即服务（PaaS）和基础设施即服务（IaaS）3 个部分组成。软件即服务在向用户提供应用程序服务时体现；平台即服务在向 SP 提供平台时体现，用户可以在该平台上部署应用程序服务，InP 控制底层资源的分配，SP 只需提供应用程序服务；基础设施即服务在向 SP 提供访问虚拟机服务时体现，SP 可以安装自己的平台和应用程序。

**2．监控视图**

监控视图取决于想要获取信息的对象。InP 是基础设施的所有者，通常只关注基础设施是否正确运行以及利用是否高效，需要获得关于虚拟层和物理层的信息。此外，InP 在底层进行控制活动。SP 主要为用户提供指导性支持，通常需要获得有关虚拟层的信息，例如，在平台的不同组件中观测到的响应时间和延迟，以及关于监控结构、用户体验的客观性能问题或瓶颈之间的关联。用户则需能够随时查看正在使用的应用程序服务的状态信息。因此，云监控必须根据不同的用户层面设置不同的监控视图，具体来说，就是根据 InP、SP 和用户的需求设置不同的监控视图，如图 6.3 所示。

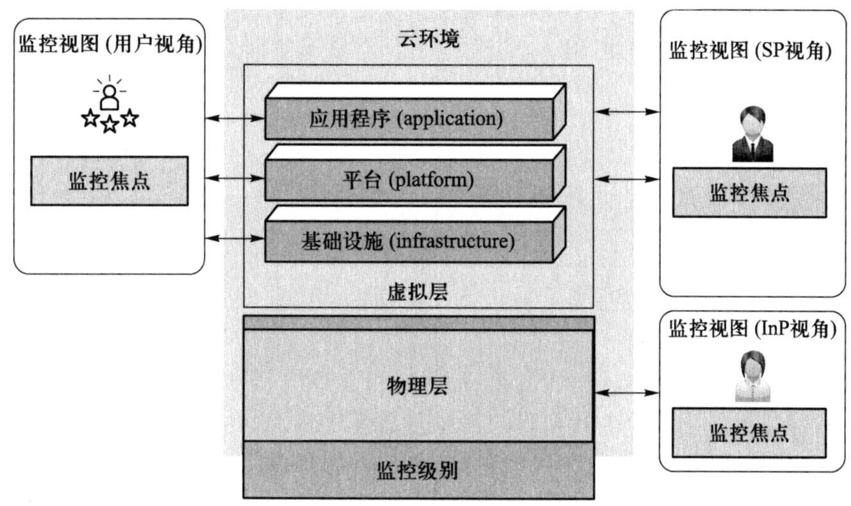


图 6.3　监控视图

**3．监控焦点**

监控解决方案的设计和实施取决于被监控的资源类型（例如计算、网络）或服务（例如 SLA、QoS）。监控焦点由特定监控解决方案或一组监控解决方案定义的目标（资源类型或服务）确定，以便满足 InP、SP 和用户的特定需求。监控焦点可以通过两种方法划分——云模式或目标，前者是指 SaaS、PaaS 或 IaaS 服务模型，后者是指由 InP、SP 或用户执行的监控目标（例如 SLA、计费服务）。

云监控解决方案的主要目标基于其云模型进行定义，因此可以根据不同的云模型讨论具体目标。

① 在 IaaS 中，云资源在物理硬件之上创建，通常使用虚拟化技术实现。代表 InP 的监控解决方案监控支持基础设施的实际硬件，而 SP 旨在获取关于其租用的虚拟资源的信息。IaaS 由公共 IaaS 云服务商提供，例如 Amazon EC2、阿里云等，或者通过使用 Eucalyptus 和 OpenStack 等解决方案构建私有云。IaaS 提供的资源通常采用虚拟机的形式（例如 Xen），虚拟机主要由计算、网络和存储等组成。因此，在 IaaS 中，云监控解决方案的目标是虚拟

机的基本监控指标。

② PaaS 由编程环境和运行环境组成。阿里云的 PaaS 级产品、Google App Engine 和 Heroku 均为 PaaS 的范例。PaaS 旨在为应用程序开发（例如 API 和编程语言）提供合适的环境。此外，PaaS 能够提供服务以支持应用程序的部署和执行，包括容错、自动扩展和配置等功能。在 PaaS 中，云监控提供信息以帮助 InP 处理自配置和容错管理等问题。从 SP 的角度来看，监控的目标是确保平台支持自适应应用程序，保证监控程序收集的信息与用户的观察保持一致。

③ SaaS 的用户可能遍及世界的各个角落，用户的数据量也可能高达百万级甚至千万级。一个典型的办公应用程序，例如文字处理软件 Word 和电子表格 Excel 的在线替代品，在 SaaS 服务的模式下，其多样性必定会不断增长。为了应对 SaaS 的多样性，云监控系统需要具备非同寻常的能力，既需要应对异构的 API，还需要应对不同层面的监控。为此，SP 和用户需要定义 SLA 来规范二者之间的服务协议。SP 需要根据 SLA 的服务级别向用户提供能够满足 SLA 的服务，而衡量服务能否满足服务级别则需要通过监控来实现。

### 6.1.5 关键技术

**1．SNMP**

简单网络管理协议（simple network management protocol，SNMP）属于 TCP/IP 中的应用层协议，主要用于管理网络设备。由于 SNMP 简单可靠，因此受到众多厂商的欢迎，成为目前应用最为广泛的网络管理协议。

SNMP 主要由两部分构成——SNMP 管理站和 SNMP 代理。SNMP 管理站是一个中心节点，负责收集、维护各个 SNMP 元素的信息并进行处理，最终反馈给网络管理员；SNMP 代理运行在各个被管理网络节点中，负责统计该节点的各项信息并与 SNMP 管理站交互，接收并执行管理站的命令，上传各种本地网络信息。

SNMP 管理站和 SNMP 代理之间松散耦合，二者间的通信通过 UDP 完成。通常情况下，SNMP 管理站通过 UDP 向 SNMP 代理发送各种命令，SNMP 代理收到命令后返回 SNMP 管理站需要的参数。此外，当 SNMP 代理检测到网络元素异常时，也可主动向 SNMP 管理站发送消息，通告当前的异常状况。

SNMP 的基本思想是为不同种类、不同生产厂家以及不同型号的设备定义一个统一的接口和协议，使得管理员可以通过统一的形式对网络设备进行管理。管理员可以通过网络管理位于不同物理空间的设备，从而大幅提高网络管理的效率。

SNMP 的工作方式如下：管理员需要从设备获取数据，此时 SNMP 提供“读”操作；管理员需要向设备执行设置操作，此时 SNMP 提供“写”操作；设备需要在出现重大改变时向管理员通报事件的发生，此时 SNMP 提供“Trap”操作。图 6.4 展示了 SNMP 的工作方式。

**2．代理监控技术**

代理是指在被监控主机上安装的一个或多个监控代理程序。代理程序主要用于被监控主机的状态或服务信息的收集，并将收集的数据发送给主监控机。根据被监控主机上是否部署监控代理，通常将监控分为两种方式：无代理监控和基于代理的监控。无代理监控由主监控机完成监控请求及状态的检测；基于代理的监控既可通过主监控机也可通过代理程序本身完成监控请求，但只能由代理程序完成监控对象状态的检测，并在检测完成后将结果上报给主监控机。

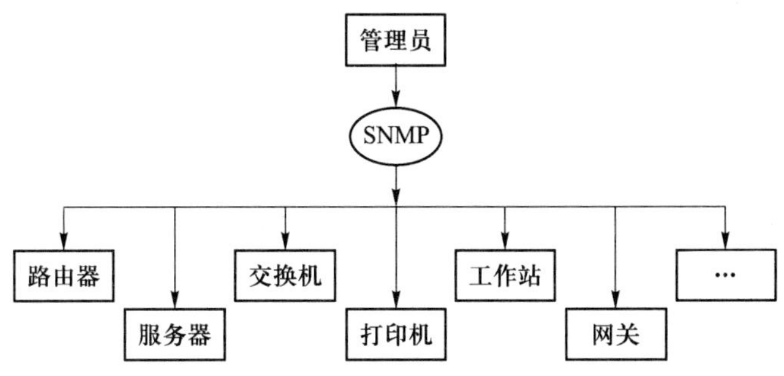


图 6.4　SNMP 的工作方式

无代理监控大多适用于主动监控模式系统，通常由主监控机主动向无代理的被监控节点发出监控请求。无代理监控的被监控节点只需对主监控机发来的监控请求进行响应，而主监控机需要处理和分析返回的监控信息，得到被监控节点的运行状态。无代理监控通常用于能够主动响应监控请求的服务或设备的监控，例如 MySQL、Apache、HTTP、Web、ping、Telnet 等服务以及其他提供 SNMP 服务的设备。

基于代理的监控可以采取主动监控和被动监控模式。基于代理的被动监控模式需要在被监控节点安装相关的监控代理程序，代理程序可以按照预先配置的监控策略主动执行相关的程序以获取数据，并将数据按主监控机预先设定的数据格式处理后发送给主监控机。在基于代理的主动监控模式中，代理程序会在收到主监控机的监控请求后，启动相关的程序来获得结果并将结果返回主监控机。从某种程度上看，在基于代理的被动监控模式中，代理程序会对获取的数据进行处理再提交给主监控机，这种处理方式对主监控机的压力起到一定的缓解作用，但也略微增加了被监控节点的负载。基于代理的监控通常用于对主机的 CPU、进程数和内存等的监控。

无代理监控模式和基于代理的监控模式各有所长，有其各自适用的应用范围。基于代理的监控模式需要在被监控节点上安装客户端，可以直接通过 SSL 安全通信，同时依靠代理收集数据，并将数据处理后反馈到主监控机，具有较广的监测范围。无代理监控模式无须安装客户端，仅需将相应的端口对主监控机开放，并且数据不经处理即发送给主监控机。在实际的系统监控中，可以根据实际情况选择一种或两种监控模式相结合的方式来满足监控的需求。

**3．主动监控与被动监控**

在监控系统中，监控数据主要通过主动模式或被动模式在主监控机和被监控节点之间传输，表 6.1 为两种监控模式的对比。通过对比可以发现，主动监控模式开销大但实时性优良，适用于主监控机对被监控节点周期轮询的场景；被动监控模式实时性差但开销较小。在具体的场景中还需结合实际情况，灵活运用两种监控模式，从而在提高数据采集准确性的同时使开销降到最低。

表 6.1　主动监控模式与被动监控模式的对比

| 类型 | 描述 | 优点 | 缺点 |
| --- | --- | --- | --- |
| 主动监控模式 | 主监控机按照检测周期主动获取被监控节点的数据，主要由主监控机向被监控节点发送监控请求，被监控节点的监控代理采集数据后反馈给主监控机 | 实时性较好 | 需要主监控机主动收集被监控节点的性能参数，开销较大 |
| 被动监控模式 | 被监控节点主动发送数据到主监控机，被监控节点的监控代理按照预先配置的设置采集本地数据，并将数据处理后主动发送给主监控机。主监控机只需被动接收数据，然后进行下一步处理 | 处理数据的其他工作基本由被监控节点完成（包括数据的传输），从而避免了因被监控节点数量过多，导致轮询时间过长而引发的监控反应延迟的问题 | 实时性较差 |

# 6.2　云监控解决方案

## 6.2.1　云监控的通用技术

云计算环境的监控解决方案可分为 3 种类型：通用解决方案、集群和网格解决方案、云监控解决方案。通用解决方案可用于监控通用的计算机系统，无须考虑系统的具体特征，该类方案被广泛应用于获取托管资源的基本信息；但是，通用解决方案可能并不适用于云平台的某些特定功能。集群和网格解决方案以某些特定领域为基础创建，同样缺乏对云平台特定功能的支持。因此，需要设计和开发云平台特有的监控解决方案。不同层次的监控解决方案如表 6.2 所示。

表 6.2　不同层次的监控解决方案

| 类型 | 描述 |
| --- | --- |
| 通用解决方案 | 用于监控通用的传统计算机系统，无须考虑系统的具体特征。该类方案包括 Cacti、Zabbix、Nagios 等，可以提供对计算机系统的基础信息的监控，例如内存、CPU、网络和存储等的基本使用情况，并提供对监控信息的可视化展示；也可用于监控云环境中计算机的基本状态信息。但 Cacti、Zabbix、Nagios 并非专门针对云监控的需求和特性而设计，例如在收集云的弹性、自治性方面的监控信息等方面相对较弱 |
| 集群和网格解决方案 | 用于监控集群和网格系统，针对集群系统的监控方案有 Parmon 和 RVision 等，针对网格系统的监控方案有 GridEye 和 Ganglia 等。集群和网格解决方案与云监控解决方案的监控焦点存在很大重合，例如，云环境中的集群是由多台机器连接而成的一个网络，在 SLA 上的关注度高于普通集群，对集群的监控在可视化方面的要求同样远高于普通集群 |
| 云监控解决方案 | 完全针对云环境设计的监控方案，例如亚马逊的 CloudWatch，能够收集 CPU、内存、网络和存储等基本监控指标，同时监控整个云环境的一些自配置信息。类似的解决方案还有 AccelOps、CopperEgg、Zenoss、Monitis 和 RackSpace Cloud Monitoring 等 |

在监控领域，市场上出现的监控软件主要分为商业软件和开源软件两类。其中，开源

软件具有应用空间广泛以及监控效果优良的优势，并且其源代码对外开放，用户可以在开源的基础上定制开发满足自身需求的监控软件。目前，Nagios、Cacti、Zabbix、Ntop 和 Ganglia 等均为应用比较广泛的监控软件，下面分别进行简要介绍。

**1．Nagios**

Nagios 是一款开源的免费网络监控工具，能够有效监控 Windows、Linux、UNIX 的主机状态与交换机、路由器等网络设置以及打印机等设备。在系统或服务状态异常时，Nagios 能够通过邮件或短信报警，第一时间通知网站运维人员，并在状态恢复后同样发出正常的邮件或短信通知。

Nagios 具备的功能如下。

① 监控网络服务（SMTP、POP3、HTTP、NNTP 和 ping 等）。

② 监控主机资源（处理器负载和磁盘利用率等）。

③ 简单的插件设计，使得用户可以方便地扩展自己的服务检测方法。

④ 并行服务检查机制。

⑤ 定义网络分层结构的能力，使用“parent”主机定义表达网络主机间的关系，这种关系可被用于发现和明确主机宕机或不可达状态。

⑥ 当服务或主机问题产生与解决时，能够将相关信息发送给联系人（通过电子邮件、短信或用户定义等方式）。

⑦ 可定义的处理程序，使之能够预防服务或主机发生故障。

⑧ 自动的日志滚动功能。

⑨ 支持并实现对主机的冗余监控。

⑩ 可选的 Web 界面，用于查看当前的网络状态、通知和故障历史、日志文件等。

**2．Cacti**

Cacti 是一套基于 PHP、MySQL、SNMP 和 RRDtool 开发的网络流量监测图形分析工具。简单地说，Cacti 是一个 PHP 程序，通过使用 SNMP 获取远端网络设备的相关信息（使用 Net-SNMP 软件包的 snmpget 和 snmpwalk 命令获取），并使用 RRDtool 工具绘图，最终通过 PHP 程序展现。使用 Cacti 可以展现监控对象在一段时间内的状态或性能趋势图。

Cacti 可通过 snmpget 获取数据，使用 RRDtool 绘制图形，并且用户完全无须了解 RRDtool 的复杂参数。Cacti 提供了非常强大的数据和用户管理功能，可以指定单个用户是否具有查看树状结构、主机以及任何一张图的权限，还可与 LDAP 结合进行用户验证，同时能够增加模板，具有非常强大完善的功能和十分友好的界面。Cacti 旨在使 RRDtool 的用户能够更加方便地使用该软件，除了基本的 SNMP 流量与系统信息监控，Cacti 还可外挂脚本及模块以生成各式各样的监控图。

**3．Zabbix**

Zabbix 是一个基于 Web 界面的提供分布式系统监控以及网络监控功能的企业级开源解决方案。Zabbix 能够监控各种网络参数，保证服务器系统的安全运营，其提供的通知机制可以使系统管理员快速定位并解决存在的各种问题。Zabbix 由 Zabbix server 与可选组件 Zabbix agent 构成。Zabbix server 可以通过 SNMP、Zabbix agent、ping 和端口监控等方法提供对远程服务器、网络状态的监控和数据收集等功能，并且可以运行在 Linux、Solaris、HP-UX、AIX、FreeBSD、OpenBSD 和 OS X 等平台。

**4．Ntop**

Ntop 是一种既灵活又功能齐全的用于监控和解决局域网问题的工具。Ntop 显示网络的使用情况，较其他网络管理软件而言更加直观、详细，甚至可以列出每个节点计算机的网络带宽利用率，同时提供命令行输入和 Web 页面，可应用于嵌入式 Web 服务。Ntop 主要包含以下功能。

① 自动从网络中识别有用的信息。

② 将截获的数据包转换成易于识别的格式。

③ 对网络环境中通信失败的情况进行分析。

④ 探测网络通信的时间和过程。

**5．Ganglia**

Ganglia 是加利福尼亚大学伯克利分校发起的一个开源实时监控项目，通过测量数以千计的节点，为云计算系统提供系统静态数据以及重要的性能度量数据。Ganglia 系统包含以下 3 个部分。

① Gmond：运行在每台主机上，主要监控每台主机收集和发送的度量数据（例如处理器速度、内存使用量等）。

② Gmetad：运行在集群的一台主机上，作为 Web Server 或用于与 Web Server 进行沟通。

③ Ganglia Web 前端：主要用于显示 Ganglia 的 Metrics 图表。

### 6.2.2 容器的监控

近年来，容器技术不断成熟并得到广泛应用，Docker 作为容器技术的代表之一，目前同样处于快速发展中，基于 Docker 的各种应用也正在普及。与此同时，Docker 为传统的运维体系带来冲击。在建设运维平台的过程中，用户需要面对和解决与容器相关的问题。Docker 的运维是一个体系，而监控系统作为运维体系中的重要组成部分，在 Docker 运维过程中需要重点考虑。本节介绍针对 Docker 容器的自动化监控实现方法，旨在为 Docker 运维体系的建立提供相关的解决方案。

提到容器，大多数用户首先会想到 LXC（Linux Container），其为一种内核虚拟化技术，是一种操作系统层面上的资源虚拟化。在 Docker 出现前，一些公司已经使用 LXC 技术。容器技术的使用大大提升了资源利用率，同时降低了成本。直接使用 LXC 较为复杂，导致企业使用容器技术具有一定的门槛，而 Docker 的出现改变了这一局面。Docker 对容器底层的复杂技术进行封装，大幅降低了使用复杂性，从而降低了使用容器技术的门槛。Docker 提供了一些基本的规范和接口，用户只需熟悉 Docker 的接口，即可轻松玩转容器技术。因此 Docker 的出现大大加快了容器技术的使用普及度，甚至被业界视作容器的规范。

当以用户的容器收集标准进行度量时，会存在许多选项。在考察部分对容器监控有益的软件和服务后，可以引入一个混合了自托管开源解决方案以及商业云服务的方式，反映当前的场景。

**1．docker stats 命令**

Docker Engine 提供了访问大多数需要用户收集的、可以作为原生监控功能的核心度量指标的功能。使用 docker stats 命令可以访问运行在用户主机上的所有容器的 CPU、内存、网络和磁盘利用率等信息，如图 6.5 所示。

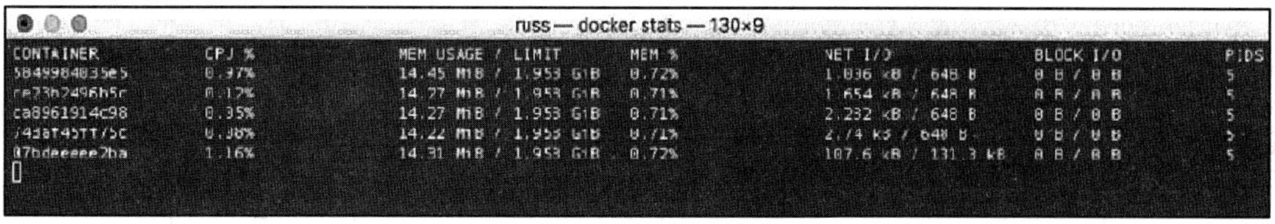

```
russ — docker stats — 130×9
CONTAINER       CPU %   MEM USAGE / LIMIT     MEM %   NET I/O              BLOCK I/O   PIDS
5849984035e5    0.37%   14.45 MiB / 1.953 GiB  0.72%  1.036 kB / 648 B     0 B / 0 B   5
ce73b2496b5c    0.12%   14.27 MiB / 1.953 GiB  0.71%  1.654 kB / 648 B     0 B / 0 B   5
ca8961914c98    0.35%   14.27 MiB / 1.953 GiB  0.71%  2.232 kB / 648 B     0 B / 0 B   5
743af45ff75c    0.38%   14.22 MiB / 1.953 GiB  0.71%  2.74 kB / 648 B      0 B / 0 B   5
07bdeeeee2ba    1.16%   14.31 MiB / 1.953 GiB  0.72%  107.6 kB / 131.3 kB  0 B / 0 B   5
```

图 6.5　Docker 的监控示例

如果用户需要在任意时刻获取容器相关的状态信息，那么监控产生的数据流将十分有益，例如可以添加 flag 参数，具体如下。

① flag -all 显示已停止容器，尽管无法查看任何度量指标。

② flag -no-stream 显示首个运行的输出，然后停止度量指标的数据流。

该方式存在两个缺点：首先，数据没有在任何位置存储——无法回溯并审查度量指标；其次，在没有参考点的情况下，端点不断被依次刷新，因此很难观察数据中的奥秘。

docker stats 命令实际上是一个针对 stats API 端点的命令行界面，stats API 暴露了 stats 命令的全部信息。若要亲自查看，可以运行以下命令：

```
curl --unix-socket /var/run/Docker.sock http:/containers/container_name/stats
```

从输出中可以看到，将有更多的返回信息使用 Json Array 封装，并且可以被第三方工具接纳。

**2．cAdvisor**

cAdvisor 是来自谷歌的原生支持 Docker 容器的监控工具，是一个集收集、整合、处理以及输出当前运行容器信息于一体的守护进程。cAdvisor 用于运行 docker stats -all 命令获得信息的图形化版本。

```
docker run \
--volume=/:/rootfs:ro \
--volume=/var/run:/var/run:rw \
--volume=/sys:/sys:ro \
--volume=/var/lib/Docker/:/var/lib/Docker:ro \
--publish=8080:8080 \
--detach=true \
--name=cadvisor \
google/cadvisor:latest
```

cAdvisor 易于启动和运行，因为其在容器中交付。用户只需运行上述命令即可启动 cAdvisor 容器，并在端口 8080 上公开 Web 界面。

cAdvisor 一旦启动，将在运行于宿主机中的 Docker Daemon 中打入一个钩子，并立即开始收集所有正在运行的容器（包括 cAdvisor 容器在内）的度量指标。在浏览器中打开 http://localhost:8080/将直接跳转到 Web 界面，如图 6.6 所示。

如图 6.6 所示，图中包含一段实时数据流，同时，谷歌已经通过引入一些选项从 cAdvisor 中导出数据到时间序列数据库，例如 Elasticsearch、InfluxDB、BigQuery 和 Prometheus。

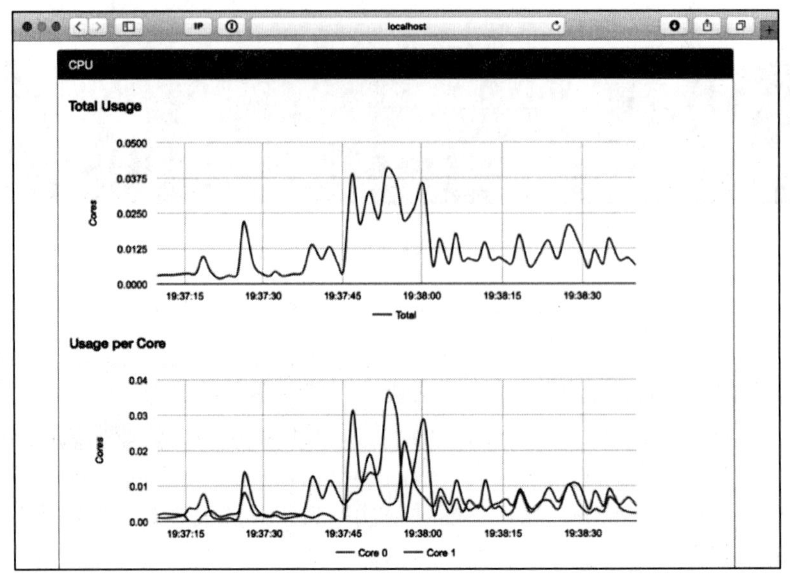


图 6.6　cAdvisor 监控界面

cAdvisor 能够快速洞悉正在运行的容器所发生的事件，同时易于安装，并能赋予用户比 Docker 细粒度更高的度量指标，还可作为其他工具的监控代理。

**3．Prometheus**

Prometheus 是一个开源的监控系统和时间序列数据库，最初由 Sound Cloud 搭建，目前由 CNCF 托管，类似的项目还包括 Kubernetes 和 OpenTracing。Prometheus 能够从主机的数据节点提取数据并存储到自身的时间序列数据库中。目前，Docker 已经支持直接从 Prometheus 获取容器的度量指标。

Prometheus 的最大优势是可以作为数据源。用户可以使用 Prometheus 与 Grafana 收集数据，其中，Grafana 从 2015 年起开始支持 Prometheus，现已成为 Prometheus 推荐的前置系统，并且能够作为容器启动。

Prometheus 启动并运行后，唯一需要的配置是添加用户的 Prometheus URL 作为数据源，然后导入一个预定义的 Prometheus Dashboard。Dashboard 显示了来自 cAdvisor 并存储于 Prometheus 中使用 Grafana 渲染的超过 1 个小时的信息，Prometheus 基本上以当前 cAdvisor 的状态作为快照。此外，Prometheus 具有告警功能，通过使用内置的上报语言，可以创建如下告警：

```
ALERT InstanceDown
IF up == 0
FOR 5m
LABELS { severity = "page" }
ANNOTATIONS {
summary = "Instance {{ $labels.instance }} down",
description = "{{ $labels.instance }} of job {{ $labels.job }} has been down for more than 5 minutes.",
}
```

一旦告警创建完成并在 Prometheus 服务器中部署，即可使用 Prometheus Alertmanager

进行路由告警。在上述案例中已经指定标签 severity = "page"，Alertmanager 将拦截告警并将其转发到一个服务，例如 PagerDuty、OpsGenie、Slack、HipChat channel，或任意数量的不同端点。

Prometheus 是一个功能强大的平台，并且作为不同技术的“中间人”而表现优异。Prometheus 易于从上述基本安装起步，经过扩展即可方便地获取容器和宿主机的实例信息，如图 6.7 所示。

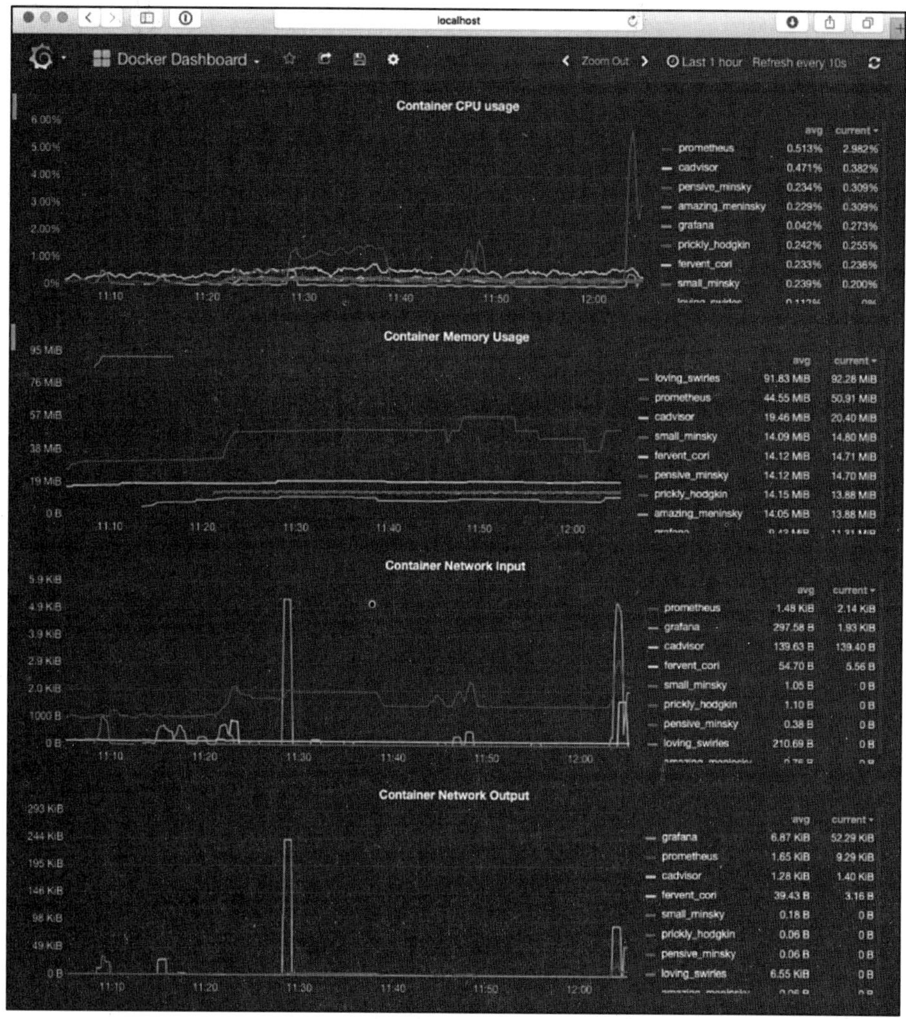


图 6.7　Prometheus 监控界面

**4．Sysdig**

Sysdig 存在两个不同的版本；其一为在宿主机中装有一个内核模块的开源版本；其二为称作 Sysdig Cloud 的云和本地解决方案，使用开源版本并将收集的度量指标流向 Sysdig 自己的服务器。Sysdig 的开源版本如同运行 docker stats 命令，服务会在宿主机内核打钩，因此其无须依赖从 Docker Daemon 中获得度量指标。使用 csysdig 这一内置的基于 ncurses 的命令行接口，用户可以查看宿主机的各种信息，例如运行 csysdig -vcontainers 命令可以获得如图 6.8 所示的视图。

从图 6.8 中可以看到，监控界面不仅展示了宿主机中运行的所有容器，还可进入容器内部查看单个进程所消耗的资源，如同运行 docker stats 命令和使用 cAdvisor 般。Sysdig 的开源版本也可获得容器的实时视图，并且可以使用如下命令记录和回放系统活动。

① csysdig -w trace.scap 命令将系统活动记录到一个跟踪文件。

② csysdig -r trace.scap 命令负责回放跟踪文件。

```
root@monitoring: ~
Viewing: Containers For: whole machine
Source: Live System Filter: container.name != host
 CPU   PROCS THREADS    VIRT    RES    FILE    NET ENGINE IMAGE                        ID           NAME
 0.50      3       3    186M    31M     78K   0.00 docker russmckendrick/cluster      a7d6911b8125 amazing_brattai
 0.50      3       3    199M    34M     78K   0.00 docker russmckendrick/cluster      178275f36280 furious_cray
 0.00      3       3    120M    22M     462   0.00 docker russmckendrick/cluster      dbe3a1923a52 angry_euler
 0.00      3       3    120M    22M     710   0.00 docker russmckendrick/cluster      b7f6d1bf9321 cranky_austin
 0.00      3       3    120M    22M     710   0.00 docker russmckendrick/cluster      2286f1843d80 sad_galileo
 0.00      3       3    120M    22M     710   0.00 docker russmckendrick/cluster      9108351af7db zen_brown
 0.00      3       3    120M    22M     710   0.00 docker russmckendrick/cluster      eb9a5a8b54fa loving_lamport

F1Help F2Views F4Filter F5Echo F6Dig F7Legend F8Actions F9Sort F12Spectro CTRL+F Search p Pause          1/7(14.3%)
```

图 6.8　Sysdig 监控界面

Sysdig 的开源版本并非传统监控工具，而是允许用户深入自己的容器以获取更广泛的信息，同时允许用户通过直接在编排系统打钩来添加编排上下文环境，从而对 pod、集群、命名空间以及其他方面进行故障排除。

Sysdig Cloud 可以获取 Sysdig 的所有监控数据并以 Dashboard 展示，Dashboard 具备告警功能。在图 6.9 中可以看到显示容器使用率的实时 Dashboard，并且用户能够深入单独的进程。

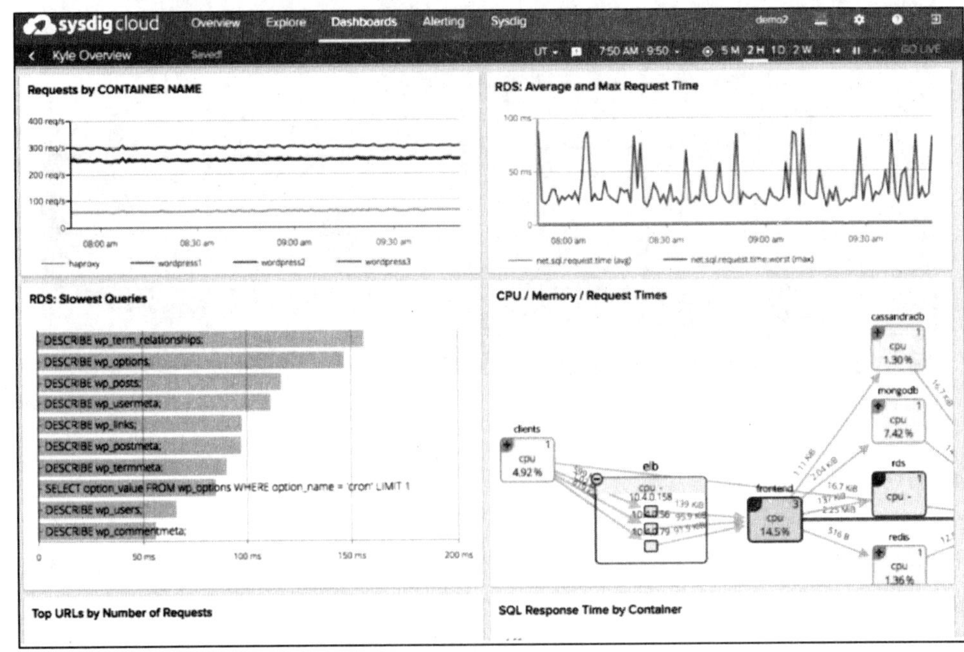


图 6.9　Sysdig Cloud 监控界面

# 6.3　智能运维

当代社会生产生活的许多方面都依赖于大型、复杂的软硬件系统，包括互联网、高性能计算、电信、金融、电力网络、物联网、医疗网络和设备、航空航天、军用设备及网络等。上述复杂系统需要提供良好的用户体验，因此其部署、运行和维护需要专业的运维人员，以应对各种突发事件，确保系统安全、可靠地运行。由于各类突发事件会产生海量数据，因此智能运维本质上可以视作一个大数据分析的具体场景。

图 6.10 展示了智能运维涉及的范围，其为机器学习、软件工程、行业领域知识、运维场景知识相结合的交叉领域，智能运维的顺利开展离不开四者的紧密合作。

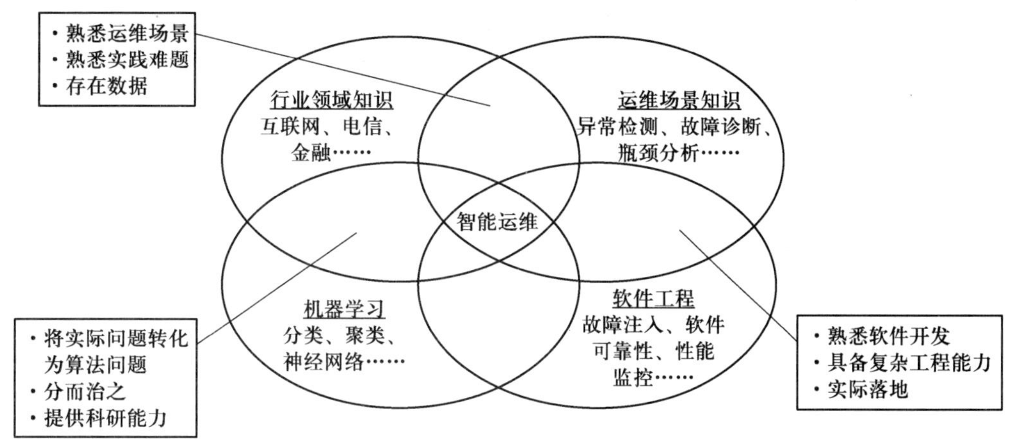


图 6.10　智能运维涉及的范围

## 6.3.1　智能运维的历史

运维部门最早通过实时监控掌握系统的运行状况，从而保证系统的服务质量和用户体验，达到对异常事件及时进行分析与处理的目的。追溯运维发展历史，手动运维是最初的形态，费时且耗力，需要众多运维人员参与。随后，大量自动化脚本的出现实现了运维的自动化，运维效率得到大幅提升。但是随着系统规模的日益增长，自动化运维逐渐无法满足业界需求。

得益于大数据和人工智能，如今运维方式开始迈向智能化阶段，智能运维开始被越来越多的企业所关注。公司和组织通过集中监控平台采集系统的各项运行状态和执行逻辑信息，例如网络流量、服务日志等，进而实现对系统运行状态的全面感知。随着系统规模的增长，运维数据出现爆炸式增长，每天有数百亿条监控数据、日志产生，给运维带来种种困难与挑战，促使智能运维技术不断发展。从手动运维到智能运维的发展过程如图 6.11 所示。

### 1．手动运维

在手动运维时期，运维人员即通常意义上的系统管理员或网管，运维工作大多通过手动完成。运维人员负责监控产品运行状态、产品性能指标、产品上线与变更服务等，而这也导致运维人员的数量以及单个运维人员的工作量随产品数量或产品服务的用户规模呈线性增长。此时的运维工作不但消耗了大量的人力资源，而且大都低效重复，无法满足互联网需求与规模日新月异的发展。

| | 手动运维阶段 | | 规模化阶段 | | 生态化阶段 | |
|---|---|---|---|---|---|---|
| 阶段 | 初始化 | 专业化 | 工具化 | 平台化 | 云化 | 智能化 |
| 描述 | 运维从研发分化而成，负责业务以外的事物 | 有细化的分工，稳定、便捷、可靠、快速 | 随着DevOps概念的提出涌现了大量工具 | 运维规模扩大，业务运维SRE产生，保障业务平稳发展 | 云原生应用将基础运维交给云平台，使SRE更专注于业务可用性 | 使用云计算中大量数据喂养的人工智能使得智能化成为可能 |
| 分工 | OP | SA, IDC, DBA | DevOps, IDC, DBA | SRE, DevOps, IDC, DBA | SRE, DevOps | DevOps, 云平台运维 |
| 运维能力 | 100 os/人 | 500 os/人 | 2 000 os/人 | 5 000 os/人 | 20 000 os/人 | |
| 业务规模 | 小型网站，内部系统 | 小型公司业务系统 | 中型公司业务系统 | 大型公司多事业部业务系统 (BAT) | 云计算供应商和用户 (AWS, MS, 谷歌) | |

OP:运维；SA：(PaaS)系统运维；IDC: (laaS)数据中心运维；DBA：数据库管理员；
DevOps：应用研发平台运维；SRE：站点可靠性工程师

图 6.11　智能运维的发展过程

### 2．自动化运维

随着技术的更新，运维人员通过自动化脚本实现频繁发生的重复性运维工作，同时监控整个系统，并产生大量的监控日志。这些脚本能够被重复调用和自动触发，并在一定程度上避免了人工的误操作，这就是自动化运维。自动化运维能够极大地减少人力成本，提高运维效率，可被视为一种基于行业领域知识和运维场景领域知识的专家系统。

### 3．运维开发一体化

随着时代的进步，运维人员与产品开发人员逐渐分离，并演化出独立的运维部门。这种模式使得不同公司能够分享自动化运维的工具和想法并互相借鉴，从而极大地推动了运维的发展。然而运维人员与产品开发人员的使命并不相同：产品开发人员的目标是尽快实现系统的新功能并进行部署，从而使用户尽快使用新版本和新功能；运维人员则希望尽可能少地产生异常和故障。但经过统计发现，占比较大的异常或故障均由配置变更或软件升级导致。如此一来，运维人员本能地排斥产品开发团队部署配置变更或软件升级，二者目标的冲突降低了系统整体的效率。此外，由于运维人员并不了解产品的实现细节，因此在发现问题后无法很好地找到故障的根本原因。为了解决这一矛盾，DevOps 应运而生，其核心思想是开发运维一体化，即不再硬性地区分产品开发人员和运维人员。产品开发人员在代码中设置监控点，产生监控数据，系统在部署和运行过程中发生的异常由其进行定位和分析。这种组织方式的优势非常明显：不仅能够产生更加有效的监控数据，方便后期运维；同时运维人员也是开发人员，在出现问题后能够快速地找出原因。谷歌的站点可靠性工程（site reliability engineering，SRE）即为 DevOps 的一个实例。

**4．智能运维（artificial intelligence for IT operations，AIOps）**

相较于手动运维，自动化运维极大地提升了运维效率，DevOps 提升了研发和运维的配合效率。然而互联网系统中数据规模的爆炸性增长和服务类型的复杂多样，使得基于人为制定规则的专家系统遭遇诸多瓶颈，其中较为重要的一条是：必须由长期在某个行业从事运维的专家手动地将重复出现的、有迹可循的现象进行总结并形成规则，才能完成自动化运维。然而，这种基于人为制定规则的方法无法解决大规模运维的问题。

不同于自动化运维依赖于人为制定规则，智能运维强调由机器学习算法自动从海量运维数据（包括事件本身以及运维人员的人工处理日志）中不断地学习、提炼并总结规则。即智能运维在自动化运维的基础上增加了一个基于机器学习的大脑，指挥监控系统采集大脑决策所需的数据，进行分析、决策并指挥自动化脚本执行，从而达到运维系统的整体目标。

### 6.3.2　智能运维的内容

针对规则的人工智能化，即 AIOps，是指将人工总结运维规则的过程变为自动学习的过程，对日常运维工作中长时间积累形成的自动化运维和监控等能力的规则配置部分进行自学习的“去规则化”改造。其目的是由 AI 调度中枢管理的质量、成本、效率三者兼顾的无人值守运维，力争使运营系统的综合收益最大化。AIOps 的目标是利用大数据、机器学习和其他分析技术，通过预防预测、个性化和动态分析，直接和间接地增强 IT 业务的相关技术能力，以更高的质量、更合理的成本与更高的效率维护产品或服务。

**1．AIOps 的团队角色**

作为一个团队，AIOps 由不同角色组成，通常分为运维工程师、运维数据工程师、运维开发工程师 3 类。

（1）运维工程师

特征：具有丰富的运维领域知识，熟悉较为复杂的运维问题，具备解决运维难题的能力。

职责：运用机器帮助运维人员完成基础性和重复性的基层运维工作；人工处理机器无法处理的运维难题；基于经验对较为复杂的运维问题给出最终决策——不断训练机器。

（2）运维数据工程师

特征：具备编程、数学、统计学、数据可视化、机器学习等能力。

职责：致力于设计智能运维平台架构、模型标准、数据分析方法；不断应用最新的机器学习技术设计优化智能运维算法；监督智能运维系统的性能并实施优化和改进。

（3）运维开发工程师

特征：具备良好的语言开发基础能力和大数据处理能力。

职责：数据采集，自动化处理，实现和运用算法等。

**2．AIOps 的基本运维场景**

AIOps 的基本运维场景包括质量保障、成本管理和效率提升，旨在逐步构建智能化运维场景。质量保障分为异常检测、故障诊断、故障预测、故障自愈等基本场景，成本管理分为指标监控、资源优化、容量规划、性能优化等基本场景，效率提升分为智能预测、智能变更、智能问答、智能决策等基本场景，如图 6.12 所示。

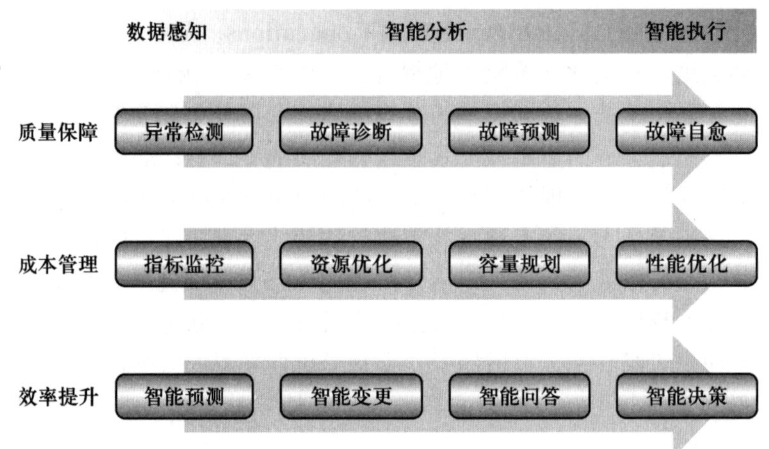


图 6.12　AIOps 的基本运维场景

三大方向的各阶段能力描述如表 6.3 所示。

**表 6.3　三大方向的各阶段能力描述**

| 阶段 | 质量保障方向 | 成本管理方向 | 效率提升方向 |
| --- | --- | --- | --- |
| 第 1 阶段（尝试应用） | 不存在成熟的单点应用，主要为手动运维、自动化运维和智能运维的尝试阶段，该阶段可聚焦于数据采集和可视化 | 尝试引入人工智能的能力，但是尚未形成成熟的单点应用，该阶段可聚焦于数据采集和可视化 | 尝试在预测、变更、问答、决策领域使用人工智能的能力，但是尚未形成有效的单点应用，该阶段可聚焦于数据采集和可视化 |
| 第 2 阶段（单点应用） | 在某些单点应用场景下，人工智能已经开始逐步发挥能力，包括指标监控、磁盘与网络异常检测等 | 在某些小规模场景下，人工智能已经开始逐步发挥能力，包括指标监控、资源优化、容量规划、性能优化等 | 在某些小规模场景下，人工智能已经能够逐步发挥能力，包括智能预测、智能变更、智能问答、智能决策等 |
| 第 3 阶段（串联应用） | 人工智能已经将单点应用中的某些模块进行串联，可以综合多个情况进行下一步的分析和操作，包括多维下钻分析查找故障根源等 | 人工智能已经将单点应用中的某些模块进行串联，可以根据成本、资源、容量、性能的实际状况进行下一步的分析和操作 | 人工智能已经将单点应用中的某些模块进行串联，可以结合多个情况进行下一步的分析和操作 |
| 第 4 阶段（能力完备） | 人工智能已经基于故障的实际场景实现故障定位，并进行故障自愈、智能调度等操作。例如根据版本质量分析推断是否需要版本回退，CDN 自动调度等 | 人工智能的能力已经完备，能够基于成本和资源的实际场景实现成本的自主优化，并进行智能改进等操作 | 人工智能的能力已经完备，已经可以基于实际场景实现性能优化，并进行预测、变更、问答、决策等操作 |
| 第 5 阶段（终极 AIOps） | 人工参与的成分已经很少，从故障发现到诊断再到自愈的整个流程由智能大脑统一控制，并由自动化运维自主实施 | 人工参与的成分已经很少，指标监控、资源优化、容量规划、性能优化等整个流程由智能大脑统一控制，并由自动化运维自主实施 | 人工参与的成分已经很少，性能优化等整个流程由智能大脑统一控制，并由自动化运维自主实施 |

（1）质量保障方向

随着业务的发展，运维系统的规模复杂度、变更频率不断增大，技术更新十分迅速，同时软件的规模、调用关系、变更频率也在逐渐扩展。

在这样的背景下，需要 AIOps 提供精准的业务质量感知支撑用户体验优化，全面提升质量保障效率，如图 6.13 所示。

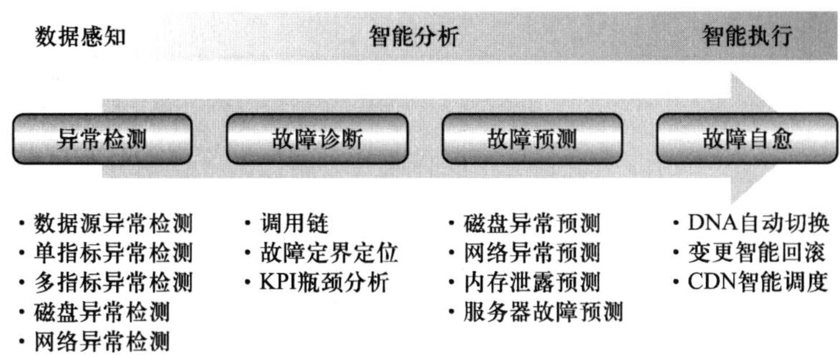


图 6.13　智能运维在质量保障方向的应用

（2）成本管理方向

当公司内部的业务日益增多时，如何在保障业务发展的同时控制成本、节省开支，是成本管理方向的重点。成本是每个企业都很关注的问题，目前业界的资源利用率普遍偏低，平均资源利用率甚至不超过 20%。

AIOps 通过智能化的资源优化、容量规划、性能优化实现 IT 成本的态势感知，支撑成本规划与优化，提升成本管理效率，如图 6.14 所示。

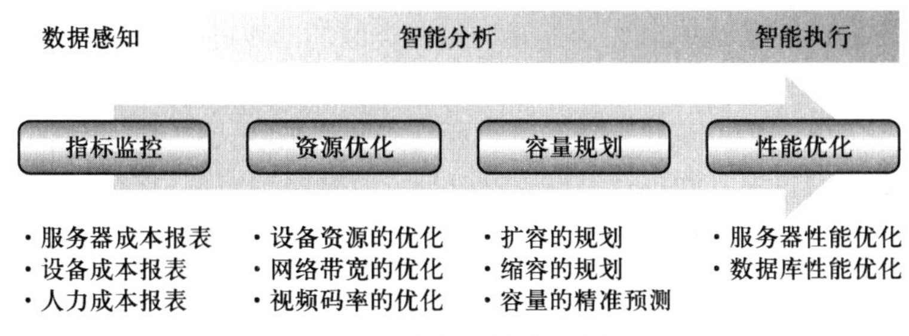


图 6.14　智能运维在成本管理方向的应用

（3）效率提升方向

随着业务的发展，运维系统整体效率的提升成为运维过程中十分重要的一环。在这样的背景下，增加人力并不能解决问题，还需 AIOps 提供高质量、可维护的效率提升工具，如图 6.15 所示。

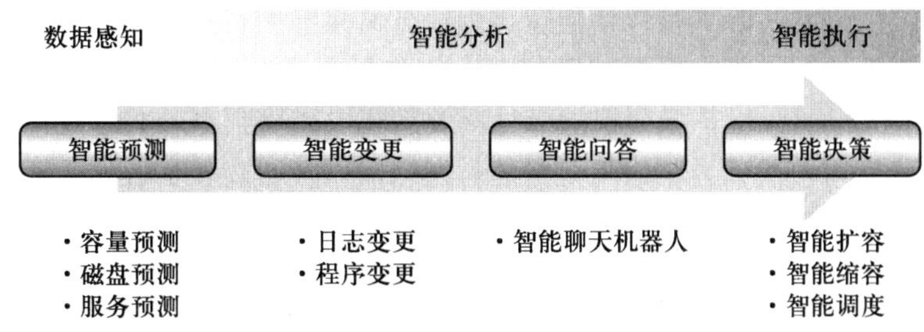


图 6.15　智能运维在效率提升方向的应用

### 6.3.3 AIOps的关键场景与技术

图6.16展示了智能运维涉及的关键场景和技术，包括大型分布式系统监控、分析、决策等。

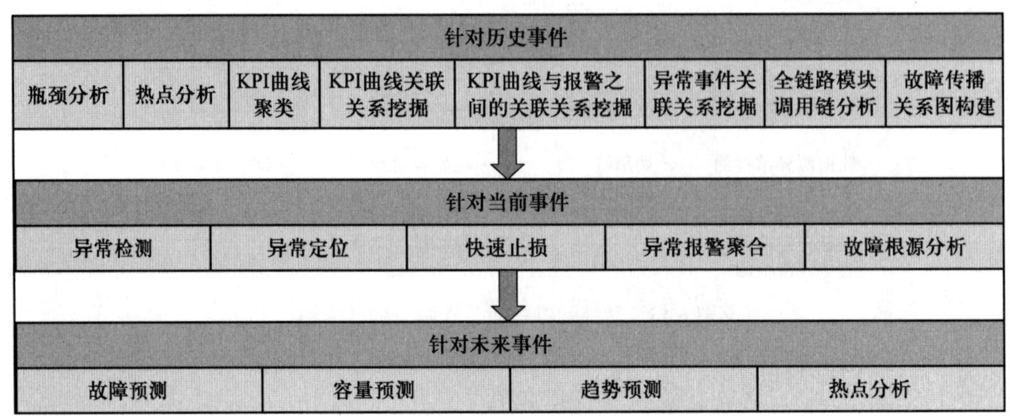


图6.16　智能运维的关键场景和技术

其中，在针对历史事件的智能运维技术中，瓶颈分析是指发现制约互联网服务性能的硬件或软件瓶颈；热点分析是指找到某项指标（例如处理服务请求规模、出错日志）显著大于处于类似属性空间内其他设施的集群、网络设备、服务器等；关键绩效指标（key performance indicator，KPI）曲线聚类是指对形状类似的曲线进行聚类；KPI曲线关联关系挖掘是指针对两条曲线的变化趋势进行关联关系挖掘；KPI曲线与报警之间的关联关系挖掘是指针对一条KPI曲线的变化趋势与某种异常之间的关联关系进行挖掘；异常事件关联关系挖掘是指对异常事件之间进行关联关系挖掘；全链路模块调用链分析是指分析软件模块之间的调用关系；故障传播关系图构建融合了上述技术中的后4种，用于推断异常事件之间的故障传播关系，并作为故障根本因素分析的基础，解决微服务时代下KPI异常之间的故障传播关系不断变化而无法通过先验知识静态设定的问题。通过以上技术，智能运维系统能够准确地复现并诊断历史事件。

在针对当前事件的智能运维技术中，异常检测是指通过分析KPI曲线，发现互联网服务的软硬件中的异常行为，例如访问延迟增大、网络设备故障、访问用户急剧减少等；异常定位在KPI被检测出异常后被触发，是指在多维属性空间中快速定位导致异常的属性组合；快速止损是指对常见故障引发的异常报警建立“指纹”系统，用于快速比对新故障发生时的指纹，从而判断故障类型以便快速止损；异常报警聚合是指根据异常报警的空间和时间特征对其进行聚类，并将聚类结果发送给运维人员，从而减少运维人员处理异常报警的工作负担；故障根源分析是指根据故障传播关系图快速找到当前KPI异常的根本触发原因，故障根源分析系统找到异常事件可能的触发原因以及故障传播链后，运维专家可以对根源分析的结果进行确定和标记，从而帮助机器学习算法更好地学习领域知识。该系统最终达到的效果是：当故障发生时，系统自动准确推荐出故障根源，指导运维人员修复或系统自动采取修复措施。

在针对未来事件的智能运维技术中，故障预测是指根据一段时间内对运行服务的测量数据，预测未来一段时间内是否会发生故障，以便在故障发生前进行预防或及时修复；容量预测是指根据历史网络流量活动和硬盘数据预测阵列、容器或存储池在未来一段时间内的占用趋势，大幅减少资源超配比例，并根据预测提前做好资源扩容工作；趋势预测是指通过基础设施的各项细粒度指标历史预测未来细粒度或全局基础设施的资源使用情况；热点分析是指通过快速收集和分析历史数据，给出未来一段时间的运维需要重点关注的问题与建议措施。

下面详细介绍几种 AIOps 的关键技术。

**1．KPI 瓶颈分析**

为了向千万级甚至上亿级用户提供可靠、高效的服务，运维人员通常使用一些关键性能指标监测应用的服务性能，例如一个应用服务在单位时间内被访问的次数（page view，PV）、单位时间交易量、应用性能和可靠性等。KPI 瓶颈分析的目标是在 KPI 不理想时分析系统的瓶颈。监控数据中的 KPI 通常包含许多属性，这些属性可能会影响 KPI，如图 6.17 所示。

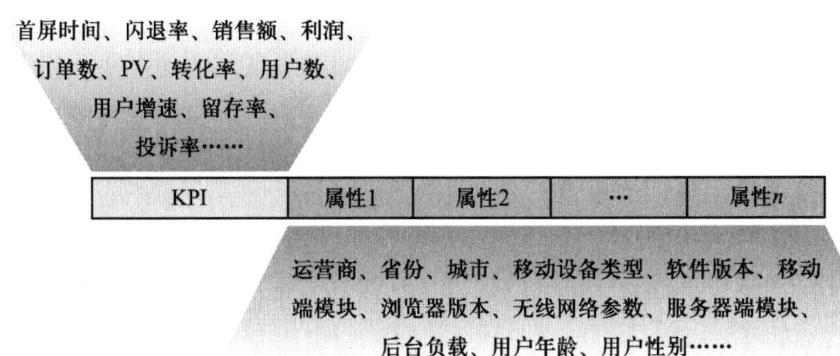


图 6.17　KPI 及其影响因素

在数据规模较小的情况下，运维人员可以手动过滤和选择，从而发现影响 KPI 的属性组合。然而，当某个指标包含十几个属性，同时每个属性包含上百亿条数据时，如何确定各个属性对 KPI 的影响将成为一个很大的挑战。此时采用人工的方式总结其中的规律并不现实，因此需要借助机器学习算法自动挖掘数据背后的现象，从而定位系统的瓶颈。

学术界在处理该问题时已经提出层次聚类、决策树、聚类树（CLTree）等方法。通过对数据进行预处理，可以将 KPI 分为“达标”和“不达标”两类，进而将 KPI 瓶颈分析问题转化为在多维属性空间中的有监督二分类问题。因为瓶颈分析问题要求结果具备可解释性，因此可采用结果解释性较好的决策树算法。决策树算法较为通用，可以对图 6.17 中的各类数据进行瓶颈分析。

**2．KPI 异常检测**

异常检测是指对不符合预期模式的事件或观测值进行识别。在线系统中响应延迟、性能减弱，甚至服务中断等均为异常表现，导致用户体验受到很大影响，因此异常检测在保障稳定服务方面格外重要。大多数智能运维的关键技术依赖于 KPI 异常检测的结果，因而互联网服务智能运维的一个底层核心技术就是 KPI 异常检测。

当 KPI 呈现突增、突降、抖动等异常时，通常意味着与其相关的应用发生了潜在的故障，例如网络故障、服务器故障、配置错误、缺陷版本上线、网络过载、服务器过载、外部攻击等。因此为了提供高效和可靠的服务，必须实时监测 KPI 以及时发现异常，同时准确检测持续时间相对较短的 KPI 抖动，从而避免未来的经济损失。

图 6.18 展示了某搜索引擎一周内的 PV 数据，其中圆圈标注部分为异常。

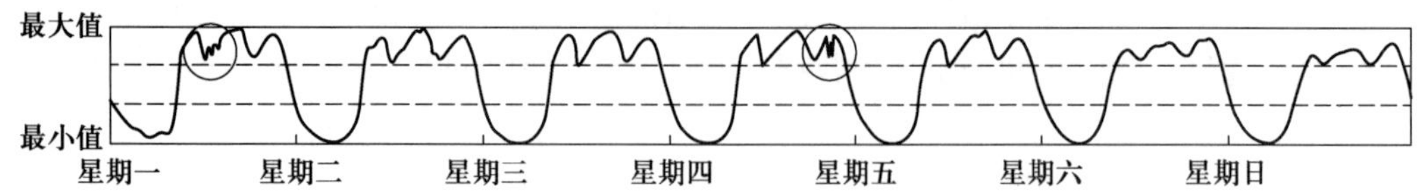


图 6.18　KPI 异常示例：某搜索引擎 PV 曲线的异常

在线系统随时会收到世界各地的用户报告的各种问题（issue），每个问题可以使用与之相关的属性描述，例如用户类型（TenantType）、产品功能（ProductFeature）、操作系统（ClientOS）等，这些属性描述了问题发生的上下文。通常每天的问题报告数量比较稳定，然而有时特定的属性组合会导致报告数量的突发性增长，快速发现并解决此类问题能够避免用户满意度受到过大影响。

图 6.19 左侧展示了一个真实的突发事件，包含属性组合 Country=India、TenantType=Edu、DataCenter=DC6 的问题报告的数量从每日 70 例突增至 300 余例，该属性组合能够帮助运维工程师从纷繁复杂的原因中快速定位问题发生时的上下文，因此被称为有效组合（effective combination）。

然而数量庞大的属性组合在大规模在线系统中为检测有效组合带来挑战。例如，来自微软的专家提出一种能够高效地找到有效组合、降低系统的维护成本的方法：首先从问题报告中整理出所有可能的属性组合，然后经过 3 次剪裁并对剩余的属性组合进行排序，最终找到造成问题突增的有效组合。具体检测过程如图 6.19 右侧所示。

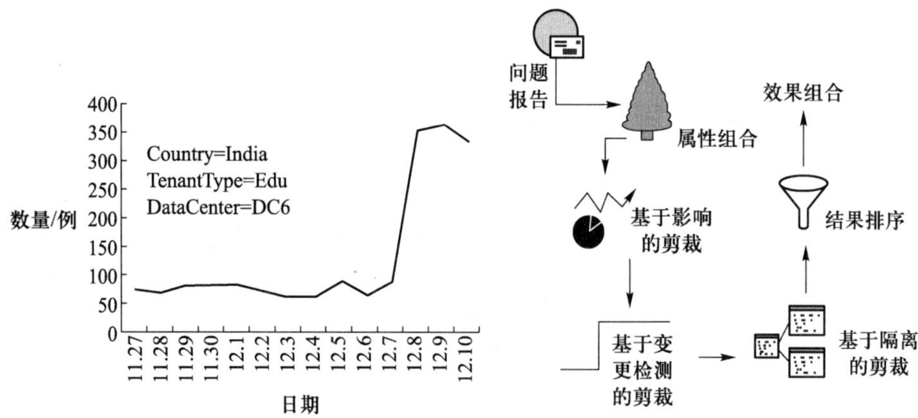


图 6.19　突发事件的检测过程

目前，学术界和工业界已经提出一系列 KPI 异常检测算法，包括基于近似性的异常检测算法，基于窗口的异常检测算法（例如奇异谱变换），基于预测的异常检测算法（例如 Holt-Winters 方法、时序分解方法、线性回归方法、支持向量回归方法等），基于机器学习（集成学习）的异常检测算法，基于分段的异常检测算法以及基于隐式马尔可夫模型的异常检测算法。

### 3. 智能诊断

如果将异常比喻成一位患者出现胸闷、气短以及发烧的现象，那么智能诊断的目标就是找到其背后的根本原因——呼吸道感染、肺炎或其他更为严重的疾病。

对异常的诊断基于对系统运行时产生的大量监测数据的深入分析，在实践中常会遇到以下问题。

① 如何在海量指标数据中定位异常原因？

② 如何关联时序型的异常数据和文本类型的记录？

研究人员先后提出使用异构数据关联分析、利用日志数据进行问题定位的日志分析、海量指标数据下的异常检测（anomaly detection）和自动诊断（auto diagnosis）等方法，解决上述两种问题。

（1）异构数据关联分析

事件序列（event sequence）数据和时间序列（time series）数据是两类常见的系统数据，包含丰富的系统状态信息。CPU 使用率曲线即为一条典型的时间序列，而事件序列用于记录系统正在发生的事件，例如当系统存储空间不足时，可能会记录下一系列“Out of Memory”事件。

图 6.20 展现了 CPU 使用率的时间序列和两个系统任务（CPU 密集型程序和磁盘密集型程序）之间的关系。

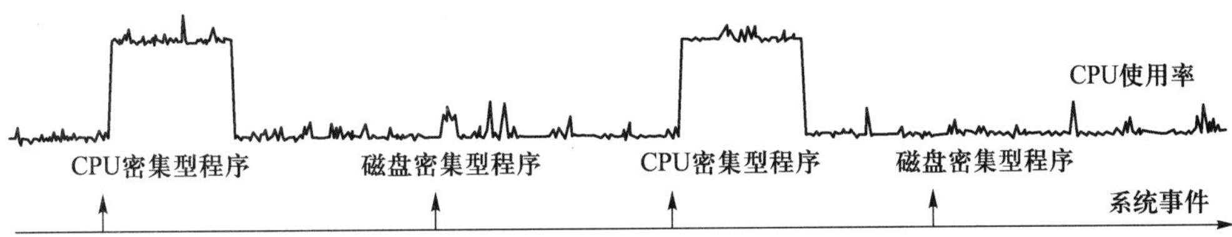


图 6.20　时间序列数据与事件序列数据

为了定位异常原因，运维人员通常从在线服务的 KPI（例如宕机时间）和系统运行指标（例如 CPU 使用率）的相关性切入。监控数据以及系统状态之间的相关性分析在异常诊断中发挥重要的作用。目前已存在许多关于时间序列数据和单一系统事件之间相关性的研究，然而由于连续型的时间序列和时序型的事件序列是异构的，传统的相关分析模型（如 Pearson correlation 和 Spearman correlation）的效果并不理想。并且在大规模系统中，一个事件的发生并非只与某个时间点相关，而可能与一整段时间序列相关，但传统的相关性分析只能处理点对点的相关性。因此，可以将问题建模为双样本问题，然后使用基于最近邻统计的方法挖掘相关性，进而解决时间序列数据和事件序列数据的相关性问题。

（2）日志分析

一个服务系统每天会产生 1 PB 的日志数据，一旦出现问题，手动检查日志即需耗费大量的时间。并且在大规模在线系统中，一个问题被修正后仍可能反复出现，因此在问题诊断时可能会进行大量重复性劳动。日志数据的类型也极具多样性，但并非所有的日志信息在问题诊断时同等重要。基于日志聚类的问题诊断方法（即日志分析）可以解决上述问题。如图 6.21 所示，日志分析分为构建阶段和生产阶段。在构建阶段，从测试环境中收集日志数据并进行日志向量化（log vectorization）和日志聚类（log clustering），然后从每个集合中选择一个代表性的日志构建知识库（knowledge base）。在生产阶段，从大规模实际生产环境中收集日志，经过同样的处理后与知识库中的日志进行核对。如果知识库中已存储该条日志，则表示该问题之前已发生过，只需采用之前的经验处理；如果从未出现则进行手动检查。

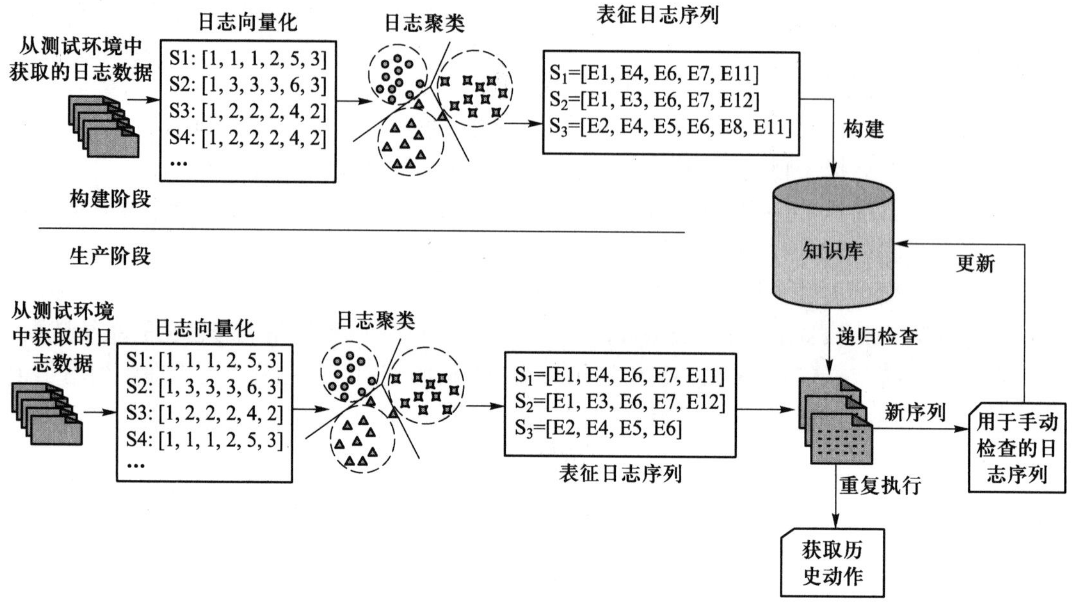


图 6.21　日志分析

（3）异常检测和自动诊断

异常检测和自动诊断旨在解决海量指标数据下的异常诊断问题。

如图 6.22 所示，在一段时间内发生两次服务异常，此时在线系统从 CPU、内存、网络、系统日志、应用日志、传感器等采集了上千种系统运行指标（metric），并且指标之间存在复杂的关系。单独研究问题和指标之间的相关性已经无法得出诊断结论，因此需要理解指标之间的相关性。

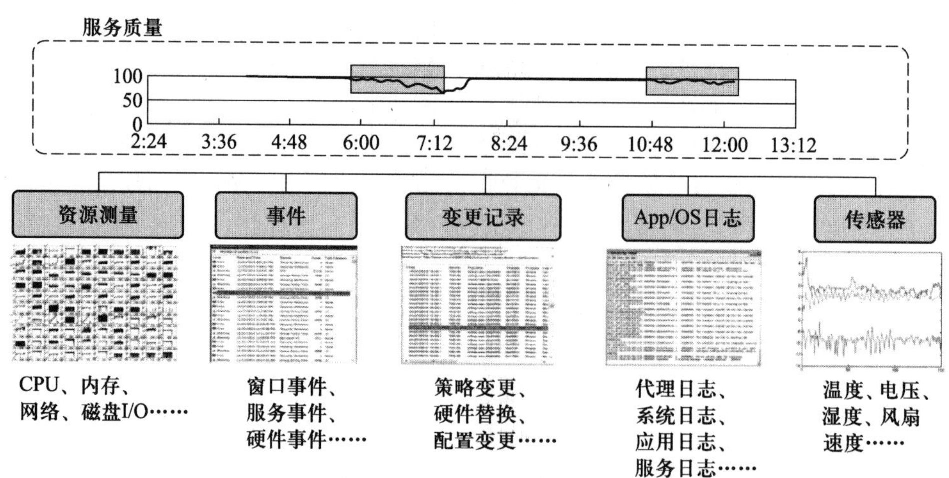


图 6.22　异常检测和自动诊断

异常检测和自动诊断系统基于上述指标数据构造指标间的关系图，然后根据贝叶斯网络估算条件概率，从而诊断出引起问题的主要指标，如图 6.23 所示。例如自 2017 年 3 月上线以来，微软的异常检测和自动诊断系统为 Azure 平台捕捉到数量可观的异常情况，并提供了有效的诊断信息。

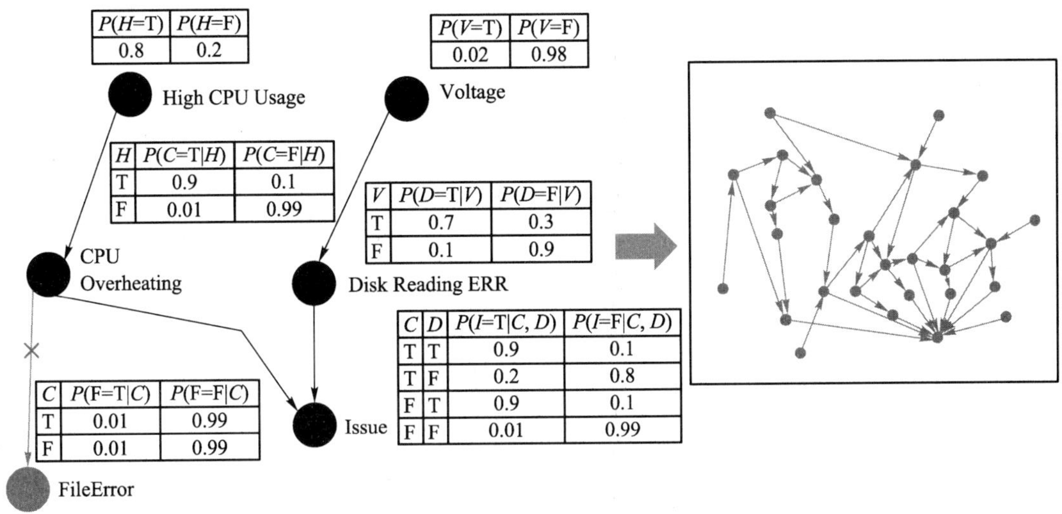


图 6.23　指标间的关系图

**4．自动修复**

衡量在线系统可靠性以及保证用户满意度的重要指标之一是平均修复时间（mean time to restore，MTTR）。如果要减少 MTTR，一般通过人工修复使得服务重新启动，然后挖掘并修复潜在的根本问题，因为后者比前者需要更多的时间。但是，人工修复的缺点显而易见：其一是浪费时间，研究表明人工修复的时间大约占用 90%的 MTTR；其二是确定一个合适的修复方法需要很强的领域知识，并且容易出错。由于大规模在线系统中的每台机器每天都会产生海量运行数据，人工修复必将获得更新换代。

自动修复的方法可以解决人工修复的问题，其主要思想是当一个新问题出现时，利用过去的诊断经验为新问题提供合适的解决方案。图 6.24 展示了该方法的主要流程。

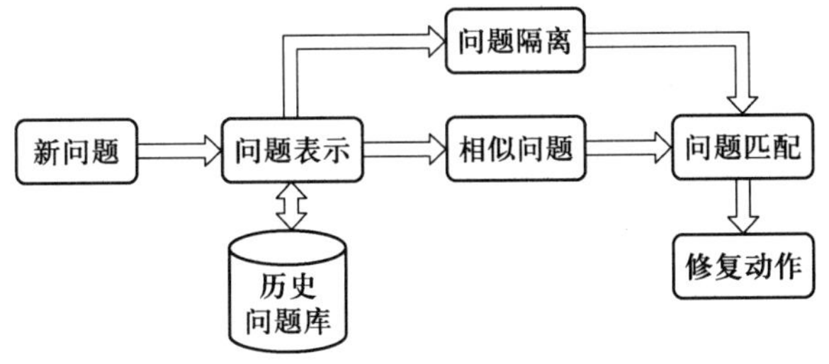


图 6.24　自动修复

首先，系统根据问题的详细日志信息为其生成一个签名，并建立一个历史问题库记录过去已经解决的问题，每个问题均包含一些基本信息，例如发生时间、发生地点（某个集群、网络或数据中心）、修复方案等。其中，修复方案由一个三元组<verb, target, location>

描述。verb 表示采取的动作，例如重启；target 表示组件或服务，例如数据库；location 表示受问题影响的机器及其位置。当一个新问题出现时，系统在历史问题库中寻找与其签名相似的问题，如果找到即可根据相似问题的修复方案进行修复，否则单独进行人工处理。在生成签名的过程中，首先采用形式概念分析（formal concept analysis）将高度相关的事件进行组合，即形成一个“概表”，并基于信息衡量每个“概表”与相应的日志记录之间的相关性，然后根据相关数据生成问题签名。

**5．事故管理**

服务事故（service accident）是指在系统实际运行中时常发生某些系统故障，导致系统服务质量下降甚至服务中断。在过去几年中，许多企业出现的服务事故造成了很大的经济损失，同时严重影响了其在消费者心中的形象。因此，事故管理（accident management）对保证在线服务系统的服务质量至关重要。

事故管理过程一般分为事故检测接收和记录、事故分类和升级分发、事故调查诊断、事故解决和系统恢复等环节。事故管理的各个环节一般通过分析从软件系统收集的大量监测数据进行，这些监测数据包括系统运行过程中记录的详细日志、CPU 和其他系统部件的计数器、机器和进程以及服务程序产生的各种事件等不同来源的数据，通常包含大量能够反映系统运行状态和执行逻辑的信息，因此在绝大多数情况下能够为事故的诊断、分析和解决提供足够的支持。

许多企业目前开始采用软件解析的方法解决在线系统中的事故管理问题。例如，微软开发了一个称为 Service Analysis Studio（SAS）的系统，旨在迅速处理、分析海量的系统监控数据，提高事故管理的效率和响应速度。SAS 包括以下分析方法。

① 诊断信息重用。SAS 中为每个事故案例创建指纹，同时定义两个案例间的相似度。当事故发生后，系统会查找是否存在相似的历史案例，并在之前相似案例的解决方案的基础上为当前事故提供参考解决方案。

② 缺陷组件定位。通过检测异常点的方法，定位个别运行状态反常的组件。

③ 可疑信息挖掘。从大量数据中自动找出可能与当前服务事故相关联的信息，从而帮助定位事故发生的源头以及推测事故发生的机理。

④ 分析结果综合。为了使 SAS 易于用户理解和使用，将不同分析算法得到的结果进行综合，并以报表的形式呈现。

SAS 于 2011 年 6 月被微软某在线产品部门采用，并安装在全球的数据中心，用于大规模在线服务产品的事故管理，从 2012 年开始收集 SAS 的用户使用记录。通过分析半年的使用记录发现，工程师在大约 86%的服务事故处理中使用了 SAS，并且 SAS 能够为大约 76%的服务事故处理提供帮助。

**6．故障预测**

相较于对已有故障进行诊断和修复，更好的方案是在故障发生前即将其获取并解决。例如，如果能够提前预测数据中心的节点故障情况，即可提前进行数据迁移和资源分配，从而保障系统的高可靠性。目前主动的异常管理已成为一种提高服务稳定性的有效方法，而故障预测是主动异常管理的关键技术。故障预测是指在互联网服务运行时，使用多种模型或方法分析服务当前的状态，并基于历史经验判断近期是否会发生故障。

故障预测的定义如图 6.25 所示。在当前时刻根据一段时间内的测量数据，预测未来某一时间区间是否会发生故障。之所以预测未来某一时间区间的故障，是因为运维人员需要一段时间来应对即将发生的故障，例如切换流量、替换设备等。

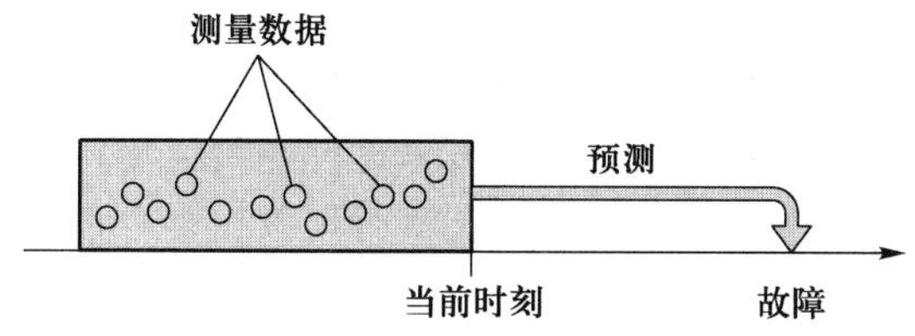


图 6.25　故障预测定义

目前，学术界和工业界已经提出大量的故障预测方法，大致可分为以下几个类别。

① 征兆监测。通过一些故障对系统的异常状况进行捕获，例如异常的内存利用率、CPU 使用率、磁盘 I/O、系统中异常的功能调用等。

② 故障踪迹。其核心思想是从历史故障的发生特征上推断即将发生的故障。发生特征可以是故障的发生频率，也可以是故障的类型。

③ 错误记录。错误事件日志通常是离散的分类数据，例如事件 ID、组件 ID、错误类型等。

从机器学习的角度看，现有方法是将故障预测抽象为二分类问题，使用分类模型（例如随机森林、SVM 等）进行预测，该类方法取得了较好的效果。

但面对实际生产环境，上述“实验室成果”则相对捉襟见肘。首先，大规模复杂系统的故障原因多种多样，可能由硬件或软件问题引起并分布在系统的不同层级，也可能是多个组件共同作用产生的故障。同时数据特征也十分多样，包括数值型、类别型以及时间序列特征，简单模型已无法处理。其次，极度不平衡的正负样本为在线预测带来极大的挑战。例如，健康节点（磁盘）被标记为负样本，故障节点（磁盘）为正样本，在磁盘故障预测中，Azure 每天的故障磁盘与健康磁盘的比例约为 3∶100 000，预测结果会倾向于将所有磁盘均预测为健康，从而造成极低的召回率。而采样方法同样不适用于在线预测，因为采样后的数据集无法代表真实情况，训练得到的模型也会存在偏差。

综上，一套分析故障原因的标准流程应为：挖掘系统日志，提取重要特征，采用算法解决在线预测问题，得到预测样本的故障概率，并将最可能出现故障的样本交给运维人员。

### 6.3.4　智能运维的展望

智能运维中的常用算法包括关联关系挖掘、隐式马尔可夫、蒙特卡洛树搜索、多示例学习、逻辑回归、聚类、随机森林、支持向量机、决策树、迁移学习、卷积神经网络等。在处理运维工作和人机界面时，自然语言处理和对话机器人也被广泛应用。智能运维系统在演进的过程中，不断采用越发先进的机器学习算法。

智能运维在众多行业领域均存在很大需求，然而各个行业更倾向于闭门造车，在各自的领域内寻找解决方案。同时，行业内的开发水平良莠不齐，因而无法对所处行业的运维团队提出较高的需求，导致需求仅停留在自动化运维的阶段。如果各个行业领域能够在深入了解智能运维框架中关键技术的基础上，制定合适的智能运维目标并投入适当的资源，则可有效地推动智能运维在各自行业的发展。同时，在智能运维通用技术的基础上，各个行业领域的科研工作者能够在解决所处行业智能运维中一些特殊问题的同时，拓宽自身的科研领域。

在智能运维的框架下，运维工程师逐渐转型为大数据工程师，负责搭建大数据基础架构，开发和集成数据采集程序和自动化执行脚本，并高效地实现机器学习算法。同时，在面对所处行业的智能运维需求时，智能运维工程师可以在整个智能运维框架下跨行业寻找关键技术，从而更好地满足本行业的智能运维需求，达到事半功倍的效果。这种从普通工程师到大数据工程师（智能运维工程师）的职业技能转型对运维工程师而言非常具有吸引力。

机器学习和人工智能是智能运维的一把利剑。智能运维完美具备人工智能必备的全部要素——实际应用场景、大量数据、大量标注。智能运维的关键技术几乎离不开机器学习算法，同时工业界不断产生海量运维日志，运维人员的工作即会产生大量的标注数据。因此，智能运维可以说是机器学习领域需求极大的天然资源库。作为人工智能的一个垂直方向，智能运维的理论也将取得长足的进步。除互联网外，智能运维在高性能计算、电信、金融、电力网络、物联网、医疗网络和设备、航空航天、军用设备及网络方面均有良好的应用前景。

大数据和人工智能为在线系统的运维方式提供了全新的思路和视角，使得运维在由人工进化到自动后，又迎来新的跨越。除互联网外，智能运维在金融、物联网、医疗、通信等领域也将表现出强烈的需求。

尽管机器学习近年来取得了长足的发展，但其在智能运维领域目前还面临一些实际的挑战。首先，由于运维的领域知识性较强，需要专业的运维工程师或专家参与标注才能取得高质量的标注数据，并且该过程将耗费大量时间，因此目前高质量的标注数据不足，业内急需一个高效的数据标注方案。其次，在线系统的大规模和复杂性本身就是一座难以翻越的高峰，虽然总体样本量大，但异常种类少，类别不均衡。现有机器学习方法能够服务的场景与实际生产环境存在极大差距，这就要求运维人员既要拥有强大的知识储备，又要具备解决实际问题的技能。

## 6.4 智能运维在大视频运维中的应用

### 6.4.1 背景介绍

视频业务随着移动互联网和宽带网络的快速发展，以广泛的受众、高频次的使用、较高的付费意愿，成为炙手可热的应用之一。越来越多的电信运营商将视频业务视为发展的新机遇，据用户视频报告的数据显示，35%的用户将视频观看体验作为选择视频服务的首要条件。因此，运维保障成为视频业务的关键。

当前视频业务的发展已经进入“大内容”“大网络”“大数据”“大生态”的大视频时代。首先，视频业务组网复杂，视频在多屏之间的无缝衔接、码率格式适配等需求对网络提出更高的要求；其次，业务形态多样，包括交互式网络电视（internet protocol television，IPTV）、基于互联网超值服务（over-the-top service，OTT service）的电视、移动视频等；

再者，业务数据多样性大大增加，需要从视频码流、终端播放器、内容分发网络、业务平台、网络设备等各个环节获取数据，包括结构化数据、半结构化数据和非结构化数据；此外，数据实时性要求大大提高，传统网管采集数据的粒度为 5 min，而大视频业务要求秒级的数据采集和分析，数据量和计算量均增加百倍。

上述特点对传统的运维模式和技术方案带来很大的挑战。如何在大视频背景下客观评价和度量终端用户的体验质量，如何界定视频业务系统故障和网络故障，如何快速诊断网络中的故障并提前发现网络隐患，如何发掘视频业务运营和利润的增长点，这些都成为各大运营商对大视频业务运维的关注重点。

将原有运维技术手段和依托大数据与人工智能的技术相结合，对大视频业务系统产生的各类信息进行汇聚、分析、统计、预测等，构建智能化的大视频运维系统，其系统架构如图 6.26 所示。

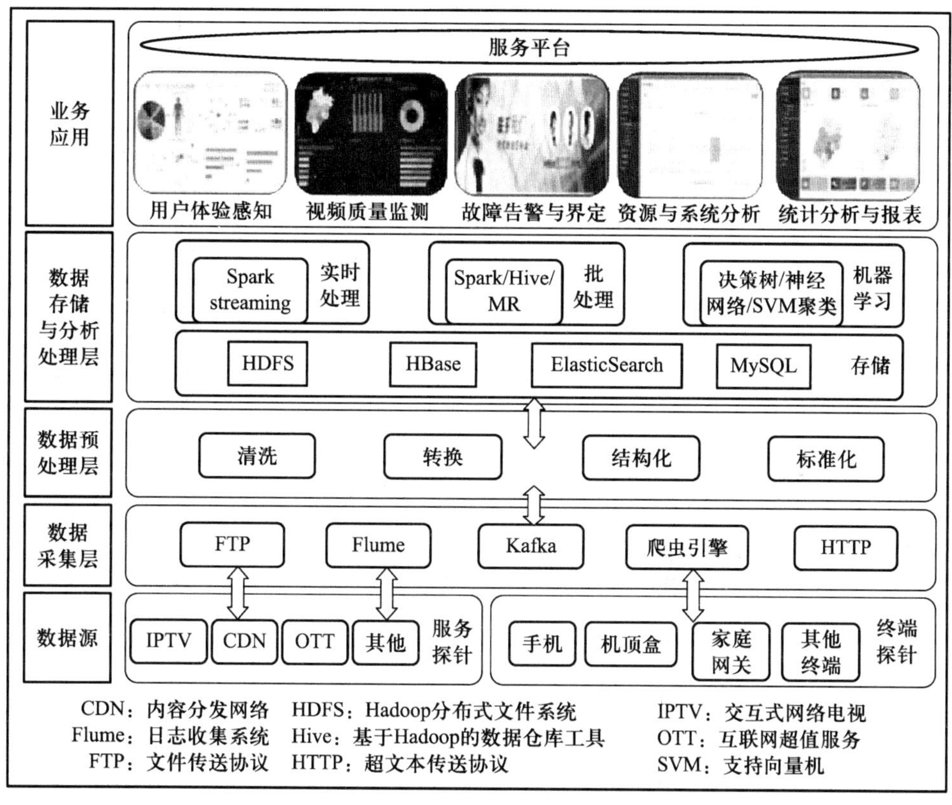


图 6.26　大视频运维系统架构

（1）大视频运维系统的组成

① 数据源：主要是指大视频业务智能运维需要采集的数据，包括接入网络的用户宽带信息和资源拓扑数据，CDN 的错误日志、告警、链路状态、码流信息等，终端的播放记录和 KPI 数据，IPTV 业务账户、频道/节目信息等。

② 数据采集层：主要包含 FTP、Kafka、HTTP 等用于数据采集的组件。

③ 数据预处理层：旨在对各种异构日志数据进行清洗、转换、结构化、标准化等操作，可以完成数据使用前的必要处理以及数据质量保证。

④ 数据存储与分析处理层：除了包含多种存储结构，还包括实时处理、批处理、机器学习等模块。实时处理模块主要负责对时效性要求较高的安全事件的监测控制、异常检测与定位、对可能引发的严重故障的预警、对已知问题的实时智能决策等；批处理模块主要负责对时效性要求不高的业务模块的处理及数据的离线分析，包括但不限于故障及异常的根源分析、故障及特定规则阈值的动态预测、事件的依赖分析及关联分析、异常及重要时序模式发现、多事件的自动分类等；机器学习模块包括离线的机器学习训练平台、算法框架和模型。

⑤ 业务应用：主要提供用户体验感知、视频质量监测、故障告警与界定、资源与系统分析、统计分析与报表等主要业务场景的分析及应用。

（2）大视频运维系统的关键技术

① 大数据技术：该技术可以构建基于大数据的处理平台，实现数据的采集、汇聚、建模、分析与呈现。

② 探针技术：该技术可以实现全网探针部署，包括机顶盒探针、直播源探针、CDN 探针、无线探针、固网视频探针等，从而实现全面的视频质量实时监测控制以及数据采集。

③ 视频质量分析指标：该指标以用户体验为依据建立视频质量评估体系，对视频清晰度、流畅度、卡顿等多项用户体验质量（quality of experience，QoE）指标进行分析。

④ 人工智能技术：机器学习本身包含很多成熟的算法和系统，以及大量的优秀开源工具，但还需要 3 个方面的支持，即数据、标注数据和应用。大视频系统本身具有海量的日志，包括网络、终端、业务系统等多方面的数据，需要在大数据系统中进行优化存储；标注数据是指日常运维工作会产生标注的数据，例如定位一次故障事件后，运维工程师会记录过程，该过程将被反馈到系统，从而提升运维水平；应用是指运维工程师同样是智能运维系统的用户，用户在使用过程中发现的问题可以对智能系统的优化起到积极的反馈作用。

### 6.4.2 人工智能技术在大视频运维系统中的应用

#### 1. 基于人工智能的端到端智能运维

传统业务系统的运维模式非常被动，运维与开发人员通常在故障发生后才开始进行人工故障的定位与修复。技术专家通过分析系统日志，依据事先制定的系统运行保障规则、策略和依赖模型，判断故障发生的原因并进行修复。该过程的工作量巨大，并且很难满足持续、快速变化的复杂系统环境需求。尤其是大视频业务系统的故障定界定位异常复杂且耗时耗力，这是因为大视频系统中网络元素众多且业务流程复杂，一旦发现问题则需对各个网络元素同时进行定位排查，对人员技能的要求很高。此外，大视频系统对网络的要求较高，机顶盒需经过光网络单元（ONU）、光线路终端（OLT）、宽带远程接入服务器（BRAS）、核心路由器（CR）等，从接入设备、承载设备到 CDN 服务器中的任何一个网络设备出现丢包、抖动等问题均会导致用户的观看体验受到影响，并且对卡顿的分析也是一大难题。随着视频业务的快速发展和业务量的不断增长，实现快速定位、降低运维门槛变成亟待解决的问题。

而端到端智能运维系统能够利用大数据采集分析、人工智能与机器学习等技术，提升系统运维的智能化能力，通过智能化的故障定位和根因分析机制，覆盖从被动式事后根源追溯到主动式事中实时监控及事前预判的各种业务场景，提供从数据收集分析、故障预判到定位以及故障自动修复的端到端保障能力。

面向实时的事中告警主要包括异常监测、事件关联关系挖掘、异常告警、实时故障根因分析等；面向历史的事后追溯主要包括历史故障根因分析、业务热点分析、系统瓶颈分析等；面向未来的事前预判主要包括容量预测、故障预测、热点预测、趋势预测等。其中，事中告警和事前预判更多面向实时或准实时的运维故障检测、分析及预测，事后追溯更多面向离线、非实时的运维故障分析。

基于机器学习的智能运维技术在端到端智能运维系统中存在以下应用。

（1）日志预处理

将半结构、非结构化的日志转换为结构化的事件对象是预处理的核心问题。当事件被定义为一种现实世界系统状态的体现，通常涉及系统状态的改变。事件本质上是时序的，并且经常通过日志的方式进行存储，例如股票交易日志、业务事务日志、计算系统日志、传感器日志、HTTP 请求日志、数据库查询和网络流量日志等。捕获这些事件体现了随时间变化的系统状态和系统行为及其之间的时序关系。

（2）日志离线分析

通过机器学习算法发现事件之间的关联和依赖关系是日志离线分析的核心问题。离线分析负责从历史日志数据中获得事件间的关联性和依赖性知识并构建知识库，事件挖掘负责综合利用数据挖掘、机器学习、人工智能等相关技术发现事件间的隐藏模式、未来趋势等关系。分析人员可以利用已发现的事件模式对未来事件的行为进行预测，挖掘得到的事件依赖关系也可用于系统故障的诊断，从而帮助运维人员找出问题的根因并最终解决问题。

（3）实时分析

实时分析的主要职责是实时处理新产生的日志数据，同时根据离线分析获得的知识模型所提供的信息，完成在线运维的管理操作。典型的实时分析技术包括异常检测、故障根因分析、故障预判和问题决策等。

（4）智能故障定位及根源分析

模拟人工排查故障的流程之一是智能故障定位，通过对可疑的故障检查点逐一进行排查，采集各个业务模块的告警、性能指标、错误和异常日志，组织生成故障定位的基础事件数据，针对故障现象配置对应的检查点以及处理建议。

**2．基于人工智能的硬盘故障预测实例**

CDN 故障硬盘的置换是目前大视频运维过程面临的一个难题。为了规避软硬件风险，提升数据中心管理效率，制订合理的数据备份迁移计划，业界各大主流 IT 企业均展开针对硬盘故障预测的研究工作。相关学术界认为，在此预测技术的支撑下，可以极大地提升服务/存储系统的整体可用性。之后将介绍一个基于机器学习实现的 CDN 硬盘故障预测的实例。

目前工业领域中硬盘驱动状态监测和故障预警技术的实际标准是自我监测分析和报告技术（self-monitoring analysis and reporting technology，SMART）。科学研究表明，硬盘的一些属性值，例如温度、读取错误率等，和硬盘是否发生故障存在一定的关系。如果被检测的属性值超过预先设定的一个阈值，则会发出警报。但是据硬盘制造商估计，这种基于阈值的算法只能取得 3%～10%的故障预测准确率和低预警率。学术界和工业界则已经采用机器学习方法提升 SMART 硬盘故障预测精度，并取得了一定成果，但受限于数据集规模，现有方法取得的预测模型效果距离预期尚有差距。近年来，在越来越多厂商的重视下，基于 SMART 巡检数据的硬盘故障预测研究得到大规模工业界数据集的应用，并体现为硬盘规模的快速增长以及采样工作的正规化。在这些高质量、大规模数据的支撑下，基于 SMART 巡检数据的硬盘故障预测水平获得显著提升。

在大视频运维中基于 SMART 巡检数据进行硬盘故障预测，采用了基于旋转森林的集成预测模型方案，基本流程如图 6.27 所示。

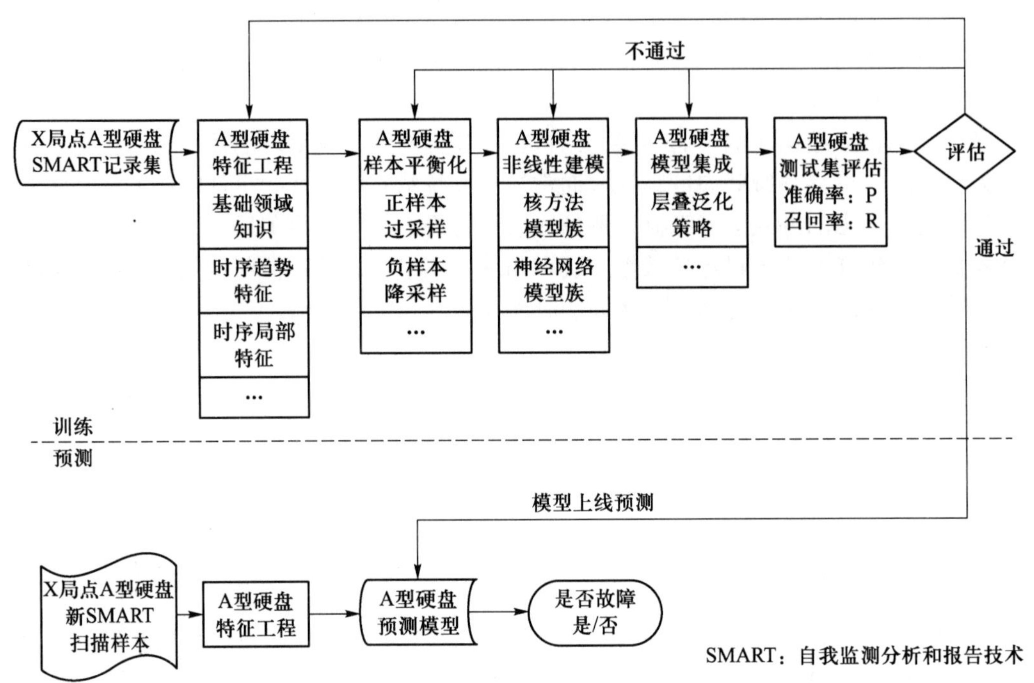


图 6.27　硬盘故障预测流程

**3．总结**

在目前的信息通信技术（information and communications technology，ICT）时代，对运营商网络和业务系统的运维支撑，均需加速与人工智能相关技术的落地实践，提供高度自动化和智能化的运维解决方案。人工智能、机器学习技术在大视频运维的智能化提升中重点体现为运维模式从被动式事后分析转为积极主动预测、分析与决策。随着人工智能技术的加速发展，大视频运维与人工智能技术的结合将越发紧密，大视频运维技术将朝更加智能化的方向演进，实现更加自动化和精准的故障预测与排查，主动发现业务系统中的故障或薄弱环节并加以修复。在实现智能运维的基础上，通过对视频业务使用者进行行为分析、家庭及用户画像等一系列的建模分析，充分挖掘海量数据的价值，衍生新的业务形态，实现智能化的运营系统，为运营商创造新的商机。

## 6.5　实践：云服务的运维

### 6.5.1　Prometheus 监控数据采集与分析

Prometheus 是一个开源的实时监控和告警工具，也是继 Kubernetes 之后第 2 个加入

CNCF 并且顺利毕业的项目。自 2012 年以来，许多大型公司和组织选择使用 Prometheus 作为系统各项指标的监控工具。

大多数基于微服务架构的系统采用与容器技术相结合的方案，为了能够更好、更便捷地管理微服务系统中数以千计的容器和中间件，不可避免地需要使用容器管理平台，例如 Kubernetes。Kubernetes 与 Prometheus 之间的集成效果优良，在 Kubernetes 集群中安装部署 Prometheus 监控可以通过包管理工具 Helm 方便地进行。在可视化方面，Prometheus 本身提供了一个基础的 Web UI 界面，同时能够与主流可视化面板工具 Grafana 很好地集成。

**【实验目的】**

1. 了解 Prometheus 的基本功能，并在已搭建的 minikube 中部署 Prometheus。
2. 了解 Grafana 的基本功能，并部署 Grafana。
3. 掌握在 Kubernetes 集群中部署 Prometheus。
4. 掌握基本的 PromQL 查询语言。

**【实验环境】**

操作系统：CentOS 7；计算机最低配置要求：2 CPUs，2 GB 可用内存，20 GB 空闲磁盘空间。

**【实验步骤】**

**1. 部署 Prometheus**

（1）下载所需镜像

```
$ docker pull prom/node-exporter
$ docker pull prom/Prometheus
```

（2）拉取教材资源

本教材的许多资源存放在 Gitee 中，读者可以通过本步骤，使用 git 方法将资源拉取到本地。

首先需要将仓库复制到本地：

```
$ git clone https://gitee.com/X-laber/courseware_for_ccsadp.git
Cloning into 'courseware_for_ccsadp'…
remote: Enumerating objects: 27, done.
remote: Total 27 (delta 0), reused 0 (delta 0), pack-reused 27
Unpacking objects: 100% (27/27), done.
```

然后移出实验所需资源：

```
$ mv courseware_for_ccsadp/6-1 ./k8s-prometheus-grafana
```

（3）通过 deployment 部署 Prometheus

执行如下命令，查看 prometheus.deploy.yml：

```
$ cat k8s-prometheus-grafana/prometheus/prometheus.deploy.yml
```

由于 k8s 版本的问题，prometheus.deploy.yml 文件中的部分设置已经被弃用，因此需要在 prometheus.deploy.yml 中修改 apiVersion 并添加 selector：

```
...
```

```
apiVersion: apps/v1
kind: Deployment
…
spec:
  selector:
    matchLabels:
      app: prometheus
…
```

同上，查看 prometheus.svc.yml。此处定义 Prometheus Service，Service 类型为 NodePort，这样即可通过主机 IP 和端口访问 Prometheus 实例。

```
$ cat k8s-prometheus-grafana/prometheus/prometheus.svc.yml
```

（4）设置访问授权

相关文件在 k8s-prometheus-grafana/prometheus/rbac-setup.yaml 中，通过 cat 命令查看访问授权的具体配置信息：

```
$ cat k8s-prometheus-grafana/prometheus/rbac-setup.yaml
```

为了使 Prometheus 能够访问受到认证保护的 Kubernetes API，需要对 Prometheus 进行访问授权。在 Kubernetes 中主要使用基于角色的访问控制（role-based access control）模型，从而管理 Kubernetes 下的资源访问权限。首先在 Kubernetes 中定义角色（ClusterRole）并为其赋予相应的访问权限，同时创建 Prometheus 使用的账号（Service Account），然后将该账号与角色进行绑定（ClusterRoleBinding）。

（5）通过 node-exporter 监控集群资源使用情况

按照以下代码修改 node-exporter.yaml：

```
…
apiVersion: apps/v1
kind: DaemonSet
…
spec:
  selector:
    matchLabels:
      k8s-app: node-exporter
…
```

（6）设置自动采集任务

通过 cat 命令查看 k8s-prometheus-grafana/prometheus 路径下的 configmap.yaml 文件：

```
apiVersion: v1
kind: ConfigMap
metadata:
  name: prometheus-config
data:
    …
```

```
scrape_configs:
  - job_name: 'kubernetes-apiservers'
  ...
  - job_name: 'kubernetes-nodes'
  ...
  - job_name: 'kubernetes-cadvisor'
  ...
  - job_name: 'kubernetes-service-endpoints'
  ...
  - job_name: 'kubernetes-services'
  ...
  - job_name: 'kubernetes-pods'
  ...
  - job_name: 'kubernetes-ingresses'
  ...
```

Prometheus 通过与 Kubernetes API 集成，目前主要支持 5 种服务发现模式，分别为 Node、Service、Pod、Endpoints、Ingress；同时设置了从集群各节点的 kubelet 组件中获取节点基本运行状态的监控任务 kubernetes-apiservers，以及从集群各节点的 kubelet 内置的 cAdvisor 中获取的、节点中运行容器的监控任务 kubernetes-cadvisor。

（7）执行 kubectl 命令，实现上述部署

```
$ kubectl create -f node-exporter.yaml
$ kubectl create -f rbac-setup.yaml
$ kubectl create -f prometheus.deploy.yml
$ kubectl create -f prometheus.svc.yml
$ kubectl create -f configmap.yaml
```

（8）查看 Prometheus 运行情况

执行如下命令，可以查看启动的 Prometheus 服务：

```
$ kubectl get all -n kube-system
```

（9）通过 kubectl 公开 Prometheus 服务的端口

```
$ kubectl port-forward service/prometheus 30003:9090 -n kube-system
```

（10）部署 Prometheus 监控 k8s 的其他方式

使用 Prometheus Operator 可以简化在 Kubernetes 下部署和管理 Prometheus 的复杂度，具体可参考 GitHub 项目 prometheus-operator.git。

**2．部署 Grafana**

（1）下载并安装 Grafana

```
$ wget https://dl.grafana.com/oss/release/grafana-7.4.5-1.x86_64.rpm
$ sudo yum install grafana-7.4.5-1.x86_64.rpm
```

（2）启动 Grafana 服务

```
$ sudo systemctl daemon-reload
```

```
$ sudo systemctl start grafana-server
$ sudo systemctl status grafana-server
```

（3）设置服务开机自启

```
$ sudo systemctl enable grafana-server
```

（4）可视化展示

通过 minikube 所在主机 IP+端口号的方式http://host_ip:3000访问 Grafana Dashboard，默认的用户名和密码均为 admin。在 Data Sources 界面添加 Prometheus 数据源，如图 6.28 所示。之后即可在可视化界面通过 PromQL 语言查询相关指标，添加监控面板，如图 6.29 所示。

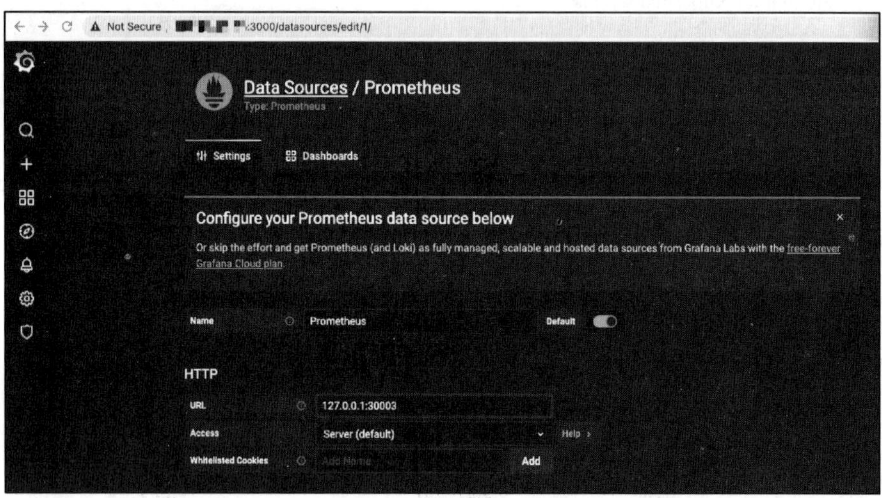

图 6.28 在 Data Sources 界面添加 Prometheus 数据源

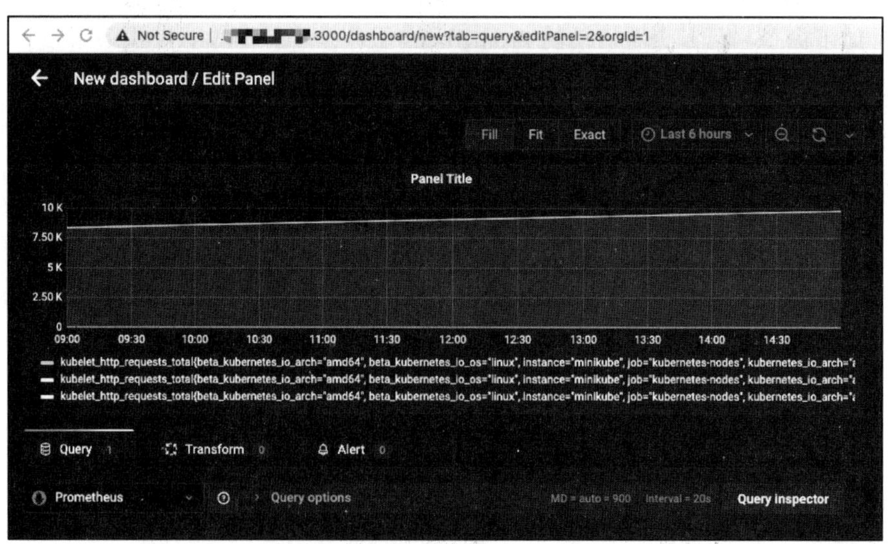

图 6.29 在可视化界面通过 PromQL 语言查询相关指标

### 6.5.2　基于 Alertmanager 的 Kubernetes 集群监控告警

Alertmanager 是 Prometheus 告警部分的组件之一。在 Prometheus 中，告警主要分为两个步骤：首先，Prometheus Server 的告警规则将告警信息传递给 Alertmanager；之后，由 Alertmanager 管理这些告警信息，包括告警沉默、告警抑制、告警聚合，以及将告警通过电子邮件、即时聊天工具、on-call 系统等进行通知。

**【实验目的】**

1．在已搭建的 minikube 中部署 Alertmanager。

2．部署邮件系统接收告警信息。

**【实验环境】**

操作系统：CentOS 7；计算机最低配置要求：2 CPUs，2 GB 可用内存，20 GB 空闲磁盘空间。

**【实验步骤】**

**1．下载所需镜像**

```
$ docker pull prom/alertmanager
```

**2．查看 Alertmanager 配置文件**

Alertmanager 的配置文件为 alertmanager.deploy.yaml 和 alertmanager-mail.yaml。

```
$ cat k8s-prometheus-grafana/alert/alertmanager.deploy.yaml
$ cat k8s-prometheus-grafana/alert/alertmanager -mail.yaml
```

修改 alertmanager-mail.yaml，此处以 163 邮箱为例（需要在 163 邮箱网页端的设置界面中开启 smtp 服务）。

```
...
global:
  smtp_smarthost: 'smtp.163.com:25'              #邮箱服务端
  smtp_from: 'xxx@163.com'                       #发件人邮箱
  smtp_auth_username: 'xxx@163.com'              #发件人邮箱认证
  smtp_auth_password: 'xxxx'                     #邮箱密码
  ...
route:
  ...
  receiver: default-receiver
receivers:
- name: 'default-receiver'
  email_configs:
  - to: 'xxx@xxx.com'                            #告警接收邮箱
...
```

**3．修改 Prometheus 配置**

修改 k8s-prometheus-grafana/prometheus/目录下的 configmap.yaml，添加 alert 相关字段：

```
...
```

```
data:
  prometheus.yml: |
    ...
    rule_files:
    - /etc/prometheus/rules.yml
    alerting:
      alertmanagers:
        - static_configs:
          - targets: ["localhost:9093"]
    ...
...
```

**4．实现上述修改和配置**

```
$ kubectl create -f alertmanager.deploy.yaml
$ kubectl create -f alertmanager-mail.yaml
$ kubectl apply -f configmap.yaml
```

**5．创建告警规则**

执行如下指令，将作为范例的告警模板 rules.yml 文件移动到 Prometheus 配置文件中告警规则存放的路径下：

```
$ sudo mkdir /etc/prometheus/
$ mv k8s-prometheus-grafana/alert/rules.yml /etc/prometheus/rules.yml
```

**6．通过 kubectl 公开 Alertmanager 服务的端口**

```
$ kubectl port-forward service/alertmanager 30006:9093 -n kube-system
```

通过 http://localhost:30006 访问，可以看到告警规则已经生效。

# 本章小结

智能运维是在 IT 运维领域对规则的智能化，即将人工总结运维规则的过程变为自动学习的过程。本章主要介绍了云计算运维的相关内容，包括云服务环境的监控、云监控解决方案以及智能运维，并详细叙述了智能运维的历史、内容与展望。

# 习题与实践 6

### 复习题

1．云监控的概念和特性是什么？

2．云监控的结构包括哪些内容？

3．什么是智能运维？

4．智能运维包括哪些内容？

5．主动监控和被动监控有何区别？

**践习题**

1．Ganglia 是加利福尼亚大学伯克利分校发起的一个开源集群监控项目，用于监测数以千计的节点。Ganglia 的核心包含 gmond、gmetad 和一个 Web 前端，主要用于监控系统性能，例如 CPU、内存、硬盘利用率、I/O 负载、网络流量情况等。通过曲线能够方便地查看每个节点的工作状态，对合理调整、分配系统资源以及提高系统整体性能起到重要作用。

① 通过 Ganglia 的官方网站下载并安装使用最新版本的软件，运行 Ganglia 自带的实例程序和演示项目。

② 通过前述章节构建的实际系统，利用 Ganglia 采集实际的系统监控数据并开展基本的智能运维活动，例如异常检测、瓶颈分析等。

2．Nagios 是一款开源的计算机系统和网络监控工具，能够有效监控 Windows、Linux 和 UNIX 的主机状态以及交换机、路由器等的网络设置，并在系统或服务状态异常时发出邮件或短信告警，第一时间通知网站运维人员，同时在状态恢复后发出正常的邮件或短信通知。

① 通过 Nagios 的官方网站下载并安装使用最新版本的软件，运行 Nagios 自带的实例程序和演示项目。

② 通过前述章节构建的实际系统，利用 Nagios 采集实际的系统监控数据并开展基本的智能运维活动，例如异常检测、瓶颈分析等。

3．日志分析通常包括对系统日志、应用日志和安全日志的分析。系统运维和开发人员可以通过日志了解服务器软硬件信息，检查配置过程中的错误及其发生的原因。经常分析日志可以了解服务器的负荷与性能安全，从而及时采取措施纠正错误。EFK 是由 ElasticSearch、Fluentd 和 Kibana 等开源工具组成的日志系统搭建解决方案。ElasticSearch 提供日志收集、分析和存储功能；Fluentd 主要用于从容器中获取相关的日志信息；Kibana 是可视化工具，能够将日志分析的结果进行可视化展示。感兴趣的读者可以继续了解 ElasticSearch、Fluentd 和 Kibana 的相关知识，在之前的 k8s 环境中部署 EFK 日志管理系统。

**研习题**

1．阅读“论文阅读”部分的论文[1]，深入理解时间序列分析在智能运维场景中的作用。

2．阅读“论文阅读”部分的论文[2]，深入理解深度学习技术在系统日志数据中解决异常检测问题的过程。

**论文阅读**

[1] LAPTEV N, AMIZADEH S, FLINT I. Generic and Scalable Framework for Automated Time-series Anomaly Detection[C]//Proceedings of the ACM SIGKDD International Conference on Knowledge Discovery & Data Mining. ACM, 2015: 1939-1947.

[2] MIN D, LI F, ZHENG G, et al. DeepLog: Anomaly Detection and Diagnosis from System Logs through Deep Learning[C]//Proceedings of the ACM SIGSAC Conference on Computer & Communications Security. ACM, 2017: 1285-1298.

# 第 7 章　云计算进阶技术

扫一扫，进入
第 7 章资源平台

回顾过去十年，数字化转型将科技创新与商业元素不断融合、重构，重新定义了新业态下的增长极。商业正在从大工业时代的固化范式进化为面向创新型商业组织与新商业物种的崭新模式。随着数字化转型在中国各个行业广泛深入，行业巨头和中小微企业均不得不面对数字化变革带来的未知机遇与挑战。

数字化转型的十年，也是云计算高速发展的十年，这期间新技术不断演进，优秀开源项目大量涌现，云原生领域进入“火箭式”发展阶段。通过树立技术标准与构建开发者生态，开源将云计算实施逐渐标准化，大幅降低了开发者对于云平台的学习成本与接入成本，从而令开发者更加聚焦于业务本身并借助云原生技术与产品实现更多业务创新，有效提升企业增长效率，爆发出前所未有的生产力与创造力。

可以说，云计算在重构整个 IT 产业的同时，也赋予了企业崭新的增长机遇。正如集装箱的出现加速了贸易全球化进程，以容器为代表的云原生技术作为云计算的服务新界面，在加速云计算普及的同时，也推动着整个商业世界飞速演进。上云成为企业持续发展的必然选择，全面使用开源技术、云服务构建软件服务的时代已经到来。作为云时代释放技术红利的新方式，云原生技术正在通过方法论、工具集和最佳实践重塑整个软件技术栈和生命周期，云原生架构对云计算服务方式与互联网架构进行整体性升级，深刻改变着整个商业世界的 IT 根基。

## 7.1　云原生技术的发展

云原生概念的产生由来已久，但对于云原生的定义、云原生架构的理解却众说纷纭。到底什么是云原生？容器即代表云原生吗？云原生时代下互联网分布式架构如何发展？云原生与开源、云计算有什么关系？开发者和企业为什么一定要选择云原生架构？面对这些问题，每个人都有不同回答。阿里云结合自身云原生产业经验，在《云原生架构白皮书》中分享了他们的思考与总结：云原生旨在帮助越来越多的企业顺利找到数字化转型的最优路径，其目的是最大化地利用云的能力以及发挥云的价值。

未来云计算将无处不在，如水、电、气一般成为数字经济时代的基础设施，云原生使云计算变得标准、开放、简单高效、触手可及。如何更好地拥抱云计算、拥抱云原生架构、以技术加速创新，将成为企业数字化转型升级成功的关键。

云计算的下一站即云原生，IT 架构的下一站即云原生架构。所有的开发者、架构师和技术决策者们，需要共同定义、共同迎接云原生时代的来临。

### 7.1.1　云原生主要架构模式

云原生架构存在多种架构模式，此处选取一些对应用收益更大的主要架构模式进行讨论。

**1．服务化架构模式**

服务化架构是云时代下构建云原生应用的标准架构模式，要求以应用模块为颗粒度划分一个软件，以接口契约（例如 IDL）定义彼此的业务关系，以标准协议（HTTP、gRPC 等）确保彼此的互联互通，结合领域驱动设计（domain-driven design，DDD）、测试驱动开发（test-driven development，TDD）、容器化部署提升每个接口的代码质量和迭代速度。服务化架构的典型模式是微服务和小服务模式，其中小服务可以视作一组关系十分密切的服务组合，服务之间能够共享数据。小服务模式通常适用于大型软件系统，避免因接口颗粒度过细而导致过高的调用损耗（尤其是服务间调用和数据一致性处理）和治理复杂度。

通过服务化架构，将代码模块关系和部署关系进行分离，每个接口可以部署不同数量的实例并单独扩/缩容，从而使整体部署更加经济。此外，由于在进程级实现了模块的分离，每个接口均可单独升级，从而提升了整体的迭代效率。但也需要注意，服务拆分导致需维护的模块数量增加，如果缺乏服务的自动化能力和治理能力，将导致模块管理和组织技能不匹配，反而会降低开发和运维效率。

**2．Mesh 化架构模式**

Mesh 化架构将中间件框架（例如 RPC、缓存、异步消息等）从业务进程中分离，使中间件 SDK 与业务代码进一步解耦，从而避免中间件升级对业务进程造成影响，甚至能够使迁移到其他平台的中间件同样对业务透明。分离后的业务进程仅保留很少的 Client 部分，并且 Client 通常很少变化，只负责与 Mesh 进程通信，原本需要在 SDK 中处理的流量控制、安全策略等逻辑由 Mesh 进程实现。Mesh 化架构如图 7.1 所示。

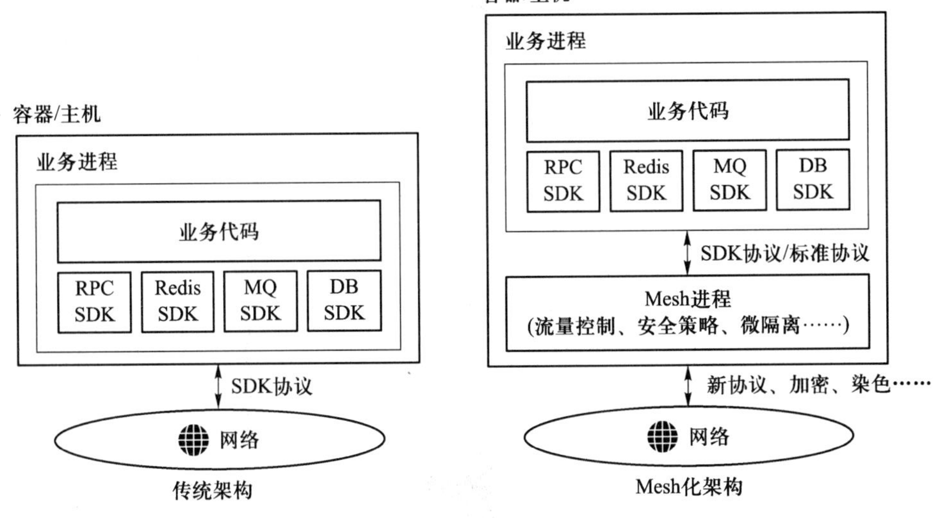


图 7.1　Mesh 化架构

实施 Mesh 化架构后，大量分布式架构模式（熔断、限流、降级、重试、反压、隔仓等）均由Mesh进程完成，同时能够获得更好的安全性（例如零信任架构能力）、按流量进行动态环境隔离、基于流量进行冒烟/回归测试等。

**3．Serverless模式**

和大部分计算模式不同，Serverless将“部署”功能从运维中移除，使开发者无须关心应用在何处运行，更无须关心如何安装操作系统、配置网络和CPU等。从架构抽象上看，当业务流量到来或业务事件发生时，云会启动或调度一个已启动的业务进程进行处理，处理完成后将自动关闭或调度业务进程并等待下一次触发，即将应用的整个运行时委托给云。

目前Serverless尚未适用于全部类型的应用，因此架构决策者需要关心应用类型是否适用于Serverless运算。如果应用有状态，则云在进行调度时可能导致上下文丢失，毕竟Serverless的调度不会帮助应用进行状态同步；如果应用是长时间后台运行的密集型计算任务，将无法获得太多Serverless的优势；如果应用涉及频繁的外部I/O（网络或存储，以及服务间调用），则因为繁重的I/O负担、时延过大而无法适用。Serverless十分适用于事件驱动的数据计算任务、计算时间较短的请求/响应应用，以及不存在复杂相互调用的长周期任务。

**4．存储计算分离模式**

分布式环境中的CAP困难主要针对有状态应用，由于无状态应用不存在C（一致性）维度，因此可以获得较好的A（可用性）和P（分区容错性），并最终获得更好的弹性。在云环境中，推荐将各类暂态数据（例如session）、结构化和非结构化持久数据采用云服务保存，从而实现存储计算分离。但将某些状态置于远端缓存，会造成交易性能的明显下降，例如交易会话数据过大、需要不断根据上下文重新获取等。此时可考虑采用“Event Log + 快照（或Check Point）”的方式，实现重启后的快速增量恢复服务，减少对业务的影响时长。

**5．分布式事务模式**

微服务模式提倡每个服务使用私有的数据源，而非像单体般共享数据源，但大颗粒度的业务通常需要访问多个微服务，则必然带来分布式事务问题，否则数据将不一致。架构师需要根据不同的场景选择合适的分布式事务模式。

① 传统的XA模式虽然具备很强的一致性，但性能较差。

② 基于消息的最终一致性（BASE）模式通常具有很高的性能，但通用性有限，并且消息端无法触发消息生产端的事务回滚。

③ TCC模式完全由应用层控制事务，事务隔离性可控且较为高效；但是对业务的侵入性非常强，并且设计、开发、维护等成本较高。

④ SAGA模式与TCC模式的优缺点类似，但不存在try阶段，而是每个正向事务均对应一个补偿事务，并且开发维护成本同样较高。

⑤ 开源项目SEATA的AT模式性能较优，无代码开发工作量，并且能够自动执行回滚操作，但是存在一些使用场景限制。

**6．可观测架构模式**

可观测架构包括Logging、Tracing、Metrics 3个方面，其中Logging提供多个级别（verbose/debug/warning/error/fatal）的详细信息跟踪，由应用开发者主动提供；Tracing提供一个从前端到后端的完整调用链路跟踪，对于分布式场景尤其有益；Metrics则提供对系统量化的多维度度量。

架构决策者需要选择合适的、可观测的开源框架（例如 OpenTracing、OpenTelemetry），并规范上下文的可观测数据规范（例如方法名、用户信息、地理位置、请求参数等），从而规划可观测数据在哪些服务和技术组件中传播，并利用日志和 Tracing 信息中的 span id/trace id，确保进行分布式链路分析时有足够的信息进行快速关联分析。

由于建立可观测性的主要目标是对服务等级目标 SLO 进行度量，从而优化 SLA，因此在架构设计上需要为各个组件定义清晰的 SLO，包括并发度、耗时、可用时长、容量等。

**7．事件驱动架构模式**

事件驱动架构（event driven architecture，EDA）本质上是一种应用/组件间的集成架构模式，典型的事件驱动架构如图 7.2 所示。

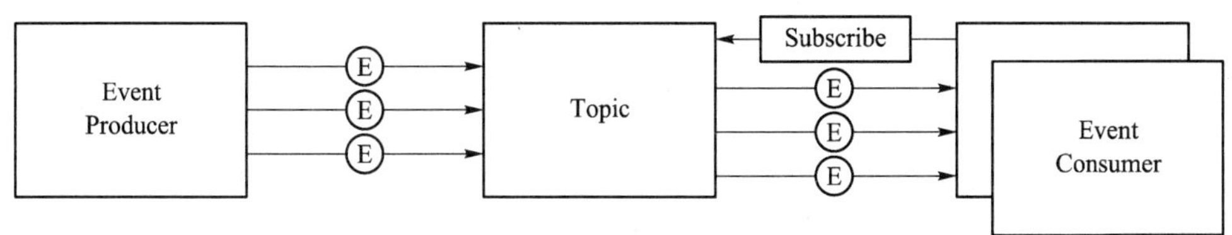


图 7.2　事件驱动架构

事件和传统的消息不同，事件具有模式，因此能够校验有效性；同时 EDA 具备 QoS 保障机制，也能够对事件处理失败进行响应。事件驱动架构不仅能够用于（微）服务解耦，还可用于以下场景。

① 增强服务韧性：由于服务间为异步集成，即下游的任何处理失败甚至宕机均不会被上游感知，因此不会对上游造成影响。

② 命令查询责任分离（command query responsibility segregation，CQRS）：将对服务状态有影响的命令以事件发起，而对服务状态没有影响的查询使用同步调用的 API 接口；结合 EDA 中的 Event Sourcing 可以用于维护数据变更的一致性，当需要重新构建服务状态时，将 EDA 中的事件重新“播放”一遍即可。

③ 数据变化通知：在服务架构下，一个服务中的数据发生变化通常会影响其他服务，例如用户订单完成后，积分服务、信用服务等均需要得到事件通知并更新用户积分和信用等级。

④ 构建开放式接口：在 EDA 下，事件的提供者无须关心订阅者的详情，因此保持了接口的开放性。

⑤ 事件流处理：应用于大量事件流（而非离散事件）的数据分析场景，例如基于 Kafka 的日志处理。

⑥ 基于事件触发的响应：在 IoT 时代下，大量传感器产生的数据不会如人机交互般需要等待处理结果的返回，因而适合使用 EDA 构建数据处理应用。

### 7.1.2　云原生架构趋势

计算机软件技术架构进化存在两大主要驱动因素——底层硬件升级以及顶层业务发展诉求。早期的应用开发中使用的分布式架构有 CORBA（通用对象请求代理架构，common object request broker architecture）、RPC 等。随着互联网业务爆炸式的发展，整个行业急需一个架构，用于处理海量业务规模的并发要求，于是诞生了 Dubbo & RocketMQ、Spring Cloud 等互联网架构体系。

虽然云计算从落地应用至今历时已久，但是目前许多用户或企业使用云的方式仍停滞在传统 IDC 时代——仅仅使用虚拟机代替原来的物理机，传统应用未经架构改造（例如微服务改造）直接上云等。造成该局面的主要原因是众多业者的思维和方法论仍停留在传统的云计算时代，而忽视了现代商业应用在业务增长、用户体验、模块横向扩展等方面的变化及其给企业带来的持续集成和持续交付压力，从而导致了发展迅猛的现代商业应用同落后的 IT 架构之间的矛盾。

为了解决上述矛盾，需要使用新的技术架构帮助企业更好地利用云计算的优势，充分释放云计算的技术红利，使业务更加敏捷、成本更加低廉的同时增加其可伸缩性，而这些正是云原生架构专注解决的技术点。

### 7.1.3 云原生安全

据 Gartner 研究预测，2022 年将有超过 75%的全球企业在生产环境中运行容器化应用。虽然以容器为核心的云原生技术的发展速度空前增长，但企业采用新兴技术的同时，也要确保应用在全生命周期的各个关键环节，尤其在生产环境中运行时的安全问题。云原生技术作为企业数字业务应用创新的原动力，不仅被引入云原生应用的全生命周期管理，而且被推广到生产环境。云原生技术为企业带来快速交付与迭代数字业务应用优势的同时，也带来了新的安全要求与挑战。

① 传统的边界安全模型在动态变化的云原生环境中难以应用。云原生环境中应用的微服务化大幅增加了内部网络流量和服务通信端口总量，同时承载负载的容器秒级启动或消失的动态变化，增加了安全监控和保护的难度。传统防火墙基于固定 IP 的安全策略很难适应这种持续的动态变化，无法准确捕捉容器间的网络流量和异常行为。

② 容器共享操作系统的进程级隔离环境增加了逃逸风险。在传统软件架构下，应用之间通过物理机或虚拟机进行隔离，从安全角度看可以将安全事件的影响限制在有限、可控的范围内。在云原生环境下，多个服务实例共享操作系统，一个存在漏洞的服务被攻陷可能导致运行在同一主机的其他服务受到影响，从而大大提高了逃逸风险。

③ 频繁变更对软件流转的全链条安全提出新要求。为了提高数字业务应用的交付与运维效率，企业应用开发与运维部门引入开发运营一体化流程。每个微服务应用涉及相对独立的开发、测试和部署的全生命周期，并通过持续集成/持续交付流水线，将应用部署运行在开发测试和生产环境中。在业务应用全生命周期中，需要为各个环节引入自动化安全保护，从而避免各个环节的潜在风险，同时提高应用安全交付效率。

④ 应用微服务化大幅增加了攻击面。容器技术保证了运行环境的强一致性，为应用服务的拆分解耦提供前提，应用微服务化进程加速，同时带来了新的安全隐患。单体应用拆分导致端口数量剧增，攻击面大幅增加。微服务将单体架构的传统应用拆分成多个服务，应用之间交互的端口呈指数级增长，相较于单体应用架构集中在一道关口防护的简单易行，微服务化应用在端口防护、访问权限、授权机制等方面的难度陡增。

针对上述云原生技术架构下的安全风险，云原生产业联盟（CNIA）联合业内技术专家，共同提出云原生技术安全架构模型（如图 7.3 所示），用于建设服务之间零信任、安全管理策略统一、软件流转可溯源的云原生安全体系，保证企业的研发运营环境安全。

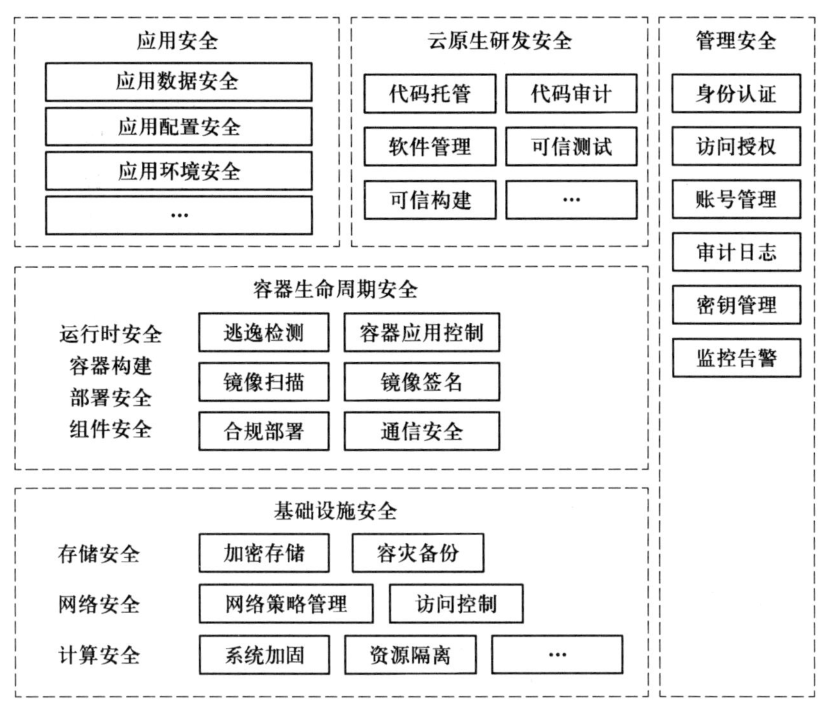


图 7.3　云原生技术安全架构模型

**1．机密计算**

机密计算（confidential computing）的目标是保护数据使用中的安全性和机密性。目前数据的加密和保护技术主要针对静态存储数据和网络传输数据，该类技术比较成熟。然而如何加密使用中的数据是整个机密数据保护周期中最具挑战的步骤。机密计算将加密的数据和代码放在一个特殊的执行上下文环境中，避免暴露给系统其他部分，任何其他应用、BIOS、系统内核、管理员、运维人员、云厂商，甚至除 CPU 外的其他硬件均无法访问，极大减少了敏感数据的泄露，为用户提供了更强的控制能力、透明度和隐秘性。

机密计算的核心功能如下。

① 保护并验证云端代码和数据的完整性。

② 避免敏感代码和数据在使用过程中被恶意窥探和窃取。

③ 保证用户对数据全生命周期的控制。

**2．容器平台安全**

容器作为云原生技术架构下的重要资源载体，已被广泛接受和使用。CNIA 的调查数据显示，62%的用户已在生产环境中使用容器技术。而在 Sysdig 发布的《2019 年容器使用报告》显示，用户生产环境中 40% 的镜像来自公开的镜像仓库，镜像漏洞问题严重，CIS 等安全配置规范在生产环境中的落实情况并不理想，容器镜像、组件安全配置以及运行时安全的安全风险极为突出。因此，容器平台的安全防护需要从底层基础设施贯穿至应用。

① 夯实基础架构安全：基础架构安全作为整个云原生安全框架的基石，需要充分结

合云平台底座的平台安全能力，保障平台组件的安全合规，基于云平台 VPC 和安全组功能提供容器网络隔离能力，整合云平台的云安全服务能力，提供云用户和云厂商在 IaaS 层的软硬件安全防护能力（包括主机安全防护、云数据全链路加密能力、资源访问控制能力和审计能力等）。

② 强化容器化软件供应链生命周期安全：容器化软件交付是以容器为核心的云原生 PaaS 平台软件供应链的核心，利用持续集成/持续交付流水线，将代码构建为容器镜像，方便地进行端到端测试、预发验证和生产部署。只有保障容器化软件供应链的安全，才能规避潜在安全风险，并且一旦发现风险，能够可靠地评估其影响面并及时对其进行修复。软件供应链层需要重点关注基于 CVE 的容器镜像扫描和高风险阻断部署能力、基于自定义 ACL 规则的镜像仓库网络访问控制、镜像签名和验签能力，以及应用交付全链路追踪的可观测性。

③ 构建完善的容器运行时安全检测体系：监控、异常活动检测、隔离是容器应用运行时安全防护的关键要素。在容器运行时需要保障线上系统能够动态感知系统安全风险，并及时进行响应。

此处涉及容器架构自身的安全性，例如容器安全与资源隔离、Kubernetes 集群安全性、网络策略支持等底层能力。同时需要对容器运行时行为进行监测，对异常操作、攻击等问题及时告警和阻断。

以下特性是容器运行时需要关注的几个关键能力。

① 安全防护能力，包括进程异常行为检测、逃逸攻击检测、恶意程序检测等能力。

② 安全沙箱容器，即基于轻量化虚拟技术实现容器内核粒度的强隔离。

③ 基于网络策略的应用间东西向流量的细粒度访问控制。

④ 在多租场景下，通过 Pod 安全策略（Pod security policy，PSP）等原生安全特性限制容器运行时的安全风险。对于隔离程度要求较高的场景，支持使用安全沙箱容器和动态策略引擎等强隔离手段保证多租安全。

**3．基于服务网格的安全**

在微服务的体系架构下，开发人员基于不同的服务框架和开发语言实现自身服务。分散解耦的微服务环境使得传统安全中的边界防护不再适用，在不改动基础结构的情况下，实现应用安全与现有安全系统的集成，形成多层次的深度防御体系，成为云原生安全的探索方向。

基于服务网格技术构建零信任网络的安全解决方案为解决上述问题提供了基础。服务网格技术在微服务安全性方面提供了以下安全措施。

① 基于统一规范的身份认证能力：旨在确保服务之间的所有网络流量均经过安全认证，在服务应用程序和网关侧提供 JWT、TLS 双向认证等多种认证形式，并且支持可配置的认证策略。

② 全链路的鉴权管理能力：支持服务与服务间和最终用户到服务间的强制授权检验，确保网格中服务的使用者遵循权限最小化原则。

③ 提供网格维度、命名空间维度和应用负载维度上的基于自定义策略的细粒度授权配置。

④ 服务通信过程的强标识能力：借由标识可实现复杂的访问控制规则定义，对系统行为加以约束。

⑤ mTLS（双向的身份认证，针对传统传输层安全协议 TLS 而言）、RBAC 和自动证书轮转等必要安全措施，为零信任网络的搭建奠定基础。

### 7.1.4 云原生发展趋势

**1．Kubernetes 编排统一化，编排对象不断扩展延伸**

在 PaaS 资源编排层面，Kubernetes 已经成为业界公认标准，其领先优势十分明显，正呈现出跨领域融合发展的趋势。以 Kubernetes 为中心的技术、生态日益成熟和完善。根据 CNIA 2020 年的调查数据显示，Kubernetes 在受访人群中的采纳率高达 63%，在容器编排领域扮演十分重要的角色。Kubernetes 的编排对象持续丰富并不断扩展，以容器为基础编排对象逐渐延展至虚拟机、函数等，理论上所有可编程、具备 API、可抽象成资源的对象，均逐渐成为 Kubernetes 的编排对象。应用侧围绕 Kubernetes 生态加速演进，以 Kubernetes 为核心的云原生技术栈将推广到更多应用场景。在大数据领域，Spark 和 Kubernetes 的集成已经十分普遍；在机器学习方面，Kubernetes 和 TensorFlow 等深度学习框架深度集成，使用 Kubernetes 编排机器学习的工作流已经获得业界的广泛共识。

**2．服务治理 Mesh 化，加速传统应用转型**

传统应用架构中业务和功能耦合度较高，无法充分发挥云的效能。传统应用中用于治理服务的中间件服务通常与应用强绑定部署，治理能力被植入各个应用而难以复用，“重复造轮子”的现象严重。Mesh 化加速业务逻辑与非业务逻辑的解耦，将非业务功能从客户端 SDK 中分离并放入独立进程，利用 Pod 中容器共享资源的特性，实现用户无感知的治理接管。服务治理 Mesh 化为传统应用轻量化改造提供了前提，也为云平台沉淀了通用服务治理能力，同时加速中间件下沉为基础设施提供了可能。Mesh 化是传统应用转型为云原生应用的关键路径，非业务功能的解耦分离使得应用负载大幅降低，更加纯粹地关注于业务逻辑。

**3．应用服务 Serverless 化，更加聚焦业务的核心价值**

作为云原生技术未来的演进方向，无服务器架构技术（Serverless）逐渐落地。Serverless 将进一步释放云计算的能力，将安全、可靠、可伸缩等需求交由基础设施实现，使用户仅需关注业务逻辑而无须关注具体部署和运行，极大地提高应用开发效率。同时该技术促进了社会分工协作，云厂商可以进一步通过规模化、集约化实现计算成本的大幅优化。

**4．从资源云化到业务云化，最终趋于全面云原生化**

企业上云的初期阶段是将现有 IT 系统迁移至云，更多地在虚拟化层面进行改造工作。随着云计算生态的蓬勃发展，原有应用架构过于陈旧，在扩展性、适配性、弹性伸缩、资源调度、开发运维等方面无法与云计算架构的优势匹配，因而无法真正发挥云的价值。云原生技术通过标准化资源、轻量化弹性调度等特征，进一步拓宽了应用场景，并且随着技术和生态的不断成熟和完善，能够有效缓解企业上云顾虑，提高全行业的上云程度。

## 7.2 云原生相关技术

### 7.2.1 边缘计算

万物互联的时代加速了云-边协同的需求演进，传统云计算中心集中存储、计算的模式已经无法满足终端设备对于时效、容量、算力的需求，向边缘下沉并通过中心进行统一交付、运维、管控，已经成为云计算的重要发展趋势。针对边缘设备以及业务场景的特殊性，边缘应用对容器技术提出了新需求。

① 资源协同：边缘计算提供云-边-端的资源协同管理，在云端统一管理边-端的节点和设备，对节点、设备进行功能抽象，在云、边、端之间通过各种协议完成数据接入，并在云端统一管理和运维。

② 应用管理协同：通过云-边协同的方式，将编排部署能力延伸到边缘侧，支持边缘侧日益复杂的业务和高可用性要求。

③ 智能协同：AI能力的发展可谓是近年来边缘计算持续火爆的一大推手，云-边的智能协同也是目前边缘计算项目中一个十分重要的协同场景。

④ 数据协同：服务之间的协同更像是要求更高的数据协同，因为其在数据传输之外还增加了服务发现、灰度路由、熔断容错等更加偏向业务层的能力。

⑤ 轻量化：受限于边缘设备的资源，部署在边缘侧的容器平台不可能是完整的Kubernetes平台，必须对其进行精简。

以Kubernetes为基础，边缘计算的核心价值之一是通过统一的标准实现在任何基础设施上提供和云上一致的功能和体验。在资源协同方面，借助云原生技术，可以实现云-边-端一体化的应用分发，解决在海量边、端设备上统一完成大规模应用交付、运维、管控的诉求；在安全方面，云原生技术可以提供容器等更加安全的工作负载运行环境，以及流量控制、网络策略等能力，从而有效提升边缘服务和边缘数据的安全性；在边缘网络方面，基于云原生技术的边缘容器能力，能够保证弱网、断网的自治性，提供有效的自恢复能力，同时对复杂的网络接入环境提供良好的兼容性；在异构兼容方面，依托云原生领域强大的社区和厂商支持，云原生技术对异构资源的适用性逐步提升，在物联网领域，云原生技术已经能够很好地支持多种CPU架构（x86-64/arm/arm64）和通信协议，同时实现较低的资源占用。

以Kubernetes为基础的云原生技术和边缘计算相结合，能够很好地解决下沉过程中云-边一体化协同、安全性、边缘网络适配、异构资源适配等难题，极大加速云计算边缘化进程。

### 7.2.2 服务网格

服务网格是服务（包括微服务）之间通信的控制器。随着越来越多容器应用的开发和部署，一个企业可能拥有成百上千甚至数以万计运行中的容器，如何管理这些容器或服务之间的通信，包括服务间的负载均衡、流量管理、路由、运行状况监控、安全策略以及身份验证，成为云原生技术的巨大挑战。

根据CNCF的定义，云原生是对当前动态环境下（例如云计算的三大场景：公有云、私有云和混合云）用于构建并运行可扩展应用的技术的总称；服务网格则是云原生技术的典型代表之一，其他技术还包括容器、微服务、不可变基础设施、声明式API等。从技术发展的角度来看，可以将云原生理解为云计算所关注的重心从“资源”逐渐转向“应用”的必然结果。

微服务更多地从设计、开发的视角描述应用的架构或开发模式，而服务网格更加关注运行时视角，因此，采用“服务”这个用于描述应用内外部调用关系的术语更为合适。服务网格与微服务在云原生技术栈中相辅相成，前者更加关注应用的交付与运行时，后者更加关注应用的设计与开发。

用一句话解释服务网格的定义，即可将其比作应用程序或微服务间的 TCP/IP，负责服务之间的网络调用、限流、熔断和监控。编写应用程序时通常无须关心 TCP/IP 层（例如使用 HTTP 协议的 RESTful 应用），使用服务网格时同样无须关心服务之间原本通过应用程序或其他框架实现的功能，例如 Spring Cloud、OSS 等，现在只需交给服务网格即可。服务网格的架构如图 7.4 所示。

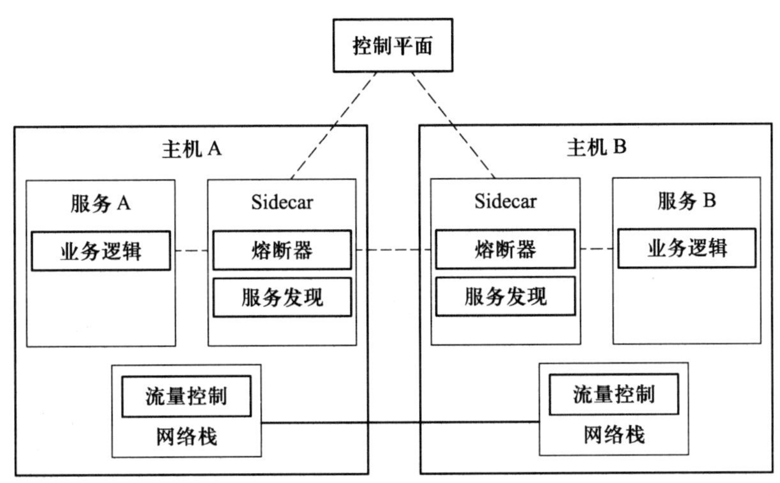


图 7.4　服务网格架构

服务网格中包含控制平面和数据平面，当前流行的两款开源服务网格 Istio 和 Linkerd 均采用该构造，只是 Istio 的划分更加清晰、部署更加零散，许多组件都被拆分。Istio 控制平面包括 Mixer（Istio 1.5 之前的版本）、Pilot、Citadel、Galley 等，数据平面默认使用 Envoy；而 Linkerd 仅将 Linkerd 作为数据平面，将 Namerd 作为控制平面。

控制平面的特点如下。

① 不直接解析数据包。

② 与控制平面中的代理通信，下发策略和配置。

③ 负责网络行为的可视化。

④ 通常提供 API 或命令行工具以用于配置版本化管理，便于持续集成和部署。

数据平面的特点如下。

① 通常按照无状态目标设计，但实际上为了提高流量转发性能，需要缓存一些数据，因此无状态同样存在争议。

② 直接处理入站和出站数据包，转发、路由、健康检查、负载均衡、认证、鉴权、产生监控数据等。

③ 对应用透明，即可以实现无感知部署。

下面介绍服务网格的工作流程。

① 控制平面将整个网格中的服务配置推送到所有节点的 Sidecar 代理中。

② Sidecar 代理将服务请求路由到目的地址，根据其中的参数判断服务属于生产环境、测试环境还是 Staging 环境（服务可能同时部署在以上 3 个环境中），以及路由至本地环境还是公有云环境。所有路由信息均可动态配置，可以是全局配置也可以为某些服务单独配置。

③ 当 Sidecar 确认目的地址后，将流量发送至相应的服务发现端点，在 Kubernetes 中为 Service，随后 Service 将服务转发给后端实例。

④ Sidecar 根据观测到的最近请求的延迟时间，选择所有应用程序的实例中响应最快的实例。

⑤ Sidecar 将请求发送至该实例，同时记录响应类型和延迟数据。

⑥ 如果该实例停止响应或进程停止工作，Sidecar 即将请求发送至其他实例重试。

⑦ 如果该实例持续返回错误，Sidecar 即将该实例从负载均衡池中移除，稍后进行周期性重试。

⑧ 如果请求的截止时间已过，Sidecar 即主动作废该请求，而非再次尝试添加负载。

⑨ Sidecar 以 Metric 和分布式追踪的形式捕获上述行为的各个方面，并将追踪信息发送至集中 Metric 系统。

Istio 是由谷歌、IBM 和 Lyft 开源的微服务管理、保护和监控框架。Istio 为希腊语，意为“起航”。Istio 解决了开发人员和运维人员所面临的从单体应用向分布式微服务架构转变的挑战。随着服务网格的规模和复杂性不断增长，其将越发难以理解和管理。服务网格的需求包括服务发现、负载均衡、故障恢复、度量和监控等，并且通常包括更复杂的运维需求，例如 A/B 测试、金丝雀发布、速率限制、访问控制和端到端认证。

Istio 提供对整个服务网格的行为洞察和操作控制能力，以及一个完整的满足微服务应用各种需求的解决方案。

使用 Istio 进行微服务管理具有以下特性。

① 流量管理：控制服务间的流量和 API 调用流，使调用更加可靠，从而增强不同环境下的网络鲁棒性。

② 可观测性：了解服务间的依赖关系、性质和流量，提供快速识别定位问题的能力。

③ 策略实施：通过配置网格而非以改变代码的方式控制服务间的访问策略。

④ 服务识别和安全：提供网格中服务的可识别性和安全性保护。

Istio 未来将支持多种平台，例如 Kubernetes、Mesos、云等，同时可以集成已有的 ACL、日志、监控、配额、审计等功能。

以下几个关键设计目标形成了 Istio 的架构，从而使系统能够大规模和高性能地处理服务。

① 透明度最大化：为了获得 Istio 的真正价值，运维人员或开发人员需要尽可能精简工作，为此，Istio 可以自动将自身注入服务之间的所有网络路径中。Istio 使用 Sidecar 代理捕获流量，并尽可能在不更改已部署应用程序代码的情况下，自动对网络层进行配置，以实现通过代理路由流量。在 Kubernetes 中，代理被注入 pods，通过编写“iptables”规则捕获流量。一旦 Sidecar 代理被注入并且流量路由被编程，Istio 即可协调所有流量。该原则同样适用于性能。当将 Istio 应用于部署时，运维人员将看到所提供功能的资源成本最小限度地增加。此外，组件和 API 的设计必须考虑性能和可伸缩性。

② 可扩展性：随着运维人员和开发人员越发依赖 Istio 提供的功能，系统必须随其需求扩展。当继续添加新特性时，最大的需求是扩展策略系统的能力、与其他策略和控制源的集成，以及将关于网格行为的信号传播到其他系统进行分析的能力。策略运行时支持用于接入其他服务的标准扩展机制，并且允许扩展其词汇表，同时允许根据网格生成的新信号执行策略。

③ 可移植性：使用 Istio 的生态系统在许多方面存在不同。Istio 必须在任何云环境或本地环境中方便地运行，将基于 Istio 的服务移植到新环境的任务必须容易实现。使用 Istio，可以操作部署到多个环境中的单个服务，例如可以在多个云中部署以实现冗余。

④ 策略一致性：将策略应用于服务之间的 API 调用提供了对网格行为的大量控制，然而，将策略应用在有别于 API 层的资源同样重要。例如，在机器学习训练任务消耗的 CPU 数量上应用配额，比在发起任务的请求调用上应用配额更加有效。为此，Istio 使用自己的 API 将策略系统维护为一个独立的服务，而非将策略系统集成到 Sidecar 代理，从而允许服务根据需要直接与之集成。

Istio 的架构分为控制平面和数据平面，图 7.5 展示了组成各个平面的不同组件。

① 控制平面：负责管理和配置代理路由流量，以及在运行时执行的策略。

② 数据平面：由一组智能代理（Envoy）以 Sidecar 模式部署，协调和控制所有服务之间的网络通信。

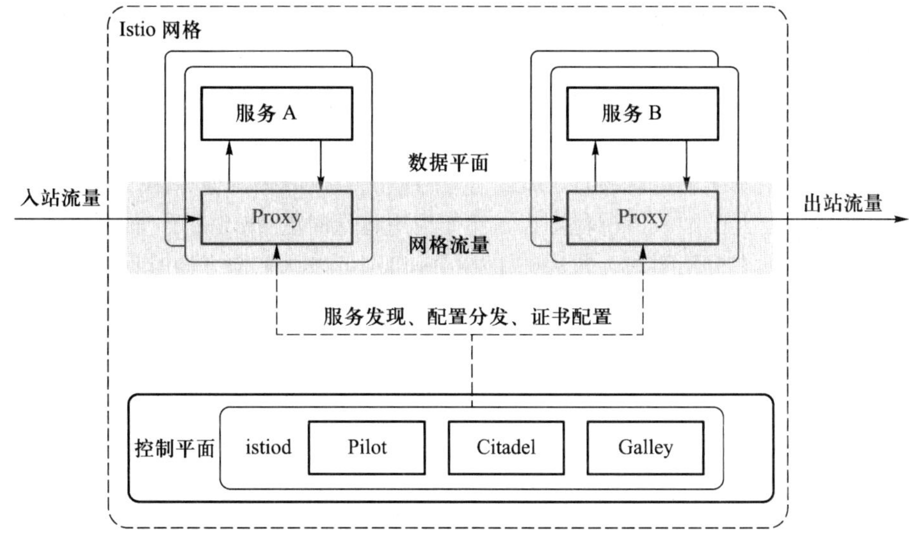


图 7.5　Istio 架构图

**Envoy**

Istio 使用 Envoy 代理的扩展版本，该代理是以 C++语言开发的高性能代理，用于调解服务网格中所有服务的入站和出站流量。Envoy 代理被部署为服务的 Sidecar，在逻辑上为服务增加了 Envoy 的许多内置特性，例如动态服务发现、负载均衡、TLS 终端、HTTP/2 与 gRPC 代理、熔断器、健康检查、基于百分比流量分割的分阶段发布、故障注入以及丰富的指标。

Envoy 在 Pod 中以 Sidecar 模式部署，允许 Istio 将大量关于流量行为的信号作为属性提取，并发送给监控系统以提供关于整个服务网格的行为信息。此外，Sidecar 代理允许将

Istio 的功能添加至现有部署，无须重新构建或重写代码。

**Pilot**

Pilot 为 Envoy 提供服务发现、用于智能路由的流量管理功能（例如 A/B 测试、金丝雀发布等）以及弹性功能（超时、重试、熔断器等），并将控制流量行为的高级路由规则转换为用于特定环境的配置。

**Citadel**

Citadel 通过内置的身份和证书管理，可以支持强大的服务间以及最终用户的身份验证。通过使用 Citadel 升级服务网格中的未加密流量，Operator 可以执行基于服务身份的策略，而非不够稳定的 3 层或 4 层网络标识。从 0.5 版本开始，Istio 可以使用授权特性控制访问服务的对象。

**Galley**

Galley 为 Istio 的配置验证、提取、处理和分发组件，负责将其他 Istio 组件与从底层平台（例如 Kubernetes）获取用户配置的细节进行隔离。

### 7.2.3 可观测性技术

在云原生时代，基础设施与应用的部署构建发生了极大的变化，传统的监控方式已经无法适应云原生场景。在该背景下，社区引入云原生可观测性的理念。可观测性的概念最早由苹果工程师 Cindy Sridharan 提出，作为监控的进一步延伸，可观测性与监控的区别可以总结为：监控告知系统的哪些部分正在工作，可观测性告知系统为何停止工作。

传统的运维可能只能为顶层提供“告警”和“概况”，因此需要一种新的思维，从应用系统本身出发去探讨另外一个概念或特性——应用系统的可观测性，尤其是前文提到的在当今云原生时代下的应用系统的可观测性。那么当应用系统宕机或因其他原因而需要更深层次的排错时，可能将研发人员纳入该过程剖析，例如应用运行时的 Profile（一种在应用运行时收集程序相关信息的动态分析手段，常用的 JVM Profiler 可以从多个方面对程序进行动态分析，例如 CPU、内存、线程、类等），甚至需要研发人员分析服务与服务之间的关联。

可观测性包含传统监控的范畴，通常由 Logging、Metrics、Tracing 构建，一般在社区交流时也会选用图 7.6 进行讲解。

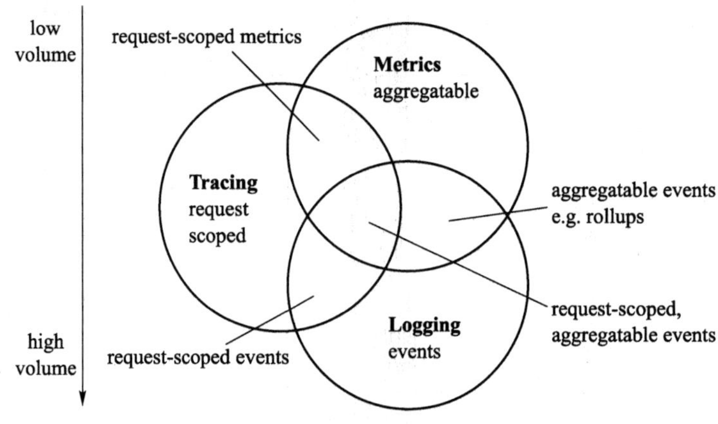


图 7.6　可观测性的 3 根支柱

Logging：展现应用运行时产生的事件或程序在执行过程中产生的日志，可以详细解释系统的运行状态。但是存储和查询需要消耗大量的资源，因此通常使用过滤器减少数据量。

Metrics：一种存储空间很小的聚合数值，可以观察系统的状态和趋势，但对于问题定位缺乏细节展示，因此需要使用等高线指标等多维数据结构增强对细节的表现力。例如统计一个服务的 TBS 正确率、成功率、流量等，均为针对单个指标或某个数据库的常见操作。

Tracing：面向请求，可以轻松地分析得到请求中的异常点，但同样存在资源消耗较大的问题，通常也需通过采样的方式减少数据量。例如一次请求的范围，即从浏览器或手机端发起的任何一次调用，或一个流程化的对象等，均需使用 Tracing 进行追踪。

利用上述产品的组合，可以比较迅速地搭建一个可观测性系统。但在实际使用时可能面临以下问题。

① 组件繁多：针对 Logging、Metrics、Tracing 3 种数据，通常需要搭建 3 套独立的系统；并且由于内部涉及的组件众多，因而维护成本高昂。

② 数据不互通：同一个应用中不同类型的数据被存储在相互独立的系统，数据无法互通，导致难以发挥数据最大的价值。

③ 厂商绑定：一些商业产品并未遵守社区标准，在数据采集、传输、存储、可视化、告警等阶段均可能与厂商绑定，后续更换方案的成本巨大。

针对以上问题，CNCF 社区推出 OpenTelemetry 项目，旨在统一 3 种数据，实现可观测性大一统。

OpenTelemetry 的核心功能是产生、收集可观测性数据，并支持将其传输到各类分析软件。其整体架构如图 7.7 所示，其中 OTel SDK 用于产生统一格式的可观测性数据；OTel Collector 用于接收这些数据，并将数据传输至各种类型的后端系统。

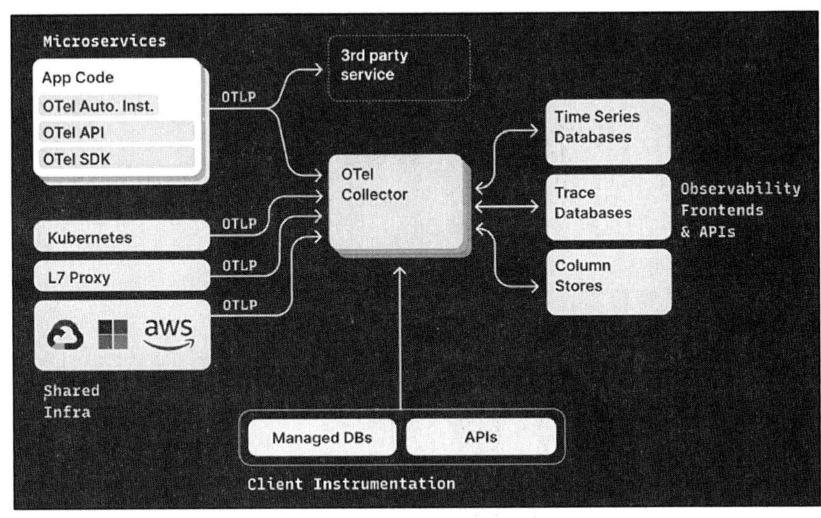


图 7.7　OpenTelemetry 架构

OpenTelemetry 的诞生为云原生可观测性带来革命性的进步，具体如下。

① 统一协议：OpenTelemetry 带来 3 种数据的统一标准，三者具有相同的元数据结构，可以轻松实现互相关联。

② 统一代理：使用一个代理即可完成所有可观测性数据的采集和传输，无须为每个系统分别部署代理，大幅降低了系统的资源占用，使整体可观测性系统的架构更加简单。

③ 云原生友好：OpenTelemetry 诞生于 CNCF，对于各类云原生下系统的支持更加友好；此外目前众多云厂商已经宣布支持 OpenTelemetry，未来云上的使用会更加便捷。

④ 厂商无关：OpenTelemetry 项目完全中立，不倾向于任何一家厂商，使用户能够自由选择、更换适合自己的服务提供方，而无须被某些厂商垄断或绑定。

⑤ 兼容性：OpenTelemetry 得到 CNCF 下各种可观测性方案的支持，未来对于 OpenTracing、OpenCensus、Prometheus、Fluentd 等均有十分优良的兼容性，方便其无缝迁移至 OpenTelemetry 方案。

OpenTelemetry 的定位是作为可观测性的基础设施，解决数据产生、采集、传输的问题，后续数据的存储与分析仍需依赖各个后端系统。最理想的情况是存在一个后端引擎能够同时存储所有的 Logging、Metrics、Tracing 数据，并进行统一的分析、关联、可视化。目前尚无厂商或开源产品实现 OpenTelemetry 的统一后端，而是仍将不同数据分开存储，数据的统一展示与关联分析依然是一个很大的挑战。

## 7.3 实践：云原生进阶技术

### 7.3.1 Istio 的部署与应用

Istio 是一个由谷歌、IBM 与 Lyft 共同开发的开源项目，旨在提供一种统一化的微服务连接、安全保障、管理与监控方式。Istio 提供一种简单的方式为已部署的服务建立网络，该网络具有负载均衡、服务间认证、监控等功能，而无须对服务的代码进行任何改动。

Istio 中包含许多组件，其中核心组件如下。

① grafana-* //监控数据可视化工具

② istio-citadel-* //证书管理

③ istio-egressgateway-* //出站流量网关

④ istio-galley-* //配置检查

⑤ istio-ingressgateway-* //入站流量网关

⑥ istio-pilot-* //Envoy 服务发现，外部化配置

⑦ istio-policy-* //Mixer 混合器策略检查

⑧ istio-Sidecar-injector-* //边车注入

⑨ istio-telemetry-* //Mixer 混合器指标收集

⑩ kiali-* //Service Mesh 可视化工具

⑪ Prometheus-* //监控报警

本次实验将以 minikube 插件的方式进行 Istio 部分核心组件的安装，并进行简单使用。

【实验目的】

1．了解 Istio 的基本功能，掌握使用 minikube 插件安装 Istio 的方法。

2．了解利用 Kubernetes 部署 Istio 的方式。

3．了解 Istio 的简单使用，在集群中部署 Istio 服务并查看 Prometheus 组件的监控。

【实验环境】

操作系统：CentOS 7；计算机最低配置要求：2 CPUs，2 GB 可用内存，20 GB 空闲磁盘空间。

【实验步骤】

**1．拉取教材资源**

本教材的许多资源存放在 Gitee 中，读者可以通过本步骤，使用 git 方法将资源拉取到本地。

首先需要将仓库复制到本地：

```
$ git clone https://gitee.com/X-laber/courseware_for_ccsadp.git
Cloning into 'courseware_for_ccsadp'…
remote: Enumerating objects: 27, done.
remote: Total 27 (delta 0), reused 0 (delta 0), pack-reused 27
Unpacking objects: 100% (27/27), done.
```

然后移出实验所需资源：

```
$ mv courseware_for_ccsadp/7-1/istio-0.5.1-linux.tar.gz ./
```

**2．解压**

```
$ tar -xf    istio-0.5.1-linux.tar.gz
$ cd istio-0.5.1
```

从文件列表中可以看到，安装包中包括 Kubernetes 的 yaml 文件、示例应用和安装模板。

**3．先决条件**

以下说明要求可以访问启用 RBAC 的 Kubernetes 1.7.3 或更新的群集，还需安装 1.7.3 或更高版本。如果希望启用 automatic sidecar injection，则需要安装 Kubernetes 1.9 或更高版本。

**4．安装步骤**

从 0.2 版本开始，Istio 安装在自身的 istio-system 命名空间中，并且可以管理来自所有其他命名空间的服务。

转至 Istio 发布页面以下载与操作系统相对应的安装文件。如果使用 macOS 或 Linux 操作系统，则通过以下命令自动下载并提取最新版本：

```
$ curl -L https://git.io/getLatestIstio | sh -
```

解压缩安装文件并将目录更改为文件位置，安装目录包含以下内容：

```
Installation.yaml Kubernetes 的安装文件
Sample/  示例应用程序
```

```
bin/istioctl  二进制 bin/文件，在手动注入 Envoy 作为附属代理并创建路由规则和策略时使用
istio.VERSION 配置文件
```

例如，如果安装包为 istio-0.5（初步）：

```
$ cd istio-0.5 (preliminary)
```

则将 istioctl 客户端添加至 PATH。例如，在 macOS 或 Linux 中运行以下命令：

```
$ export PATH=$PWD/bin:$PATH
```

下面安装 Istio 的核心组件。可以安装 Istio 而不启用 TLS 认证服务，即：

```
$ kubectl apply -f install/kubernetes/istio.yaml
```

也可安装 Istio 并启用 TLS 认证服务：

```
$ kubectl apply -f install/kubernetes/istio-auth.yaml
```

以上两种方式均会创建 istio-system 命名空间以及所需的 RBAC 权限，并部署 istio-pilot、istio-mixer、istio-ingress 和 istio-ca（证书颁发机构）。也可使用 Helm Chart 交替安装。

如果群集的 Kubernetes 为 1.9 或更高版本，并且希望启用自动代理注入，则需安装 sidecar injector webhook，同时确保 Kubernetes 服务 istio-pilot、istio-mixer、istio-ingress 部署如下：

```
$ kubectl get svc -n istio-system
NAME            CLUSTER-IP      EXTERNAL-IP     PORT(S)                          AGE
istio-ingress   10.83.245.171   35.184.245.62   80:32730/TCP,443:30574/TCP       5h
istio-pilot     10.83.251.173   <none>          8080/TCP,8081/TCP                5h
istio-mixer     10.83.244.253   <none>          9091/TCP,9094/TCP,42422/TCP      5h
```

**注意**：如果集群不支持在外部负载均衡（例如 minikube）的环境中运行，则该 EXTERNAL-IP 的 istio-ingress 将显示相关信息。此时必须使用 NodePort 访问应用程序，或使用端口转发。

修改 istio.yaml 中 istio-ingress 服务的类型为 ClusterIP，并设置 NodePort，默认为 32000。同时需确保相应的 Kubernetes 容器开始运行，例如 istio-pilot-*、istio-mixer-*、istio-ingress-*、istio-ca-*以及可选的 istio-sidecar-injector-*：

```
$ kubectl get pods -n istio-system
istio-ca-3657790228-j21b9                  1/1    Running    0    5h
istio-ingress-1842462111-j3vcs             1/1    Running    0    5h
istio-sidecar-injector-184129454-zdgf5     1/1    Running    0    5h
istio-pilot-2275554717-93c43               1/1    Running    0    5h
istio-mixer-2104784889-20rm8               2/2    Running    0    5h
```

**5．部署应用程序**

此时可以部署用户自己的应用程序或 bookinfo 等随安装提供的示例应用程序。注意，应用程序必须对所有 HTTP 通信使用 HTTP/1.1 或 HTTP/2.0 协议，因为 HTTP/1.0 不受

支持。

如果按以上步骤启动 istio-sidecar-injector，则可直接使用 kubectl create 部署应用程序。istio-sidecar-injector 会自动将 Envoy 容器注入应用程序窗格，假设运行在标有名称的命名空间中，则设置 istio-injection=enabled：

```
$ kubectl label namespace <namespace> istio-injection=enabled
$ kubectl create -n <namspace> -f <your-app-spec>.yaml
```

如果没有安装 istio-sidecar-injector，则在部署前必须使用 istioctl kube-inject 将 Envoy 容器手动注入应用程序窗格：

```
$ kubectl create -f <(istioctl kube-inject -f <your-app-spec>.yaml)
```

**6．安装监控插件**

```
$ kubectl apply -f install/kubernetes/addons/prometheus.yaml
$ kubectl apply -f install/kubernetes/addons/grafana.yaml
$ kubectl apply -f install/kubernetes/addons/servicegraph.yaml
$ kubectl apply -f install/kubernetes/addons/zipkin.yaml
```

在 traefik ingress 中增加以上几项服务的配置，同时增加 istio-ingress 配置：

```
- host: grafana.istio.io
  http:
    paths:
    - path: /
      backend:
        serviceName: grafana
        servicePort: 3000
- host: servicegraph.istio.io
  http:
    paths:
    - path: /
      backend:
        serviceName: servicegraph
        servicePort: 8088
- host: prometheus.istio.io
  http:
    paths:
    - path: /
      backend:
        serviceName: prometheus
        servicePort: 9090
- host: zipkin.istio.io
  http:
    paths:
```

```
      - path: /
        backend:
          serviceName: zipkin
          servicePort: 9411
  - host: ingress.istio.io
    http:
      paths:
      - path: /
        backend:
          serviceName: istio-ingress
          servicePort: 80
```

**7．测试**

使用 Istio 提供的测试应用 bookinfo 微服务进行测试。该微服务使用的镜像如下：

```
istio/examples-bookinfo-details-v1
istio/examples-bookinfo-ratings-v1
istio/examples-bookinfo-reviews-v1
istio/examples-bookinfo-reviews-v2
istio/examples-bookinfo-reviews-v3
istio/examples-bookinfo-productpage-v1
```

其应用架构如图 7.8 所示。

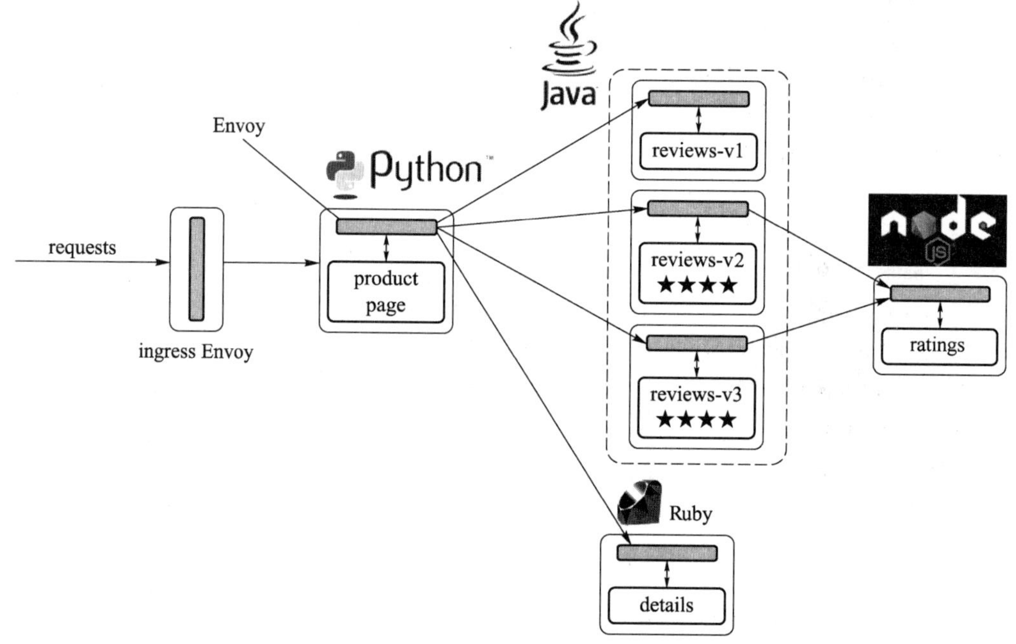


图 7.8　bookinfo 微服务应用架构

**8．部署应用**

```
$ kubectl create -f <(istioctl kube-inject -f samples/apps/bookinfo/bookinfo.yaml)
```

如果将 productpage 配置在 ingress 中，则通过浏览器访问 http://ingress.istio.io/productpage；如果使用默认的 gateway ingress 进行配置，ingress service 使用 NodePort 方式公开默认使用的 32000 端口，则可使用 http://任意节点的 IP:32000/productpage 进行访问。BookInfo Sample 页面如图 7.9 所示。

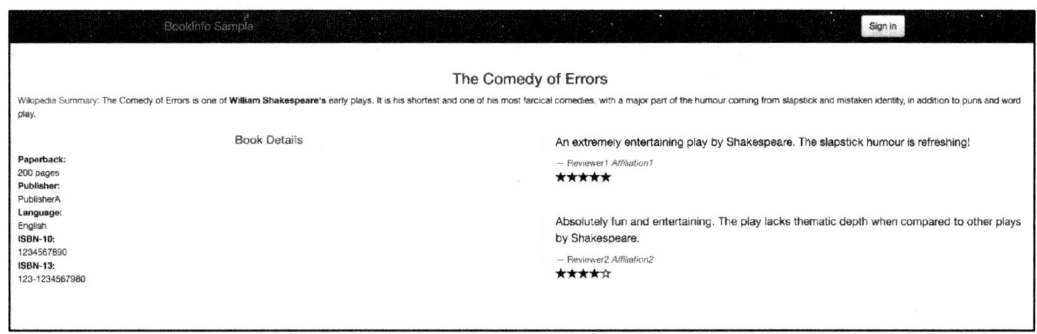


图 7.9　BookInfo Sample 页面

由于部署了 3 个版本的应用，多次刷新页面会发现某些页面的应用中包含星级评分。Istio 根据默认策略随机将流量分配至 3 个版本的应用。

查看 productpage-v1 中 pod 的详细 json 信息，可以看到如下结构：

```
$ kubectl get pod productpage-v1-944450470-bd530 -o json
```

详见 productpage-v1-istio.json 文件。从详细输出中可知该 pod 中实际包含两个容器，其中包括 initContainers，作为 Istio 植入 Kubernetes deployment 的 sidecar。

```
"initContainers": [
            {
                "args": [
                    "-p",
                    "15001",
                    "-u",
                    "1337"
                ],
                "image": "docker.io/istio/init:0.1",
                "imagePullPolicy": "Always",
                "name": "init",
                "resources": {},
                "securityContext": {
                    "capabilities": {
                        "add": [
                            "NET_ADMIN"
                        ]
                    }
```

```
            },
            "terminationMessagePath": "/dev/termination-log",
            "terminationMessagePolicy": "File",
            "volumeMounts": [
                {
                    "mountPath": "/var/run/secrets/kubernetes.io/serviceaccount",
                    "name": "default-token-3l9f0",
                    "readOnly": true
                }
            ]
        },
        {
            "args": [
                "-c",
                "sysctl -w kernel.core_pattern=/tmp/core.%e.%p.%t \u0026\u0026 ulimit -c unlimited"
            ],
            "command": [
                "/bin/sh"
            ],
            "image": "alpine",
            "imagePullPolicy": "Always",
            "name": "enable-core-dump",
            "resources": {},
            "securityContext": {
                "privileged": true
            },
            "terminationMessagePath": "/dev/termination-log",
            "terminationMessagePolicy": "File",
            "volumeMounts": [
                {
                    "mountPath": "/var/run/secrets/kubernetes.io/serviceaccount",
                    "name": "default-token-3l9f0",
                    "readOnly": true
                }
            ]
        }
    ]
```

**9．监控**

不断刷新 productpage 页面，将在监控中看到以下页面。

（1）Grafana 页面，如图 7.10 所示

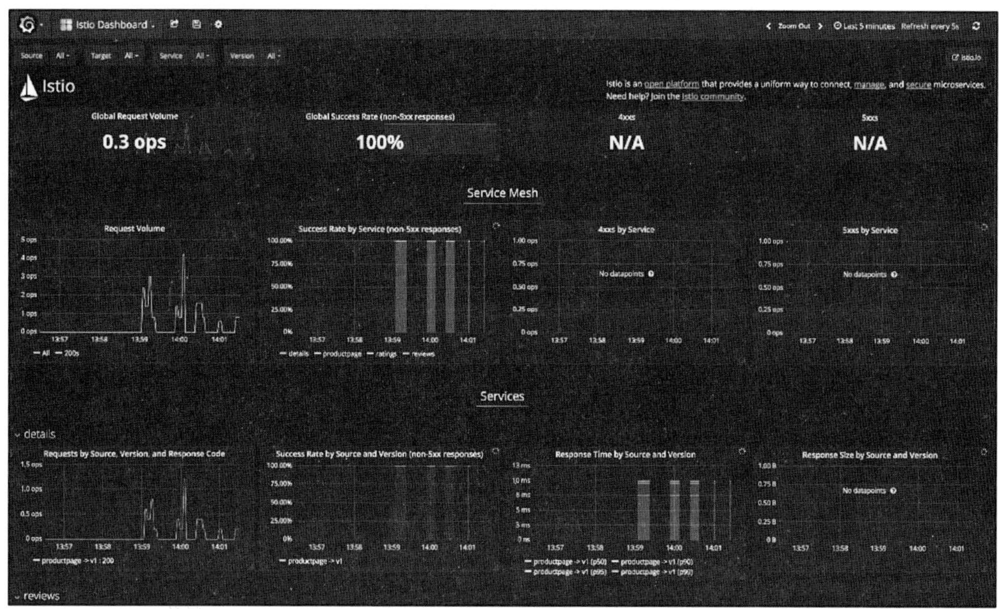


图 7.10　Grafana 页面

（2）Prometheus 页面，如图 7.11 所示

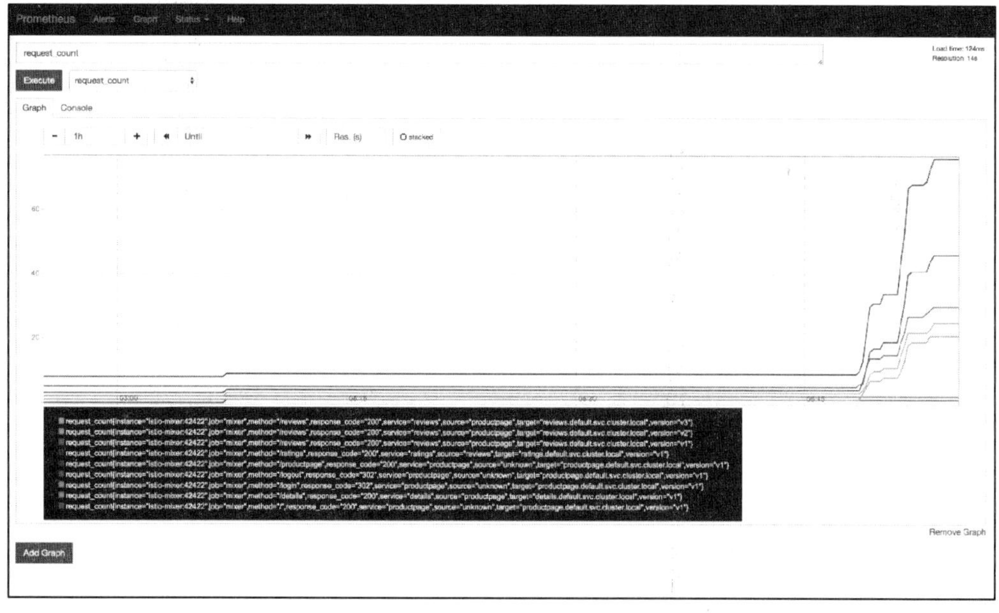


图 7.11　Prometheus 页面

（3）Zipkin 页面，如图 7.12 所示

（4）ServiceGraph 页面，如图 7.13 所示

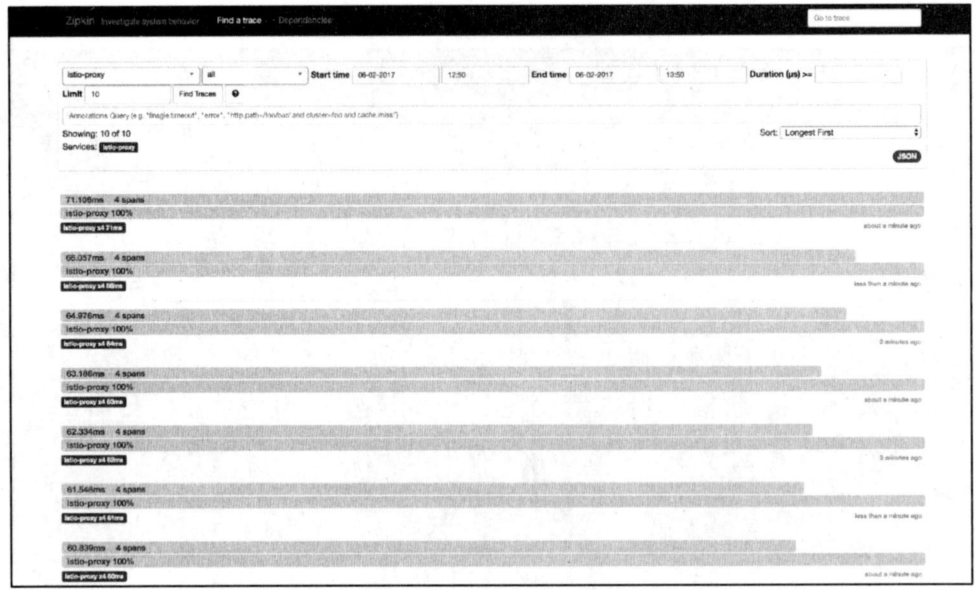


图 7.12　Zipkin 页面

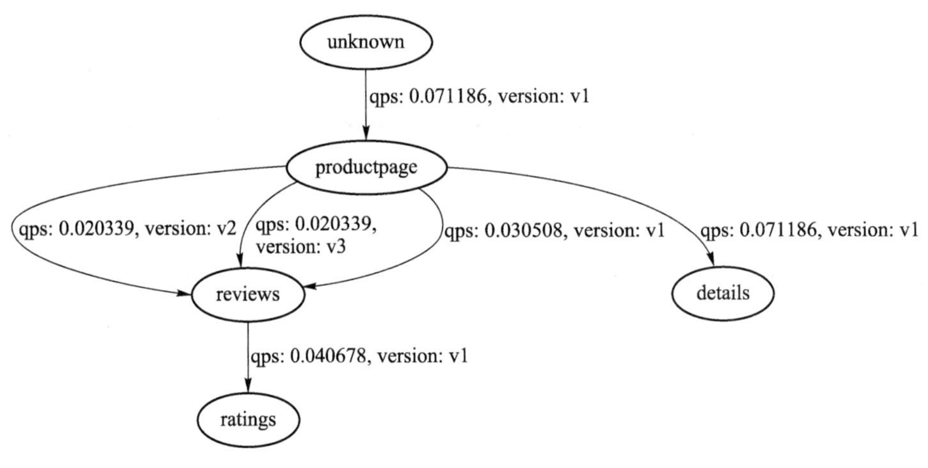


图 7.13　ServiceGraph 页面

该页面可以用于查看服务间的依赖关系，并获得 json 格式的返回结果。

### 7.3.2　无服务器计算

相较于传统计算模式，无服务器计算由云服务商提供运维服务，用户只需关心业务代码逻辑，应用的部署被大大简化。无服务器应用程序可以简单包含几个能够完成某些任务的 Lambda 函数，也可以是由数百个 Lambda 函数组成的完整后端。目前国内外主流的 CSP 均提供有无服务器计算相关的服务。

Serverless Framework 是一个开源项目，可以帮助用户部署和管理 Lambda。目前 Serverless Framework 支持国内外主流的云服务商，例如 AWS、谷歌云、微软 Azure、IBM Bluemix、腾讯云等。此外，Serverless Framework 支持常见的编程语言，例如 Node.js、Python、

Java 等。使用 Serverless Framework 进行 Lambda 部署需要拥有一个云服务商的账号（本实验环境中使用腾讯云账号），使用该账号进行资源的创建和管理。

**【实验目的】**

1．了解无服务器计算的基本概念。

2．掌握 Python Lambda 依赖的安装方法。

3．掌握使用 Serverless Framework 编写简单 Python REST API 的方法。

4．尝试使用 Python 编写一个简单的 Lambda。

**【实验环境】**

Node.js：6.0 及以上版本；腾讯云账号。

**【实验步骤】**

**编写一个 Python Lambda 函数**

首先安装 Serverless Framework：

```
$ npm install -g serverless
```

安装成功后，直接在命令行中输入以下命令：

```
$ serverless
```

根据如图 7.14 所示界面的提示，可以创建一个基于 flask 的 Python Web 应用。如果希望立即将该项目部署到云端，则会默认给出一个二维码，扫描二维码即可进入腾讯云；如果希望使用其他云服务商，则可修改相应的配置。

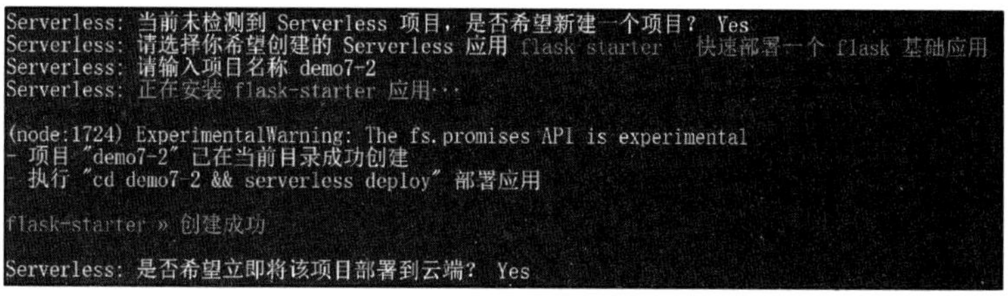

```
Serverless: 当前未检测到 Serverless 项目，是否希望新建一个项目？ Yes
Serverless: 请选择你希望创建的 Serverless 应用 flask starter   快速部署一个 flask 基础应用
Serverless: 请输入项目名称 demo7-2
Serverless: 正在安装 flask-starter 应用...

(node:1724) ExperimentalWarning: The fs.promises API is experimental
- 项目 "demo7-2" 已在当前目录成功创建
- 执行 "cd demo7-2 && serverless deploy" 部署应用

flask-starter » 创建成功

Serverless: 是否希望立即将该项目部署到云端？ Yes
```

图 7.14　serverless 运行界面

打开生成的模板文件夹 demo7-2，可以看到模板生成的代码 app.py：

```
from flask import Flask, jsonify
app = Flask(__name__)

@app.route("/")
def index():
    return "Hello Flask"

@app.route("/users")
def users():
    users = [{'name': 'test1'}, {'name': 'test2'}]
    return jsonify(data=users)
```

```
@app.route("/users/<id>")
def user(id):
    return jsonify(data={'name': 'test1'})
```

可以按需修改代码，并按照提示将代码直接部署在云端。

### 7.3.3 基于 xAPI 的行为数据采集

xAPI 是一种数据和接口的标准。利用该标准可以简明地记录人类行为的各种数据以及相关的上下文信息，但是需要事先确定相关的要素并定义数据记录的格式。其记录的主要内容为“行为主体”“动作”“行为客体”等部分。xAPI 的全称是“体验应用程序接口”，其中“x”代表体验、活动，“API”是指应用程序接口，允许两个或多个应用程序相互交换数据。具体而言，xAPI 标准还包括有关 xAPI 使用的准则（例如“xAPI 配置文件”），以及针对 xAPI 格式的数据存储、身份验证和访问（即学习记录存储）的嵌套规范等。xAPI 是开源标准，并根据 Apache License 2.0 版本获得许可。

**【实验目的】**

1．了解行为数据采集的要素。

2．了解 xAPI 的概念和意义。

3．了解简单场景下 xAPI 的设计与使用。

**【实验环境】**

无。

**【实验步骤】**

**1．xAPI 介绍**

xAPI 目前已存在对应的 node 依赖 xapiwrapper-node。在对应的网页脚本中引入该依赖，即可记录并发送用户在访问该网页的过程中所产生的行为数据。发送的行为数据主要由 3 个部分组成——行为主体、动作、行为客体，其中可以缺省一个或多个，具体的使用方式由代码编写者定义。具体示例如下：

```
// 接口调用的形式
var stmt = new ADL.XAPIStatement(
    'mailto:steve.vergenz.ctr@adlnet.gov',
    'http://adlnet.gov/expapi/verbs/launched',
    'http://vwf.adlnet.gov/xapi/virtual_world_sandbox'
);
// 发送的 json 数据
>> {
"actor": {
    "objectType": "Agent",
    "mbox": "mailto:steve.vergenz.ctr@adlnet.gov" },
"verb": {
    "id": "http://adlnet.gov/expapi/verbs/launched" },
"object": {
```

```
        "objectType": "Activity",
        "id": "http://vwf.adlnet.gov/xapi/virtual_world_sandbox" },
    "reult": {
    "An optional property that represents a measured outcome related to the Statement in which it is included."}}
```

**2．特定场景下 xAPI 数据结构的设计**

以一个在线学习实训平台为例，简单介绍 xAPI 采集数据的设计。

（1）actor

① account：用户账户信息。

② email：用户邮箱信息。

（2）verb

① login：用户登录。

② logout：用户离线。

③ enter：进入对应页面。

④ leave：离开对应页面。

（3）object

① school：学校页面。

② course：课程页面。

③ unit: 课程单元页面。

（4）result

① time：访问时间。

定义上述要素后，即可在该在线学习平台中记录多种行为，例如用户登录时间（包含 actor、verb、result）、用户访问某页面的时间（包含 actor、verb、object、result）等。

# 本章小结

云原生被许多大型云厂商视作云计算下一阶段发展的重点领域。其所包含的技术栈、架构以及对传统软件开发领域的影响正在与日俱增，并越发被业界认可。也正因为是新生事物，其不仅具有颠覆传统的优秀特点，也存在许多需要不断完善的不足。本章主要对云原生及其架构的发展趋势以及由此引发的安全问题进行论述。广大读者在掌握云原生的基本概念和操作后，能够通过本章的进阶技术论述，进一步探索云原生的高级应用领域。

# 习题与实践 7

## 复习题

1．云原生的架构原则是什么？

2．云原生的安全领域主要涵盖哪些方面?

**践习题**

1．Istio 有助于降低部署的复杂性，减轻开发团队的负担。其为一个完全开源的服务网格（service mesh），可以透明地分层至现有的分布式应用程序。同时作为一个平台，能够通过其自身提供的 API 被集成到任何日志平台中。

① 通过 Istio 的官方网站进一步了解其原理以及其他组件的功能。

② 安装 Istio 的更多组件（例如 Pilot、Citadel、Galley 等）以体验其功能。

**研习题**

1．阅读阿里云发布的《云原生架构白皮书》。

# 附录　UCloud 公有云实践

UCloud（优刻得）是成立于上海的一家公有云计算服务公司，提供自主研发的 IaaS、PaaS、大数据流通平台、AI 服务平台等一系列云计算产品，提供公有云、私有云、混合云、专有云在内的综合性行业解决方案。2020 年 1 月，UCloud 正式登陆科创板，成为中国第一家公有云科创板上市公司。

除了提供公有云服务，UCloud 多年以来深耕教育领域，针对教育场景研发了众多产品和解决方案。其中，UCloud 的“启慧”教育云提供云主机、容器、数据库、分布式计算、人工智能等云计算基础服务，为基于云的应用开发教学实践提供了良好的平台。本章将通过一系列实验，介绍“启慧”教育云的产品及其基本操作，培养学生使用公有云进行应用开发的基本能力。

**特别提醒：公有云资源一经创建即开始收费，因此每当实验完成，建议立即删除云资源以节省费用。**

## 实验一：云主机的创建和登录

**【实验目的】**

1. 熟悉云主机的配置和创建流程。
2. 使用 root 登录云主机，随后创建个人账户并重新登录。

**【实验环境】**

操作系统：CentOS 8。

**【实验步骤】**

**1. 创建第一个云主机**

（1）登录 UCloud“启慧”教育云网站，进入教育云“控制台”

首页展示了当前项目下已创建的资源，并根据资源的类型进行分类。例如，附图 1.1 中的“数据学院课程云”项目已经创建了 27 个云主机、28 个弹性 IP、4 个 VPC，以及 3 个 MongoDB 数据库。

此处需要说明几个概念。

① 项目：在 UCloud 云服务体系中，项目是最大的资源划分单位，不同项目之间的资源互相隔离，同一个项目内的资源互相可见，并且可以根据需求实现网络互通或网络隔离。

② VPC：全称为 virtual private cloud，即虚拟私有云，是项目以下资源逻辑隔离的单位。同一个 VPC 下的资源可以实现网络互通。

附图 1.1

（2）创建云主机

单击首页左上角的“全部产品”，从产品列表中选择“云主机 UHost”，如附图 1.2 所示。

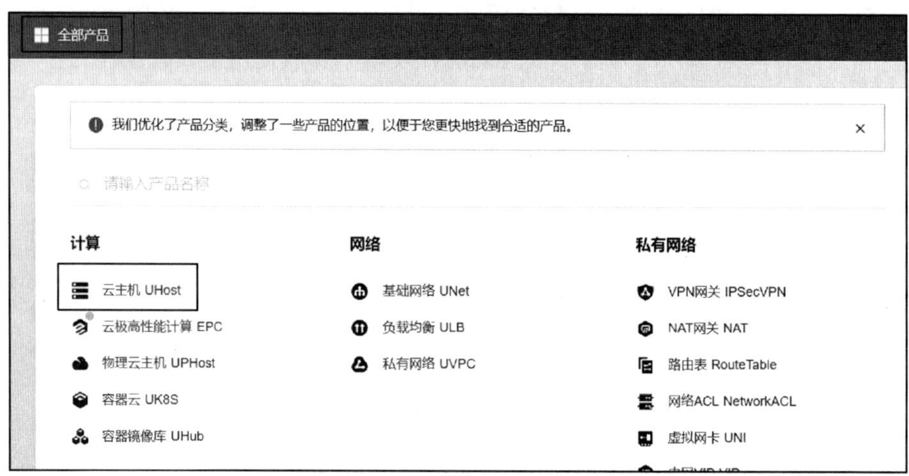


附图 1.2

单击“创建主机”，即可进入云主机配置页面，如附图 1.3 所示。

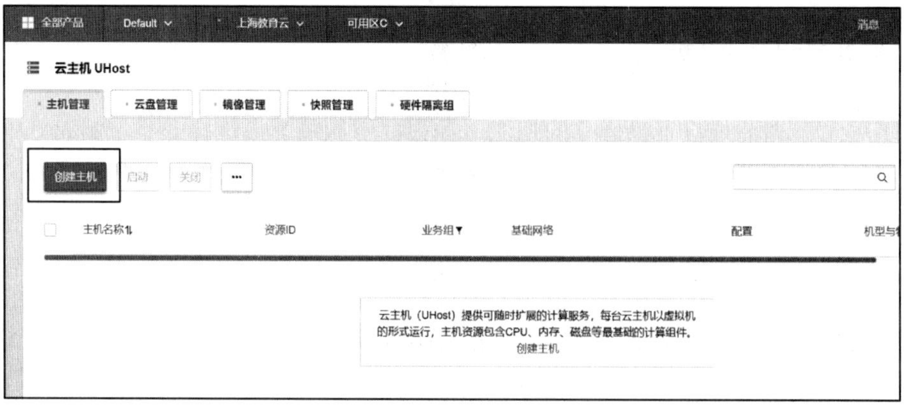

附图 1.3

在该云主机配置页面中，可以选择基础配置，也可以进行自定义配置。以基础配置为例，需要选择一个操作系统镜像、核心数、内存大小、系统盘和数据盘容量。如附图 1.4 所示，选择 CentOS 8.3 作为操作系统，CPU 为 1 核心，内存大小为 1 GB，系统盘容量为 20 GB，无数据盘（注：数据盘可以根据需要在云主机创建后另外挂载）。上述所有配置在自定义配置中可以进行更加精细化的选择。

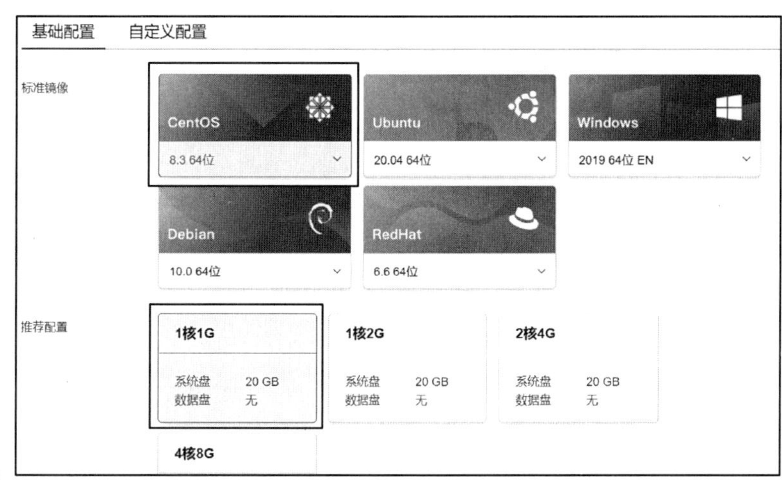


附图 1.4

随后需要配置云主机的网络，同样可以选择基础网络配置或自定义网络配置。如附图 1.5 所示，此处以自定义网络配置为例，需要选择云主机所属 VPC、所属子网、是否绑定外网弹性 IP 并选择计费方式，以及防火墙类型。

附图 1.5

此处对相关概念进行解释。

① 子网：对 VPC 的进一步划分，同一个子网下的资源具有相同的网络前缀标识，使用同一个网关，并且可以进行广播通信。子网的大小由子网掩码决定。

② 外网弹性 IP：即公网 IP，通过绑定弹性 IP，云主机可以和公网通信。在弹性 IP 计费方式选择上，对于存在持续大规模数据传输的云主机，则可选择根据带宽计费，否则选择根据流量计费是比较经济的方式。

③ 用作网站服务器的云主机可以选择“Web 服务器推荐”类型的防火墙配置，否则选择“非 Web 服务器推荐”类型的防火墙。

最后配置云主机的 root 密码，如附图 1.6 所示。注意，root 密码牵涉云主机的数据安全，需要严格保密并牢记。其余项可以根据需要填写相关信息。

管理设置

登录用户名 root

设置密码 * ··············· 随机生成

主机名称 myFirstHost

业务组 不分组 加入分组 新增业务组

硬件隔离组 ⑦ 关闭

自定义数据 ⑦

当前数据将经base64编码后发送 语法参考

附图 1.6

配置完成后，在配置页面的最右侧可以看到需要支付的费用。根据购买云主机数量和购买期限的不同，单价和总价也会发生相应的变化。如附图 1.7 所示，选择购买 1 台云主机，并且按月付费，显示需要支付 59.08 元（注：云资源的特点是按实际用量收费，如果云主机提前删除，结算后的余款将返还给用户）。依次单击“立即购买”“立即支付”，云主机即开始创建。

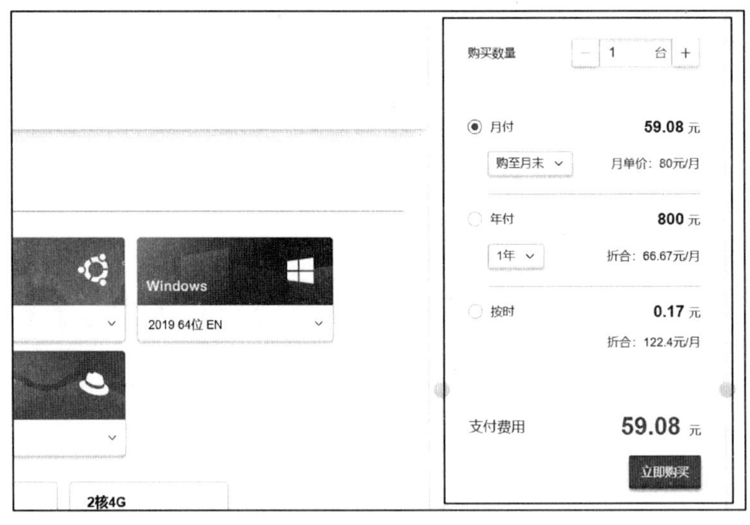


附图 1.7

云主机的创建存在一个初始化过程，当状态变为“运行”时，首个云主机即创建完毕并且正常运行。在云主机 UHost 页面的“主机管理”标签页中，可以看到云主机的详细信息，如附图 1.8 所示。

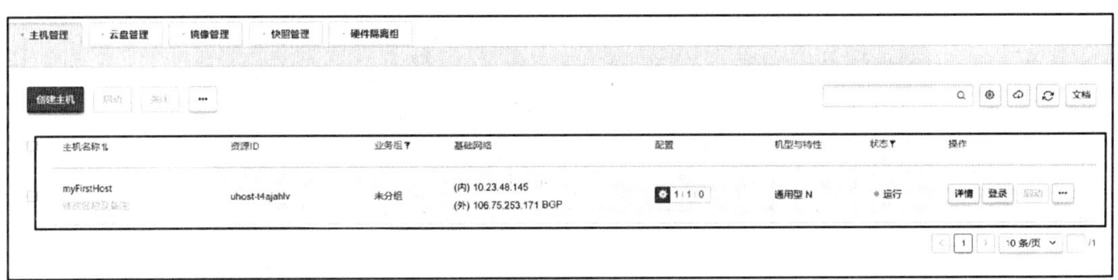


附图 1.8

**2．登录云主机**

（1）登录云主机的方法

在“主机管理”标签页中，可以直接单击“登录”按钮登录相应的云主机，但该方式通常仅作为应急方案使用。为了获得更好的云主机操作体验，建议选用一款具有 SSH 功能的客户端，例如 Windows 下的 Xshell、macOS/Linux 下的 Terminal 等。本书将使用 Xshell 作为示例，可通过官方链接下载，并且对个人用户免费。打开 Xshell 后运行如下命令，并在弹出的对话框中输入密码，即可登录云主机。

```
$ ssh root@106.75.253.171
```

其中 106.75.253.171 即为云主机的弹性 IP 地址。登录后的界面如附图 1.9 所示。

```
[C:\~]$ ssh root@106.75.253.171

Connecting to 106.75.253.171:22...
Connection established.
To escape to local shell, press Ctrl+Alt+].

WARNING! The remote SSH server rejected X11 forwarding request.
Activate the web console with: systemctl enable --now cockpit.socket

Last failed login: Thu Apr  8 20:54:29 CST 2021 from 222.66.117.26 on ssh:notty
There was 1 failed login attempt since the last successful login.
[root@10-23-48-145 ~]#
```

附图 1.9

（2）创建个人账户并重新登录云主机

出于安全考虑，通常在日常工作中使用个人账户操作云主机。运行如下命令即可创建个人账户，同时赋予个人账户管理员权限（注：使用偏好的用户名代替示例命令中的用户名 dase）。

```
$ useradd dase
$ usermod -aG wheel dase
```

最后，为个人账户设置登录密码。设置完成后运行 exit 退出 root 登录。

```
$ passwd dase
```

随后即可使用个人账户登录云主机。登录成功的界面如附图 1.10 所示，可以看到登录名变为 dase。

```
$ ssh dase@106.75.253.171
```

```
Connecting to 106.75.253.171:22···
Connection established.
To escape to local shell, press Ctrl+Alt+].

WARNING! The remote SSH server rejected X11 forwarding request.
Activate the web console with: systemctl enable --now cockpit.socket

Last failed login: Thu Apr  8 21:07:38 CST 2021 from 222.66.117.26 on ssh:notty
There was 1 failed login attempt since the last successful login.
[dase@10-23-48-145 ~]$ 
```

附图 1.10

# 实验二：Hadoop 集群的创建和使用

**【背景知识】**

Apache Hadoop 是一组开源软件程序的集合，能够使用多个计算机组成的集群解决涉及海量数据和计算的问题。Hadoop 提供了使用 MapReduce 编程模型进行大数据的分布式存储和计算的软件框架。Hadoop 同时适用于廉价和高端计算机集群，其中所有模块的设计均基于以下假设，即硬件故障十分常见，应由 Hadoop 框架自动处理。

Apache Hadoop 的核心由用于数据存储的 Hadoop 分布式文件系统（HDFS）和用于计算的 MapReduce 编程模型组成。Hadoop 将文件拆分为较大的块，并将其分布在集群的各个节点，然后将打包的代码传输至这些节点，并行处理文件中的数据。该方法利用了数据局部性，即每个节点操纵其拥有访问权限的数据。与在传统的超级计算机体系结构中依靠并行文件系统通过高速网络分发数据和计算相比，Hadoop 可以更迅速、更有效地处理数据集。

**【实验目的】**

1．熟悉 Hadoop 集群的配置和创建流程。

2．登录 Hadoop 集群并练习基本命令。

3．通过客户端操作 Hadoop 集群。

**【实验环境】**

1．Hadoop 集群。

2．Yarn、HDFS、ZooKeeper 等（自动配置）。

**【实验步骤】**

**1．创建一个 Hadoop 集群**

单击首页左上角的“全部产品”，从产品列表中选择“托管 Hadoop 集群 UHadoop”，如附图 2.1 所示。

附图 2.1

单击“创建集群”，即可进入 Hadoop 集群配置页面，如附图 2.2 所示。

附图 2.2

在软件设置中，需要选择集群的基本软件配置，包括集群框架、框架的发行版、集群种类等。以附图 2.3 为例，选择 Hadoop 框架作为实验框架，发行版选择较新的 uhadoop 2.2，集群种类选择 Core Hadoop 集群，用于运行基本的 MapReduce 任务。也可根据需要尝试其他集群种类，运行不同的计算框架。

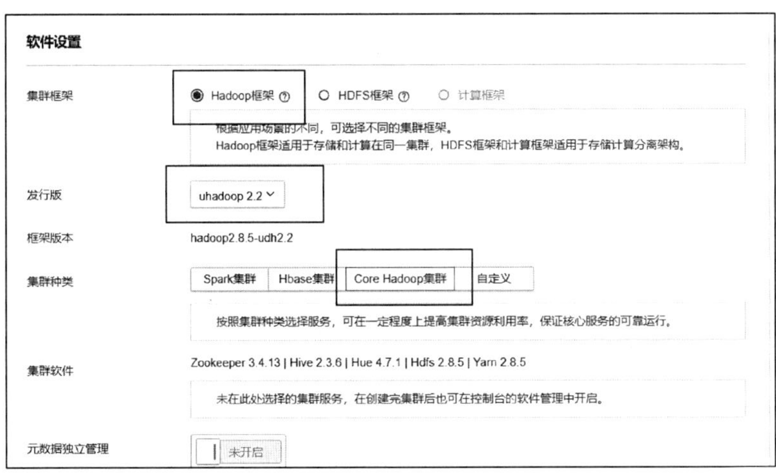


附图 2.3

随后的节点设置使用默认配置，然后设置管理员密码。在附图 2.4 右侧的付费方式中选择按时付费，然后依次单击“立即购买”“立即支付”，Hadoop 集群即开始创建。整个创建过程大约需要 10～15 分钟，直到“状态”栏变为“运行”。

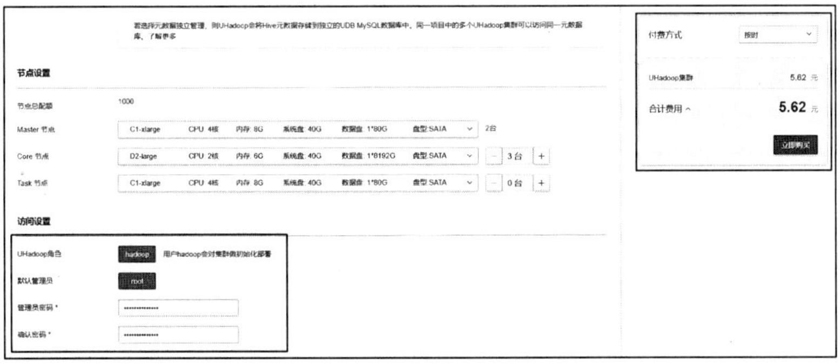

附图 2.4

创建完毕后，在 UHadoop 页面中可以看到集群基本信息，如附图 2.5 所示。

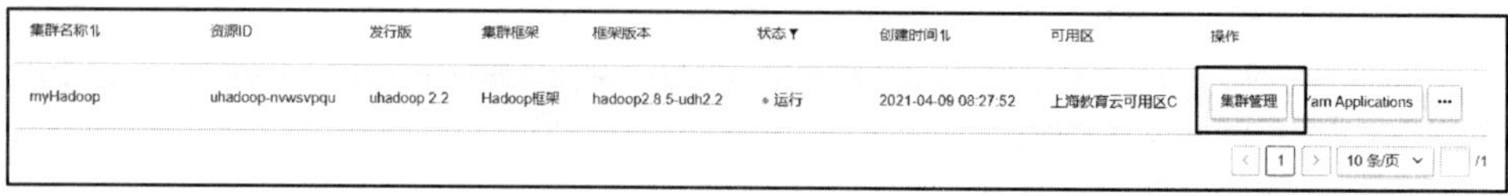


附图 2.5

单击附图 2.5 右侧的“集群管理”按钮，进入管理页面。然后单击附图 2.6 中的“节点管理”标签，进入节点信息页面。在该例中可以看到集群中包含 2 个 MASTER 节点和 3 个 CORE 节点。

附图 2.6

**2．登录 Hadoop 集群**

通过以下方式可登录 Hadoop 集群。

① 通过教育云控制台登录。

② 通过 UHost 云主机 SSH 登录。

③ 为 MASTER 节点绑定弹性 IP，通过 SSH 连接 MASTER 节点登录。

此处使用实验一中创建的 UHost 云主机从 UCloud 内网登录，其他登录方式的操作过程类似。

（1）通过 UHost 云主机登录集群

登录实验一中创建的云主机，然后通过 SSH 连接到首个 MASTER 节点，登录密码是在创建 Hadoop 集群时设置的管理员密码。

```
$ ssh root@10.23.212.64
```

登录后的界面如附图 2.7 所示。

```
[dase@10-23-48-145 ~]$ ssh root@10.23.212.64
The authenticity of host '10.23.212.64 (10.23.212.64)' can't be established.
ECDSA key fingerprint is SHA256:galzWEDieJNlmVkCACFX8tun0+NsXnpiwtNJzQomIrM.
Are you sure you want to continue connecting (yes/no/[fingerprint])? yes
Warning: Permanently added '10.23.212.64' (ECDSA) to the list of known hosts.
root@10.23.212.64's password:
Last login: Fri Apr  9 08:45:24 2021
[root@uhadoop-nvwsvpqu-master1 ~]#
```

附图 2.7

（2）Hadoop 基本命令

Hadoop 实现了一个分布式文件系统 HDFS，可以在 MASTER 节点中运行 Hadoop 基本命令以操作 HDFS 中的文件，命令格式与 Linux 命令相似。为了避免出现权限问题，所有操作均在 root 账户下执行。

列出 HDFS 中当前路径下的内容。

```
$ hadoop fs -ls
```

在 HDFS 中创建文件夹。

```
$ hadoop fs -mkdir myDir
```

从本地文件系统上传文件到 HDFS。

```
$ hadoop fs -put /root/install-java.sh myDir
```

从 HDFS 下载文件到本地文件系统。

```
$ hadoop fs -get myDir/install-java.sh /root
```

如果运行了上一个命令，此处会提示/root/install-java.sh 已经存在。该命令仅作为示例。

退出 HDFS 文件系统。

```
$ exit
```

**3．通过 Hadoop 客户端执行命令**

（1）安装 Hadoop 客户端

出于安全性考虑，通常建议在非 UHadoop 集群机上安装 Hadoop 客户端进行任务提交与相关操作。UCloud 提供了可以直接使用的客户端安装脚本，在实验一创建的云主机中运行以下两个命令，下载安装脚本，并将其复制到 MASTER 节点。

```
$ wget http://new-uhadoop.cn-bj.ufileos.com/install_uhadoop_client_new.sh
$ scp install_uhadoop_client_new.sh root@10.23.212.64:/root/
```

随后再次通过 SSH 连接到 MASTER 节点，运行以下命令安装客户端。

```
$ sh /root/install_uhadoop_client_new.sh client_ip client_user password port
```

其中，4 个参数的含义分别如下。

① client_ip：客户机 IP，即需要安装 Hadoop 客户端的云主机 IP。

② client_user：客户机用户名，使用 root。

③ password：客户机 root 密码。

④ port：客户机 SSH 端口，默认为 22。

例如，本实验在 MASTER 节点执行以下命令安装客户端。

```
$ sh /root/install_uhadoop_client_new.sh 10.23.48.145 root dasedase123 22
```

该脚本将自动在云主机中安装 Java、Hadoop、Python 等环境，并修改环境变量。在安装过程中，需要数次确认安装（输入 y 并按 Enter 键）。安装完成后，在云主机中执行以下命令，使得修改的环境生效。之后即可在云主机中通过 Hadoop 客户端执行 Hadoop 命令。

```
$ source ~/.bashrc
```

（2）在 Hadoop 客户端提交 wordcount 任务

首先在MASTER节点中执行以下命令，将Hadoop中自带的部分本地文件上传到HDFS中之前创建的 myDir 目录下，如附图 2.8 所示。

```
$ hadoop fs -put /home/hadoop/conf/* myDir
```

```
[root@uhadoop-nvwsvpqu-master1 ~]# hadoop fs -put /home/hadoop/conf/* myDir
[root@uhadoop-nvwsvpqu-master1 ~]#
```

附图 2.8

随后可以在云主机上通过 Hadoop 客户端查看 myDir 下的文件，如附图 2.9 所示。

```
$ hadoop fs -ls myDir
```

```
[root@10-23-48-145 ~]# hadoop fs -ls myDir | head -10
Found 34 items
-rw-r--r--   3 root root       4942 2021-04-10 23:15 myDir/capacity-scheduler.xml
-rw-r--r--   3 root root       1335 2021-04-10 23:15 myDir/configuration.xsl
-rw-r--r--   3 root root        318 2021-04-10 23:15 myDir/container-executor.cfg
-rw-r--r--   3 root root       2346 2021-04-10 23:15 myDir/core-site.xml
-rw-r--r--   3 root root          0 2021-04-10 23:15 myDir/excludes
-rw-r--r--   3 root root       3804 2021-04-10 23:15 myDir/hadoop-env.cmd
-rw-r--r--   3 root root       5868 2021-04-10 23:15 myDir/hadoop-env.sh
-rw-r--r--   3 root root       2490 2021-04-10 23:15 myDir/hadoop-metrics.properties
-rw-r--r--   3 root root       2598 2021-04-10 23:15 myDir/hadoop-metrics2.properties
[root@10-23-48-145 ~]#
```

附图 2.9

之后使用 Hadoop 自带的 jar 运行 wordcount 任务，统计 myDir 下所有文件中单词的词频（hadoop-examples.jar 可以在任意 MASTER 节点的/home/hadoop 目录下找到，并复制到客户端本地），如附图 2.10 所示。

```
$ hadoop jar hadoop-examples.jar wordcount myDir output
```

```
[root@10-23-48-145 ~]# hadoop jar hadoop-examples.jar wordcount myDir output
21/04/10 23:24:43 INFO client.AHSProxy: Connecting to Application History Server at uhad
oop-nvwsvpqu-master2/10.23.230.115:10200
21/04/10 23:24:44 INFO input.FileInputFormat: Total input files to process : 34
21/04/10 23:24:44 INFO lzo.GPLNativeCodeLoader: Loaded native gpl library from the embed
ded binaries
21/04/10 23:24:44 INFO lzo.LzoCodec: Successfully loaded & initialized native-lzo librar
y [hadoop-lzo rev 52decc77982b58949890770d22720a91adce0c3f]
21/04/10 23:24:44 INFO mapreduce.JobSubmitter: number of splits:34
21/04/10 23:24:44 INFO mapreduce.JobSubmitter: Submitting tokens for job: job_1617928878
821_0002
21/04/10 23:24:45 INFO impl.YarnClientImpl: Submitted application application_1617928878
821_0002
21/04/10 23:24:45 INFO mapreduce.Job: The url to track the job: http://uhadoop-nvwsvpqu-
```

附图 2.10

最后，在云主机中执行以下命令查看词频统计结果。

```
$ hadoop fs -cat output/part-r-00000
```

# 实验三：云数据库的创建和使用

【背景知识】

数据库又称数据管理系统，是计算机系统中用于数据存储和访问的一种有组织的集合，通常作为独立的模块为应用程序提供数据读写支持。经典的（关系）数据库系统包括 Oracle Database、Microsoft SQL Server、IBM Db2 等，开源数据库包括 MySQL、PostgreSQL 等。

云数据库是基于云计算技术的高可用、高性能的数据库托管服务，能够在数十秒内完成数据库部署、设置、操作和扩展，简化了数据库运维工作，有利于用户专注于应用程序研发及业务的发展。

【实验目的】

1．熟悉云数据库的配置和创建流程。

2．练习使用 SQL 建表和查询等基本操作。

【实验环境】

MySQL 云数据库。

【实验步骤】

**1．创建一个 MySQL 云数据库实例**

单击首页左上角的“全部产品”，从产品列表中选择“云数据库 MySQL UDB”，如附图 3.1 所示。

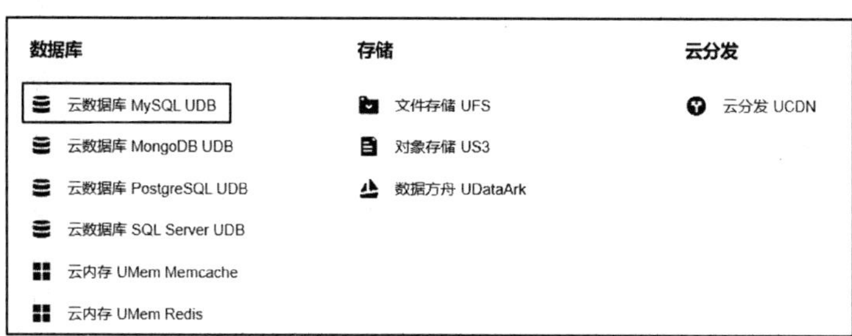


附图 3.1

进入云数据库页面后，单击“创建数据库”进入配置页面，如附图 3.2 所示。

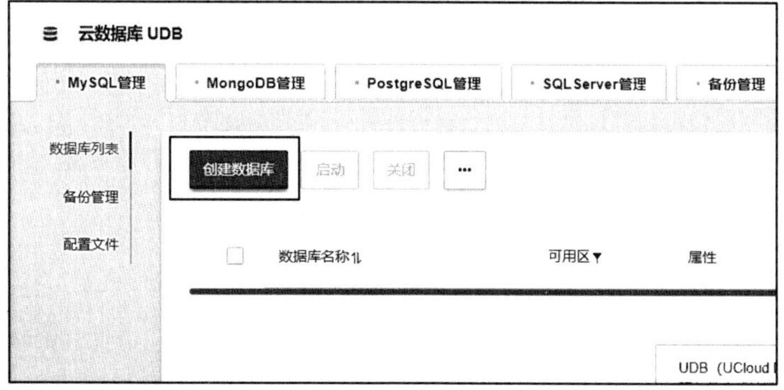


附图 3.2

在基础配置中，本实验选择最基本的配置，即数据库类型选择“普通版”，使用的机型为“NVMe 机型”，内存为 2 G，其余配置保留默认选项，如附图 3.3 所示。

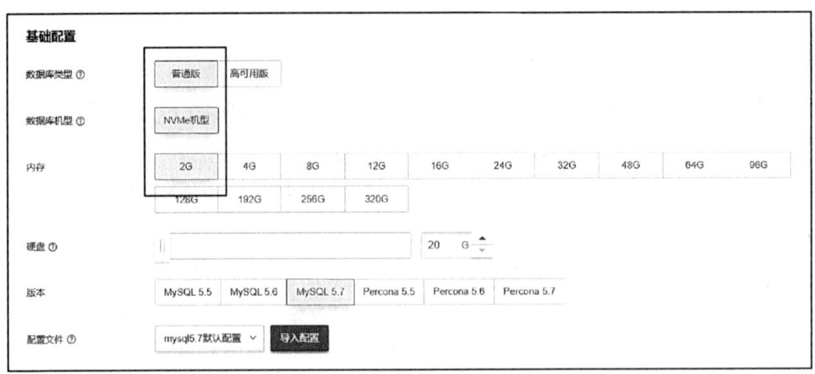


附图 3.3

为数据库管理员（root）设置密码，其余配置使用默认值，如附图 3.4 所示。

附图 3.4

如附图 3.5 所示，在右侧选择“按时”付费，依次单击“立即购买”“立即支付”，即开始创建数据库。创建完成后，数据库状态变为“运行”。

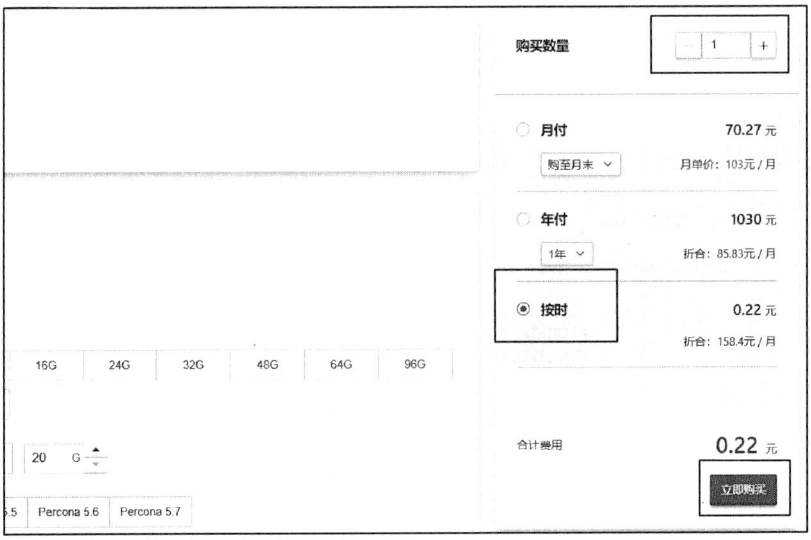

附图 3.5

**2．登录云数据库**

（1）从控制台登录 phpMyAdmin 网页

在控制台右侧单击“登录”，进入 phpMyAdmin 登录页面，如附图 3.6 所示。

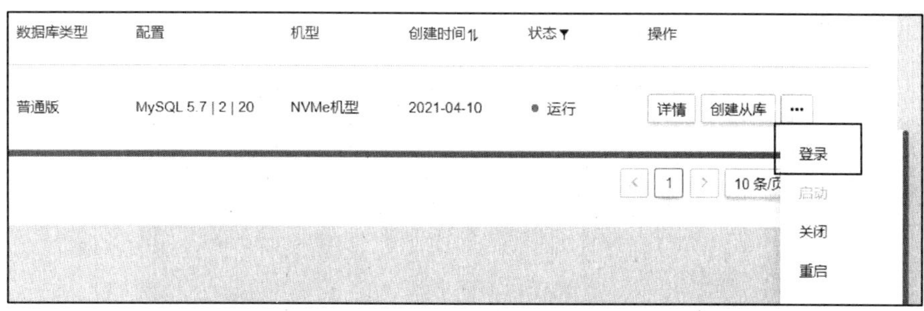


附图 3.6

在 phpMyAdmin 登录页面输入数据库用户名和密码，单击“执行”登录数据库，如附图 3.7 所示。

附图 3.7

（2）通过 MySQL 客户端登录

首先在云主机上通过以下命令安装 MySQL 客户端，如附图 3.8 所示。

```
$ sudo yum -y install mysql
```

```
[dase@10-23-48-145 ~]$ sudo yum -y install mysql
[sudo] password for dase:
Last metadata expiration check: 2:57:09 ago on Sat 10 Apr 2021 12:02:15 PM CST.
Dependencies resolved.
================================================================================
 Package                      Architecture  Version                                   Repositor
================================================================================
Installing:
 mysql                        x86_64        8.0.21-1.module_el8.2.0+493+63b41e36      AppStream
Installing dependencies:
 mariadb-connector-c-config   noarch        3.1.11-2.el8_3                            AppStream
 mysql-common                 x86_64        8.0.21-1.module_el8.2.0+493+63b41e36      AppStream
Enabling module streams:
 mysql                                      8.0
```

附图 3.8

使用以下命令登录数据库。其中，h 表示 host，即数据库的 IP 地址；P 表示端口，若数据库使用默认端口则可省略；u 表示登录数据库的用户；p 表示该用户的登录密码。登录后的界面如附图 3.9 所示。

```
$ mysql -hIP -PPort -uUser -pPassword
```

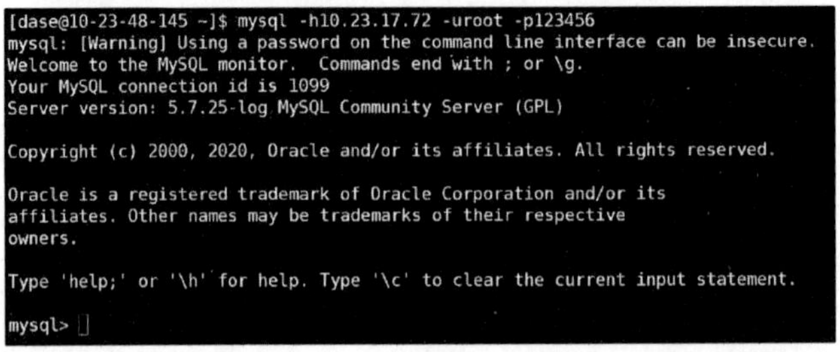

```
[dase@10-23-48-145 ~]$ mysql -h10.23.17.72 -uroot -p123456
mysql: [Warning] Using a password on the command line interface can be insecure.
Welcome to the MySQL monitor.  Commands end with ; or \g.
Your MySQL connection id is 1099
Server version: 5.7.25-log MySQL Community Server (GPL)

Copyright (c) 2000, 2020, Oracle and/or its affiliates. All rights reserved.

Oracle is a registered trademark of Oracle Corporation and/or its
affiliates. Other names may be trademarks of their respective
owners.

Type 'help;' or '\h' for help. Type '\c' to clear the current input statement.

mysql>
```

附图 3.9

### 3. 新建数据库和数据表，并进行查询

（1）通过 phpMyAdmin 操作

单击附图 3.10 左侧的“New”，进入新建数据库标签页。输入数据库名称并单击“创建”，即可新建一个数据库。

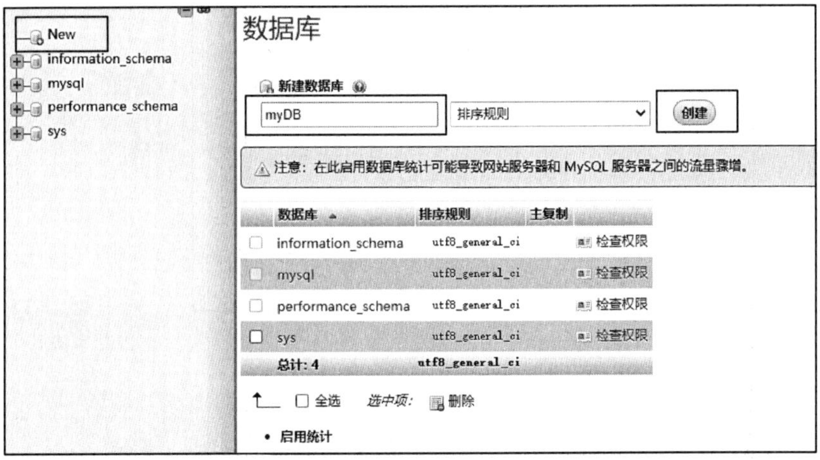

New
information_schema
mysql
performance_schema
sys

数据库

新建数据库

myDB　排序规则　创建

注意：在此启用数据库统计可能导致网站服务器和 MySQL 服务器之间的流量骤增。

| | 数据库 | 排序规则 | 主复制 | |
|---|---|---|---|---|
| ☐ | information_schema | utf8_general_ci | | 检查权限 |
| ☐ | mysql | utf8_general_ci | | 检查权限 |
| ☐ | performance_schema | utf8_general_ci | | 检查权限 |
| ☐ | sys | utf8_general_ci | | 检查权限 |
| | 总计: 4 | utf8_general_ci | | |

☐ 全选　选中项：删除

• 启用统计

附图 3.10

单击附图 3.11 中的“SQL”标签，在文本框中输入以下 SQL 建表语句，单击右下角的“执行”按钮，即可创建 shops 数据表。

```
CREATE TABLE shops
(
  id INT NOT NULL,
  name VARCHAR(20) NOT NULL,
  address VARCHAR(30) NOT NULL,
  PRIMARY KEY (id)
);
```

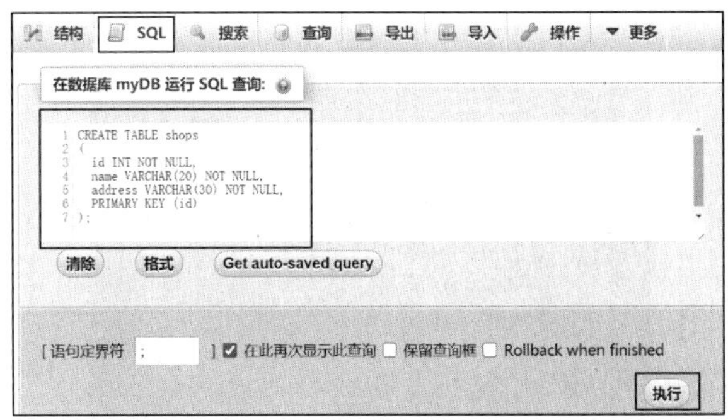


附图 3.11

如附图 3.12 所示，再次单击“SQL”标签，在文本框中输入以下 SQL 语句，向 shops 表中插入一些数值，单击“执行”运行 SQL。

```
INSERT INTO shops VALUES
(1,'StarBucks','T1-203'),
(2,'7-Eleven','T2-311'),
(3,'Apple Store','T1-215'),
(4,'Huawei Mobile','T3-222');
```

最后输入以下 SQL 查询语句，查询 shops 表中的记录，结果如附图 3.13 所示。

```
$ select * from shops;
```

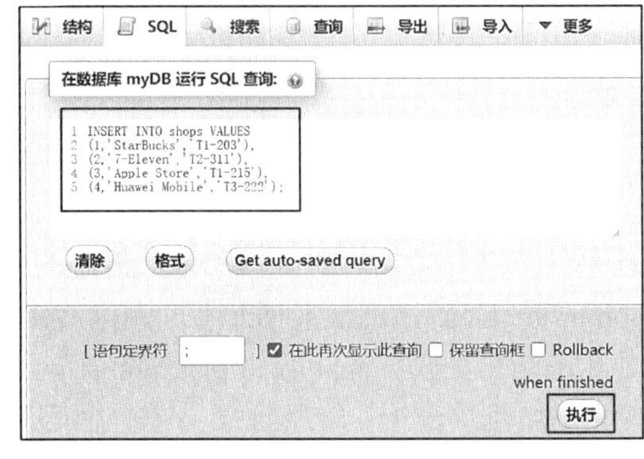


附图 3.12

+ 选项

| ←T→ | id | name | address |
|---|---|---|---|
| 编辑 复制 删除 | 1 | StarBucks | T1-203 |
| 编辑 复制 删除 | 2 | 7-Eleven | T2-311 |
| 编辑 复制 删除 | 3 | Apple Store | T1-215 |
| 编辑 复制 删除 | 4 | Huawei Mobile | T3-222 |

附图 3.13

（2）通过 MySQL 客户端操作

如附图 3.14 所示，使用以下命令新建一个数据库并使用。

```
create database myDB;
use myDB;
```

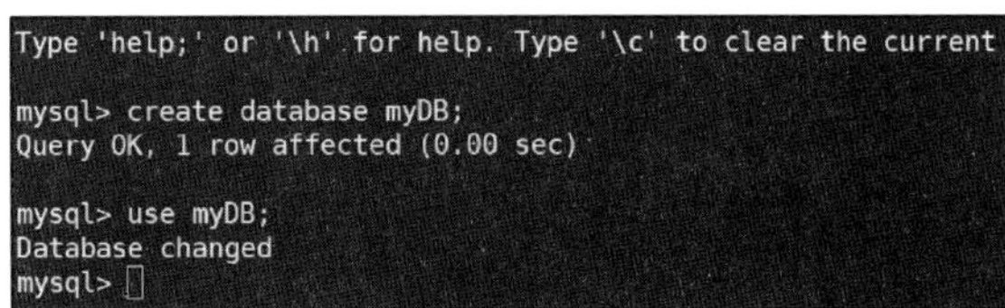


附图 3.14

如附图 3.15 所示，使用 SQL 创建一个数据表，并插入一些数值。

```
mysql> CREATE TABLE shops
    -> (
    ->   id INT NOT NULL,
    ->   name VARCHAR(20) NOT NULL,
    ->   address VARCHAR(30) NOT NULL,
    ->   PRIMARY KEY (id)
    -> );
Query OK, 0 rows affected (0.01 sec)

mysql> INSERT INTO shops VALUES
    -> (1,'StarBucks','T1-203'),
    -> (2,'7-Eleven','T2-311'),
    -> (3,'Apple Store','T1-215'),
    -> (4,'Huawei Mobile','T3-222');
Query OK, 4 rows affected (0.00 sec)
Records: 4  Duplicates: 0  Warnings: 0
```

附图 3.15

如附图 3.16 所示，使用 SQL 进行查询。

如附图 3.17 所示，输入 exit 退出数据库登录。

```
mysql> select * from shops;
+----+---------------+---------+
| id | name          | address |
+----+---------------+---------+
|  1 | StarBucks     | T1-203  |
|  2 | 7-Eleven      | T2-311  |
|  3 | Apple Store   | T1-215  |
|  4 | Huawei Mobile | T3-222  |
+----+---------------+---------+
4 rows in set (0.00 sec)
```

附图 3.16

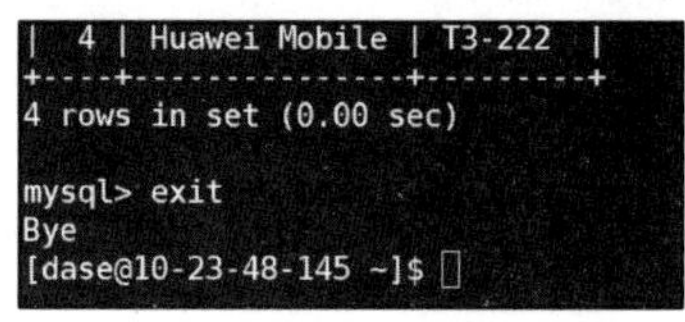


附图 3.17

# 实验四：数据仓库的创建和使用

**【背景知识】**

数据仓库是用于报告和数据分析的数据管理系统。其与数据库的区别在于，传统的关系数据库主要应用于基本的事务处理（transaction processing），例如银行交易、淘宝购物、订购车票等；而数据仓库系统主要应用于生产数据的分析处理（analytical processing），通过扩展数据分析和可视化等工具，支持业务决策，例如流量分析、用户画像、统计建模等。

**【实验目的】**

1．熟悉数据仓库的配置和创建流程。

2．练习使用 SQL 建表和查询，并在数据仓库中建模。

**【实验环境】**

Greenplum 数据仓库。

**【实验步骤】**

**1．创建一个 Greenplum 数据仓库实例**

在产品列表中选择“Greenplum 数据仓库 UDW”，如附图 4.1 所示。

单击“新建数据仓库”进入数据仓库配置页面，如附图 4.2 所示。

如附图 4.3 所示，使用默认配置，并滑动到页面最下方设置管理员密码，同时牢记 DB 名称、服务端口、管理员用户名。

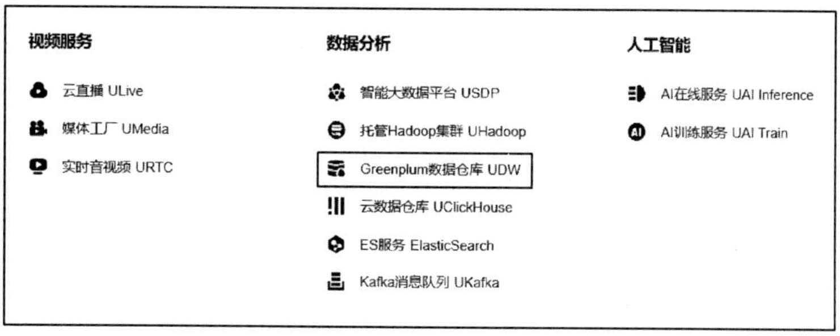

附图 4.1

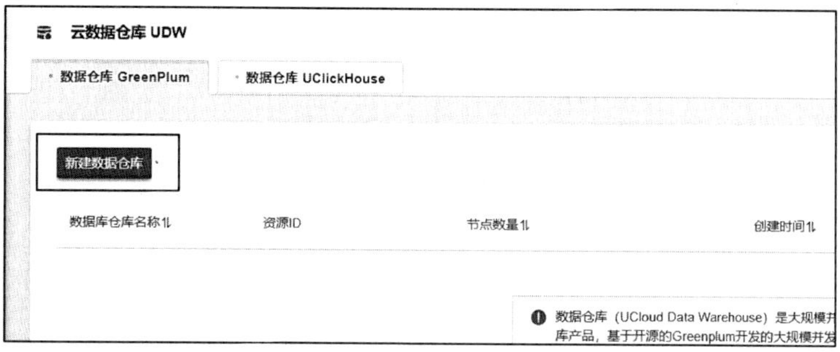

附图 4.2

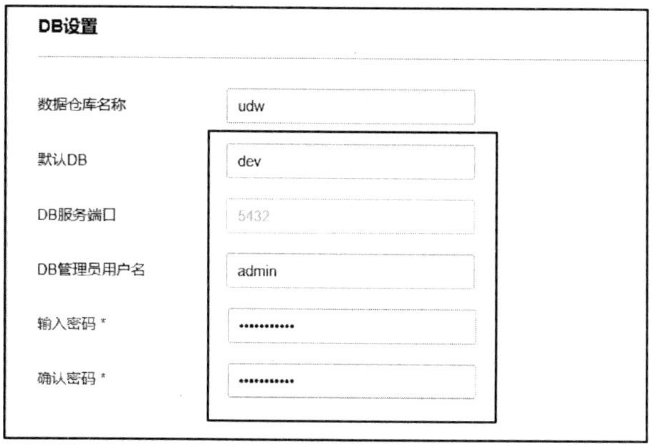

附图 4.3

在右侧选择“按时”付费，依次单击“立即购买”“立即支付”，Greenplum 数据仓库即开始创建，创建时间从几分钟到十几分钟不等。待状态显示“运行中”则创建完毕，如附图 4.4 所示。

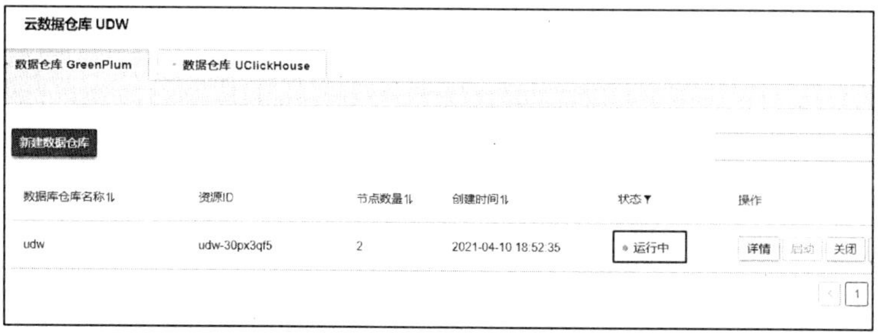

附图 4.4

单击“详情”，查看 master 节点的 IP 地址，如附图 4.5 所示。

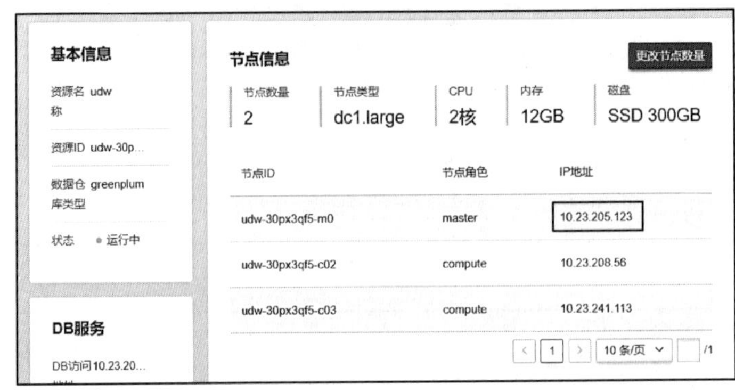


附图 4.5

**2. 登录数据仓库并进行基本操作**

Greenplum 数据仓库可通过多种方式登录，例如使用 PostgreSQL 客户端、Greenplum 客户端、JDBC（在 Java 中使用）、ODBC（在 C/C++中使用）或 psycopg2（在 Python 中使用）等。本实验介绍 PostgreSQL 客户端和 psycopg2 两种登录方式。读者可自行尝试其他方式。

（1）使用 PostgreSQL 客户端登录

在云主机中运行以下命令，安装 PostgreSQL 客户端 psql。

```
$ sudo yum install postgresql.x86_64 -y
```

安装完成后，运行以下命令登录数据仓库，将相关参数替换为用户自己的数据仓库参数即可。登录后将看到如附图 4.6 所示的界面。

```
$ psql -h hostIP -U username -d database -p port
```

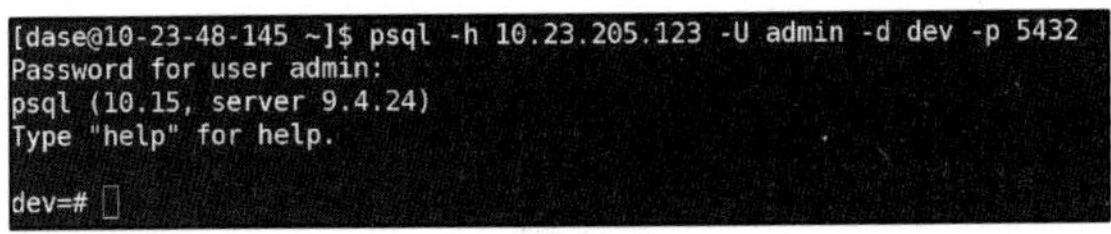


附图 4.6

复制以下 SQL 代码，并在 psql 中运行，创建数据表。

```
CREATE TABLE regression (
    id int,
    y int,
    x1 int,
    x2 int
);
```

运行后将看到如附图 4.7 所示的信息，此处提示建表时没有使用 DISTRIBUTED BY 语句，因此 Greenplum 默认使用 id 作为分布键。这是因为 Greenplum 是一个分布式数据仓库，数据会分布于不同节点，因此建表时需要使用 DISTRIBUTED BY 语句说明按照哪个属性

（即“分布键”）对数据进行划分。由于没有指定，因此系统默认使用首列作为分布键。

```
dev=# CREATE TABLE regression (
    id int,
    y int,
    x1 int,
    x2 int
);
NOTICE:  Table doesn't have 'DISTRIBUTED BY' clause -- Using column named
'id' as the Greenplum Database data distribution key for this table.
HINT:  The 'DISTRIBUTED BY' clause determines the distribution of data. Ma
ke sure column(s) chosen are the optimal data distribution key to minimize
 skew.
```

附图 4.7

运行以下 SQL 语句，在 regression 表中插入一些值，并查询插入后的记录，结果如附图 4.8 所示。

```
INSERT INTO regression VALUES
    (1, 5, 2, 3),
    (2, 10, 7, 2),
    (3, 6, 4, 1),
    (4, 8, 3, 4);
SELECT * FROM regression;
```

如附图 4.9 所示，运行\q 退出 psql 客户端。

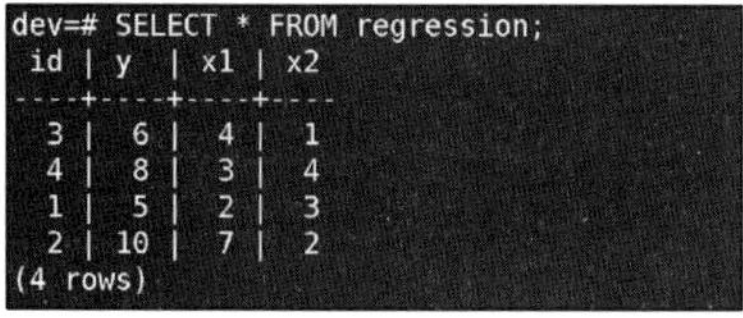

```
dev=# SELECT * FROM regression;
 id | y  | x1 | x2
----+----+----+----
  3 |  6 |  4 |  1
  4 |  8 |  3 |  4
  1 |  5 |  2 |  3
  2 | 10 |  7 |  2
(4 rows)
```

附图 4.8

```
dev=# \q
[dase@10-23-48-145 ~]$ 
```

附图 4.9

（2）使用 Python 和 psycopg2 访问数据仓库

很多时候需要在程序中访问数据仓库，例如使用 Python 读取 DW 中的数据，然后进一步执行操作。本实验将演示通过 psycopg2 访问数据仓库的步骤。在云主机中运行以下命令安装 psycopg2。

```
$ sudo yum install python3-devel -y
$ sudo yum install postgresql-libs -y
$ sudo yum install postgresql-devel -y
$ sudo yum install gcc -y
$ pip3 install --user psycopg2
```

如附图 4.10 所示，安装完毕后运行 python3，然后执行 import psycopg2。若没有报错，则说明 psycopg2 安装成功。

```
[dase@10-23-48-145 ~]$ python3
Python 3.6.8 (default, Aug 24 2020, 17:57:11)
[GCC 8.3.1 20191121 (Red Hat 8.3.1-5)] on linux
Type "help", "copyright", "credits" or "license" for more information.
>>> import psycopg2
>>> 
```

附图 4.10

输入 quit()退出 python3 命令行，然后通过运行 Python 代码实现建表、插入、查询等操作。首先，新建 createTable.py 文件并复制如下代码，其中 dev、username、password、hostIP、port 替换为用户自己的数据仓库参数。

```
import psycopg2
conn = psycopg2.connect(database="dev", user="username", password="password", host="hostIP", port="port")
cur = conn.cursor()
cur.execute('CREATE TABLE COMPANY (ID INT PRIMARY KEY      NOT NULL,\
                                   NAME TEXT               NOT NULL,\
                                   AGE                     INT NOT NULL,\
                                   ADDRESS                 CHAR(10),\
                                   SALARY                  REAL);')
conn.commit()
conn.close()
```

运行 createTable.py 创建 COMPANY 表。

```
$ python3 createTable.py
```

向 COMPANY 表中添加一些记录。新建 insertTable.py 文件，复制以下代码并运行。

```
import psycopg2
conn = psycopg2.connect(database="dev", user="username", password="password", host="hostIP", port="port")
cur = conn.cursor()
cur.execute("INSERT INTO COMPANY VALUES (1, 'Paul', 32, 'California', 20000.00 )");
cur.execute("INSERT INTO COMPANY VALUES (2, 'Allen', 25, 'Texas', 15000.00 )");
cur.execute("INSERT INTO COMPANY VALUES (3, 'Eric', 35, 'Florida', 25000.00 )");
conn.commit()
conn.close()
```

查询刚创建的 COMPANY 表。新建 selectTable.py 文件，复制以下代码并运行。

```
import psycopg2
conn = psycopg2.connect(database="dev", user="username", password="password", host="hostIP", port="port")
cur = conn.cursor()
cur.execute("SELECT id, name, address, salary   from COMPANY order by id")
rows = cur.fetchall()
print ("ID NAME ADDRESS SALARY")
for row in rows:
    print (row[0], "\t", row[1], "\t", row[2], "\t", row[3])
conn.close()
```

执行上述代码将看到如附图 4.11 所示的输出。至此即完成利用 Python 代码在数据仓库中建表、插入和查询。

```
[dase@10-23-48-145 ~]$ vim createTable.py
[dase@10-23-48-145 ~]$ python3 createTable.py
[dase@10-23-48-145 ~]$ vim insertTable.py
[dase@10-23-48-145 ~]$ python3 insertTable.py
[dase@10-23-48-145 ~]$ vim selectTable.py
[dase@10-23-48-145 ~]$ python3 selectTable.py
ID      NAME      ADDRESS        SALARY
1        Paul     California       20000.0
2        Allen    Texas            15000.0
3        Eric     Florida          25000.0
[dase@10-23-48-145 ~]$
```

附图 4.11

### 3．使用 MADlib 执行建模任务（线性回归）

数据仓库可以直接支持建模任务。例如在 Greenplum 中，可以使用 MADlib 插件搭建基本的机器学习模型。本实验使用步骤 2.1 中创建的 regression 表搭建线性回归模型。首先，使用 psql 登录数据仓库，并运行如下语句。

```
SELECT madlib.linregr_train (
    'regression',              -- source table
    'regression_model',        -- output model table
    'y',                       -- dependent variable
    'ARRAY[1, x1, x2]'         -- independent variables
);
```

该语句使用 MADlib 的线性回归模型 linregr_train 对 regression 表中的数据进行训练。模型的输入变量为 x1、x2 以及偏置项，输出变量为 y。训练完成的模型保存在 regression_model 表中。

执行以下 SQL 语句，可以看到训练完毕的模型参数，以及标准差、p_values 等指标的值，如附图 4.12 所示。其中，\x 对输出进行转置，便于观察模型表的内容。

```
\x
SELECT * FROM regression_model;
```

```
dev=# SELECT * FROM regression_model;
-[ RECORD 1 ]------------+-----------------------------------------------------------
------------------------------------------------------------------------------------
------------------------
coef                     | {0.111111111111127,1.14814814814815,1.01851851851852}
r2                       | 0.968612680477111
std_err                  | {1.49587911309236,0.207043331249903,0.346449758034495}
t_stats                  | {0.0742781352708591,5.54544858420156,2.93987366103776}
p_values                 | {0.952799748147436,0.113579771006374,0.208730790695278}
condition_no             | 22.6502032418811
num_rows_processed       | 4
num_missing_rows_skipped | 0
variance_covariance      | {{2.23765432098598,-0.257201646090342,-0.437242798353582},{-0
.257201646090342,0.042866941015057,0.0342935528120456},{-0.437242798353582,0.03429355281
20457,0.12002743484216}}
```

附图 4.12

使用训练完毕的模型进行预测。为了简单起见，此处直接在训练集上执行以下语句进行预测。

```
\x
SELECT regression.*,
```

```
        madlib.linregr_predict ( ARRAY[1, x1, x2], m.coef ) as predict,
        y as observation
FROM regression, regression_model m;
```

可以看到如附图 4.13 所示的预测结果。其中 predict 为预测结果，observation 为原始的 y 值。

```
dev=# SELECT regression.*,
       madlib.linregr_predict ( ARRAY[1, x1, x2], m.coef ) as predict,
       y as observation
FROM regression, regression_model m;
 id | y  | x1 | x2 |      predict       | observation
----+----+----+----+--------------------+-------------
  3 |  6 |  4 |  1 | 5.72222222222224   |           6
  4 |  8 |  3 |  4 | 7.62962962962964   |           8
  1 |  5 |  2 |  3 | 5.46296296296297   |           5
  2 | 10 |  7 |  2 | 10.1851851851852   |          10
(4 rows)
```

附图 4.13

# 实验五：交互式 AI 训练服务的使用

**【背景知识】**

交互式 AI 训练服务提供交互式的开发环境以用于 AI 训练，通常使用 Jupyter Notebook 作为开发界面，并提供算力支持深度学习模型的训练。

MNIST 是一个手写数字数据库，包含 60 000 个训练样本和 10 000 个测试样本，是一个能够快速上手的、用于尝试机器学习和模式识别技术的数据集。附图 5.1 为 MNIST 中的部分样本。

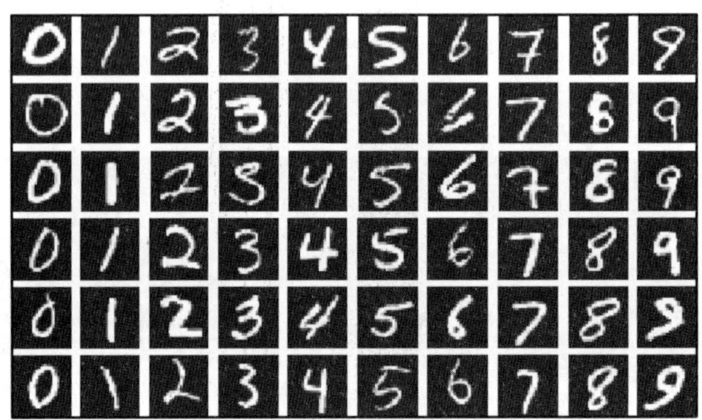

附图 5.1

AI 训练数据通常存储在大容量云存储设备中。根据数据抽象的不同，常用的云存储可以分为块存储、文件存储和对象存储，三者均可支持海量分布式的数据存储。块存储将数据视为一系列固定大小的“块”，其中每个文件或对象可以分布在多个块上；文件存储将文件组织为具有文件夹和子文件夹的分层结构，并可以使用文件夹/文件路径访问；对象存储将称为“对象”的数据单元作为离散单元存储，所有对象均存储于平面地址空间，不含文件夹层次结构。

【实验目的】

1．熟悉云存储的创建和使用。

2．练习使用交互式 AI 训练服务开发模型。

【实验环境】

1．Jupyter Notebook。

2．TensorFlow 2.0。

【实验步骤】

**1．创建一个文件存储**

如附图 5.2 所示，在产品列表中选择“文件存储 UFS”。

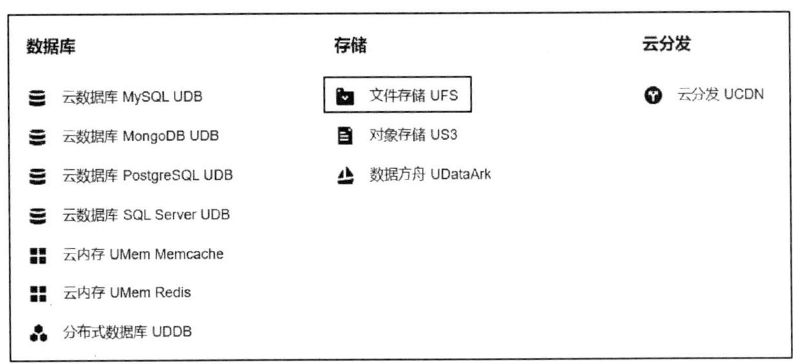


附图 5.2

如附图 5.3 所示，单击“创建文件系统”，进入文件存储配置页面。

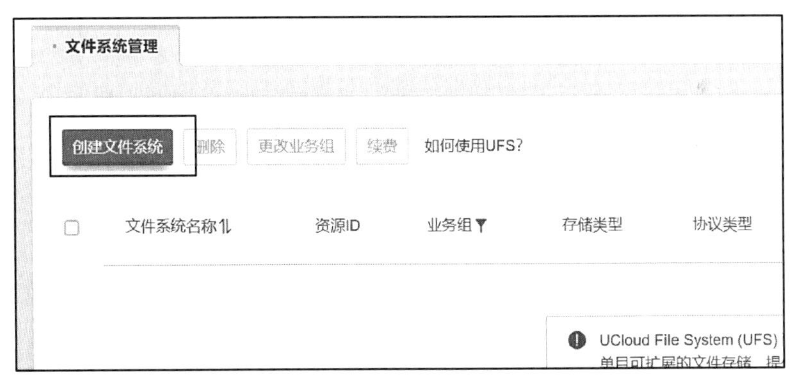


附图 5.3

如附图 5.4 所示，本实验选择“SSD 性能型”存储类型、100 GB 的基础容量以及“按时”付费，然后依次单击“确定”“立即支付”，UFS 文件存储即创建成功。

此时平台将询问是否设置 UFS 的挂载点。所谓“挂载点”是指一个子网，当 UFS 挂载到某子网后，该子网内的所有云主机均可发现并挂载该 UFS，将其作为自身文件系统的一部分。单击“确定”，进入如附图 5.5 所示的挂载点设置界面。由于一直使用默认的 VPC 和子网，因此在该界面只需设置挂载点名称，然后单击“确定”，即可将 UFS 挂载到先前创建的云主机所在的子网中。

创建文件系统
文件系统名称 *
UFSForAI
存储类型 *
容量型
SSD性能型
协议类型 *
NFSv4
备注
业务组
未分组
容量
5000
10000
15000
20000
100
GB
付费方式
按时
应补差价
0.17元
取消
确定

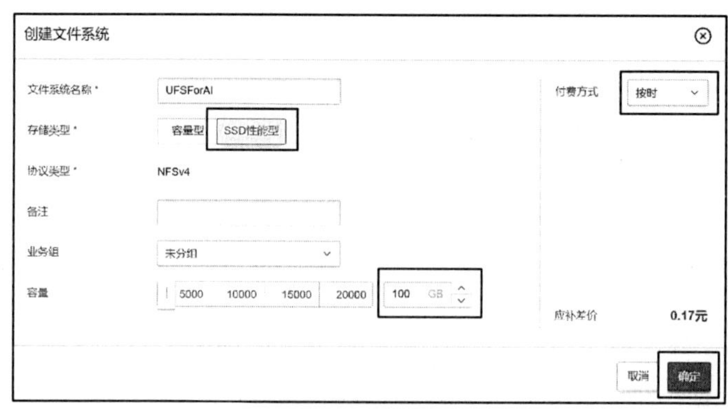

附图 5.4

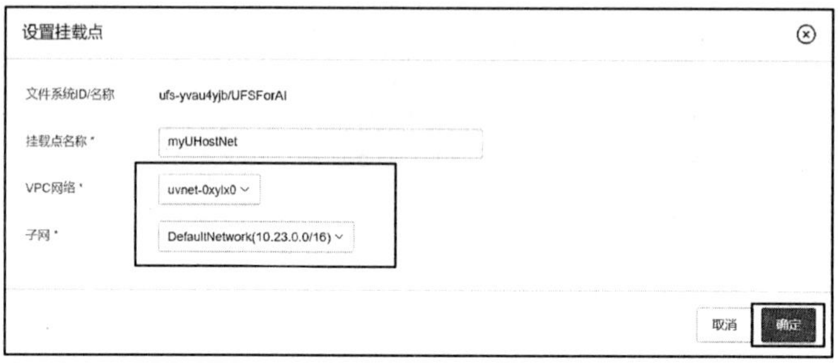

设置挂载点
文件系统ID/名称
ufs-yvau4yjb/UFSForAI
挂载点名称 *
myUHostNet
VPC网络 *
uvnet-0xylx0
子网 *
DefaultNetwork(10.23.0.0/16)
取消
确定

附图 5.5

如附图 5.6 所示，单击“管理挂载”，查看挂载信息，并记录附图 5.7 中该 UFS 的 IP 地址以用于后续挂载。

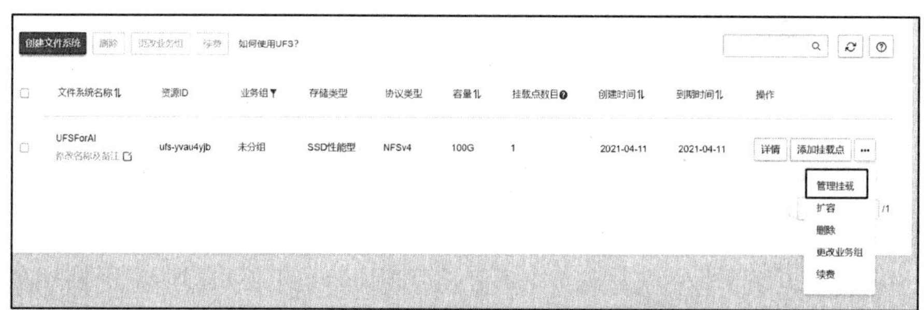

创建文件系统
如何使用UFS?
文件系统名称
资源ID
业务组
存储类型
协议类型
容量
挂载点数目
创建时间
到期时间
操作
UFSForAI
ufs-yvau4yjb
未分组
SSD性能型
NFSv4
100G
1
2021-04-11
2021-04-11
详情
添加挂载点
管理挂载
扩容
删除
更改业务组
续费

附图 5.6

添加挂载点
挂载点名称
VPC网络
子网
挂载地址
创建时间
操作
myUHostNet
uvnet-0xylx0
subnet-nowy31(10.23.0.0/16)
10.23.52.210
2021-04-11
删除

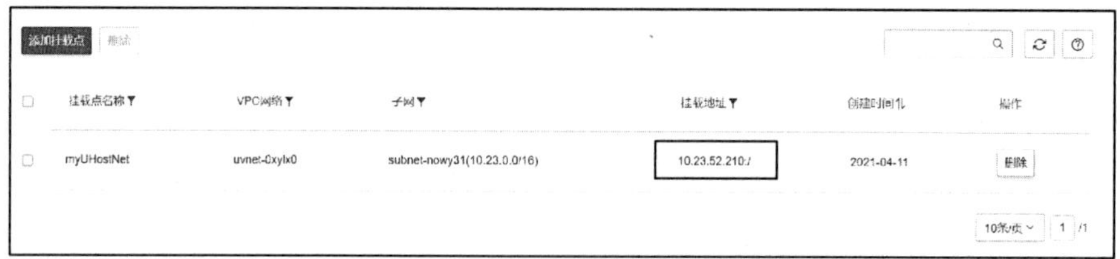

附图 5.7

### 2. 将 UFS 挂载到 UHost 云主机

登录先前创建的云主机，运行以下命令安装 NFS 工具以用于挂载 UFS。

```
$ sudo yum install -y nfs-utils
```

NFS（network file system，网络文件系统）是一个能够使本地主机访问远程主机文件系统的应用程序。由于步骤 1 中创建的 UFS 对于当前的云主机而言是一个远程存储（网络存储），因此使用 NFS 协议才能将其挂载至当前云主机。

在云主机上挂载文件存储 UFS，挂载点为/mnt。将“your_ufs_ip”替换为用户创建的 UFS 的 IP 地址。

```
$ sudo mount -t nfs4 your_ufs_ip:/ /mnt
```

运行以下命令查看云主机当前的文件系统，结果如附图 5.8 所示，可以看到 UFS 已经成为云主机文件系统的一部分。

```
$ df -hT
```

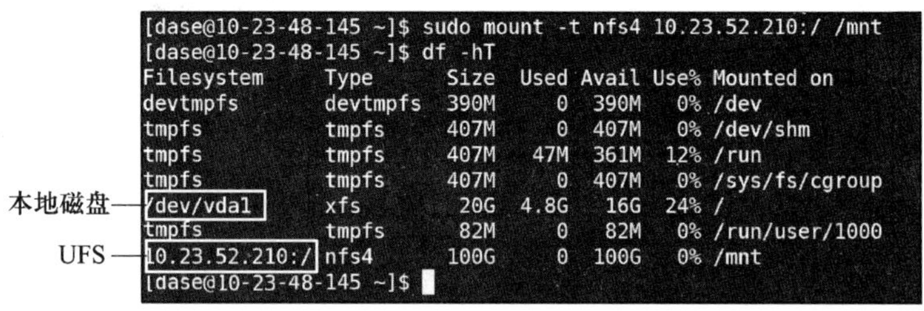


附图 5.8

### 3. 创建交互式 AI 训练服务，并训练模型识别 MNIST 图片

（1）在 UFS 中创建模型目录，并下载 mnist 数据集

执行以下命令，在/mnt 目录下创建模型训练目录，并将 mnist 数据集下载到 data 文件夹。

```
$ cd /mnt
$ sudo mkdir mnist
$ sudo chown dase:dase mnist   //更改文件夹所有者为 dase
$ cd mnist
$ mkdir code
$ mkdir data
$ mkdir output
$ cd data
$ wget https://storage.googleapis.com/tensorflow/tf-keras-datasets/mnist.npz
```

执行完毕后，目录结构如附图 5.9 所示。之后将代码存储于 code 文件夹，将数据存储于 data 文件夹，将模型存储于 output 文件夹。

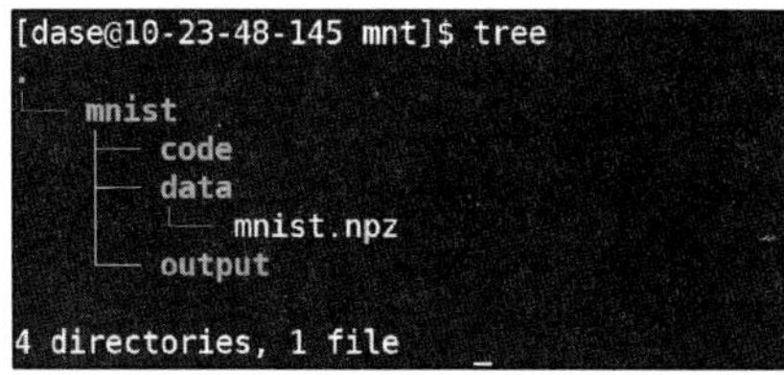


附图 5.9

（2）创建交互式 AI 训练任务

如附图 5.10 所示，在产品列表中选择“AI 训练服务 UAI Train”。

附图 5.10

如附图 5.11 所示，选择“AI 交互式训练”标签页，单击“创建交互训练任务”，进入配置页面。

附图 5.11

“训练任务名称”可随意填写。如附图 5.12 所示，此时可以看到“配置与环境”下方存在两种模式——“编辑模式”和“训练模式”。简单来讲，编辑模式不使用 GPU，而训练模式使用 GPU。因此，在模型开发过程中，需要保持任务处于编辑模式以节省开销。创建任务时无须更改配置，稍后可以根据需要进行模式切换。

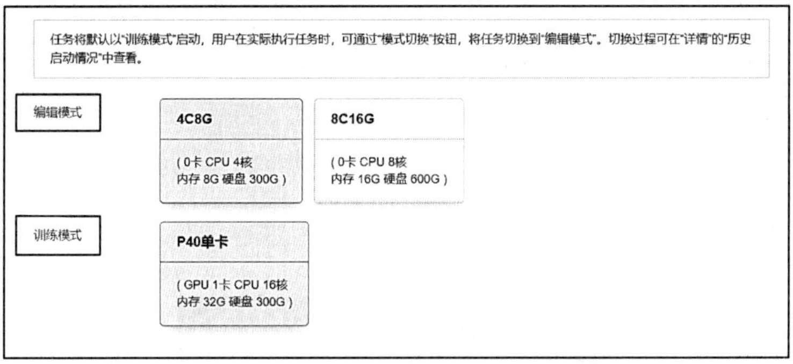

附图 5.12

在执行信息中，首先需要填写“公钥”和“私钥”以用于身份验证。公钥和私钥可以在附图 5.13 的“API 密钥”中找到，结果如附图 5.14 所示。

AI交互式训练 / 创建交互训练任务
AI训练平台需要访问您填写的后端资源，请在"API密钥"中获取密钥并填写在下面
访问公钥
访问私钥
代码镜像路径
默认镜像
自定义镜像
没有可用镜像？导入案例 立即使用
代码加载路径
数据输入源
结果数据源
不填写
UFile
UFS
UDisk
已实名认证
可用余额
充值
代金券
待续费
0 张
0 项
费用中心
权限管理
业务组管理
账号安全
API 密钥
安全码
切换账号
退出账号

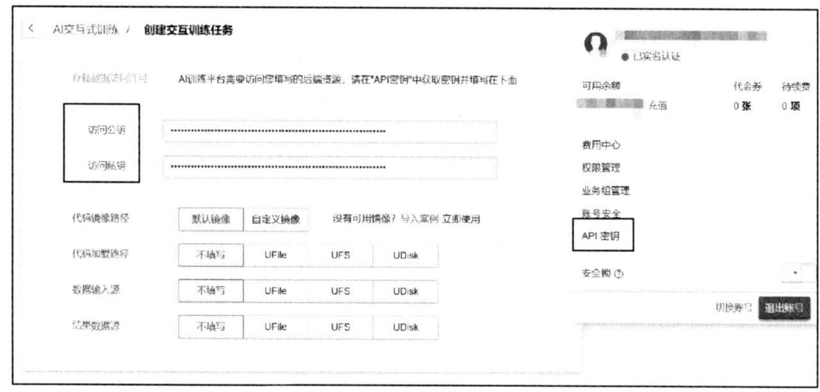

附图 5.13

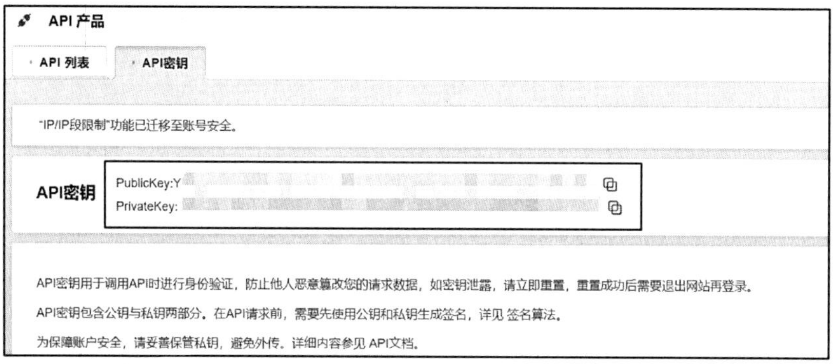

API 产品
API 列表
API密钥
"IP/IP段限制"功能已迁移至账号安全。
API密钥
PublicKey:Y
PrivateKey:
API密钥用于调用API时进行身份验证，防止他人恶意篡改您的请求数据，如密钥泄露，请立即重置，重置成功后需要退出网站再登录。
API密钥包含公钥与私钥两部分。在API请求前，需要先使用公钥和私钥生成签名，详见 签名算法。
为保障账户安全，请妥善保管私钥，避免外传。详细内容参见 API文档。

附图 5.14

代码镜像路径为默认配置，其余路径均选择 UFS，然后输入如附图 5.15 所示的配置。其中 10.23.255.66:/ufs-yvau4yjb 即为步骤 1 中创建的 UFS，3 条路径分别对应步骤 3（1）中创建的模型训练目录。

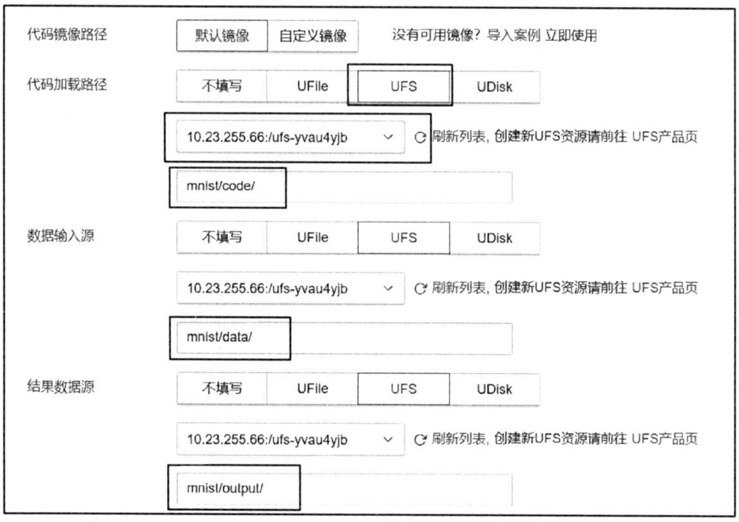

代码镜像路径
默认镜像
自定义镜像
没有可用镜像？导入案例 立即使用
代码加载路径
不填写
UFile
UFS
UDisk
10.23.255.66:/ufs-yvau4yjb
刷新列表，创建新UFS资源请前往 UFS产品页
mnist/code/
数据输入源
不填写
UFile
UFS
UDisk
10.23.255.66:/ufs-yvau4yjb
刷新列表，创建新UFS资源请前往 UFS产品页
mnist/data/
结果数据源
不填写
UFile
UFS
UDisk
10.23.255.66:/ufs-yvau4yjb
刷新列表，创建新UFS资源请前往 UFS产品页
mnist/output/

附图 5.15

勾选附图 5.16 右侧的“我已阅读并同意收费模式”，然后单击“创建”，交互式 AI 训练任务即开始创建。

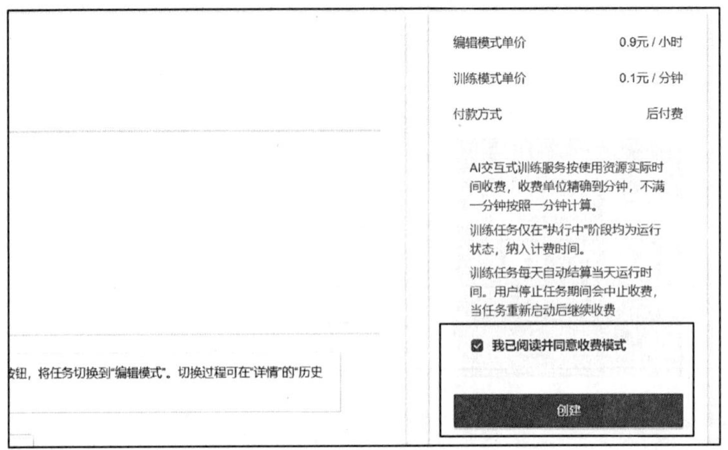


附图 5.16

如附图 5.17 所示，当运行状态变为“执行中”，则说明创建成功。

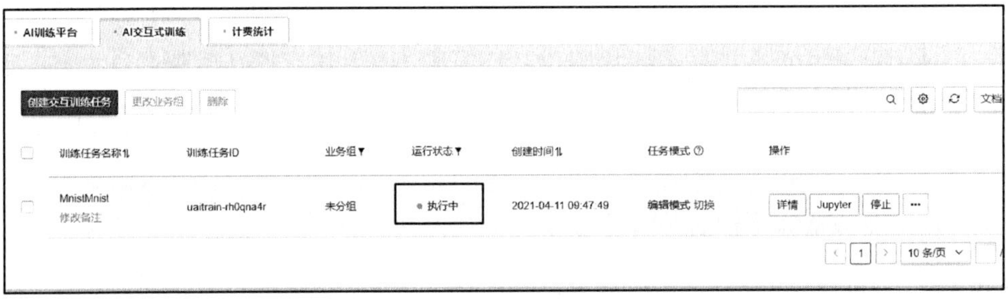

附图 5.17

（3）在 Jupyter Notebook 中开发并训练模型

如附图 5.18 所示，单击“Jupyter”按钮，进入 Jupyter Notebook 开发环境。

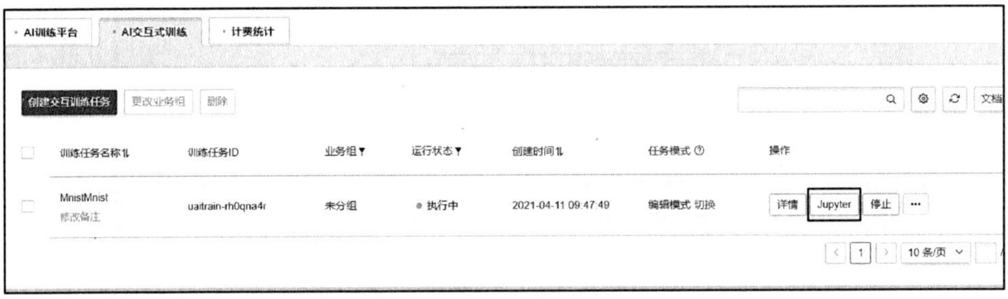

附图 5.18

此时可以发现 Jupyter Notebook 的根目录即为 UFS 的 mnist 目录，也即云主机上的 /mnt/mnist 目录。这是因为在创建 AI 训练任务时，将 UFS 中的 3 个目录映射到了 Jupyter Notebook 容器中，如附图 5.19 所示。

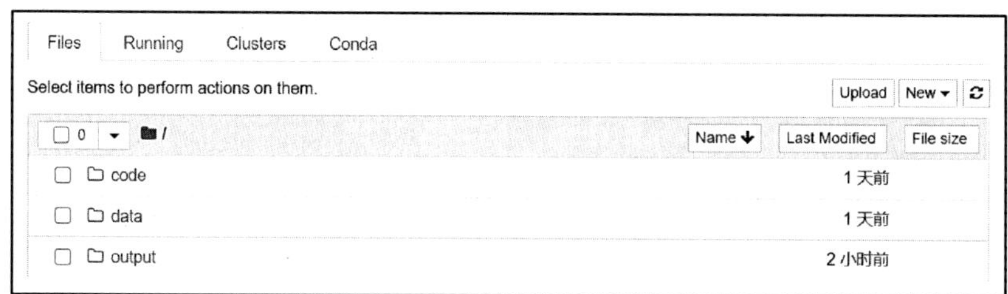


附图 5.19

可以看到 code 目录下为空，而 data 目录下已经存放了先前下载的 mnist 数据集，如附图 5.20 所示。

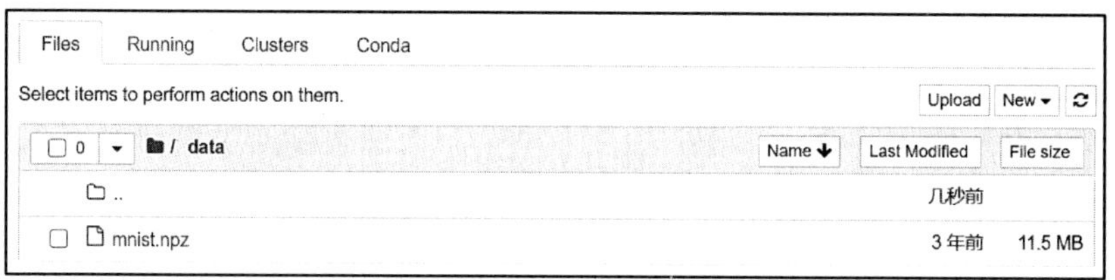


附图 5.20

如附图 5.21 和 5.22 所示，进入 code 目录，然后单击“New”新建一个 TensorFlow 环境的 Notebook，将其重命名为 mnist，然后保存文件。

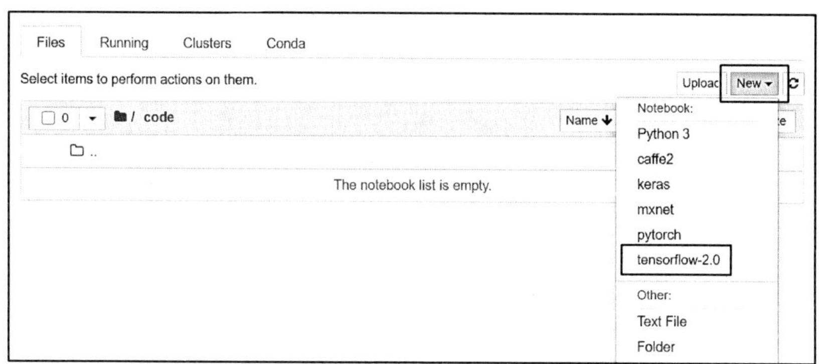


附图 5.21

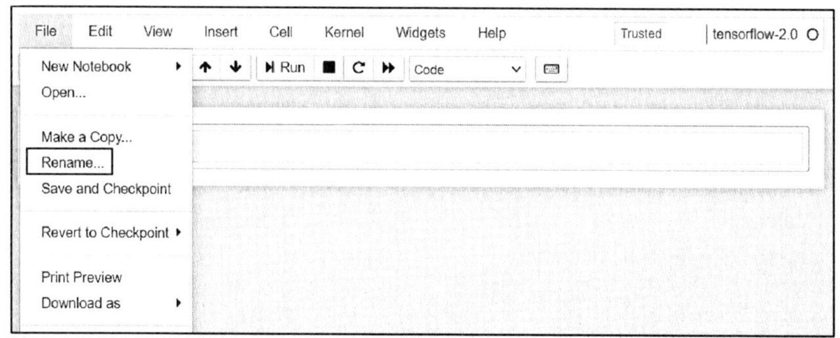


附图 5.22

运行以下代码训练 mnist 分类模型，并在测试集上评价模型效果。

```
import os
import tensorflow as tf
import matplotlib.pyplot as plt
import numpy as np

mnist = tf.keras.datasets.mnist
(x_train, y_train),(x_test, y_test) = mnist.load_data(path="/data/data/mnist.npz")    #加载 mnist 数据集

#验证 mnist 数据集大小。其中 x 为数据，y 为标签。mnist 每张图像的像素为 28*28
print(x_train.shape)
print(y_train.shape)
print(x_test.shape)
print(y_test.shape)

#打印训练集中的前 9 张图像，观察是什么数字
for i in range(9):
    plt.subplot(3,3,1+i)
    plt.imshow(x_train[i], cmap='gray')
plt.show()

#打印相应的标签
print(y_train[:9])

#将像素进行标准化
x_train, x_test = x_train / 255.0, x_test / 255.0

#搭建一个双层神经网络
model = tf.keras.models.Sequential([
  tf.keras.layers.Flatten(input_shape=(28, 28)),    #将图像拉伸为一维向量
  tf.keras.layers.Dense(128, activation='relu'),    #第 1 层全连接+relu 激活
  tf.keras.layers.Dropout(0.2),                      #Dropout 层
  tf.keras.layers.Dense(10, activation='softmax') #第 2 层全连接+softmax 激活，输出预测标签
])

#设置训练超参数，其中优化器为 sgd，损失函数为交叉熵，训练衡量指标为 accuracy
model.compile(optimizer='adm', loss='sparse_categorical_crossentropy', metrics=['accuracy'])

#开始训练，训练 5 个 epoch，1 个 epoch 代表所有图像计算 1 次。每个 epoch 均能观察到训练精度
的提升
model.fit(x_train, y_train, epochs=5)

#计算训练了 5 个 epoch 的模型在测试集上的表现
model.evaluate(x_test,  y_test)
```

```
#观察模型预测结果，打印测试集中的前 9 张图像
for i in range(9):
    plt.subplot(3,3,1+i)
    plt.imshow(x_test[i], cmap='gray')
plt.show()

#打印模型识别的数字，观察其是否正确
np.argmax(model(x_test[:9]).numpy(), axis=1)

#保存训练完成的模型，结果如附图 5.23 所示。
model.save("/data/output/model_epoch_5")
```

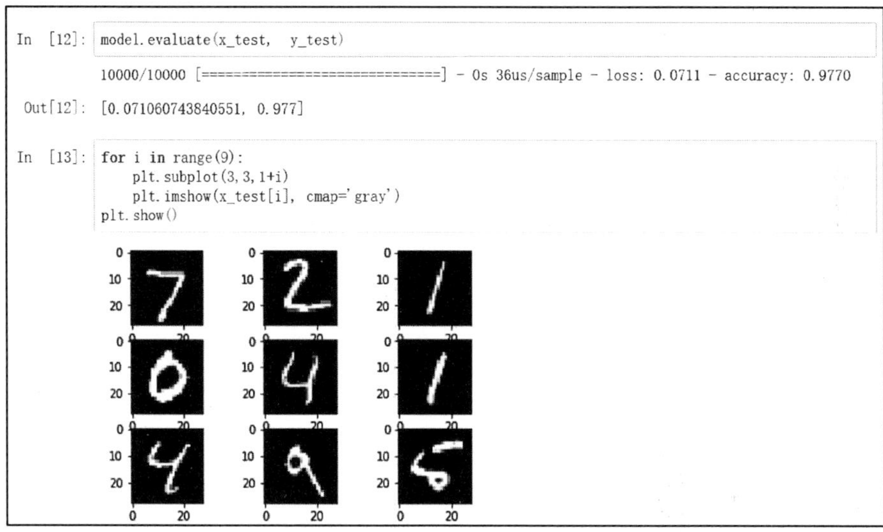


附图 5.23

回到云主机，可以看到 mnist 目录的结构如附图 5.24 所示，代码和模型均已保存。

```
[dase@10-23-48-145 mnist]$ tree
.
├── code
│   └── mnist.ipynb
├── data
│   └── mnist.npz
└── output
    ├── joblog
    │   └── c5548e7d-62f6-4f7a-aa40-334384a62805
    │       └── uaitrain-PrepareData-00001.log
    └── model_epoch_5

5 directories, 4 files
```

附图 5.24

**4．切换 AI 训练任务模式**

当在大型数据集上训练大型模型时，通常需要使用 GPU。AI 训练服务提供了任务模式切换功能，旨在支持 CPU 和 GPU 模式的切换。如附图 5.25 所示，在 AI 训练任务界面单击“切换”，开始模式切换。

AI训练平台
AI交互式训练
计费统计
创建交互训练任务
更改业务组
删除
训练任务名称
训练任务ID
业务组
运行状态
创建时间
任务模式
操作
MnistMnist
修改备注
uaitrain-rh0qna4r
未分组
执行中
2021-04-11 09:47:49
编辑模式 切换
详情
Jupyter
停止
10 条/页

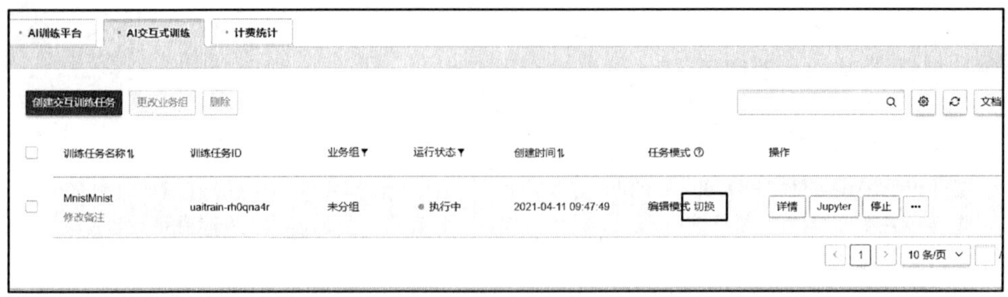

附图 5.25

切换模式需要重启 Jupyter 容器。由于是首次切换，因此需要保存现有容器镜像以便切换后重启。如附图 5.26 所示，选择镜像库，输入镜像名、访问公钥、访问私钥，单击“确定”即可开始切换模式。对于尚未创建镜像库的项目，首先需要根据提示创建镜像库。

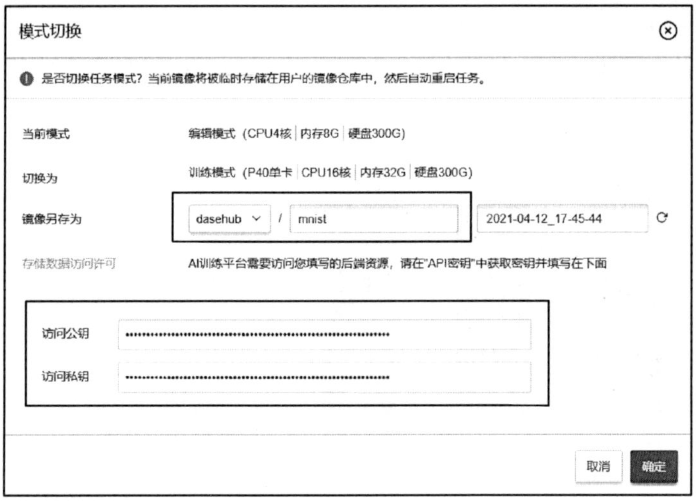

模式切换
是否切换任务模式？当前镜像将被临时存储在用户的镜像仓库中，然后自动重启任务。
当前模式
编辑模式（CPU4核 | 内存8G | 硬盘300G）
切换为
训练模式（P40单卡 | CPU16核 | 内存32G | 硬盘300G）
镜像另存为
dasehub
mnist
2021-04-12_17-45-44
存储数据访问许可
AI训练平台需要访问您填写的后端资源，请在"API密钥"中获取密钥并填写在下面
访问公钥
访问私钥
取消
确定

附图 5.26

如附图 5.27 所示，当运行状态重新变为“执行中”，则说明模式切换成功。

创建交互训练任务
更改业务组
删除
文档
训练任务名称
训练任务ID
业务组
运行状态
创建时间
任务模式
操作
MnistMnist
修改备注
uaitrain-rh0qna4r
未分组
执行中
2021-04-11 09:47:49
训练模式 切换
详情
Jupyter
停止
10 条/页

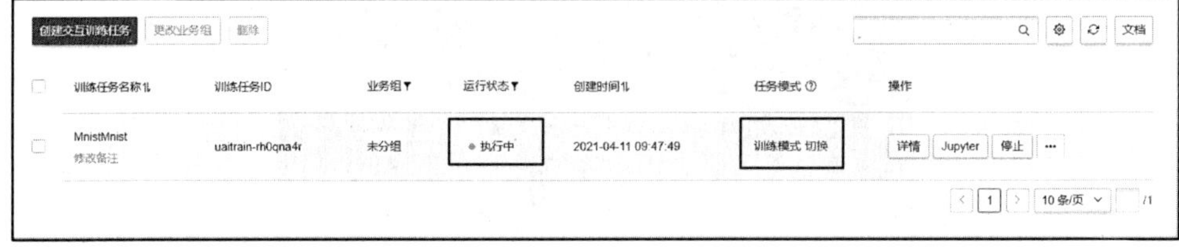

附图 5.27

注意，训练模式使用 GPU 时开销较大，通常仅在大规模训练模型时使用。在模型开发阶段通常切换至编辑模式。无论使用哪种模式，在暂停工作时，建议单击附图 5.28 中的“停止”按钮停止计费。

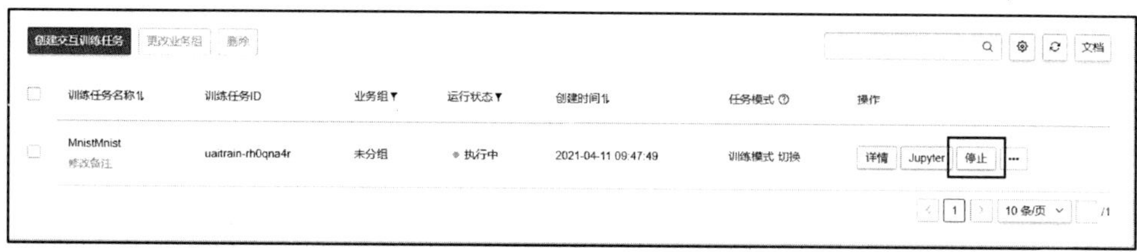


附图 5.28

# 实验六：容器云 k8s 的创建和使用

**【背景知识】**

Kubernetes（常简称为 k8s）是用于自动部署、扩展和管理“容器化（containerized）应用程序”的开源系统，该系统由谷歌设计并捐赠给 CNCF（今属 Linux 基金会）使用。k8s 旨在提供“跨主机集群的自动部署、扩展以及运行应用程序容器的平台”，其支持 Docker 等一系列容器工具。关于 k8s 的详细信息，读者可参考官方教程。

**【实验目的】**

1．熟悉 k8s 集群的创建和使用。

2．熟悉负载均衡的使用。

**【实验环境】**

1．k8s 集群。

2．UHost 云主机。

**【实验步骤】**

**1．创建一个 k8s 集群**

如附图 6.1 所示，在产品列表中选择“容器云 UK8S”，然后单击“创建集群”。

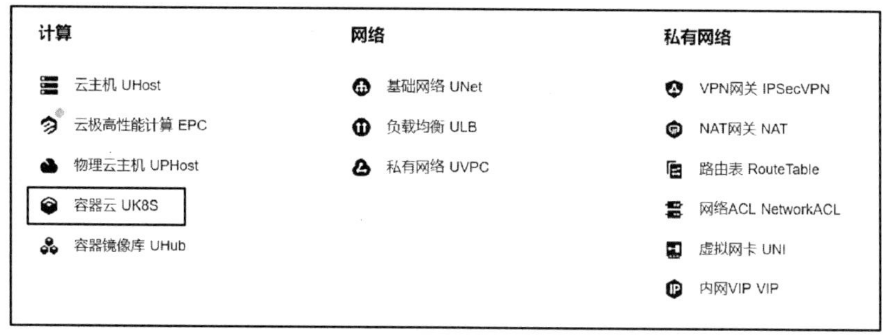


附图 6.1

在附图 6.2 所示的页面中需要设置基础配置、Master 节点配置、Node 节点配置等。本实验使用默认配置，共包含 3 个 Master 节点和 5 个 Node 节点。

设置集群管理员密码，然后在右侧选择“按时”付费，依次单击“立即购买”“立即支付”，k8s 集群即开始创建。创建过程大约需要 5 至 10 分钟，结果如附图 6.3 所示。

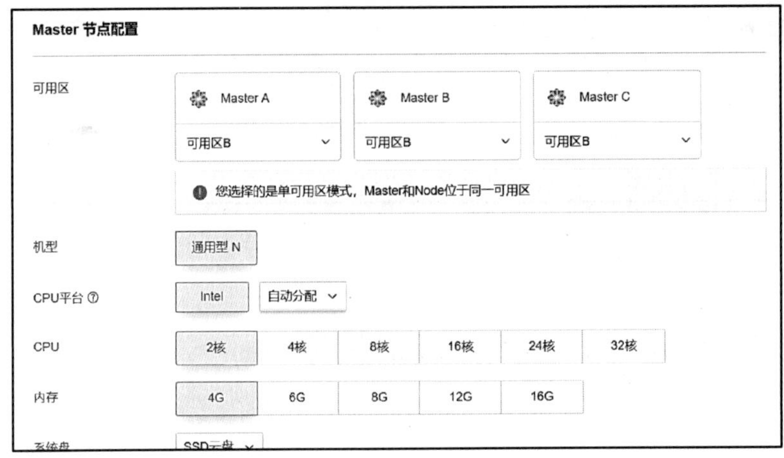


附图 6.2

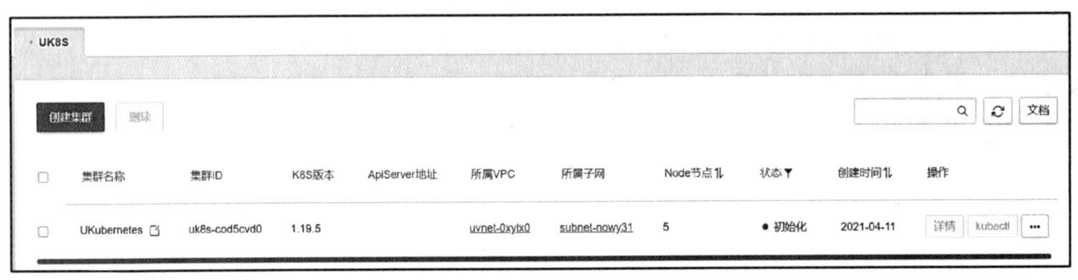


附图 6.3

如附图 6.4 所示，当集群状态变为“运行”，则说明创建完毕。

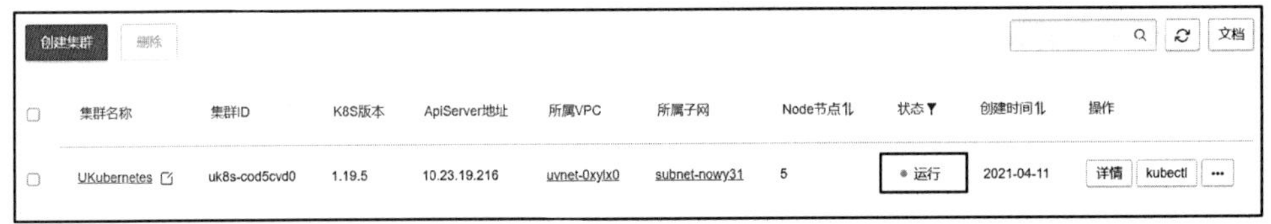


附图 6.4

**2. 在云主机上安装 kubectl（操作 Kubernetes 集群的命令行工具）**

登录之前创建的云主机，运行以下命令安装 kubectl。

```
$ wget https://storage.googleapis.com/kubernetes-release/release/v1.19.0/bin/linux/amd64/kubectl
$ chmod +x kubectl
$ sudo mv kubectl /usr/local/bin/     (root 用户：mv kubectl /usr/bin/)
$ kubectl version -o json
```

如果看到附图 6.5 所示的输出，则说明安装成功。

将 k8s 的集群凭证添加至 kubectl 配置文件以操控集群。单击之前创建的 k8s 集群的“详情”按钮，在概览中查看附图 6.6 中的“外网凭证”，并复制附图 6.7 所示的凭证内容。

```
[dase@10-23-48-145 ~]$ kubectl version -o json
{
  "clientVersion": {
    "major": "1",
    "minor": "19",
    "gitVersion": "v1.19.0",
    "gitCommit": "e19964183377d0ec2052d1f1fa930c4d7575bd50",
    "gitTreeState": "clean",
    "buildDate": "2020-08-26T14:30:33Z",
    "goVersion": "go1.15",
    "compiler": "gc",
    "platform": "linux/amd64"
  }
}
The connection to the server localhost:8080 was refused - did you specify the right host
 or port?
```

附图 6.5

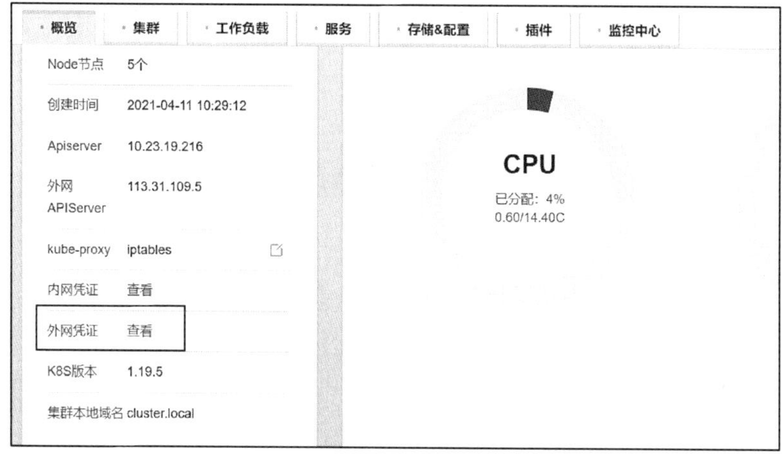


附图 6.6

外网集群凭证

KubeConfig

复制

```
apiVersion: v1
clusters:
- cluster:
    certificate-authority-data: LS0tLS1CRUdJTiBDRVJUSUZJQ0FURS0tLS0tCk1JSUR
    server: https://113.31.109.5:6443
  name: kubernetes
contexts:
- context:
    cluster: kubernetes
    user: user-admin
  name: kubernetes
current-context: kubernetes
kind: Config
preferences: {}
users:
- name: user-admin
  user:
    token: eyJhbGciOiJSUzI1NiIsImtpZCI6IkRwZENxdlVSZ2h5ekVpNWM3OWtxbG1iOEk
```

提示：上述yaml格式文本一般保存为：~/.kube/config

附图 6.7

如附图 6.8 所示，在云主机中创建~/.kube 文件夹，然后创建~/.kube/config 文件，并将凭证内容粘贴到该文件中。

再次运行以下命令，可以看到除了刚才的 client 信息，k8s 集群的 server 信息同样能够输出。输出结果如附图 6.9 所示。

```
$ kubectl version -o json
```

```
[dase@10-23-48-145 ~]$ mkdir ~/.kube
[dase@10-23-48-145 ~]$ vim ~/.kube/config
[dase@10-23-48-145 ~]$ cat ~/.kube/config
apiVersion: v1
clusters:
- cluster:
    certificate-authority-data: LS0tLS1CRUdJTiBDRVJUSUZJQ0FURS0tLS0tCk1JSUR2akNDQXFhZ0F3
SUJBZ0lVUjFjdkJXdTkrOFJqZDdhVUs2ZjdIL2pQcTJjd0RRWUpLb1pJaHZjTkFRRUwKQlFBd1pURUxNQWtHQTFV
RUJoTUNRMDR4RURBT0JnTlZCQWdUQjBKbGFVcHBibWN4RURBT0JnTlZCQWNUQjBKbAphVXBwYm1jeEREQUtCZ05W
QkFvVEEyczRjekVQTUEwR0ExVUVDeE1HVTNsemRHVnRNUk13RVFZRFZRUURFd3ByCmRXSmxjbTVsZEdWek1CNFhE
VEl4TURReE1UQXlNall3TUZvWERUTXhNRFF3T1RBeU1qWXdNRm93WlRFTE1Ba0cKQTFVRUJoTUNRMDR4RURBT0Jn
TlZCQWdUQjBKbGFVcHBibWN4RURBT0JnTlZCQWNUQjBKbGFVcHBibWN4REREBSwpCZ05WQkFvVEEyczRjekVQTUEw
R0ExVUVDeE1HVTNsemRHVnRNUk13RVFZRFZRUURFd3ByZFdKbGNtNWxkR1Z6Ck1JSUJJakFOQmdrcWhraUc5dzBC
```

附图 6.8

```
"serverVersion": {
   "major": "1",
   "minor": "19",
   "gitVersion": "v1.19.5",
   "gitCommit": "e338cf2c6d297aa603b50ad3a301f761b4173aa6",
   "gitTreeState": "clean",
   "buildDate": "2020-12-09T11:10:32Z",
   "goVersion": "go1.15.2",
   "compiler": "gc",
   "platform": "linux/amd64"
 }
}
```

附图 6.9

尝试运行以下 kubectl 基本命令，查看集群信息。

```
$ kubectl cluster-info              //输出集群信息
$ kubectl get nodes                 //输出节点信息
$ kubectl get pods                  //输出 pod 信息（目前尚未创建 pod）
$ kubectl get deployments           //输出应用部署信息（目前尚未部署应用）
$ kubectl get services              //输出服务信息
```

**3. 在 k8s 集群中部署一个应用**

运行以下命令，在 k8s 集群中部署一个静态网页应用。

```
$ kubectl create deployment webapp --image=uhub-edu.service.ucloud.cn/cloud_computing/static_site
```

其中，webapp 是 deployment 的名称，可以随意设置。也就是说，此处创建一个 webapp 部署，部署的内容是包含一个静态网页的 Docker；部署过程中打包一个 pod，其中包含了该应用。

运行以下命令查看 pod 和应用部署信息。

```
$ kubectl get pods
$ kubectl get deployments
```

如果看到如附图 6.10 所示的状态，则说明部署成功。

```
[dase@10-23-48-145 ~]$ kubectl get pods
NAME                      READY   STATUS    RESTARTS   AGE
webapp-679c5c5dfb-869x5   1/1     Running   0          30s
[dase@10-23-48-145 ~]$ kubectl get deployments
NAME     READY   UP-TO-DATE   AVAILABLE   AGE
webapp   1/1     1            1           37s
[dase@10-23-48-145 ~]$ 
```

附图 6.10

此时需要使用 kubectl 创建一个代理，使得能够从云主机访问 k8s 集群（从而访问 pod）。打开一个新的窗口，登录云主机，然后运行以下命令。

```
$ echo -e "\n\e[92mStarting Proxy. After starting it will not output a response. Please click the first Terminal Tab\n"; kubectl proxy
```

如果看到如附图 6.11 所示的输出信息，则说明代理创建成功。

```
[dase@10-23-48-145 ~]$ echo -e "\n\e[92mStarting Proxy. After starting it will not output a respons
l Tab\n"; kubectl proxy

Starting Proxy. After starting it will not output a response. Please click the first Terminal Tab

Starting to serve on 127.0.0.1:8001
```

附图 6.11

下面从云主机通过代理访问应用。执行以下命令，如果看到如附图 6.12 所示的 html 输出，则说明应用部署成功。html 的内容对应所部署的静态网页。其中，$POD_NAME 需要替换为执行 kubectl get pods 命令得到的 pod 名称。

```
$ curl http://localhost:8001/api/v1/namespaces/default/pods/$POD_NAME/proxy/
```

```
[dase@10-23-48-145 ~]$ kubectl get pods
NAME                     READY   STATUS    RESTARTS   AGE
webapp-679c5c5dfb-869x5  1/1     Running   0          8m25s
[dase@10-23-48-145 ~]$ curl http://localhost:8001/api/v1/namespaces/default/pods/webapp-679c5c5dfb-869x5/proxy/
<!DOCTYPE html>
<html lang="en">
<head>

  <!-- Basic Page Needs
  ---------------------------------------------------- -->
  <meta charset="utf-8">
  <title>Docker :)</title>
  <meta name="description" content="">
  <meta name="author" content="">

  <!-- Mobile Specific Metas
  ---------------------------------------------------- -->
  <meta name="viewport" content="width=device-width, initial-scale=1">
```

附图 6.12

**4. 创建多个应用副本，并设置外网访问**

网页应用通常会部署多个副本，以应对访问流量的激增。这种多副本部署一般通过负载均衡引导流量。通过以下命令创建一个负载均衡服务，并将 webapp 应用暴露给外网。

```
$ kubectl expose deployment webapp --type=LoadBalancer --port=80
```

执行以下命令查看当前已部署的服务，可以看到负载均衡服务的外网 IP 地址，如附图 6.13 所示。

```
$ kubectl get services
```

```
[dase@10-23-48-145 ~]$ kubectl expose deployment webapp --type=LoadBalancer --port=80
service/webapp exposed
[dase@10-23-48-145 ~]$ kubectl get services
NAME         TYPE           CLUSTER-IP       EXTERNAL-IP      PORT(S)        AGE
kubernetes   ClusterIP      172.17.0.1       <none>           443/TCP        44h
webapp       LoadBalancer   172.17.242.176   113.31.144.201   80:33220/TCP   106s
[dase@10-23-48-145 ~]$
```

附图 6.13

此时即可在任意一台连接互联网的计算机上，通过附图 6.14 中的网址访问所部署的静态网页应用（需将该网址替换为用户自己的负载均衡服务外网 IP 地址）。

附图 6.14

**5．删除 k8s 集群以及所部署的应用**

执行以下命令删除服务和应用部署。

```
$ kubectl delete service webapp
$ kubectl delete deployment webapp
```

最后从控制台中删除 k8s 集群，如附图 6.15 所示。

附图 6.15

## 郑重声明



**读者意见反馈**

为收集对教材的意见建议，进一步完善教材编写并做好服务工作，读者可将对本教材的意见建议通过如下渠道反馈至我社。

**咨询电话** （010）58581735

**反馈邮箱** zhaogq@hep.com.cn

**通信地址** 北京市朝阳区惠新东街4号富盛大厦1座　高等教育工科出版事业部

**邮政编码** 100029

**防伪查询说明**

用户购书后刮开封底防伪涂层，使用手机微信等软件扫描二维码，会跳转至防伪查询网页，获得所购图书详细信息。

**防伪客服电话** （010）58582300

**网络增值服务使用说明**

一、注册/登录

访问 http://abook.hep.com.cn/，点击“注册”，在注册页面输入用户名、密码及常用的邮箱进行注册。已注册的用户直接输入用户名和密码登录即可进入“我的课程”页面。

二、课程绑定

点击“我的课程”页面右上方“绑定课程”，正确输入教材封底防伪标签上的20位密码，点击“确定”完成课程绑定。

三、访问课程

在“正在学习”列表中选择已绑定的课程，点击“进入课程”即可浏览或下载与本书配套的课程资源。刚绑定的课程请在“申请学习”列表中选择相应课程并点击“进入课程”。

如有账号问题，请发邮件至：abook@hep.com.cn。